权威·前沿·原创

皮书系列为

“十二五”“十三五”国家重点图书出版规划项目

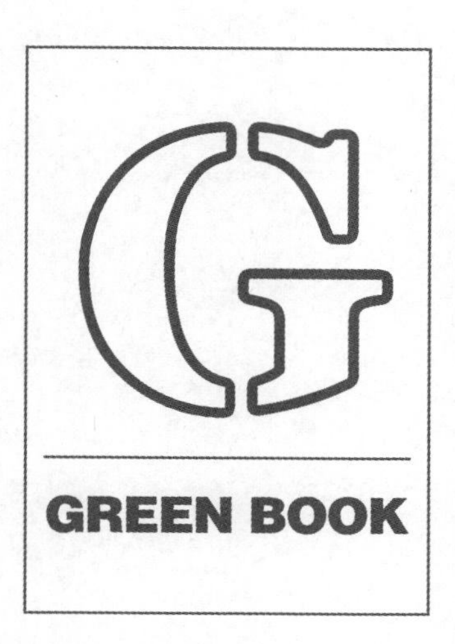

智库成果出版与传播平台

应对气候变化报告（2021）

ANNUAL REPORT ON ACTIONS TO ADDRESS CLIMATE CHANGE (2021)

碳达峰碳中和专辑

Special Issue on Carbon Peaking and Carbon Neutrality

主　编 / 谢伏瞻　庄国泰
副主编 / 巢清尘　陈　迎　胡国权　庄贵阳

SSAP 社会科学文献出版社
SOCIAL SCIENCES ACADEMIC PRESS (CHINA)

图书在版编目(CIP)数据

应对气候变化报告.2021：碳达峰碳中和专辑/谢伏瞻，庄国泰主编.--北京：社会科学文献出版社，2021.11

（气候变化绿皮书）

ISBN 978-7-5201-9307-8

Ⅰ.①应… Ⅱ.①谢… ②庄… Ⅲ.①气候变化-研究报告-世界-2021 Ⅳ.①P467

中国版本图书馆CIP数据核字（2021）第221753号

气候变化绿皮书

应对气候变化报告（2021）

——碳达峰碳中和专辑

主　　编／谢伏瞻　庄国泰

副 主 编／巢清尘　陈　迎　胡国权　庄贵阳

出 版 人／王利民

组稿编辑／周　丽

责任编辑／张丽丽　高振华

责任印制／王京美

出　　版／社会科学文献出版社·城市和绿色发展分社（010）59367143

地址：北京市北三环中路甲29号院华龙大厦　邮编：100029

网址：www.ssap.com.cn

发　　行／市场营销中心（010）59367081　59367083

印　　装／天津千鹤文化传播有限公司

规　　格／开　本：787mm×1092mm　1/16

印　张：30.5　字　数：458千字

版　　次／2021年11月第1版　2021年11月第1次印刷

书　　号／ISBN 978-7-5201-9307-8

定　　价／198.00元

本书如有印装质量问题，请与读者服务中心（010-59367028）联系本书由“中国社会科学院－中国气象局气候变化经济学模拟联合实验室”组织编写。

本书的编写和出版得到了中国气象局气候变化专项项目“气候变化经济学联合实验室建设（绿皮书 2021）”（编号：CCSF202102）、中国社会科学院生态文明研究所创新工程项目、中国社会科学院“登峰计划”气候变化经济学优势学科建设项目、中国社会科学院生态文明研究智库的资助。

感谢中国气象学会气候变化与低碳发展委员会的支持。

感谢“气候变化风险的全球治理与国内应对关键问题研究（编号：2018YFC1509000）”项目、科技部“第四次气候变化国家评估报告”项目、国家重点研发计划“服务于气候变化综合评估的地球系统模式”课题（编号：2016YFA0602602）、国家社会科学基金重大项目“中国2030年前碳排放达峰行动方案研究”（编号：21ZDA085）、中国社会科学院生态文明研究所创新工程项目“碳达峰、碳中和目标背景下的绿色发展战略研究”（编号：2021STSB01）、中国社会科学院国情调研重大项目“典型地区实现碳达峰、碳中和目标的重点难点调研”（编号：GQZD2022004）、哈尔滨工业大学（深圳）委托项目“中国城市绿色低碳评价研究”以及“中英气候变化风险研究”项目的联合资助。

主要编撰者简介

谢伏瞻 研究员，博士生导师。现任中国社会科学院院长、党组书记，学部委员，学部主席团主席。历任国务院发展中心副主任、国家统计局局长、国务院研究室主任、河南省政府省长、河南省委书记；曾任中国人民银行货币政策委员会委员。1991 年、2001 年两次获孙冶方经济科学奖；1996 年获国家科技进步二等奖。1991 ~ 1992 年美国普林斯顿大学访问学者。主要研究方向为宏观经济政策、公共政策、区域发展政策等。先后主持或共同主持完成“完善社会主义市场经济体制研究”“中国中长期发展的重要问题研究”“‘两步走’战略中两大重要时间段发展战略规划研究”“未来十五年大国关系演化及中美关系研究”“中国改革开放：实践历程与理论探索”等重大课题。

庄国泰 中国气象局党组书记、局长。世界气象组织（WMO）执行理事会成员，世界气象组织中国常任代表，政府间气候变化专门委员会（IPCC）中国代表。曾任国家环境保护总局环境保护对外合作中心主任，环境保护部自然生态保护司司长，环境保护部办公厅主任，生态环境部党组成员、副部长。

巢清尘 国家气候中心主任，研究员，理学博士。研究领域为气候系统分析及相互作用、气候风险评估、气候变化政策。现任全球气候观测系统研究组联合主席、指导委员会委员，中国气象学会气候变化与低碳经济委员会主任委员、中国气象学会气象经济委员会副主任委员、国家碳汇基金会理事等。第四次气候变化国家评估报告领衔作者。2021～2035年国家中长期科技发展规划社会发展领域环境专题气候变化子领域副组长。长期参加《联合国气候变化框架公约》（UNFCCC）和政府间气候变化专门委员会（IPCC）谈判。国家重点研发计划首席科学家，主持国家和省部级、国际合作项目十余项，有论文、合著70余篇（部）。入选国家生态环境保护专业技术领军人才、中国气象局气象领军人才。曾任中国气象局科技与气候变化司副司长。

陈　迎　中国社会科学院生态文明研究所研究员，博士生导师。研究领域为环境经济与可持续发展、国际气候治理、气候变化政策等。政府间气候变化专门委员会（IPCC）第五、第六次评估报告第三工作组主要作者。现任“未来地球计划”中国委员会副主席，中国气象学会气候变化与低碳发展委员会副主任委员，中国环境学会环境经济分会副主任委员。主持和承担过国家级、省部级和国际合作的重要研究课题20余项，有专著（合著）、论文、文章等70余篇（部），曾获第二届浦山世界经济学优秀论文奖（2010年）、第十四届孙冶方经济科学奖（2011年）、中国社会科学院优秀科研成果奖和优秀对策信息奖等。

胡国权　国家气候中心副研究员，理学博士。研究领域为气候变化数值模拟、气候变化应对战略。先后从事天气预报、能量与水分循环研究、气候系统模式研发和数值模拟，以及气候变化数值模拟和应对对策研究等工作。参加了第一、二、三次气候变化国家评估报告的编写工作。作为中国代表团成员参加了《联合国气候变化框架公约》（UNFCCC）和政府间气候变化专门委员会（IPCC）工作。主持了国家自然科学基金、科技部、中国气象局、国家发改委等资助项目10余项，参与编写著作10余部，发表论文30余篇。

庄贵阳　经济学博士，现为中国社会科学院生态文明研究所副所长、二级研究员、博士生导师，享受国务院政府特殊津贴专家。长期从事气候变化经济学研究，在低碳经济与气候变化政策、生态文明建设理论与实践等方面开展了大量前沿性研究工作，为国家和地方绿色低碳发展战略规划制定提供学术支撑。国家社会科学基金重大项目首席专家，主持完成多项国家级和中国社会科学院重大科研项目，出版专著（合著）10部，发表重要论文80余篇，曾获中国社会科学院优秀科研成果奖和优秀对策信息奖。2019年获得中国生态文明奖先进个人荣誉称号。

摘　要

自2020年9月22日习近平主席在联合国大会上提出碳达峰碳中和目标以来，面向碳中和的全球应对气候变化进程不断推进。中国碳中和目标的提出向世界释放出了中国将坚定走绿色低碳发展道路、引领全球生态文明和美丽世界建设的积极信号，不仅极大地推动了《巴黎协定》提出的“到本世纪下半叶实现温室气体源的人为排放与汇的清除之间的平衡”的实施进程，缩小了全球排放差距，为国际社会全面有效落实《巴黎协定》注入强大动力，也彰显了中国引导应对气候变化国际合作，成为全球生态文明建设的重要参与者、贡献者、引领者的决心和信心。面向碳中和目标的转型发展正在成为一场关乎经济社会高质量发展和持续繁荣的系统性变革，如何更好地把碳达峰碳中和纳入经济社会发展和生态文明建设整体布局并明确时间表、路线图、施工图是当前各方关注的焦点。《应对气候变化报告（2021）——碳达峰碳中和专辑》就中国碳达峰碳中和目标下，各部门各领域的现状、面临的挑战、发展路径、关键技术和政策行动等进行研究，汇编付梓，以飨读者。

本书共分为6个部分。第一部分是总报告。回顾了过去一年全球气候变化的基本事实及主要极端天气气候事件，概括了政府间气候变化专门委员会（IPCC）最新发布的第六次评估报告的关键科学结论，从全球和中国的不同视角，分析了在碳中和目标下的转型需求和相关政策发展动态，提出了加强全球气候治理和推动碳中和国际合作的一些建议。

第二部分是定量指标评价。利用中国社会科学院生态文明研究所构建的城市绿色低碳评价指标体系，对2020年中国182个城市进行评估，并对比分析了2010年以来城市绿色低碳的动态演进情况，旨在推进《巴黎协定》下国家自主贡献目标在城市层面的落实和城市的低碳高质量发展，提出抓住“双碳”目标的机遇、差异性布局相关产业、加强各项零碳示范城市和工程建设、深化减污降碳协同工作等建议。

第三部分聚焦中国碳达峰碳中和目标的实施路径，选取18篇文章，首先从量化层面介绍了碳平衡的现状、估算的不确定性来源以及改善估算方法面临的挑战，并指出人为碳排放必须由人为碳汇来中和，片面夸大碳汇范围和数量将使目前大量上马的高碳项目面临长期资产搁浅风险，可能对经济社会运行带来较大冲击。随后从国际形势、国家战略和模型情景研究入手，总结和探讨了我国碳达峰碳中和的实施路径，并提出有序推动我国高质量、低排放发展的思考与建议，从不同侧面深入分析了国际气候治理的演进和影响。之后又分别对碳达峰碳中和目标下煤基能源产业转型发展和电力系统、交通部门、建筑部门、工业重点行业实现碳达峰碳中和的路径进行了分析，对减碳增汇以及负排放技术进行了分析，包括CCUS、森林碳汇、海洋碳汇等技术。市场手段是助力碳达峰碳中和的重要手段，本部分还分析了面向碳达峰碳中和目标的全国碳市场、绿色金融。最后，对居民低碳消费政策措施、城市碳达峰路径、企业碳中和应对策略、北京冬奥会等大型活动碳中和行动进行了阐述。

第四部分聚焦碳达峰碳中和目标下的气候变化协同和适应，选取6篇文章，介绍了碳达峰碳中和目标下的气候变化适应以及减污降碳协同增效、生物多样性与气候变化的协同效应、大规模风光开发的气候生态影响和极端天气气候事件对能源系统安全的影响等。

第五部分围绕国际碳中和政策选取2篇文章，介绍了欧洲碳中和愿景和实施举措，以及美国从特朗普政府到拜登政府的气候政策演变带来的影响。

第六部分本书附录依惯例收录了2020年全球、“一带一路”区域和中国气候灾害的相关统计数据，以供读者参考。

关键词： 碳达峰碳中和　全球气候治理　绿色低碳　可持续发展

前言

气候变化是全球面临的最严峻挑战之一。最新的气候监测数据表明，全球气候系统的变暖趋势仍在持续。2020年，全球平均温度较工业化前水平高出约1.2℃，是有现代观测记录以来最暖的三个年份之一，全球平均海平面继续上升，北极海冰范围保持在较低水平。2021年，全球极端天气气候事件频发。2月中旬，美国得克萨斯州经历百年一遇的寒潮，全州254个县同时受到强暴风雪袭击。6月下旬，北美遭遇有记录以来“最热6月”，多地气温高达47℃~50℃。7月后，欧洲多地出现极端高温天气，特别是希腊遭遇40年来最强热浪。南非、巴西、阿根廷、智利、澳大利亚、新西兰等国家和地区出现极寒天气，巴西南部43座城市甚至出现降雪，最低气温降至零下8℃。7月中下旬，中国河南省多地遭遇罕见特大暴雨灾害，郑州市1小时降水量达到201.9毫米，24小时降水量超过全年平均降水量，均创历史纪录。气候变化使世界各地都不同程度地受到影响，对全球粮食、水、生态、能源、基础设施以及民众生命财产安全都构成长期重大威胁。

习近平总书记深刻指出，全球变暖不会因疫情停下脚步，应对气候变化一刻也不能松懈。2021年8月，IPCC第六次评估报告第一工作组报告以更高的信度表明，人类活动导致大气、海洋和陆地变暖是毋庸置疑的。1850年以来，全球气温上升主要归因于人类活动；20世纪50年代以来，人类活动的影响可能增加了复合极端天气事件发生的概率。而且，在所有排放情景下，到21世纪中叶全球地表平均温度都将持续升高，水循环加剧；随着全球气候变暖，极端事件也将变得更为严重，多重影响并发的概率将增加。而大力和持续减少二氧化碳与其他温室气体排放将限制气候变化。阻止未来全球进一步变暖，避免造成更严重的后果，是全人类的共同使命，要实现这一目标，必须实现碳中和，即二氧化碳净零排放。2020年，受新冠肺炎疫情的影响，气候公约第26次缔约方大会和IPCC进程都被迫推迟，但是，全球面向碳中和目标的国际进程依然在坎坷中不断推进。目前，全球已有130多个国家或地区提出或计划提出碳中和目标，碳中和已成为全球共识。

中国坚持以习近平生态文明思想为指导，贯彻新发展理念，坚持走生态优先、绿色低碳的发展道路，并自愿承担起与自身发展水平相称的国际责任，不断为应对气候变化付出艰苦努力。2020年9月22日，习近平总书记在第七十五届联合国大会一般性辩论上首次宣布，“二氧化碳排放力争于2030年前达到峰值，努力争取2060年前实现碳中和”，此后在国际、国内的不同场合多次重申碳达峰碳中和目标的郑重承诺。中国提出碳达峰、碳中和目标，是基于推动构建人类命运共同体的责任担当和实现可持续发展的内在要求作出的重大战略决策，充分表明了中国全力推进新发展理念的坚定意志，彰显了中国愿为全球应对气候变化作出新贡献的明确态度，展现了中国“言必信，行必果”的信心和决心。中国作为世界上最大的发展中国家，本身就面临着经济发展、民生改善、生态环境保护等多重目标，承诺在30年内实现从碳达峰到碳中和，远远短于发达国家所用时间，挑战之大前所未有，必须付出巨大努力。

中国实现碳达峰碳中和目标，需要技术创新和政策驱动共同发力。一方面，中国必须推动在能源、工业、城市及基础设施、土地管理等领域形成前所未有的低碳转型速度，实现高质量碳达峰，为后续以较低成本实现碳中和奠定基础。“十四五”时期作为碳达峰的关键期、窗口期，要从碳中和的长期要求入手，避免“锁定排放”，支持有条件的地方和重点行业、重点企业率先达峰，构建清洁低碳安全高效的能源体系，实施重点行业领域减污降碳行动，推动绿色低碳技术实现重大突破，完善绿色低碳政策和市场体系，倡导绿色低碳生活，营造绿色低碳生活新时尚。另一方面，中国还要继续制定和实施新的政策措施。2021年6月1日，中国成立了中央层面的碳达峰碳中和工作领导小组，并着手组织构建“1+N”政策体系，其中“1”是碳达峰碳中和指导意见，“N”包括2030年前碳达峰行动方案以及重点领域和行业政策措施和行动。2021年10月24日，《关于完整准确全面贯彻新发展理念做好碳达峰碳中和工作的意见》正式发布，提出了坚持“全国统筹、节约优先、双轮驱动、内外畅通、防范风险”的原则，2025年、2030年和2060年碳达峰碳中和的主要目标以及11个方面35条政策措施，后续还将有更多具体政策措施落地。

气候变化绿皮书由中国社会科学院和中国气象局牵头，联合国内专家学者共同编撰，是汇集国内外关于气候变化最新科学进展、政策、应用实践等的年度出版物，自2009年推出《应对气候变化报告（2009）：通向哥本哈根》以来，十三年坚持不懈，在国内外产生了积极而广泛的影响。《应对气候变化报告（2021）：碳达峰碳中和特别专辑》，聚焦中国碳达峰碳中和目标，重点从不同领域、不同部门和不同主体分析我国实现碳达峰碳中和面临的挑战、机遇和路径，展示绿色低碳发展的政策和行动，希望继续得到广大读者的关注和支持。借此机会，向为绿皮书出版作出努力的作者和出版社表示诚挚的感谢！

中国社会科学院院长　谢伏瞻

中国气象局局长　庄国泰

2021年10月

目 录

Ⅰ 总报告

Ⅱ 定量指标评价

Ⅲ 中国碳达峰碳中和目标的实施路径

· 行业部门 ·

· 提升碳汇能力 ·

· 支撑保障 ·

· 多主体参与 ·

Ⅳ　碳达峰碳中和目标下的气候变化协同和适应

Ⅴ　国际碳中和政策

Ⅵ 附录

皮书数据库阅读使用指南

总报告

General Report

G.1 碳中和国际进程的总体形势分析与我国政策展望

陈迎 巢清尘 柴麒敏 胡国权*

摘 要： 自2020年9月22日习近平主席在联合国大会上提出碳达峰、碳中和目标以来，面向碳中和的全球应对气候变化进程不断推进。本报告回顾了过去一年全球气候变化的基本事实及主要极端天气气候事件，概括了政府间气候变化专门委员会（IPCC）最新发布的第六次评估报告的关键科学结论，从全球和中国的不同视角，分析了碳中和目标下的转型需求和相关政策发展动态，提出加强全球气候治理和推动碳中和国际

* 陈迎，中国社会科学院生态文明研究所研究员，主要研究方向为全球环境治理、可持续发展经济学、气候变化政策等；巢清尘，国家气候中心主任，研究员，主要研究方向为气候系统分析及相互作用、气候风险评估以及气候变化政策；柴麒敏，国家气候战略中心战略规划部主任、清华大学现代管理研究中心兼职研究员、中国碳中和50人论坛特邀研究员，主要研究方向为全球气候治理、应对气候变化综合评估及能源环境经济学；胡国权，国家气候中心副研究员，主要研究方向为气候变化数值模拟、气候变化应对战略。

合作的若干建议。

关键词: 碳达峰 碳中和 全球气候治理

如果说2020年是碳中和元年，碳中和成为全球共识，开启了面向碳中和目标的全球进程，那么2021年同样是不平凡的一年，国际碳中和进程不断推进。一方面，全球气候灾害频发，不断向人类发出严厉的警告。IPCC发布了气候变化第六次评估报告第一工作组报告[①]，为深化人类对气候变化的科学认知提供了最新的信息。另一方面，各国陆续提出碳中和目标，更新国家自主贡献，制定相关政策。受新冠肺炎疫情影响延迟的气候公约第26次缔约方大会即将在英国格拉斯哥召开，标志着全球应对气候变化进程重回正轨。

一 全球极端天气气候事件频发

从2021年初到现在，人们不断见证着全球各地所遭遇的各种极端天气气候事件。2月上旬，印度北阿坎德邦查莫里（Chamoli）地区南达昆提峰东北面山体冰崩滑塌，突发大规模的山洪，冲毁河道内的水利设施，造成重大人员伤亡，周边地区数千人被迫紧急撤离。2月中旬，美国得克萨斯州经历百年一遇的寒潮，全州254个县同时受到强暴风雪袭击，约400万居民遭遇停电、停水，陆运和空运交通严重受阻。3月中旬，近十年来最强的一次沙尘暴天气过程影响了我国西北及华北等地区。自2020年10月到2021年春季，我国降水量为近20年来同期最少，导致华南、江南南部及云南等地气象干旱明显。6月下旬，北美遭遇有记录以来“最热6月”，多地气温高

① IPCC AR6 WGI, Climate Change 2021: The Physical Science Basis, https: //www. ipcc. ch/report/ar6/wg1/ .

达47℃～50℃，造成1300多人死亡。2021年7月，欧洲中西部突遭“毁灭性暴雨洪灾”，尤以德国灾情最为严重，有包括4名消防员在内的244人遇难。7月中下旬，中国河南郑州等地遭遇罕见的特大暴雨灾害，郑州1小时降水量达到201.9毫米，24小时降水量超过全年平均降水量，均创历史纪录，造成380人死亡失踪、1600多亿元经济损失。8月底，170年最强飓风“艾达”突袭美国东北部，其超强破坏力造成巨大损失。

2021年9月，世界气象组织发布最新综合报告（《天气、气候和水极端事件造成的死亡人数和经济损失图集（1970～2019）》）[①]，对1970～2019年天气、气候和水等极端事件造成灾害的死亡人数和经济损失进行了全面总结，结果表明天气、气候和水的灾害数量占所有灾害的50%，死亡人数占45%，经济损失占74%。其中，超过91%的死亡发生在发展中国家。受气候变化、极端天气气候事件频发的共同影响，2010～2019年报告的灾害数量比1970～1979年增加了5倍，经济损失增加了6倍多；但由于灾害早期预警和灾害管理水平的提升，死亡人数减少了2/3左右。我国是典型的季风气候国家，气候复杂多样、时空变化大，气象灾害影响严重，其中暴雨具有季节性特征突出、强度大、持续时间长、范围广等特征。在全球气候变暖背景下，近年来极端天气气候事件频繁发生，带来的气候风险日益凸显。1991～2020年，全国平均每年气象灾害直接经济损失为2587.3亿元，总体呈现增加趋势，直接经济损失占国内生产总值（GDP）的1.6%，且占比呈现明显的减少趋势；平均每年因灾死亡失踪人口为3038.9人，下降趋势明显，由1991～2010年的平均4007.2人，下降为2011～2020年的平均1102.4人。根据2003～2020年气象灾害损失统计，暴雨洪涝灾害直接经济损失占比最大（44.8%），其次为干旱（19.4%）、台风（17.8%）。因暴雨洪涝死亡人数占比最大（63.4%），其次为强对流天气（24.7%），台风和低温冷害造成的死亡人数比例分别为10%和1.8%。

---

① WMO, The Atlas of Mortality and Economic Losses from Weather, Climate and Water Extremes (1970－2019), 2021, https://library.wmo.int/index.php?lvl=notice_display&id=21930#.YTCpvI4zabj.

二　IPCC 第六次评估报告的主要科学结论

2021 年 7 月 26 日至 8 月 6 日，线上召开的 IPCC 第 54 次全会审议通过了 IPCC 第六次评估报告第一工作组《气候变化 2021：自然科学基础》报告和决策者摘要。该报告是 IPCC 在第六个评估周期发布的首份工作组报告，该报告由来自全球 65 个国家的 234 位作者，历时 6 年，通过对 1.4 万多篇文献进行综合评估撰写完成，报告共 12 章，约 3940 页。

该报告主要包括当前的气候状态、可能的未来气候、风险管理和区域适应的气候信息，以及限制未来气候变化等内容，以多元方法、最新数据、翔实证据提供了对气候变化自然科学的最新研究认识；进一步确认了人类活动已造成气候系统发生了前所未有的变化，至少到 21 世纪中期，气候系统的变暖仍将持续；强调要重视并发极端事件和复合型事件，努力实现净零碳排放。其结论将为全球应对气候变化行动、落实《巴黎协定》目标提供重要的科学基础。

（一）人类活动促使大气、海洋和陆地变暖是毋庸置疑的

报告指出，毋庸置疑，自 1750 年左右以来观察到的温室气体（GHGs）浓度的增加是人类活动引起的。到 2019 年，二氧化碳（CO_2）的年均浓度达到 410ppm、甲烷（CH_4）的年均浓度达到 1866ppb、氧化亚氮（N_2O）的年均浓度达到 332ppb。最近整个气候系统的变化规模以及气候系统出现的许多现象在数千年中都是前所未有的，二氧化碳（CO_2）浓度高于至少 200 万年来的任何时候，甲烷（CH_4）和氧化亚氮（N_2O）浓度高于至少 80 万年来的任何时候。

自 1850 年以来，全球气温上升显著。2011～2020 年全球地表温度比 1850～1900 年高 1.09℃，陆地（1.59℃）比海洋（0.88℃）上升幅度更大。21 世纪前二十年（2001～2020 年）的全球表面温度比 1850～1900 年高 0.99℃。1970 年以来，全球地表温度的上升速度比过去 2000 年中任何其他

50 年都要快。

从 1850 ~ 1900 年到 2010 ~ 2019 年，人为造成的全球表面温度升高的可能范围为 0.8℃至 1.3℃，最佳估计值为 1.07℃。温室气体可能导致 1.0℃ ~ 2.0℃的升温，其他人类驱动因素（主要是气溶胶）导致 0.0℃ ~ 0.8℃的降温，而自然驱动因素对全球表面温度改变的贡献是 -0.1℃ ~ 0.1℃，大气内部变率的贡献是 -0.2℃ ~ 0.2℃。

人类的影响很可能带来了以下变化：20 世纪 90 年代以来全球冰川消融以及 1979 ~ 1988 年、2010 ~ 2019 年北极海冰面积减少，1950 年以来，北半球春季积雪减少；20 世纪 70 年代以来，全球上层海洋（0 ~ 700 米）变暖；1901 ~ 2018 年，全球平均海平面上升了 0.20 米。

人类引起的气候变化表现为全球各个地区出现极端天气和气候，如观测到的热浪、强降水、干旱和热带气旋等。全球范围内极端高温（包括热浪）已经变得越来越频繁。强降水事件的频率和强度在大部分地区有所增加。

（二）到 21 世纪中叶，全球地表平均温度持续升高，水循环加剧

报告指出，除非在未来几十年内大幅减少二氧化碳和其他温室气体排放，否则到 21 世纪末，全球变暖将超过 1.5℃或 2℃。与 1850 ~ 1900 年相比，2081 ~ 2100 年全球表面平均温度在考虑温室气体排放量非常低的情景下很可能会升高 1.0℃ ~ 1.8℃，在中间情景下会升高 2.1℃ ~ 3.5℃，在温室气体排放量非常高的情景下会升高 3.3℃ ~ 5.7℃。上一次全球表面温度维持在高于 1850 ~ 1900 年平均气温 2.5℃以上的时间是 300 多万年前。

全球陆地平均降水量自 1950 年起可能有所增加，20 世纪 80 年代以来增长速度更快。预计持续的全球变暖将进一步加剧全球水循环。在二氧化碳排放量不断增加的情况下，预计海洋和陆地碳汇减缓大气中二氧化碳积累的效果会降低。过去和未来温室气体排放造成的许多变化在几个世纪到几千年内是不可逆转的，特别是海洋、冰原和全球海平面的变化。

（三）随着全球变暖的加剧，极端事件将变得更为严重，多重影响并发的概率将增加

报告指出，极端高温、海洋热浪、强降水、某些地区农业和生态干旱等极端天气气候事件发生的频率和强度在增加，强热带气旋的比例在增加，北极海冰、积雪和永久冻土在减少。随着全球变暖的加剧，即使在全球变暖1.5℃的情况下，一些前所未有的极端事件也将越来越多地发生。

随着全球变暖的加剧，预计每个地区都将越来越多地经历气候影响驱动因素的同时和多重变化，如高温热浪和干旱并发，极端海平面和强降水叠加造成的复合型洪涝事件加剧。到2100年，一半以上的沿海地区所遭遇的百年一遇极端海平面事件将会每年都发生，叠加极端降水将造成洪水灾害更为频繁。特别是，不排除发生类似南极冰盖崩塌、海洋环流突变、森林枯死等气候系统临界要素的引爆，一旦发生便将对地球生存环境带来重大灾难。与全球变暖1.5℃情景相比，在变暖2℃情景下，各种气候影响驱动因素的变化更为普遍，即在更高的变暖水平下，变化将更为广泛和明显。

（四）限制未来气候变化必须实现二氧化碳净零排放

报告指出，要将人类活动引起的全球变暖限制在某个特定水平，就必须限制累积二氧化碳排放量，至少达到二氧化碳净零排放，同时大幅减少其他温室气体排放。CH_4排放量的大幅、快速和持续减少也将缓解因气溶胶污染减少所造成的升温效应，并将改善空气质量。

累积的人为CO_2排放量与其造成的全球变暖之间存在近似线性关系。每1000$GtCO_2$的累积CO_2排放量可能导致全球表面温度升高0.27℃～0.63℃，最佳估计值为0.45℃。这种关系意味着，达到净零人为CO_2排放量是在任何水平上稳定人为引起的全球温度升高的一项要求，但将全球温度升高限制在特定水平意味着将累积CO_2排放量限制在对应的碳预算内。温控在1.5℃或2.0℃，如实现概率为83%，自2020年起，CO_2累积排放剩余空间为300$GtCO_2$或900$GtCO_2$，如实现概率为50%，剩余空间为500$GtCO_2$或1350$GtCO_2$。

人为 CO_2 移除（CDR）有可能从大气中去除 CO_2，并将其持久储存在储层中（高置信度）。CDR 旨在补偿剩余排放量，以达到净零 CO_2 或净零 GHG 排放量，或者，如果以人为清除量超过人为排放量的规模实施，则可降低地表温度。CDR 方法可能会对生物地球化学循环和气候产生潜在的广泛影响，这可能会削弱或加强采用这些方法清除二氧化碳和减缓变暖的潜力，也可能影响水的可用性和质量、粮食生产和生物多样性。

如果要实现并维持全球净负二氧化碳排放量，全球二氧化碳引起的地表温度升高将逐渐逆转，但其他气候变化将继续以目前的方向持续几十年至数千年。例如，即使在二氧化碳净负排放量较大的情况下，全球平均海平面升高也需要几个世纪到数千年才能逆转。

就在 IPCC 第六次评估报告第一工作组报告发布后不久，2021 年诺贝尔物理学奖被颁给美籍日裔科学家真锅淑郎（Syukuro Manabe）、德国学者克劳斯·哈塞尔曼（Klaus Hasselmann）与意大利学者乔治·帕里西（Giorgio Parisi），以表彰他们“对我们理解复杂物理系统的开创性贡献”。真锅淑郎和哈塞尔曼均为 IPCC 作者，在地球气候的物理建模、量化变化和可靠地预测全球变暖方面作出了杰出贡献。诺贝尔物理学委员会主席托尔斯·汉斯·汉森（Thors Hans Hansson）表示：“今年获奖的发现表明，我们对气候的知识建立在坚实的科学基础上，是基于观察结果的严格分析。”获奖后，真锅淑郎表示，“理解气候变化背后的物理学原理，比令世界对气候变化采取行动容易”，哈塞尔曼则说，“宁愿自己没有得到诺贝尔奖，也不希望有全球暖化”①，表现了气候科学家在科学研究的同时心忧天下的情怀。

三　全球碳中和目标下的能源和产业转型需求

全球碳中和是为了应对气候变化而提出的，但又不仅仅是为了应对气候

① 王立雪：《2021 年诺贝尔物理学奖：全球变暖的科学基础》，中创碳投公众号，https：//mp. weixin. qq. com/s/Im7Pq3aGWrHQ81XSNPuaMw。

变化，碳中和将给世界能源、技术、经济、社会发展、国际治理等方方面面带来前所未有的广泛而深刻的影响。

根据IPCC第五次评估报告以及1.5℃增温特别报告的结论，实现2℃和1.5℃温控目标均需要全球各国进一步深度减排。①② 1990年以来，由于经济快速增长和化石能源消费量的提高，全球能源相关的温室气体排放呈加速趋势，化石能源使用产生的二氧化碳排放量在2019年达到了380亿吨二氧化碳当量，创历史新高。③ 如果不采取减排措施，根据各方评估，到2050年能源部门二氧化碳排放将持续增加，增幅达10%～30%，从而无法将大气中二氧化碳浓度控制在《巴黎协定》长期温控目标要求的较低水平上。能源系统低碳转型是实现《巴黎协定》温升控制目标的关键，但也面临着较大的技术、经济或者社会接受性方面的障碍和挑战，主要减排措施包括：提高能源利用效率、减少终端能源需求、提高终端部门电气化率和增加低碳/零碳能源供应。一次能源需求结构将持续优化，逐步实现从化石能源为主、清洁能源为辅，向清洁能源为主、化石能源为辅的根本性转变。终端能源需求结构中，电力逐步取代化石能源，电气化水平提高将成为终端能源结构变化的主要趋势。

根据IPCC评估结论，要实现2℃温控目标，到2050年，全球低碳能源占一次能源比例需要从2010年的15%左右增加到2050年的50%～70%、2100年的90%。④ 燃煤占比需大幅降低至1%～7%，且剩余燃煤均需耦合碳捕获和封存（CCS）技术，以煤+CCS的方式进行利用。同时，燃油消费

---

① IPCC, *Climate Change Mitigation AR5 of IPCC WGIII*, Cambridge University Press, 2014.

② IPCC, Global Warming of 1.5℃. An IPCC Special Report on the Impacts of Global Warming of 1.5℃ above Pre-industrial Levels and Related Global Greenhouse Gas Emission Pathways, in the Context of Strengthening the Global Response to the Threat of Climate Change, Sustainable Development, and Efforts to Eradicate Poverty. Cambridge University Press, 2018.

③ United Nations Environment Programme, Emissions Gap Report 2020. Nairobi, 2020.

④ IPCC, Global Warming of 1.5℃. An IPCC Special Report on the Impacts of Global Warming of 1.5℃ above Pre-industrial Levels and Related Global Greenhouse Gas Emission Pathways, in the Context of Strengthening the Global Response to the Threat of Climate Change, Sustainable Development, and Efforts to Eradicate Poverty. Cambridge University Press, 2018.

需减少39%～77%，天然气消费需减少13%～62%；可再生能源占比需大幅度增加到52%～67%。同时，CCS应用需大幅度增加，到2050年的累计储存量达0～300GtCO_2；生物能源供应量达40～310EJ/年，核能达3～66EJ/年。而要实现1.5℃温升控制目标，到2050年，煤电占比需大幅度减少到0%（0～2%），可再生能源发电占比大幅度增加到70%～85%，天然气CCS发电占比增加到8%（3%～11%），储能技术得到快速发展。

从各国看，根据IEA评估，2℃温控目标情景下，与2017年相比，2040年美国、欧盟和日本燃煤将大幅度减少70%～90%；石油减少50%～70%；天然气减少20%～50%；核电持平或者少量增加；水电增加20%～70%，生物质增加50%～70%；其他可再生能源分别增加2～6倍。俄罗斯燃煤、油、气将分别减少60%、20%、20%，核电增加60%，水电增加70%，生物质增加3倍，其他可再生能源也将大幅度增加。印度燃煤、油、气将分别持平、增加30%和增加3倍，核电增加6倍，水电增加2倍，生物质和可再生能源将大幅度增加。中国燃煤将减少60%，石油减少20%，天然气增加2倍，核电增加5倍，水电增加50%，生物质增加80%，其他可再生能源增加2倍。OECD国家煤电将几乎完全被淘汰，天然气发电将主要作为备用电源来平衡可再生能源的间歇性。核电或者低碳能源将得到大幅度发展。电力部门到2050年排放将几乎为零，全部依靠低碳发电技术（化石燃料CCS、核电、可再生能源、氢能）。

电力部门低碳化是能源低碳转型的关键措施。在多数模型评估结果中，电力部门低碳化需比工业、建筑和交通部门更加快速。在2℃减排路径下，低碳电力（可再生能源、核电和CCS）比例将从2010年的30%增加到2050年的80%，电力部门2050年将接近零排放，不含CCS的化石能源发电到2100年将全部被淘汰。全球电力碳排放强度从2020年的500gCO_2/kWh将下降到2050年的－330～40gCO_2/kWh，下降比例将超过90%。在1.5℃减排路径下，到2050年可再生能源将提供70%～85%的电力，CCS和核能的比例在大多数1.5℃减排路径中将有所增加。使用CCS将使天然气的发电量在2050年占全球电力的大约8%。煤炭的使用在所有情景中都将大幅减少，并将降低到接近零。[①] 同时太阳能、风能和储能技术在政治、经济、社会和技术上的可行性需要有大幅提升，以向电力系统低碳化过渡。

氢能很可能将得到大规模利用。氢能作为一种二次能源，有多种生产方式，包括化石能源制氢、可再生能源制氢和核能制氢等，在减排温室气体和高比例可再生能源应用方面具有较大的应用前景。到 2050 年，其应用潜力可以占到终端能源的 10% ~20% 。但是，氢能发展面临着较大不确定性，其最终发展规模需要与核电、可再生能源、CCS 技术相互竞争、相互影响。

除了供给侧的低碳化，能源需求端的消费控制和电气化的扩散对于实现全球气候目标也有不可或缺的作用。减少能源需求是减少终端部门碳排放的关键，能源消费侧的节能减排潜力巨大，可能是能源供给侧改革（如提高可再生能源和核能比例）带来的碳减排量的几倍到几十倍。与此同时，电力将在交通、建筑物、工业等各终端部门以及氢气等低排放燃料生产中起关键的作用，在 2℃减排路径下，2050 年电力将占能源消费总量的 50% 。分部门看，为实现 1. 5℃温控目标，2050 年与 2010 年相比，工业碳排放预计要降低 65% ~90% ，而 2℃温控目标下为 50% ~80% 。这种减排可以通过结合新的和现有的技术和做法来实现，其中包括电气化、氢的利用、可持续的生物基原料、产品替代以及碳捕获、利用和储存。从技术上来说，这些减排方案在不同程度上已经得到验证，但大规模普及可能会受到经济、资金、人员能力和特定情况下的体制的制约，以及大型工业设施的具体使用条件的限制。同时，交通和建筑部门的排放减少幅度将更大。大幅度减少排放的技术措施和做法包括对各种能效措施的选择。将全球变暖限制在 1. 5℃范围内，到 2050 年建筑物能源需求中的电力占比将达到 55% ~75% ，而 2℃情景下为 50% ~70% 。交通部门在 1. 5℃情景下，低碳能源占

---

① IPCC , Global Warming of 1. 5℃. An IPCC Special Report on the Impacts of Global Warming of 1. 5℃ above Pre – industrial Levels and Related Global Greenhouse Gas Emission Pathways, in the Context of Strengthening the Global Response to the Threat of Climate Change, Sustainable Development, and Efforts to Eradicate Poverty. Cambridge University Press, 2018.

比将从 2020 年的不到 5% 上升到 2050 年的 35% ~65%，而 2℃情景下的比例为 25% ~45%。①

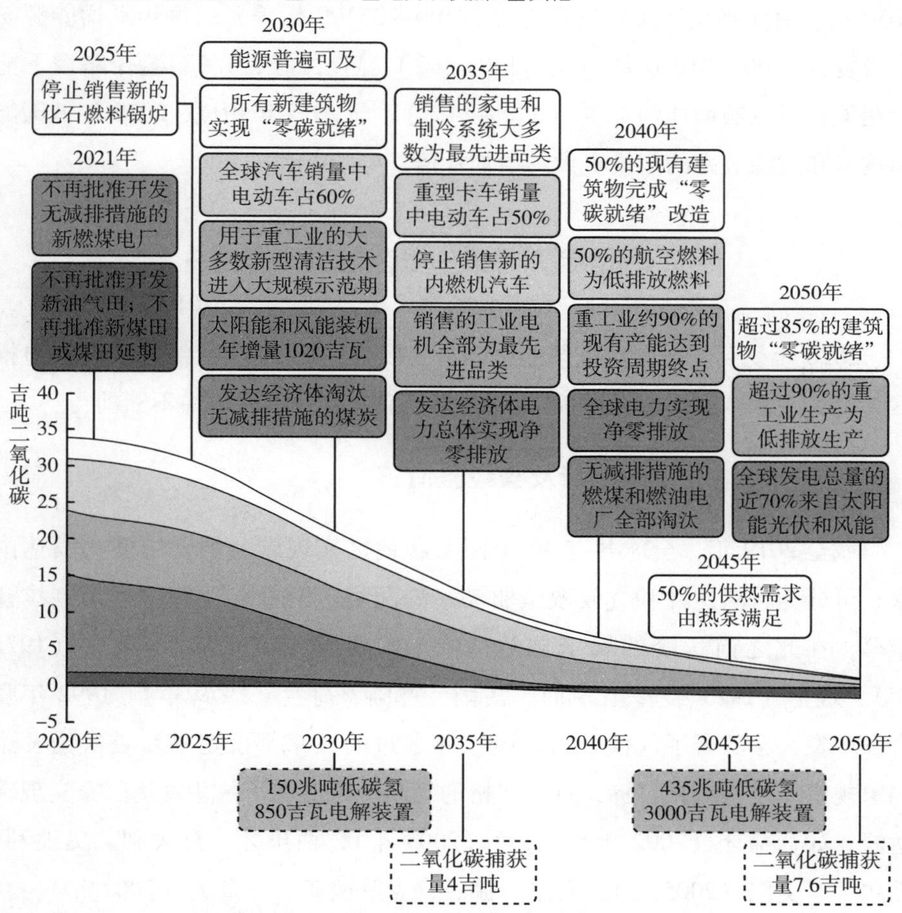

图 1　实现碳中和的关键措施和里程碑

注：IEA，Net Zero by 2050：A Roadmap for the Global Energy Sector. International Energy Agency，Paris，2021。

① IPCC，Global Warming of 1.5℃. An IPCC Special Report on the Impacts of Global Warming of 1.5℃ above Pre－industrial Levels and Related Global Greenhouse Gas Emission Pathways，in the Context of Strengthening the Global Response to the Threat of Climate Change，Sustainable Development，and Efforts to Eradicate Poverty. Cambridge University Press，2018.

相对于只有现有气候政策而没有新政策的路径，2016～2050 年，为实现 1.5℃温控目标，与能源相关的额外年均投资估计为 8300 亿美元（6 个模型估算的投资在 1500 亿～17000 亿美元）（IPCC，2018）。与之相应，2016～2050 年，每年平均能源供应投资为 14600～35100 亿美元；每年平均能源需求投资为 6400～91000 亿美元。相对于 2℃温控路径，1.5℃温控路径下能源相关投资总额增加约 12%（3%～24%）。与 2015 年相比，2050 年低碳能源技术和能源效率的年投资大约增加 6 倍（4～10 倍）。

四　国际碳中和进程在坎坷中推进

2020 年受到新冠肺炎疫情的影响，气候公约第 26 次缔约方大会被迫推迟，IPCC 进程受阻，但国际碳中和一旦开启，就将在坎坷中不断前行。

（一）发达国家碳达峰及其经验借鉴

截至 2019 年，全球共有 46 个国家和地区实现碳达峰，主要为发达国家，可分为自然达峰和气候政策驱动达峰两类。1990 年国际气候谈判拉开帷幕，在此之前达峰的属于自然达峰，如瑞典（1970 年）、英国（1971 年）、瑞士（1973 年），比利时、法国、德国、荷兰（1979 年）。1992 年联合国环发大会签署了气候公约，1997 年通过的《京都议定书》首次为发达国家规定了定量减排目标，日趋严格的气候政策促进了一些发达国家实现碳达峰，如葡萄牙（2002 年）、芬兰（2003 年），西班牙、意大利、奥地利、爱尔兰、美国（2005 年），希腊、挪威、克罗地亚、加拿大（2007 年），新西兰、冰岛、斯洛文尼亚（2008 年），日本（2013 年）等。

首先，发达国家碳达峰与工业化、城镇化进程密切相关。发达国家基本遵循了碳强度率先达峰，而后碳排放总量、人均碳排放几乎同时达峰的发展轨迹。不同国家实现碳达峰时的人均 GDP 呈现较大的差异，但城镇化率均达到 70% 以上，工业化和城镇基础设施建设基本完成，人口集聚促进了第三产业的蓬勃发展，产业结构逐渐转向以技术密集型产业为主导，为实现碳

达峰创造了基本条件。

其次，发达国家促进碳达峰的主要措施是产业结构升级、低碳燃料替代、能效技术进步、碳密集制造业转移等。例如，英国是第一个使用煤炭发电的国家，其煤炭消费在1956年达峰（2.44亿吨），此后英国积极以石油、天然气、核电等替代煤炭，煤炭消费量逐年下降，但用于发电的煤炭量仍在上升，直到1980年达峰。当时英国发电总量中煤电占比高达75%，2012年仍占42%。随着天然气发电和可再生能源的发展，英国煤电占比到2017年降至7%，基本淘汰了煤电。

最后，能源转型在发达国家也遇到一些风险和困难，甚至引发了社会矛盾或者政治动荡。例如，2021年2月，美国能源转型方面表现突出的得克萨斯州突遭极寒天气，出现大规模停电，超过400万人受灾，加剧社会撕裂。加利福尼亚州汽油价格为每加仑3.438美元，大大高于全美平均价格，电价比全美平均电价高出47%，引发了很多抗议活动和法律诉讼。2000年以来，德国的税收减免和可再生能源补贴总支出超过2430亿欧元。2018年底，法国发生席卷全国的黄衫军运动，起因就是车用燃料价格和电费上涨。

（二）发达国家碳中和及其政策措施

目前，全球已有130多个国家提出或计划提出碳中和目标，碳中和已成为全球共识。根据官方信息，截至2021年9月30日，有194个气候公约缔约方（含尚未完成批准程序的厄立特里亚和伊朗）第一次提交了国家自主贡献，有13个气候公约缔约方第二次提交了国家自主贡献①，31个国家和国家集团（含欧盟）提交了长期减排战略（Long－term Strategy）②。根据英国能源与气候智库（Energy & Climate Intelligence Unit）机构统计，共有54个国家承诺了碳中和目标，其中包括25个非附件一国家（发展中国家和新兴经济体）。③ 比较分析发达国家碳中和行动方案有助于对其未来碳中和路

① UNFCCC，https：//www4. unfccc. int/sites/NDCStaging/Pages/Home. aspx.

② UNFCCC，https：//unfccc. int/process/the－paris－agreement/long－term－strategies.

③ ECIU，https：//eciu. net/netzerotracker.

径和政策有初步的了解。

首先，碳中和的关键是能源转型，首要目标是明确弃煤时间表。2019年全球煤炭占世界能源结构的比重约为27%。世界自然基金会（WWF）呼吁，为了实现《巴黎协定》目标，各国应该立刻开始推进“弃煤”进程，到2035年加入经合组织的发达国家应该完全弃煤，到2050年全世界所有国家应该完全摆脱煤电，不能幻想继续使用煤炭并依靠碳捕获、利用与封存（CCUS）技术解决碳排放问题。2017年，英国、加拿大等共同发起成立“助力弃用煤炭联盟”（PPCA），该联盟目前有超过100个国家、地方政府和企业加入，并提出弃煤时间表，其全球影响力不可小觑。比如，美国拜登政府积极部署推动2035年前电力部门实现零碳排放、增加可再生能源产量、有限考虑清洁能源投资等行动，并撤销价值90亿美元的基斯顿输油管道发展计划。欧盟煤炭大国德国2020年批准《弃煤法案》，原计划2038年完全弃煤，但随着欧盟提出碳中和目标并提高2030年减排目标，德国正明显加速弃煤进程，2016年以来已连续四年大幅度减少煤炭进口。

其次，大力推进交通、建筑部门的清洁化、电气化、智能化。发达国家基本完成工业化进程，交通和建筑部门大约各占总排放的1/3，成为重要的排放源。欧洲早在2018年就提出了气候中和经济的长期战略愿景，提倡清洁互联的交通、智能网络基础设施、零排放建筑以及完全脱碳的能源供应，又在2019年欧洲绿色协议里再次强调清洁可负担和安全可持续的能源、智能交通、高能效翻新建筑。英国政府出台了能源白皮书，除迈向零碳的电力系统之外，还强调为居民生活供暖提供低碳替代技术方案，建立低碳产业集群，停售汽油和柴油汽车。

再次，积极研发和部署面向碳中和的新技术。碳中和必须依靠技术创新，也将带来新一轮技术革命。欧美非常重视引导公共和私营部门加大在关键技术上的研发力度，如储能、可持续燃料、氢能及碳捕获、利用或封存技术（CCUS）等。欧盟、日本提出推动氢能技术在能源供应、工业生产、交通等多个领域的系统深度应用。多国启动对生物能源耦合CCS（BECCS）、直接碳捕获（DAC）等负排放技术的研究，日本有意在2023年开始进行负排放技术的商业化探索。

最后，加强碳中和相关立法，不断完善气候政策体系。例如，英国于2019年6月通过《气候变化法案》修订案，成为全球首个以国内立法形式确立碳中和目标的国家。欧盟委员会2020年3月提交的《欧洲气候法》草案也以立法的形式明确了到2050年实现碳中和目标。欧盟试图更新碳交易市场（EU ETS），将建筑、海运纳入行业覆盖范围，并考虑取消化石能源补贴，对选定行业设定碳边境调节机制。英国脱欧后从2021年1月1日起启动英国排放交易体系（UK ETS），排放上限将比欧盟体系降低5%。2020年12月25日，日本政府发布了绿色增长战略，试图通过税收优惠、绿色基金等手段，实现2050年创造1.8万亿美元的绿色GDP以及净零碳排放的雄心目标。

（三）全球能源危机是否会动摇气候政策

2021年下半年以来，全球能源危机愈演愈烈，欧洲、美国、亚洲遭遇能源供需矛盾的冲击，天然气、原油、动力煤价格均大幅上涨。例如，北欧2021年夏季降雨量骤减，水资源短缺使得水力发电下降，2021年9月底的电价是2020年同期的5倍。不仅如此，欧洲和英国的夏风衰弱，也让风力发电公司的电力供应能力受到大幅影响，使得天然气价格达到近7年来的最高点。

欧洲一直在气候政策上表现积极，如德国2021年5月宣布将碳中和目标实现时间从2050年提前到2045年，计划在2022年关闭国内最后三座核电站，于2038年前关闭所有煤电厂，2050年前放弃使用天然气。英国作为气候公约第26次缔约方大会（COP 26）的东道主，力推尽早停止使用煤炭、加速全球从使用化石燃料向使用可再生能源过渡，这也是COP 26预期中的主要议题。但2021年9月，英国重启了一座旧的燃煤电厂，以缓解严峻的电力需求。

不少人指责气候政策打击化石能源，弃煤、弃油、弃核，限制天然气，发展光伏、风力等低碳能源、可再生能源，是造成能源价格上涨的主因。实际上，这是全球能源转型的一次阵痛，能使各国认识到能源转型的风险和挑战。在全球能源危机面前，能源绿色低碳转型的方向并没有错，而各国需要深刻反思的是如何保持积极减排政策不动摇，坚定对全球碳中和目标的信心，把握好能源转型的步伐和节奏。

五　我国碳达峰碳中和政策体系初现端倪

习近平主席自2020年9月22日之后的一年时间里，在国际国内不同场合20多次重申我国在2030年前实现碳达峰、2060年前实现碳中和目标的郑重承诺，展现了中国“言必信，行必果”的信心和决心。作为最大的发展中国家，中国承诺的从碳达峰到碳中和的时间只有30年，远比发达国家40~70年的时间要短，挑战之大是人类历史前所未有的。中国提出碳达峰、碳中和目标，不仅是履行国际义务，展现推动构建人类命运共同体的大国担当，更是符合自身可持续发展的内在要求，是加强生态文明建设、实现美丽中国目标的重要抓手。

落实碳达峰碳中和目标，要求中国必须在能源、工业、城市及基础设施、土地管理等领域形成前所未有的低碳转型速度，而合理的碳达峰水平正是后续以较低成本实现碳中和的关键。“十四五”时期是碳达峰的关键期、窗口期，我们要从碳中和的长期要求入手，避免“锁定排放”，支持有条件的地方和重点行业、重点企业率先达峰，构建清洁低碳安全高效的能源体系，实施重点行业领域减污降碳行动，推动绿色低碳技术实现重大突破，完善绿色低碳政策和市场体系，倡导绿色低碳生活，营造绿色低碳生活新时尚。2021年9月21日，习近平主席以视频方式出席第七十六届联合国大会一般性辩论，宣布“中国将大力支持发展中国家能源绿色低碳发展，不再新建境外煤电项目”①。2021年上半年，中国参与的“一带一路”海外发展

---

① 习近平：《坚定信心　共克时艰，共建更加美好的世界——在第七十六届联合国大会一般性辩论上的讲话》，新华网，http://www.news.cn/politics/leaders/2021-09/22/c_1127886754.htm。

项目没有为任何煤炭项目提供资金，还通过南南合作为支持发展中国家绿色低碳能源转型提供了大量帮助，体现了中国对联合国和国际社会的尊重，向世界展示了中国走绿色低碳发展之路的诚意和决心。

实现碳达峰碳中和目标，技术创新虽然非常重要，但政策驱动也必不可少。我国自“十一五”规划首次提出定量节能目标起，经过 20 多年的发展，已经具备涵盖各类政策工具的气候政策，包括规制类政策、行政指令、经济政策、科技政策、环境和气候协同政策、试点示范和能力建设、国际合作等（见图 2）。在碳达峰碳中和目标下，现有政策体系已经不能适应新形势、新挑战，各类政策需要在客观评估的基础上进行动态调整。如果说现有政策体系是 A，那么碳达峰目标需要的政策体系是 A +，碳中和目标需要的政策体系则是 B，碳中和政策体系与碳达峰政策体系有本质不同。

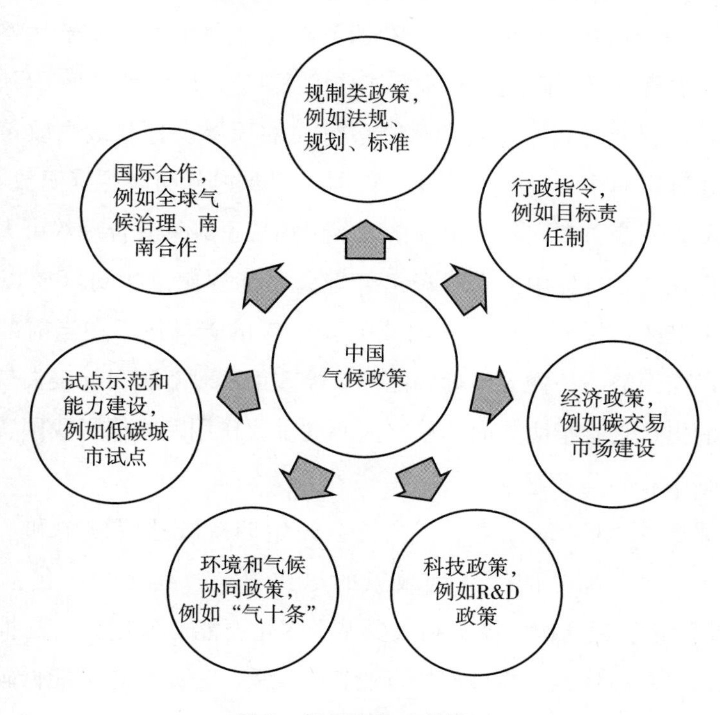

图 2　气候变化政策体系

2021年6月1日，我国成立了中央层面的碳达峰碳中和工作领导小组，并着手组织制定“1+N”政策体系，其中“1”是碳达峰碳中和指导意见，“N”包括2030年前碳达峰行动方案以及重点领域和行业政策措施和行动。近一年来，各部门已经制定和出台了很多与碳达峰碳中和相关的政策文件，例如，国务院印发的《关于加快建立健全绿色低碳循环发展经济体系的指导意见》，中共中央办公厅、国务院办公厅印发的《关于建立健全生态产品价值实现机制的意见》，国家发改委发布的《完善能源消费强度和总量双控制度方案》，中国人民银行、国家发改委、证监会印发的《绿色债券支持项目目录（2021年版）》，国家能源局印发的《2021年能源工作指导意见》，生态环境部发布的《关于加强高耗能、高排放建设项目生态环境源头防控的指导意见》，等等。

2021年10月20日，中共中央和国务院联合发布了《关于完整准确全面贯彻新发展理念做好碳达峰碳中和工作的意见》，也就是“1+N”政策体系中的“1”，是指导我国实施碳达峰最重要的顶层设计和最高政策。文件明确鼓励地方主动作为、率先达峰，特别提到要把节约能源资源放在首位，实行全面节约战略，在完善财税价格政策中加快形成具有合理约束力的碳价机制。文件在主要目标中提到“2060年非化石能源比重达到80%以上”是一个非常关键的目标，这相当于削减中国70%的碳排放。在当前部分地区出现能源供应短缺、一些人不理解能源双控政策、对双碳目标丧失信心的时候，文件的出台具有指明方向、稳定人心的重要作用，描绘了我国实现碳达峰、迈向碳中和的美好愿景。

在总体意见“1”落地之后，全社会开始期待碳达峰碳中和“1+N”政策体系中“N”部分的一系列政策的尽快出台，其至少应包括十大领域[①]：一是优化能源结构，控制和减少煤炭等化石能源使用。二是推动产业优化升级，遏制高耗能、高排放的行业盲目发展。三是推进节能低碳建筑和

① 解振华：《“1+N”政策体系将确保实现碳中和》，新浪财经，http://finance.sina.com.cn/esg/pa/2021-09-01/doc-iktzscyx1681966.shtml，2021年9月1日。

低碳的基础设施建设。四是构建绿色低碳的交通运输体系，优化运输结构。五是发展循环经济，提高资源利用效率。六是推动绿色低碳技术创新。七是发展绿色金融。八是出台配套的经济政策和改革措施。九是建立完善碳市场和碳定价机制。十是实施基于自然的解决方案，增加碳汇。“1 + N”的政策体系与碳达峰碳中和的实现途径和重点领域要基本吻合。

六　积极推动全球碳中和国际合作

全球正面临共同的生态环境和气候变化方面的严峻挑战，也正在共同经历史上最大规模的绿色低碳转型。从《京都议定书》到《巴黎协定》，可看出国际社会关于减排目标的认知相对一致，即一国排放水平相对某个特定年份实现一定比例的下降或控制性增长，是一个量变过程，是对既有经济、能源结构的优化，是生产效率的进一步提升。碳中和目标的实现，需要能源结构、经济和生活模式实现颠覆性变化。即便是欧美等发达国家也没有从经济繁荣走向碳中和的成功案例。碳中和的实现方式部分基于当前先进环境技术的广泛应用，部分还要依靠未来技术发展预期。因此，不管信心多么坚定，碳中和的不确定性还是存在的，各国面临的挑战也有共性，各国需要通力合作。因此，尽管当前国际环境复杂多变，面向21世纪中叶的碳中和愿景，我国要继续积极推动应对气候变化国际合作，与各国在绿色产能、绿色资本、绿色贸易等方面进一步拓展合作的广度和深度。

第一，围绕碳达峰碳中和目标，加强多边合作，给予发展中国家更多支持。气候公约是国际气候治理主渠道，未来也应该作为加强各国碳中和合作的主渠道，使各国共同推动《巴黎协定》全面、平衡、有效实施。发展中国家既要实现经济社会发展，又要实现温室气体管控目标，面临多重挑战。中国要积极对接各国国家自主贡献的更新，识别、评估和完善应对气候变化国际合作主要目标和重点任务，坚持与发展中国家站在一起，促进联合国多边机制在资金、技术、能力建设等方面加强对发展中国家的支持，这样一方面可以保证发展中国家目标的高效实现，另一方面有助于发展中国家提出更具雄心的低碳发展目标。

第二，探索双边和多边协作减排新模式。由于碳排放的全球扩散特性和减排成本的空间异质性，在哪里进行碳减排对全球气候变化的效果都是等同的，这就使得通过气候治理双边、多边合作（既包括资源、能源的合作，技术、市场的合作，也包括碳排放和碳汇额度共享的合作），实现双赢或多赢成为可能。从经济学的角度看，越大、越开放和竞争程度越高的市场，生产成本和风险越低，能够实现的社会福利水平越高。在一个高效运行的双边、多边机制下，各经济体整体的温室气体减排成本、效率一定优于经济体成员各自行动的减排成本、效率，在未来全球气候治理进程还存在不确定性的情况下，推动实施双边、小多边减排协作模式，也是提高效率、抵御风险的可选路径。

第三，加强多圈层、多主体系统治理。发达国家经验表明，碳达峰可以以政府为主导从供给侧、生产侧推动实现，但碳中和则需要从政府到个人、从生产侧到消费侧各方的共同行动，需要更为系统的解决路径和方案。全球碳中和必须充分调动国际气候治理体系中主权国家政府、国际组织、行业组织、企业等非政府组织和个体等多圈、多层的行为主体的力量，共同开展行动并贡献知识和实践经验，让优秀实践可以快速复制，并激发更多的领域和更广泛的人群开展迭代创新实践，快速放大优秀实践成效。

第四，推动建立消除技术和贸易壁垒的国际机制。全球碳中和需要各国充分合作，放大合作红利，减少相互约束导致的损耗，推动气候与环境友好技术的快速应用和普及，保障全球气候安全。我国是全球主要生产大国，获取先进技术和全球市场对我国经济绿色转型和高质量发展至关重要。但欧美等国家和地区经常以国家安全、环境安全为名，通过设置各种壁垒阻碍技术和贸易的正常流通。我国可主导推动建立相关国际机制，联系和团结面临同样约束的发展中国家甚至部分发达国家，共商解决方案，减少技术和贸易等各方面的壁垒，促进环境友好技术的使用和国际贸易趋向正常化。

第五，持续推进中国与全球应对气候变化综合评估及碳中和投融资数据库建设。特别是增强对非能源基础设施投资、绿色金融及典型发展中国家的

特殊国情和需求、风险和不确定性等方面的研究，推动气候影响、资源禀赋、绿色产业、低碳技术等领域的数据库建设。在传统的金融市场、信用、商业、法律及合规风险范畴之外，开发气候变化自然和政策风险对投资项目经济绩效影响的评估方法，进行必要的气候风险压力测试，并提出风险缓释和管理相关政策建议。全球各国发展水平参差不齐，面临的环境和气候问题、产能和资本合作模式等也有差异，因此对气候风险的综合评估应该注重“共同但有区别”的原则。

第六，推动建立生态文明与碳中和协同治理国际论坛。生态文明建设是我国为促进全球环境治理和经济发展协同贡献的中国智慧，“双碳”目标是我国推进生态文明建设的具体实践。我国可发起并推进建立生态文明与碳中和全球或者区域性论坛，体现我国的积极行动意愿和具体成效，分享好的经验和做法。碳中和目标相对长远，各国行动方向、路径有较多相似之处，因此，分歧相对较少，容易达成共识。可以先建立区域性论坛，如中日韩都已提出碳中和目标，可以建立合作机制，探讨推进相关研究和工作；中欧在碳中和议题上也有广泛交流和共识，也可推进建立相关工作机制，如煤炭行业公正转型中欧合作机制等，我国可充分借鉴欧洲经验推进资源型城市转型发展和应对气候变化工作开展，与欧洲各国形成务实合作基础。在区域性工作机制基础上，应视情况拓展和提升会议规模和等级，将论坛提升为国际性机制，提高我国在全球生态文明建设和国际气候治理领域的领导力和话语权。

定量指标评价

Evaluation with Quantitative Indices

G.2
2020年中国城市绿色低碳发展状况评估报告

中国城市绿色低碳评价研究项目组*

摘　要：本文利用中国社会科学院生态文明研究所构建的城市绿色低碳评价指标体系对2020年中国182个城市进行评估，并对比分析了2010年以来城市绿色低碳的动态演进情况。研究发现，城市绿色低碳水平有了显著提升，2010年未出现90分及以上城市，2020年90分以上城市达到18个，接近评估城市的10%；80～89分城市从12个增加到115个，占评估城市的63.19%。四种不同类型城市评分基本表现出服务型城市＞生态优先型城市＞综合型城市＞工业型城市趋势；低碳试点城市效果明显优于非试点城市，且城市内部收敛性更好；三批试点城市已经较为稳定地表现出第

* 中国城市绿色低碳评价研究项目由中国社会科学院生态文明研究所庄贵阳研究员牵头，项目组成员包括北京市社会科学院陈楠博士以及哈尔滨工业大学（深圳）气候变化与低碳经济研究中心王东研究员、李珏博士等。本报告由陈楠博士执笔。

一批优于第二批、第二批优于第三批的特点;从历年分数聚类可得出5批先后碳达峰的省市。最后，本文提出抓住实现“双碳”目标的机遇，差异性布局相关产业；加强各项零碳示范城市、工程的建设；深化减污降碳协同工作等建议。

关键词：　绿色低碳　多维度评估　城市

一　引言

力争实现“2030年前碳达峰、2060年前碳中和”目标是中国作出的重大战略决策。早在2010年中国就设立第一批低碳试点城市，探索城市低碳转型的方式、路径。多家机构纷纷对绿色低碳发展进行评估、论证。中国社会科学院生态文明研究所构建了城市绿色低碳指标体系，持续对2010年、2015～2020年进行了评估（见表1），并在可比较维度上对2010年以来的城市进行分析，研究经过10年的低碳试点工作，全国大部分城市绿色低碳发展的动态演进情况，为未来省市差异化达峰方案制定提供相关支撑。

表1　城市绿色低碳指标体系框架

重要领域	指标层	单位
宏观	碳排放总量下降率	%
	单位GDP碳排放	tCO_2/万元
	人均碳排放	tCO_2/人
能源低碳	煤炭消费占一次能源消费比重	%
	非化石能源占一次能源消费比重	%
产业低碳	战略性新兴产业增加值占GDP比重	%
	规模以上工业增加值能耗下降率	%
生活低碳	新能源汽车	辆
	绿色建筑	个
	人均垃圾日产生量	kg/人

续表

重要领域	指标层	单位
环境低碳	空气质量优良天数	天
	三类水质比例	%
政策创新	政府管理	—
	绿色资金占财政支出比重	%
	其余创新活动	—

二　2020年中国城市绿色低碳水平评估结果与分析

（一）中国城市绿色低碳水平总体评估

2020 年 182 个城市的绿色低碳评估总分集中在 62. 55 ~ 96. 17 分，整体水平有所提高。其中，90 分及以上的城市有 18 个，80 ~ 89 分城市有 115 个，70 ~ 79 分城市有 44 个，60 ~ 69 分城市有 5 个，无不及格的城市（见表 2）。

表 2　2020 年中国城市绿色低碳水平排名前 50 城市

排名	城市	总分	排名	城市	总分	排名	城市	总分
1	深圳	96. 17	18	珠海	90. 03	35	龙岩	87. 98
2	北京	95. 86	19	淮安	89. 66	36	大连	87. 97
3	厦门	94. 90	20	中山	89. 58	37	台州	87. 95
4	重庆	94. 85	21	桂林	89. 19	38	上饶	87. 94
5	成都	93. 59	22	长沙	88. 81	39	宁波	87. 94
6	广州	92. 84	23	鹰潭	88. 76	40	抚州	87. 91
7	佛山	92. 48	24	绍兴	88. 52	41	青岛	87. 85
8	南宁	92. 43	25	扬州	88. 50	42	张家口	87. 84
9	福州	92. 35	26	泉州	88. 49	43	德阳	87. 65
10	昆明	91. 78	27	东莞	88. 48	44	丽水	87. 52
11	南平	91. 67	28	十堰	88. 31	45	金华	87. 51
12	广元	91. 33	29	温州	88. 27	46	江门	87. 46
13	连云港	91. 18	30	景德镇	88. 24	47	西宁	87. 41
14	三亚	90. 94	31	南通	88. 11	48	肇庆	87. 35
15	武汉	90. 84	32	上海	88. 09	49	南昌	87. 28
16	杭州	90. 81	33	苏州	88. 06	50	西安	87. 26
17	黄山	90. 53	34	泸州	88. 02			

相对2019年、2020年各城市6个重要领域的绿色低碳水平都有不同程度提高，宏观、能源低碳、产业低碳领域的标准差有明显减少，说明在最为关键领域的绿色低碳水平城市间差异在逐渐缩小，但是在生活低碳、环境低碳、政策创新方面，城市间差异有所增加（见图1）。诸如宁夏、甘肃等省（自治区）的绿色建筑、新能源汽车得分显著低于其他省份，河南、安徽、内蒙古、陕西部分地区的三类水质情况和空气质量优良天数得分低于其他省份。

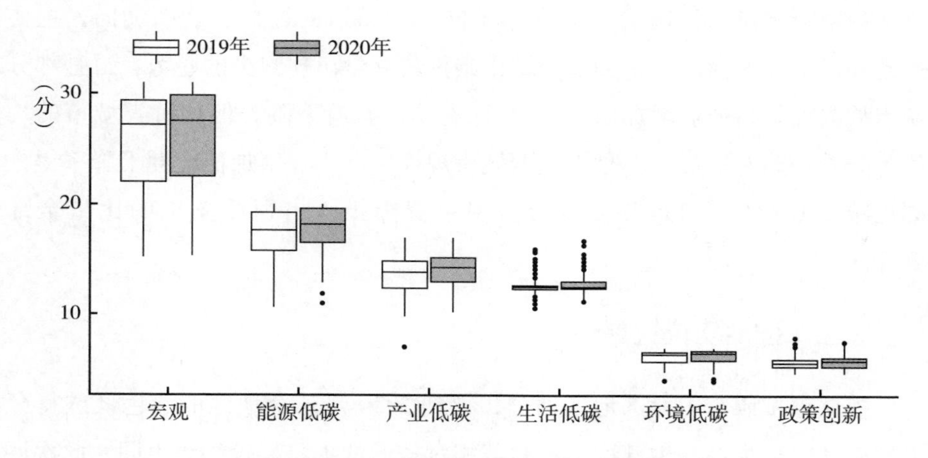

图1　2019～2020年重点领域绿色低碳情况对比

（二）按城市类型评估

2020年四类不同城市[①]中，服务型城市的总分均值最高，为84.77分；其后依次为生态优先型城市（83.63分）、综合型城市（82.99分）、工业型城市（81.04分）。服务型城市在能源结构转型，特别是非化石能源占一次能源消费比重方面优势显著，其次是绿色资金投入以及整个社会的绿色低碳创新度等相对较高，生活低碳类的新能源汽车和绿色建筑得分也较高，但具

① 服务型城市：第三产业增加值占GDP比重大于55%；工业型城市：第二产业增加值占GDP比重大于50%，且以制造业为主；综合型城市：第二、第三产业占比相当，制造业比重逐渐下降；生态优先型城市：第一产业增加值占GDP比重较大、城镇化率不高、生态环境较好。

有高碳消费现象。综合型城市的产业低碳分数略高于其余类型，主要是规模以上工业增加值能耗下降率得分贡献较多。工业型城市宏观均值和产业低碳均值最低，分别为25分和13.80分，下半年复工复产后碳排放增加和规模以上工业增加值能耗增加，导致产业低碳得分同比仅增长0.27%，但三类水质占比和空气质量优良天数指标有明显好转。生态优先型城市宏观均值最高（27.71分），但是绿色建筑和新能源汽车得分最低，整个政策创新领域得分最低。

受新冠肺炎疫情影响，2020年不同类型城市的评估出现新动向，主要表现在以下几方面。一是大部分城市碳排放总量出现减少的趋势；二是部分城市战略性新兴产业增加值占GDP比重同比有所下降，但从每类城市的均值得分看仍略有增加；三是工业型城市规模以上工业增加值能耗下降率得分同比减少0.6%；四是四类城市的绿色资金投入占财政支出的比重全部下降。

（三）按地理位置评估

把城市按照东中西部地区划分，得到2020年三个地区的绿色低碳得分大致呈现东部最高、中部次之、西部相对较低的现象。较往年不同，此次评价东部地区的总分和各领域的平均分全部高于中部、西部城市，总分分别高于中部、西部4.49%和5.56%，宏观领域分别高于中部、西部4.80%和7.93%（见图2）。

2020年的总分及分领域得分较2019年均有不同程度的提高，以西部地区提高最多，提高了2.1%，东部最少，提高了1.81%，中部地区居中。其中，西部地区在宏观、产业低碳领域提高的速度非常明显，特别是规模以上工业增加值能耗下降率得分提高了7.46%；中部地区在“双控”政策的督促下，煤炭占一次能源消费比重下降速度和非化石能源占一次能源消费比重提高的速度最快；东部地区在政策创新方面依旧长期保持着优势，生活低碳的绿色建筑以及新能源汽车得分远超中部、西部城市。值得注意的是，中部地区三类水质的比例得分出现下降，需要加大水体的治理和保护力度；而三

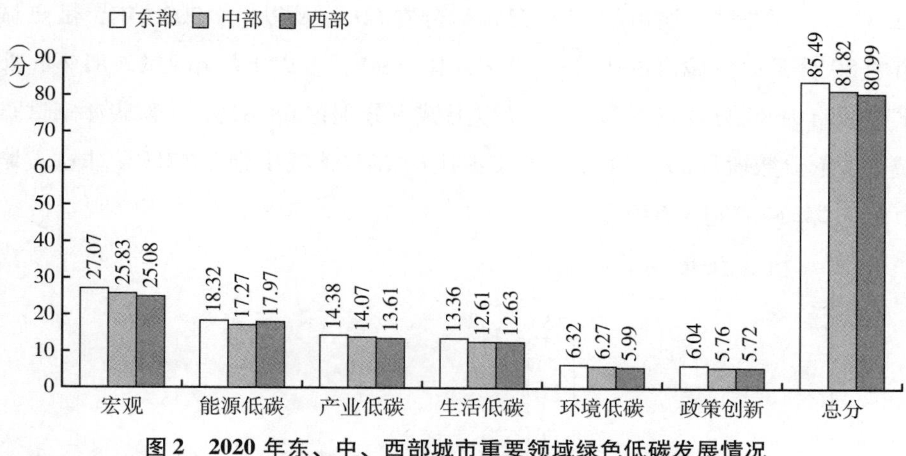

图 2　2020 年东、中、西部城市重要领域绿色低碳发展情况

个地区绿色资金占财政支出的比重均出现负增长，这也与 2020 年抗击新冠肺炎疫情的财政支出调整有关。从综合标准差的结果来看（见表 3），中部地区的标准差较小，西部地区最大，反映出西部地区虽然平均分提高最快，但是区域内部宏观、能源低碳、环境低碳、政策创新的差异最大，需要进一步明确区域内部存在的不同挑战和机遇，细化差异化的绿色低碳发展路径。

表 3　2019～2020 年东、中、西部地区重要领域绿色低碳得分的标准差

地区	宏观		能源低碳		产业低碳		生活低碳		环境低碳		政策创新	
	2019年	2020年	2019年	2020年	2019年	2020年	2019年	2020年	2019年	2020年	2019年	2020年
东部	4. 11	3. 91	1. 90	1. 64	1. 75	1. 61	1. 06	1. 27	0. 66	0. 77	0. 61	0. 62
中部	4. 03	4. 23	1. 62	1. 58	1. 79	1. 52	0. 77	0. 84	0. 71	0. 74	0. 42	0. 54
西部	5. 25	5. 17	2. 76	2. 61	1. 65	1. 59	0. 96	0. 96	1. 06	1. 09	0. 66	0. 68

（四）低碳试点城市与非试点城市评估

2019～2020 年低碳试点和非试点城市的总分分布情况如图 3 所示。2019 年试点城市中 80 分及以上城市占比接近 70%，非试点城市中该类城市占 62. 38%，但其中高分段（90 分及以上）城市占试点城市比例达到

12.33%，而非试点城市仅有1.83%得分在90分及以上；2020年，试点城市中80分及以上城市占比接近80%，其中90分及以上城市占17.81%，非试点城市中80分及以上和90分及以上城市分别占68.81%和4.59%。试点城市中低分数段（60～70分）城市占比从2.74%减少到1.37%，非试点城市从5.5%减少到3.67%。

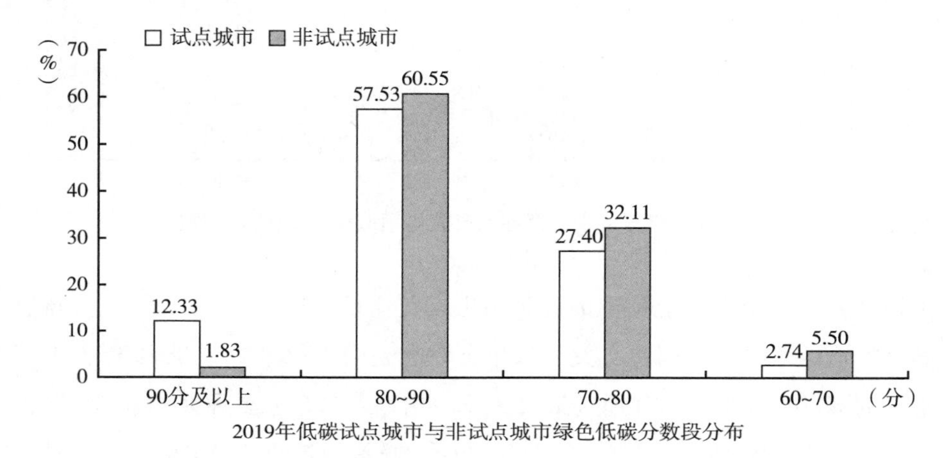

2019年低碳试点城市与非试点城市绿色低碳分数段分布

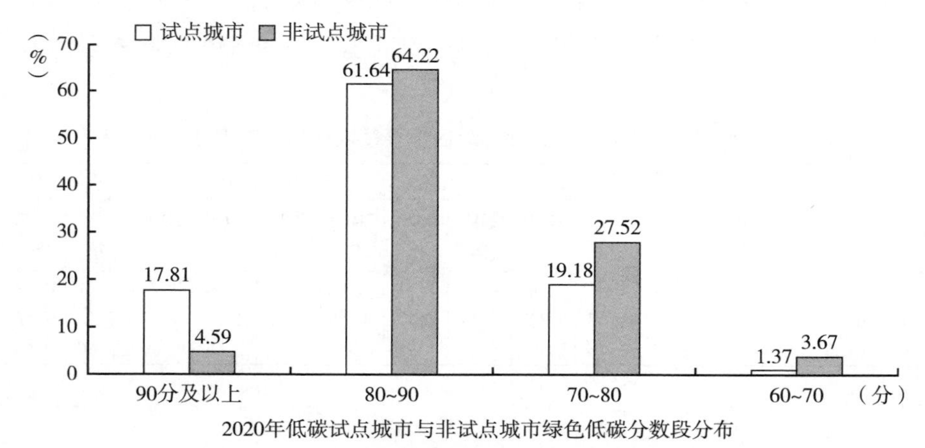

2020年低碳试点城市与非试点城市绿色低碳分数段分布

图3　2019～2020年低碳试点与非试点城市绿色低碳得分情况

2020年低碳试点城市的整体绿色低碳水平优于非试点城市，总分高出2.78分。试点城市仅在宏观领域得分低于非试点城市0.73分（见图4），差距主要因为试点城市人均碳排放高于非试点城市。

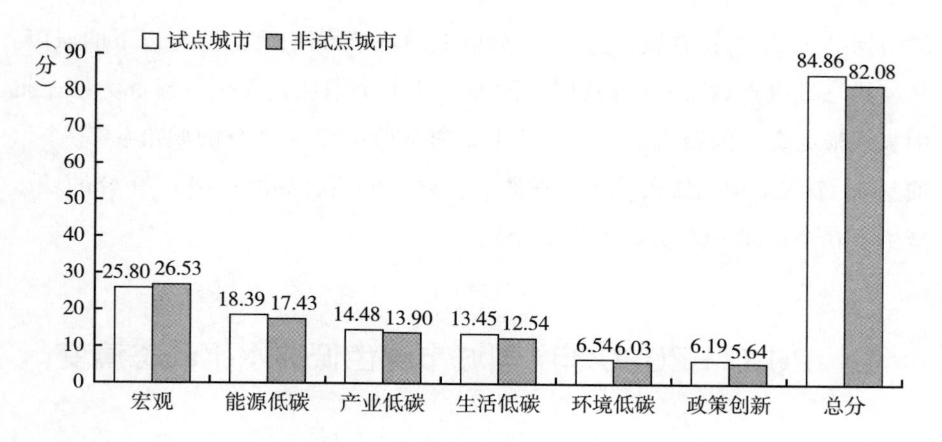

图4　2020年低碳试点城市与非试点城市绿色低碳水平对比

（五）低碳试点城市之间对比

2020年，低碳试点城市的绿色低碳总分均表现出第一批 > 第二批 > 第三批的趋势。第一、二、三批低碳试点城市的绿色低碳总分分别达到90.24分、85.43分和83.32分，各领域的得分也与试点建立的先后顺序成正相关，越早成为试点，得分越高，且第一批试点城市间的差异性收敛效果更好，试点的优势逐渐显现（见表4）。

表4　2020年三批低碳试点城市重要领域得分和总分对比

项目	宏观	能源低碳	产业低碳	生活低碳	环境低碳	政策创新	总分
第一批	28.05	18.70	15.40	14.82	6.58	6.68	90.24
第二批	26.06	18.33	14.63	13.52	6.57	6.31	85.43
第三批	25.15	18.36	14.19	13.11	6.51	6.01	83.32

从分数区间来看，第一批试点城市90分及以上的从3个增加到4个，深圳和厦门长期稳居前两位，已无80分以下的城市。

第二批试点城市90分及以上的从5个增加到6个，武汉首次突破90分大关，北京一直是第二批试点城市里得分最高的城市；70～89分分数段的城市保持了21个；晋城也进入70分以上的城市行列；无70分以下的城市。

第三批试点城市90分及以上的城市从1个增加到3个，成都为第三批中表现最为突出的城市，三亚、黄山紧随其后；80～89分的城市从21个增加到25个，增加的城市分别是沈阳、烟台、柳州、湘潭；70～79分的城市减少了6个；60～69分的城市1个。

三 2010～2020年中国城市绿色低碳水平动态演变

（一）城市绿色低碳水平总体变化情况

2010～2020年，全国大部分城市的绿色低碳水平有了显著提高。从历年绿色低碳指数的分数段分布来看，2010年未出现90分及以上城市，2020年已经达到18个，占评价城市的9.89%；80～89分的城市从2010年的12个增加到2020年的115个，占所有评价城市的63.19%，代表了目前全国大部分城市绿色低碳的水平区间；70～79分的城市整体呈现波动中下降的趋势；60～69分的城市占比更是从20.27%下降到了2.75%（见表5）。

表5 2010年、2015～2020年城市绿色低碳分数段对比

单位：个

年份	90分及以上	80～89分	70～79分	60～69分	城市总数
2010	—	12 （16.21%）	47 （63.51%）	15 （20.27%）	74
2015	2 （2.7%）	53 （71.62%）	19 （25.68%）	——	74
2016	3 （4.17%）	38 （52.87%）	28 （38.89%）	3 （4.17%）	72
2017	7 （4.14%）	72 （42.60%）	79 （46.75%）	11 （6.51%）	169
2018	10 （5.68%）	106 （60.23%）	54 （30.68%）	6 （3.41%）	176

续表

年份	90分及以上	80~89分	70~79分	60~69分	城市总数
2019	11 (6.04%)	108 (59.34%)	55 (30.22%)	8 (4.4%)	182
2020	18 (9.89%)	115 (63.19%)	44 (24.18%)	5 (2.75%)	182

注：2010年、2015~2016年的城市为低碳试点城市，2017~2020年城市包括低碳试点与非试点城市。

在历年评估中，根据实际情况对部分指标进行了调整，为了在可比维度上进行比较，本文选择部分固定关键指标得分进行分析。整体上，大部分城市表现出指标得分稳步提高、内部差异减少的趋势（见表6）。比如CO_2排放总量得分均值从8.84分上升到10.82分，变异系数从0.12减少到0.04；规模以上工业增加值能耗下降率得分均值也从7.76分上升到9.34分，变异系数从0.13减少到0.07。而重要领域得分，平均增加3分以上，特别是能源低碳领域得分从12.62分增加到17.99分，提高了42.55%。深圳、北京、昆明、厦门、成都是多年评估中排名在前十的城市，排名靠后的城市一直集中于化石能源密集、重化工业比重较大的城市，例如晋城、乌海、金昌、包头、石嘴山等，但总分都有不同程度的提高。

表6　2010年、2015年、2020年重要指标的均值与变异系数分析

指标	2010年		2015年		2020年	
	均值	变异系数	均值	变异系数	均值	变异系数
CO_2排放总量	8.84	0.12	10.48	0.04	10.82	0.04
人均CO_2排放	6.89	0.30	6.27	0.33	8.24	0.32
单位GDP碳排放	7.55	0.14	8.24	0.17	7.08	0.34
宏观	23.28	0.12	25.00	0.11	26.15	0.17
规模以上工业增加值能耗下降率	7.76	0.13	7.99	0.15	9.34	0.07
战略性新兴产业增加值占GDP比重	5.68	0.14	7.00	0.16	8.50	0.18
产业低碳	13.44	0.10	14.99	0.11	17.84	0.11
煤炭消费占一次能源消费比例	6.21	0.10	7.48	0.06	9.04	0.14
非化石能源消费占一次能源消费比例	6.41	0.18	7.73	0.14	8.95	0.15
能源低碳	12.62	0.11	15.21	0.08	17.99	0.11

（二）低碳试点与非试点绿色低碳水平动态比较

为便于比较低碳试点城市和非试点城市关键领域得分的动态演进情况，本报告使用非参数核密度估计方法对2017～2020年的得分进行拟合（见图5）。

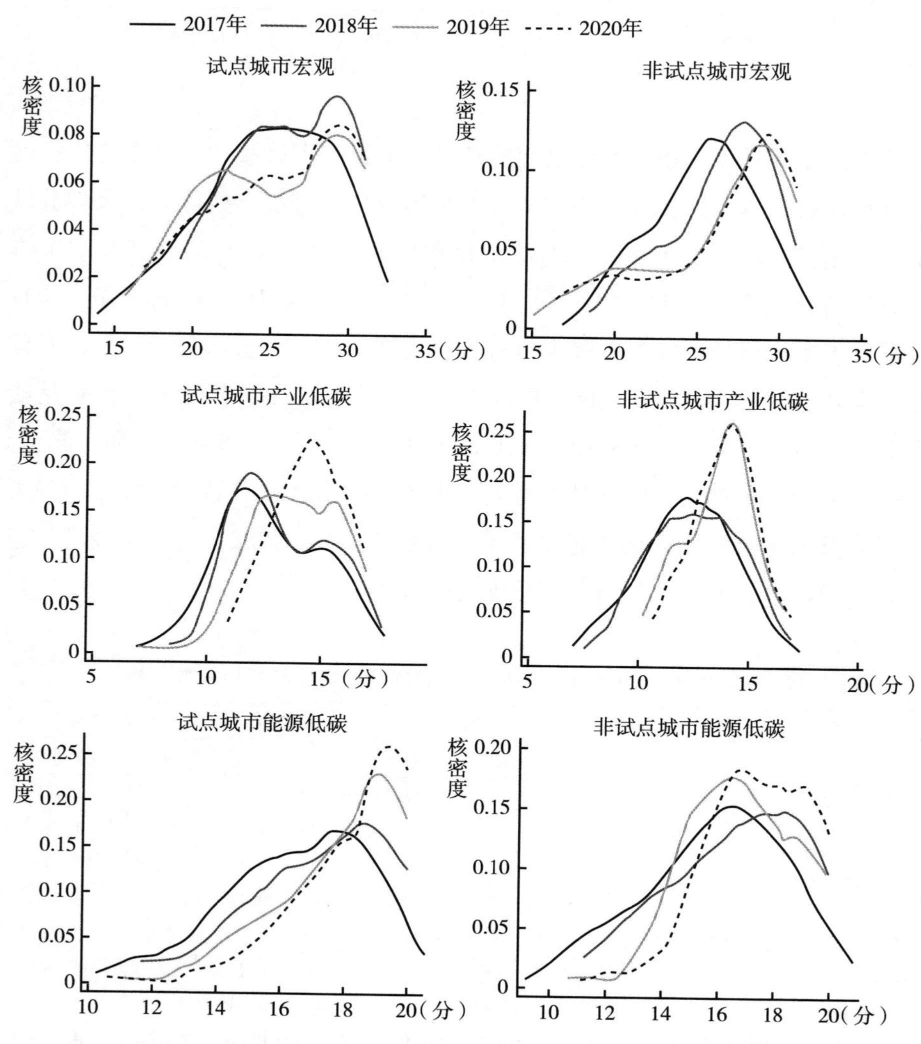

图5　2017～2020年低碳试点城市与非试点城市三个重要领域的动态演进情况

宏观得分方面，低碳试点城市均值从2017年的24.88分提高到2020年的25.79分，波峰低于2018年水平；非试点城市均值从2017年的25.40分提高到2020年的26.53分，2018年波峰最高，两类城市标准差都出现略微升高趋势，说明试点与非试点城市整体水平都在提高，但内部发展水平参差不齐。剖析原因，纳入试点的城市包括一线城市、省会城市和积极申请入围的城市，很多试点城市都成立了节能减排或应对气候变化工作小组，出台了地市一级的低碳城市建设相关规划或者指导意见，以政府为主导的情况相对明显。经过多年努力，可以明显看到试点城市碳排放总量下降率和单位GDP碳排放的得分均值高于非试点城市，标准差小于非试点城市，说明“双控”指标落实到位。但由于第一、二批试点城市的规模和经济水平相对非试点城市更大、更高，试点城市的人均碳排放水平高于非试点城市，导致其宏观领域的均值得分略微低于非试点城市。

产业低碳方面，试点城市均值从2017年12.83分提高到2020年的14.51分，非试点城市从2017年的12.26分提高到2020年的13.90分，两类城市的标准差都有减少，说明内部差异缩小，都在稳定地变好。

能源低碳方面，试点城市均值从2017年的16.53分增加到2020年的18.38分，非试点城市从2017年的15.92分增加到2020年的17.43分，试点城市历年的波峰向右移动的程度高于非试点城市，中、高分数段的城市数量明显高于非试点城市。诸如成都、北京、厦门等试点城市明确了能源总量、结构、节能和保障的目标，一系列的政策推动了能源低碳目标的实现。

在连续多年评价中发现，试点城市中的深圳、北京、昆明、厦门、桂林、成都、广州是排名靠前的城市；非试点城市中的福州、珠海、南宁、丽水、连云港、南通等排名靠前。

（三）三批试点城市之间绿色低碳发展比较

经过10年的试点，三批试点城市的绿色低碳发展得分均值基本表现为第一批>第二批>第三批。第一批试点城市在宏观领域、产业低碳领域、能源低碳领域全面优于第三批试点城市，优势达到0.05水平的差异，特别是单位 GDP 碳排放、战略性新兴产业增加值占 GDP 比重、非化石能源占一次能源消费比重三个指标得分远超第三批试点；第一批在能源低碳领域综合得分明显高于第二批，达到 0.1 水平的差异；第二批试点在产业低碳领域综合得分明显高于第三批，达到 0.05 水平的差异。碳排放总量下降率、人均碳排放、规模以上工业增加值能耗下降率、煤炭消费占一次能源消费比重得分均值表现为第一批优于第二、三批，但并未达到显著性差异水平，说明未来在这些指标上，仍具有节能降碳的空间（见表 7）。

历年来，排名较靠前的城市分别是，第一批：深圳、厦门、重庆、杭州、南昌；第二批：北京、昆明、南平、广元、广州；第三批：成都、三亚、黄山、中山、大连。

表 7　2010 年、2015 年、2020 年三批低碳试点城市主要指标得分均值及差异性分析

	第一批	第二批	第三批	第一批与第二批差异性水平	第一批与第三批差异性水平	第二批与第三批差异性水平
碳排放总量下降率	10.10	10.10	9.8	1.000	0.502	0.116
单位 GDP 碳排放	9.05	8.30	7.98	0.024	0.000	0.227
人均碳排放	6.94	6.52	6.33	0.674	0.222	1.000
宏观	26.09	24.92	24.11	0.129	0.003	0.179
规模以上工业增加值能耗下降率	7.48	7.66	7.23	1.000	0.629	0.005
战略性新兴产业增加值占 GDP 比重	6.99	6.38	6.21	0.003	0.000	0.405
产业低碳	14.47	14.04	13.44	0.425	0.001	0.002
煤炭消费占一次能源消费比重	9.25	9.00	8.96	0.658	0.411	1.000
非化石能源占一次能源消费比重	9.08	8.61	8.43	0.075	0.006	0.641
能源低碳	18.33	17.61	17.39	0.060	0.006	0.861

（四）不同类型城市绿色低碳发展对比

2010～2020 年，四类城市排名前三的城市中，深圳、北京、厦门、南昌、桂林、南平、广元排名较为稳定，且全部是低碳试点城市。成都、福州成为近两年绿色低碳水平表现突出的城市（见表 8）。

表8　各年份四类城市排名前三的城市

城市类型	2010年	2015年	2018年	2020年
服务型	北京	深圳	深圳	深圳
	三亚	昆明	厦门	北京
	广州	厦门	北京	厦门
综合型	深圳	温州	成都	重庆
	昆明	武汉	福州	福州
	成都	池州	珠海	连云港
工业型	景德镇	中山	泉州	宁德
	温州	抚州	南昌	南昌
	西宁	南昌	嘉兴	三明
生态优先型	桂林	桂林	桂林	南平
	南平	广元	广元	广元
	广元	吉安	黄山	桂林

注：2015年，深圳、昆明已由综合型城市转入服务型城市。

对比2010年，四个类型城市绿色低碳总分的均值都有显著提升，服务型城市提升最多，从77.30分提高到84.77分，提高了9.66%，其后依次为综合型城市、工业型城市、生态优先型城市，分别提高8.19%、7.72%和7.15%。政府率先释放政策信号，配合财政支持是我国推动绿色低碳发展行之有效的方法之一，最直接的效果主要表现在碳排放总量下降率、单位GDP碳排放及人均碳排放三个核心指标的得分变化情况。可以看出，工业型城市享受的政策创新提高幅度最大，得分均值从2010年的3.80分提高到2020年的5.86分，提高了54.21%，紧随其后的是服务型城市和生态优先型城市，提高了52.67%和50.41%，综合型城市提高幅度最小，为38.46%。综合型城市宏观领域得分均值从2010年的22.63分提高到2020年的26.11分，提高15.38%，其次是工业型城市提高了10.47%，服务型城市与生态优先型城市水平相当，提高9%以上（见表9）。

表 9 2010 年、2020 年宏观与政策创新对比

城市	宏观		增长率	政策创新		增长率
	2010 年	2020 年	(%)	2010 年	2020 年	(%)
服务型城市	23.77	26.07	9.68	4.12	6.29	52.67
综合型城市	22.63	26.11	15.38	4.16	5.76	38.46
工业型城市	22.63	25.00	10.47	3.80	5.86	54.21
生态优先型城市	25.42	27.71	9.01	3.67	5.52	50.41

(五)碳排放达峰省市分析

在国家要求 2030 年碳达峰目标下,各省区市都在积极制定达峰方案的“路线图”“施工图”。本研究选取连续评估的城市,针对“双控”指标分数进行主成分和聚类分析,初步得出 5 个梯队省市的碳排放水平,可以为国家层面差异化达峰的指导工作提供依据。

第一梯队:主要包括北京、重庆,江苏、浙江、福建、广东的大部分地区,四川成都、广元,江西南昌、吉安,安徽黄山,吉林四平等生态环境良好的城市。这个类型中,诸如北京已明确提出完成达峰目标,其余省市的碳排放总量已经出现降低特征,单位 GDP 碳排放强度保持在 0.2 ~0.7 吨/万元,在全国来说,这类省市最有希望近期达峰。

第二梯队:主要包括湖南、四川、安徽、贵州、江西的大部分城市,河北秦皇岛、保定、张家口,湖北十堰、荆州,江苏淮安、南通,黑龙江、吉林、辽宁等省份的小部分城市。这个类型表现为以中、小型城市居多,碳排放总量近两年出现降低特征,单位 GDP 碳排放强度在 0.6 ~1.7 吨/万元。

第三梯队:主要包括上海、天津,河北石家庄、邯郸,河南郑州,湖北武汉,江苏常州、苏州、镇江,浙江杭州、宁波,广东和广西的少部分地区。这个类型包括特大型城市、部分省会城市和经济发展水平较好的地级市,它们的碳排放总量较高,但个别城市已出现碳排放增速趋缓或下降,单位 GDP 碳排放强度分布在 0.7 ~2.3 吨/万元。

第四梯队：主要包括河南大部分地区，湖北、四川、陕西、甘肃、山东等省份的少部分地区。该类型大部分城市以中等规模为主，经济发展水平一般，碳排放增速趋缓，单位 GDP 碳排放强度分布在 0.8 ~2.0 吨/万元。

第五梯队：主要包括山西、甘肃、新疆、内蒙古、山东的大部分地区，河南济源、安阳、焦作，湖北、湖南和贵州的少部分地区。这个类型城市基本呈现以化石能源为主、重化工产业集中的特点，是达峰任务最为艰巨的省市。

四　主要结论及建议

（一）主要结论

本文对 2020 年 182 个城市进行了系统评估，并对比分析了 2010 年、2015 ~2020 年城市的绿色低碳动态变化情况，得出我国城市一级的绿色低碳水平有了显著提升。

第一，2020 年，182 个城市的绿色低碳总分集中在 62. 55 ~96. 17 分，90 分及以上的城市有 18 个，80 ~89 分的城市有 115 个，70 ~79 分的城市有 44 个，60 ~69 分的城市有 5 个，无不及格的城市。受新冠肺炎疫情影响，部分城市出现 CO_2 排放总量下降、绿色投入占财政支出比重减少、战略性新兴产业增加值占 GDP 比重减少等特征，这种现象需要持续评估。

第二，2010 年低碳试点建立之初，未出现 90 分及以上城市，2020 年 90 分及以上城市达到 18 个，接近评估城市的 10%；80 ~89 分城市从 12 个增加到 115 个，占评估城市的 63. 19%；70 ~79 分城市占比从 63. 51% 减少到 24. 18%；60 ~69 分城市占比减少到 2. 75%。深圳、北京、昆明、厦门、成都是多年评估中排名前十的城市，排名靠后的一直集中在化石能源密集、重化工业比重较大的城市，但总分都有所提升。

第三，2020 年四类不同类型城市的绿色低碳水平呈现服务型城市 >生态优先型城市 >综合型城市 >工业型城市的趋势，服务型城市在能源结构转型、政策创新、绿色建筑以及新能源汽车等方面的表现最优，但存在高碳消费现象；综合型城市产业低碳得分最高；工业型城市生态环境有所好转，但下半年复工复产后的碳排放相关指标及规模以上工业增加值能耗下降率得分下降；生态优先型城市宏观得分最高，其余领域与上年持平。与2010年相比，四类城市得分均值都有显著提高，服务型城市提高最多，其后依次为综合型、工业型、生态优先型城市。跟踪评估发现，四类城市排名前三的基本是低碳试点城市，且名次相对稳定。

第四，低碳试点城市的绿色低碳效果明显优于非试点城市。2020年试点城市中80分及以上城市占比接近80%，60~69分城市占比已减少至1.37%，而非试点城市中80分及以上城市达到68.81%。历年跟踪评估发现，试点城市对“双控”指标的完成以及能源结构的调整优势最为明显，且城市内部收敛性更好。深圳、北京、昆明、厦门、桂林、成都、广州是排名靠前的试点城市；福州、珠海、南宁、丽水、连云港、南通等是排名靠前的非试点城市。

第五，三批试点城市绿色低碳发展水平已经较为稳定地表现出第一批>第二批>第三批的特点，截至2020年，第一批试点城市中已无80分以下的城市，特别是在宏观、产业低碳和能源低碳领域全面超过第三批试点城市中，且达到0.05的差异性水平；第二批试点城市在产业低碳领域得分高于第三批，达到0.05的差异性水平；第三批试点城市自身分数提高的速度更快。

第六，通过历年低碳评估的分数聚类发现，达峰城市基本呈现五类，第一类是北京、重庆，江苏、浙江、福建、广东的大部分地区，以及四川成都、广元等，是未来最有可能提前达峰的城市；第二类是湖南、贵州、四川、安徽的大部分地区等；第三类是上海、天津，以及河北、河南、湖北、浙江、江苏等省份的省会城市和经济规模较大的地级市；第四类是河南大部分地区，湖北、四川、陕西、甘肃等省份的部分地区；第五类是达峰任务最为艰巨的城市，主要为山西、甘肃、新疆、内蒙古、山东的大部分城市以及河南、湖北、湖南的部分地市。

（二）政策建议

第一，抓住“双碳”目标的机遇，差异性布局相关产业。应衔接好碳达峰与碳中和的阶段性目标，尽量压缩峰值水平和时间，为碳中和做好准备。对全国大部分城市而言，绿色建筑、低碳交通仍是较为薄弱的环节，同时也具有较大潜力。山西、内蒙古、陕西、新疆等部分高能耗产业和化石能源产地，短期会受到较大冲击，需要因地制宜地探索差异性达峰路径，着手朝着低碳、零碳布局、投资和生产。

第二，加强各项零碳示范城市、工程的建设。对于部分低碳试点成绩不俗的城市，可以率先探索城市一级、街区、园区或者重点工程、项目的零碳示范，充分发挥先行先试作用。

第三，深化减污降碳协同工作。推动创新驱动，实现跨区域、跨部门、跨领域的协同增效，在全社会加快形成绿色生产生活方式，促进绿色低碳循环发展。

参考文献

庄贵阳等：《中国低碳城市建设评价》，中国社会科学出版社，2020。

邓荣荣、赵凯：《中国低碳试点城市评价指标体系构建思路及应用建议》，《资源开发与市场》2018 年第 8 期。

张友国、窦若愚、白羽洁：《中国绿色低碳循环发展经济体系建设水平测度》，《数量经济技术经济研究》2020 年第 8 期。

孙奇、吴巧生、李思瑶：《中国城市低碳发展绩效指数测算》，《统计与决策》2021 年第 17 期。

陈楠、庄贵阳：《中国低碳试点城市成效评估》，《城市发展研究》2018 年第 10 期。

中国碳达峰碳中和目标的实施路径

Implementation Pathways towards China's Carbon Peaking and Carbon Neutrality Goals

·核算估算和评估·

G.3

碳循环与碳中和评估进展*

陈报章　朴世龙　张小曳　刘　竹**

摘　要：　我国践行碳中和承诺会导致二氧化碳的排放碳源和生态系统碳汇发生明显的变化，这种变化可以反映碳中和各项政策和各项计划实施的有效性。为了制定实现2060年前碳中和的可行路线图，必须清楚了解当前碳平衡的现状、估算的不确定性来源以

* 本研究得到国家重点研发计划项目（编号：2018YFA0606001和2017YFA0604301）和国家自然科学基金面上项目（编号：41977404）的资助。

** 陈报章，中国科学院地理科学与资源研究所研究员、中国气象局温室气体及碳中和监测评估中心首席科学家，主要研究方向为碳循环、大气同化反演模型和陆面生态模型；朴世龙，北京大学城市与环境学院教授、中国科学院院士，主要研究方向为全球变化与陆地生态系统；张小曳，中国气象科学研究院研究员、中国工程院院士，气象领域新兴、交叉的环境气象领域学科带头人，长期致力于天气及气候变化中大气成分作用研究；刘竹，清华大学地球系统科学系副教授，主要研究方向为全球碳收支及碳数据、人类活动碳排放与碳足迹的量化。

及改善估算方法的挑战。排放量从2000年的32.9 ±3.1（9.4%）亿 tCO_2 分别增加到2009年的76.2 ±13.0（17.1%）亿 tCO_2 和2019年的101.1 ±9.0（8.9%）亿 tCO_2；21世纪第一和第二个十年的平均排放量分别为52.4 ±3.4（6.5%）亿 tCO_2 和93.4 ±6.3（6.7%）亿 tCO_2，年代际平均年增长率由9.0%下降到2.3%。中国陆地生态系统2000～2019年碳汇在7.7 ±7.3亿 tCO_2 和18.7 ±6.6亿 tCO_2/年之间变化，20年均值为13.2亿 tCO_2/年，占全球陆地生态系统2010～2019年平均总碳汇124.7亿 tCO_2/年的10.6%。2000～2019年平均净碳收支与碳中和目标相比亏缺62.2亿 tCO_2/年，2019年亏缺89.1亿 tCO_2。各省二氧化碳排放量、生态系统吸收量和碳中和盈亏差别巨大，只有西藏自治区和青海省实现了碳中和，其碳汇盈余（对全国碳中和贡献量）分别为0.47亿 tCO_2/年和0.30亿 tCO_2/年；碳汇亏缺最大的5个省份亏缺值达5亿 tCO_2/年以上。本文最后分析了中国碳中和评估研究面临的问题、不确定性来源，并展望了中国碳中和和碳汇估算中亟须改善与发展的方向。

关键词： 碳循环 碳中和 有效性评估

一 引言

2020年9月22日，习近平总书记在第七十五届联合国大会上宣布，“中国将提高国家自主贡献力度，采取更加有力的政策和措施，二氧化碳排放力争2030年前达到峰值，努力争取2060年前实现碳中和”。这一庄严承诺向世界表明我国要坚定地走一条“绿色、低碳、高质量”发展道路。我国践行碳中和承诺会导致二氧化碳的排放碳源和生态系统碳汇发生明显的变

化，这种变化可以反映碳中和各项政策和各项计划实施的有效性，其中涉及国际科学前沿和国家经济社会高质量发展需求的关键科学技术问题。需要围绕上述重大的国家需求和关键科学问题持续不断地开展深入的研究，为国家碳中和战略的实施成效提供监测和评估的高质量支持，解决国家重大需求，并服务经济社会可持续发展。

（一）全球碳循环及碳收支

准确评估气候变化中人为二氧化碳（CO_2）排放及其在大气、海洋和陆地生物圈中的再分配——“全球碳收支”，对于更好地了解全球碳循环、支持制定气候政策和预测未来气候变化具有重要意义。[①] 大气中 CO_2 浓度已从 1750 年工业时代开始时的 277 百万分之一（ppm）[②] 持续增加，2019 年达到了创纪录的 409.85 ±0.1 ppm[③]（见图 1）。依据位于我国境内的唯一一个全球大气本底站——中国瓦里关站 CO_2 浓度观测资料，从 1990 年至 2019 年，CO_2 浓度呈逐年稳定上升的趋势；2019 年的年平均浓度达到 411.4 ± 0.2ppm，与北半球中纬度区域的平均浓度基本持平，但略高于全球 2019 年的平均值。

碳循环包括大气、海洋和陆地生物圈之间的碳循环，时间尺度从亚日到千年，其中人为 CO_2 排放在碳循环中起到最重要的作用。[④] 全球碳收支通常指从工业时代开始时（这里定义为 1750 年），环境中 CO_2 扰动的平均值、变化和趋势。

---

① Friedlingstein P., O' Sullivan M., Jones M. W., Andrew R. M., Hauck J., Olsen A., et al., “Global Carbon Budget 2020,” *Earth System Science Data*, 2020, 12: 3269 - 340.

② Joos F., Spahni R., “Rates of Change in Natural and Anthropogenic Radiative Forcing over the Past 20, 000 Years,” *Proceedings of the National Academy of Sciences*, 2008, 105: 1425 - 30.

③ Dlugokencky E., Tans P., Trends in Atmospheric Carbon Dioxide, National Oceanic & Atmospheric Administration, Earth System Research Laboratory (NOAA/ESRL), 2018.

④ Arora V. K., Boer G. J., Christian J. R., Curry C. L., Denman K. L., Zahariev K., et al., “The Effect of Terrestrial Photosynthesis Down Regulation on the Twentieth - century Carbon Budget Simulated with the CCCma Earth System Model,” *Journal of Climate* 2009, 22: 6066 - 88.

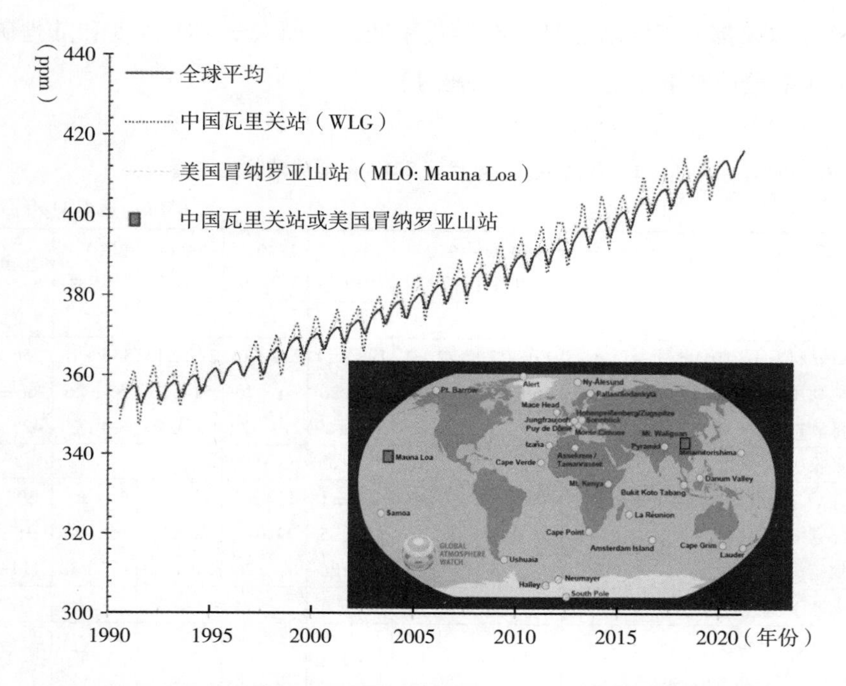

图1　1990～2020年全球平均和典型站地表大气CO_2月均浓度变化

注：全球均值数据来自 https：//gml. noaa. gov/ccgg/trends/gl_ data. html；中国瓦里关站（WLG），https：//gml. noaa. gov/dv/data/index. php？ pageID = 5&category = Greenhouse%2BGases¶meter_ name = Carbon%2BDioxide&site = WLG；美国冒纳罗亚山站（MLO：Mauna Loa，Hawaii，United States）数据来自 https：//gml. noaa. gov/dv/data/index. php？ pageID = 5&category = Greenhouse% 2BGases¶meter_ name = Carbon%2BDioxide&site = MLO）；中国瓦里关站数据来自中国气象局；图中地图为全球大气监测网（GAW）站点分布图；单位：ppm。

政府间气候变化专门委员会（IPCC）每次评估报告都包含对全球CO_2预算的评估内容。根据全球碳项目（GCP，https：//www. globalcarbonproject. org）公布的最近10年（2010～2019）全球平均碳收支状况，全球每年排放401亿tCO_2，其中化石燃料使用排放344亿吨、土地利用与土地覆被变化排放57亿吨，二者占比分别为86%和14%。全球陆地和海洋分别吸收CO_2 125亿吨和92亿吨，而大气中存储186亿吨，三者占比分别为31%、23%和46%。

碳循环的几个组成部分，除了土地利用导致的碳排放外，其他组分自

1960 年以来都显著性增加且存在年代季变率，而大气 CO_2 浓度和陆地碳汇的增速呈现重要年际变化特征（见表 1）。

表 1　20 世纪 60 年代至 2019 年全球碳收支均值

单位：亿 tCO_2/年

项目	1960 ~ 1969 年	1970 ~ 1979 年	1980 ~ 1989 年	1990 ~ 1999 年	2000 ~ 2009 年	2010 ~ 2019 年	2019 年
总碳排放							
化石燃料 CO_2 排放量(E_{FOS}) *	110 ±7	172 ±7	198 ±11	231 ±11	282 ±15	345 ±18	356 ±18
土地利用排放量(E_{LUC})	55 ±26	48 ±26	48 ±26	51 ±26	51 ±26	59 ±26	66 ±26
总排放量	165 ±26	216 ±26	246 ±29	279 ±29	334 ±29	400 ±33	422 ±33
碳吸收(汇)分量							
大气 CO_2 浓度增加速率(G_{ATM})	66 ±3	103 ±3	125 ±1	117 ±1	150 ±1	187 ±1	198 ±7
海洋碳汇(S_{OCEAN})	37 ±11	48 ±15	62 ±15	73 ±18	77 ±18	92 ±22	95 ±22
陆地碳汇(S_{LAND})	48 ±15	77 ±15	73 ±26	95 ±26	106 ±29	125 ±33	114 ±44
收支非平衡量							
$B_{IM} = E_{FOS} + E_{LUC} - (G_{ATM} + S_{OCEAN} + S_{LAND})$	18	-7	-15	-4	0	-4	11

资料来源：全球碳计划（The Global Carbon Project，https：//www. globalcarbonproject. org/）。

全球化石燃料 CO_2 排放量逐年增加，从 20 世纪 60 年代的平均每年 110 ±7 亿吨增加到 2019 年的平均每年 356 ±18 亿 tCO_2/年（见表 1）。20 世纪 60 ~ 90 年代碳排放量增长率逐渐下降：从 1960 年代（1960 ~ 1969）每年 4. 3% 下降到 20 世纪 70 年代（1970 ~ 1979 年）的每年 3. 1%、1980 年代（1980 ~ 1989 年）的每年 1. 6%，再降到 20 世纪 90 年代（1990 ~ 1999 年）的每年 0. 9%。但排放量从 2000 年代开始以每年 3. 0% 的平均增长率再次增长，而在过去十年（2010 ~ 2019 年）排放增长率又下降至每年 1. 2%。

表 2 列出了全球和主要国家（经济体）2019 年 CO_2 排放情况。2019 年全球总排放 364 亿 tCO_2，两个最大的排放国，中国和美国分别排放 101. 7 亿 tCO_2 和 52. 8 亿 tCO_2，分别占全球排放总量的 27. 9% 和 14. 5%。人均排放量最大的 3 个国家分别是美国（16. 1tCO_2/人）、加拿大（15. 4tCO_2/人）和韩国（11. 9tCO_2/人）。中国人均排放为 7. 1tCO_2/人，高于全球平均 4. 7tCO_2/人。

表 2　2019 年全球及主要国家（经济体）CO_2 排放情况

国家(地区)	人均排放	总排放		年增长率(2018～2019 年)	
	tCO_2/人	亿 tCO_2	%	亿 tCO_2/年	%
全球	4.7	364	100	0.022	0.1
OECD 国家	9.4	122.3	33.6	-0.378	-3.0
美国	16.1	52.8	14.5	-0.140	-2.6
OECD 欧洲国家	6.5	32.1	8.8	-0.145	-4.3
日本	8.7	11.1	3.0	-0.029	-2.6
韩国	11.9	6.1	1.7	-0.024	-3.7
加拿大	15.4	5.8	1.6	-0.010	-1.7
非 OECD 国家	3.6	229.4	63.0	0.400	1.8
中国	7.1	101.7	27.9	0.218	2.2
印度	1.9	26.2	7.2	0.025	1.0
俄罗斯	11.5	16.8	4.6	-0.013	-0.8
伊朗	9.4	7.8	2.1	0.024	3.2
印度尼西亚	2.3	6.2	1.7	0.041	7.1

资料来源：Carbon Dioxide Information Analysis Center（CDIAC，https：//cdiac. ess - dive. lbl. gov/）。

大气 CO_2 浓度的增长率由 20 世纪 60 年代的每年 66±2.6 亿 tCO_2 增加到 2010～2019 年的每年 187±0.7 亿 tCO_2，并具有重要的年代际变化特征。海洋和陆地碳汇的增加大致与大气 CO_2 的增加一致，且都有显著的年代际变化特征。海洋碳汇从 20 世纪 60 年代的 36.7±11.0 亿 tCO_2/年增加到 2010～2019 年的 91.7±22.0 亿 tCO_2/年，其年代际变化约为十分之几的量级，在厄尔尼诺事件（例如 1997～1998 年）期间，海洋碳汇通常表现为增加。[①] 全球陆地碳汇从 20 世纪 60 年代的 47.7±14.7 亿 tCO_2/年增加到 2010～2019 年的 124.7±33.0 亿 tCO_2/年，存在高达 73.3 亿 tCO_2 的年代际变化，厄尔尼诺事件期间通常表现为陆地碳汇减少，并导致大气 CO_2 浓度相应年份增加。

① Hauck J., Zeising M., Le Quéré C., Gruber N., Bakker D. C., Bopp L., et al., "Consistency and Challenges in the Ocean Carbon Sink Estimate for the Global Carbon Budget," *Frontiers in Marine Science* 2020, 7: 852.

（二）碳中和现状及行动有效性评估研究

中国为了实现到2030年达到二氧化碳排放峰值，到2060年实现碳中和的宏伟目标，CO_2减排成为中国一个重要而紧迫的问题。为了制定一个可实现的路线图和有效的气候政策组合，必须清楚地了解当前国家和省级碳收支的现状和不确定性。

在中国提出碳中和目标后，英国、日本、加拿大、韩国等发达国家相继提出到21世纪中叶前实现碳中和的承诺。目前，承诺实现碳中和的国家达到127个。中国的碳中和承诺已经为提振全球气候行动信心作出了重要贡献。对各国碳中和承诺和战略文件分析后发现，各国对碳中和目标表述存在明显不同，包括“零排放”、“碳中和”及“气候中性”。本文采用“CO_2净零排放”的论述讨论中国碳中和评估相关问题。

二　碳中和评估方法

为了制定实现2060年碳中和的可行路线图，必须清楚了解当前碳平衡的现状和不确定性以及改善碳平衡估算方法的挑战。中国的“净碳收支”必须建立在对人为CO_2排放和陆地生态系统碳吸收准确描述的基础上。碳中和概念中的碳汇，原则上是指只考虑人类管理导致的碳汇，但鉴于难以区分由管理或非管理导致的生态系统碳汇，因此这里所讨论的碳汇包括所有陆地碳汇。全面评估碳源汇及其变化将有助于了解全球碳循环，支持气候政策，并有助于预测21世纪的气候变化。在此，本研究回顾了近二十年来国家和省级单元对中国碳中和的贡献（CCN）。CCN是指当前净碳收支与净零CO_2排放之间的差额，其中净碳收支等于CO_2排放量减去生态系统CO_2固存量。在这里，我们不考虑中国与其他国家之间或省域之间碳转移和碳贸易（不区分生产端排放和消费端排放）。

（一）人为碳排放的估算方法

1. 自下而上碳排放清单方法

IPCC[①②]推荐的估算全球、国家和区域尺度 CO_2 排放的基本方法之一，即是“自下而上”的清单调查法。国家发展改革委于 2011 年颁布了《省级温室气体清单编制指南》，其中包括 3 种“自下而上”的碳排放清单调查法：基于能源消费总量计算方法、基于终端能源消费总量计算方法和基于分部门碳排放计算方法。

方法一：基于能源表观消费量碳排放测算方法，采用全国各地区能源消费总量及其构成统计数据和 IPCC 公布的各类能源的碳排放系数计算化石能源消费产生的碳排放总量。公式如下：

$$C = \sum_i E_i F_i$$

其中，C 表示能源消费 CO_2 排放量，E 表征能源消费总量，F 代表碳排放系数，i 表示能源种类。

方法二：基于分部门的能源消费量的碳排放测算方法，考虑行业间的生产差异性及数据的可获得性，依据各地区三种产业的煤炭、油品（汽油、煤油、柴油、燃料油）、天然气的消费量计算 CO_2 排放总量。该方法有助于区分能源的非燃料用途，从而避免非燃料用途能源造成的重复计算，公式如下：

$$C = \sum_i \sum_j E_{ij} F_j$$

其中，C 表示能源消费 CO_2 排放量，i 表示产业类型，j 表示能源类型，E 表示能源消费总量，F 代表 CO_2 排放系数。这种测算方法基于产业排放总量计

---

① Change IPO., 2006 IPCC Guidelines for National Greenhouse Gas Inventories. Institute for Global Environmental Strategies, Hayama, Kanagawa, Japan 2006.

② Eggleston H. S., Buendia L., Miwa K., Ngara T., Tanabe K., 2006 IPCC Guidelines for National Greenhouse Gas Inventories, 2006.

算区域的能源消费碳排放量。

目前，在国际上有许多研究机构采用清单调查法来计算不同尺度的人为CO_2排放量，例如，隶属于美国能源部的CO_2信息分析中心（CDIAC）所计算的全球不同尺度CO_2排放量（1751～2016年）① 和国际能源机构（IEA）发布的包括全球140多个国家和地区化石燃料的CO_2排放数据（1971～2005年），都是依据不同行业和燃料类型分类系统数据采用“自下而上”方法估算的。

2. 大气CO_2反演系统在计算人为碳排放研究中的应用

“自上而下”的大气二氧化碳源汇变化反演是评估碳中和行动有效性的一种有力手段。“自上而下”的大气CO_2源汇反演是非常重要的一个手段。这种反演的关键是利用测定的大气CO_2浓度并结合大气传输模型和数据同化技术估测出最佳的全球或区域近地表碳通量，包括人类活动导致的CO_2排放和自然生态系统与大气之间的CO_2通量。因此，该方法逐步成为国际上在国家和区域尺度上碳循环研究的重要手段。Transcom② 和碳追踪器同化系统（Carbon Traker，CT）③ 是目前全球两大大气CO_2反演算法体系。前者把全球分为22个区，反演的碳源汇变化空间分辨率低，时间分辨率为月或年；后者对重点区域达到1°×1°甚至更高的空间分辨率（依赖于可用观测数据），时间步长为周也可更短，近年来得到了快速发展，其应用也越来越广泛。我国在碳同化反演领域的研究起步较晚，但近年来取得了长足进展。

碳同化反演系统研究侧重于自然碳通量反演，而面向人为碳排放的大气同化研究才刚刚起步。应用大气碳反演系统计算人为CO_2排放量的一种尝试是：大气CO_2浓度变化主要受“自然CO_2通量”和“人为碳排放”影响，

① Marland G., Oda T., Boden T. A., “Per Capita Carbon Emissions Must Fall to 1955 Levels,” *Nature* 2019, 565: 567 - 8.

② Gurney K. R., “Towards Robust Regional Estimates of CO2 Sources and Sinks Using Atmospheric Transport Models,” *Nature* 2002, 415.

③ Peters W., Jacobson A. R., Sweeney C., Andrews A. E., Conway T. J., Masarie K., et al., “An Atmospheric Perspective on North American Carbon Dioxide Exchange: Carbon Tracker,” *Proceedings of the National Academy of Sciences* 2007, 104: 18925 - 30.

在假定存在一个具有相同“自然 CO_2 通量”而没有“人为碳排放”的背景区（background region）的前提下，利用背景区剔除自然 CO_2 通量的影响，从而估算人为 CO_2 排放。

^{14}C 是一种半衰期为5730年的放射性β核素，由于化石燃料（煤、石油等）的形成时间远远大于 ^{14}C 的半衰期，因此化石燃料中不存在 ^{14}C，也就是说，化石燃料燃烧产生的大气 CO_2 中不含 ^{14}C。因此，基于 ^{14}C 观测数据的方法成为区分自然碳汇和人为碳源的最可靠、有效的工具。根据 CO_2 和 $\Delta^{14}C$ 在大气 CO_2、人为碳源（化石燃料燃烧）排放的 CO_2、自然碳源产生的 CO_2 和大气 CO_2 本底值中的质量守恒，可分别得到大气 CO_2 中自然碳源和人为碳源的贡献率。

许多研究者尝试使用成本低的 CO_2 伴生痕量气体来代替 ^{14}C。这种伴生气体一般与 CO_2 相关性高，观测数据易获取，生命周期短且化学机制易于理解，与 CO_2 浓度观测资料简单结合后就能示踪 CO_2 燃烧源的特征信息。一氧化碳（CO）是 CO_2 重要伴随排放物，主要来源为化石燃料的不完全燃烧（如工厂排放和汽车排放），常用于示踪燃烧排放的 CO_2，CO_2 和 CO 比值（主要是 $\Delta CO_2/\Delta CO$，ΔCO_2 和 ΔCO 分别表示 CO_2 及 CO 相对于本底浓度的抬升值）已成为区分自然碳汇和人为碳源的重要手段。

已发表的基于 ^{14}C 同位素、CO_2 和 CO 比值区分自然碳源和人为碳排放的研究成果，各有优缺点。综合利用 ^{14}C 和 CO_2 和 CO 比值区分自然碳汇和人为碳排放的理论和方法研究才刚刚起步。受观测数据少的制约，人为碳排放反演结果仍存在着很大的不确定性，如何分辨自然碳汇和人为排放源，是评估碳中和行动有效性的另一个需要研究的科学问题。

（二）生态系统碳汇的估算方法

1. “自下而上”的观测与生态模型方法

碳源汇估算方法可以归结为两类：“自下而上”方法和“自上而下”方法。“自下而上”方法，又分为生态调查方法和陆面生态模型模拟方法。前者包括生态样方清查、暗箱观测法、涡度相关交换通量观测，以及卫星遥感反演方法等。后者时空跨度比较灵活，是碳源汇估算的重要手段之一。

2. “自上而下”的大气反演方法

碳追踪器（CT）已被广泛用于估测陆地与大气间 CO_2 的净通量，是区域尺度上陆地生态系统碳循环研究的重要手段。[①] 相对于 Transcom，CT 在同化方法、运行效率和时空分辨率等方面，有如下四个方面的改进：一是反演框架的改进；二是观测数据同化方案的改进；三是嵌套式大气反演法实现大尺度和中尺度的碳源汇估测；四是 CO_2 数据同化算法的改进。嵌套式大气反演法的特点是，在对全球碳源/汇（大尺度）进行统一估测的基础上，根据研究的需要设置重点研究区，既可以获取大尺度（全球或洲际尺度）的碳收支信息，又能获得中尺度（景观和区域尺度）陆地碳源汇动态分布的信息，弥补了中尺度碳通量研究的不足。目前，CT 碳同化模型在陆地生态系统碳源汇估测研究中取得了很好的成果，较准确地估测了北美、欧洲和亚洲地区的碳源汇分布特征。

3. IPCC 碳汇认证方法

根据《2006IPCC 国家温室气体清单指南》，研究区生态系统碳汇（住者量增量）是森林、草地、农田和湿地各生态系统碳汇的总量。国际社会普遍采用 IPCC 碳汇认证体系和方法，不同国家根据各自国情对计算方法进行适当的修改。本书有专文讨论 IPCC 计算法则，因此本文不再赘述。

三　中国碳中和的现状及实现碳中和目标面临的挑战

（一）中国人为碳排放持续增加但近10年增幅变缓

中国国家和省级化石二氧化碳排放量（EFO）的估算包括化石燃料的燃烧［例如运输（包括船用燃料）、加热和冷却、工业和天然气燃烧］、水泥生产和其他工艺过程碳排放（例如化学品和肥料生产）。由于缺乏可靠的统

① Piao S.，“The Carbon Balance of Terrestrial Ecosystems in China，” *Nature* 2009；458.

计数据和/或通用排放因子（EFs）的使用，国际数据库对中国碳排放的测算有一定的误差。① 本研究中的国家排放量估算主要依赖于10套排放清单数据源的集成分析。②

基于5套网格数据集（ODIAC③、EDGAR④、MEIC⑤、PKU⑥和GCP－GridFEDv2020.1⑦）和3个省级数据集（NJU⑧、CEADs⑨）估算省级排放量。在我们的估算中，采用了简单平均方法并考虑了数据产品生产者声称的其数据集的不确定性。图2展示了10套排放清单数据所估算的集中国碳排放情况。这10套数据的平均值显示，中国 CO_2 排放量从2000年的32.9±3.1亿 tCO_2 增加到2009年的76.2±13.0亿 tCO_2 和2019年的101.1±9.0亿 tCO_2。持续的减排政策、能源效率提高和清洁生产技术改进，导致21世

① Liu Z.，"Reduced Carbon Emission Estimates from Fossil fuel Combustion and Cement Production in China，" *Nature*，2015；524.

② Chen，B.，Zhang，H.，Wang，T.，& Zhang，X.，"An Atmospheric Perspective on Chinese Mainland Carbon Sink：Current Progresses and Challenges，" *Science Bulletin*，2021.

③ Oda T.，Maksyutov S.，Andres RJ.，"The Open－source Data Inventory for Anthropogenic CO 2，version 2016（ODIAC2016）：a Global Monthly Fossil Fuel CO 2 Gridded Emissions Data Product for Tracer Transport Simulations and Surface Flux Inversions，" *Earth System Science Data*，2018，10：87－107.

④ Janssens－Maenhout G.，Crippa M.，Guizzardi D.，Muntean M.，Schaaf E.，Dentener F，，et al.，"EDGAR v4.3.2 Global Atlas of the Three Major Greenhouse Gas Emissions for the Period 1970－2012，" *Earth System Science Data*，2019，11：959－1002.

⑤ Li M.，Liu H.，Geng G.，Hong C.，Liu F.，Song Y.，et al.，"Anthropogenic Emission Inventories in China：A Review，" *National Science Review*，2017，4：834－66.

⑥ Wang R.，Tao S，，Ciais P.，Shen H.Z.，Huang Y.，Chen H.，et al.，"High－resolution Mapping of Combustion Processes and Implications for CO_2 Emissions，" *Atmospheric Chemistry and Physics*，2013，13：5189－203.

⑦ Jones M.W.，Andrew R.M.，Peters G.P.，Janssens－Maenhout G.，De－Gol A.J.，Ciais P.，et al.，"Gridded Fossil CO_2 Emissions and Related CO_2 Combustion Consistent with National Inventories 1959－2018，" *Scientific Data*，2021，8：1－23.

⑧ Liu M.，Wang H.，Oda T.，Zhao Y.，Yang X.，Zang R.，et al.，"Refined Estimate of China's CO_2 Emissions in Spatiotemporal Distributions，" *Atmospheric Chemistry and Physics*，2013，13：10873－82.

⑨ Shan Y.，Guan D.，Zheng H.，Ou J.，Li Y.，Meng J.，et al.，"China CO_2 Emission Accounts 1997－2015，" *Scientific Data*，2018，5：1－14.

纪第一个 10 年和第二个 10 年的年代平均排放量分别为 52.4 ±3.4 亿 tCO_2 和 93.4 ±6.3 亿 tCO_2，年代际平均年增长率由 9.0%/年下降到 2.3%/年（见图 2）。

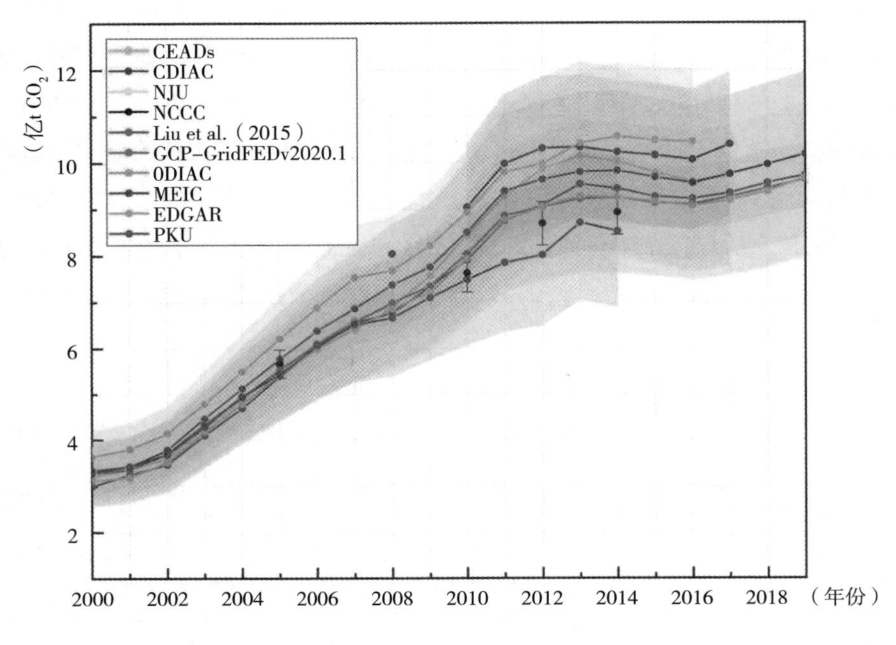

图 2　2000～2019 年中国人为 CO_2 排放状况

注：10 套 CO_2 排放清单数据集对比，阴影区为展示各个数据集 1 标准差值。

（二）中国陆地生态系统碳汇估算结果不确定性大且年际变幅大

全球陆地碳汇从 20 世纪 60 年代的 47.7 ±14.7 亿 tCO_2/年增加到 2010～2019 年的 124.7.0 ±33.0 亿 tCO_2/年，存在高达 73.3 亿 tCO_2/年的年际变化，厄尔尼诺事件期间通常表现为陆地汇减少，导致大气 CO_2浓度相应年份增加。

关于中国陆地碳汇估算，采用全球最先进的 6 套大气反演模型反演的中国陆地生态系统 2000～2019 年碳汇在 7.7 ±7.3 亿 tCO_2/年和 18.7 ±6.6 亿 tCO_2/年之间变化，20 年均值为 13.2tCO_2/年，占全球陆地生态系统 2010～

2019 年平均总碳汇 125 亿 tCO_2/年的 10.6%[①]。这 6 套大气反演模型分别为中国模型 CT－China[②]、法国模型 CAMS[③]、美国模型 CT2019B[④]、荷兰模型 CTE[⑤]、日本模型 MIROC4[⑥] 和日本模型 NISMON[⑦]。然而，最近 Wang 等人的估计值为 53.9 ± 13.9 亿 tCO_2/年[⑧]，其估计值占全球陆地生物圈碳汇的 1/3 ~ 1/2，是其他学者估计值的 3 倍，正如 Chen 等人[⑨]所评论的那样，Wang 等人的估计值与其他人相比偏高，其正确性有待探讨。

基于自上而下的大气反演方法估算的中国陆地碳汇很难与“自下而上”的方法相一致，例如，利用卫星绿色度测量、陆地生态系统碳循环模型估算的东亚（主要包括中国、蒙古、日本和韩国）在 2000 ~ 2009 年的碳吸收量为

---

① Chen, B., Zhang, H., Wang, T., Zhang, X., “An Atmospheric Perspective on Chinese Mainland Carbon Sink: Current Progresses and Challenges,” *Science Bulletin*, 2021.

② Zhang H. F., Chen B. Z., van der Laan - Luijkx I. T., Chen J., Xu G., Yan J. W., et al., “Net Terrestrial CO_2 Exchange over China during 2001 - 2010 Estimated with An Ensemble Data Assimilation System for Atmospheric CO2,” *Journal of Geophysical Research*: *Atmospheres*, 2014, 119: 3500 - 15.

③ Chevallier F., Remaud M., O' Dell C. W., Baker D., Peylin P., Cozic A., “Objective Evaluation of Surface - and Satellite - driven Carbon Dioxide Atmospheric Inversions,” *Atmospheric Chemistry & Physics*, 2019, 19.

④ Jacobson A. R, Mikaloff Fletcher S. E., Gruber N., Sarmiento J. L., Gloor M., “A Joint Atmosphere - ocean Inversion for Surface Fluxes of Carbon Dioxide: 1. Methods and Global - scale Fluxes,” *Global Biogeochemical Cycles*, 2007, 21.

⑤ der Laan - Luijkx V., Ingrid T., Van der Velde IR, Van der Veen E., Tsuruta A,, “Stanislawska K, et al. The Carbon Tracker Data Assimilation Shell (CTDAS) v1.0: Implementation and Global Carbon Balance 2001 - 2015,” *Geoscientific Model Development*, 2017, 10: 2785 - 800.

⑥ Patra P. K., Takigawa M., Watanabe S., Chandra N., Ishijima K., Yamashita Y.,” Improved Chemical Tracer Simulation by MIROC4. 0 - based Atmospheric Chemistry - Transport Model (MIROC4 - ACTM),” *Sola*, 2018, 14: 91 - 6.

⑦ Niwa Y., Tomita H., Satoh M., Imasu R., Sawa Y., Tsuboi K., et al., “A 4D - Var inversion System based on the Icosahedral Grid Model (NICAM - TM 4D - Var v1.0) - Part 1: Offline forward and Adjoint Transport Models,” *Geoscientific Model Development*, 2017, 10.

⑧ Wang J., Feng L., Palmer PI., Liu Y., Fang S., Bösch H,, et al., “Large Chinese Land Carbon Sink Estimated from Atmospheric Carbon Dioxide Data,” *Nature*, 2020, 586: 720 - 3.

⑨ Chen B., Zhang H., Wang T., Zhang X., “An Atmospheric Perspective on Chinese Mainland Carbon Sink: Current Progresses and Challenges,” *Science Bulletin*, 2021.

11.7±4.0亿 tCO_2/年。该估计值高于生态系统模型模拟的估计值4.3±2.9亿 tCO_2/年。利用中国大陆及其邻近地区82个涡度相关通量塔测塔数据估计的中国陆地 CO_2 吸收量为16.4±1.2亿 tCO_2/年，高于大气反演的结果。

（三）中国碳中和形势严峻且省际差距巨大

1. 2060年实现碳中和压力大、形势严峻

图3展示了2000~2019年中国每年碳排放、碳汇及其对碳中和贡献（负净碳收支=碳汇－碳排放）情况。人为 CO_2 排放为10套排放清单数据的均值。中国陆地碳汇估算为全球最先进的6套大气反演模型集合模拟结果。中国总 CO_2 排放从21世纪开始，经历了快速增长期（2000~2012），之后缓慢增长，有逐步逼近排放高峰之势。中国陆地生态系统2000~2019年碳汇在7.7±7.3亿 tCO_2/年和18.7±6.6亿 tCO_2/年之间变化，20年均值为13.2 tCO_2/年。2000~2019年平均净碳收支与碳中和目标相比亏缺62.2亿 tCO_2/年、2019年亏缺89.1亿 tCO_2。

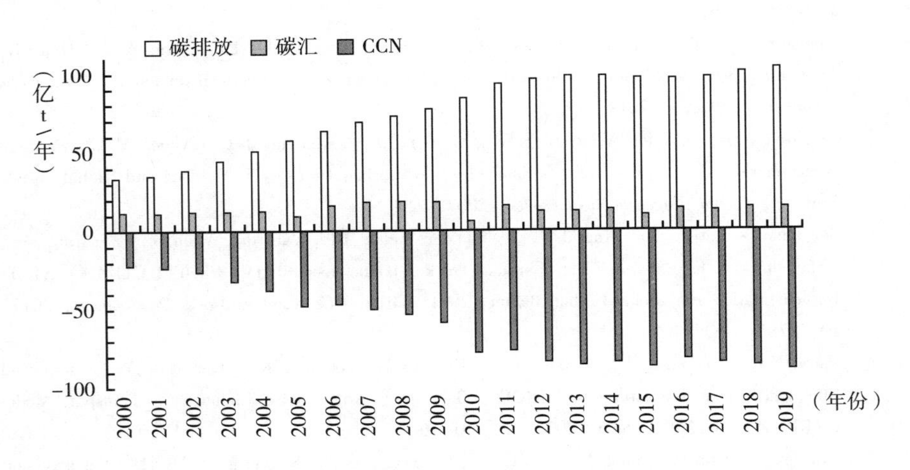

图3 2000~2019年中国碳排放、陆地生态系统碳吸收及其对国家碳中和贡献（即碳中和亏缺）情况

一些国家已经达到他们的碳排放高峰，至少在生产端排放方面是这样。例如，欧盟、美国和日本分别在1979年、2006年和2006年达到排放峰值

（见图4）。为了在2050年实现碳中和，他们仍然需要在很大程度上加速减排。然而，中国的碳排放总量仍在增加，目标是在2030年前达到峰值，并在此之后逐年降低，确保在2060年之前实现碳中和。我们可以从两个路线图场景中清楚地看到，无论是从减排量（压力）还是从碳峰值和碳中和之间的时间间隔来看，与发达国家相比，中国的碳排放需要下降的幅度更大、更具挑战性。

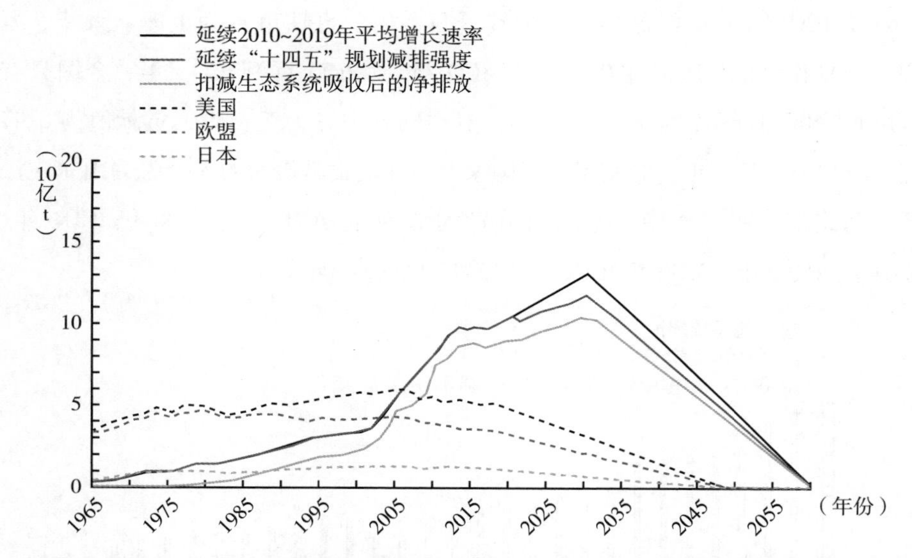

图4　1965～2055年中国与其他主要国家和地区的二氧化碳排放峰值和碳中和情景比较

注：中国二氧化碳排放峰值和碳中和分别设定为2030年和2060年的两种减排情景。情景1假设2030年前年排放量将与过去十年（2010～2019年）平均排放速率相同，即年排放量将以每年2.33%的速率增加；情景2假定中国2030年年排放在情景1的基础上按“十四五”规划的减排强度减少，每5年额外减少18%。净累排放量=按中国“十四五”规划情景计算的排放量-陆地生态系统吸收量。2020～2030年中国陆地生态系统碳汇采用2000～2019年的均值（13.2亿tCO_2/年）进行计算。CO_2排放量为10套排放清单数据集的均值。中国陆地生态系统碳汇为文中所述世界上最先进的6套大气反演系统的集合模拟值。

2. 各省份面临实现碳中和的压力差距巨大

图5比较了2010～2019年省级行政单元平均每年总CO_2排放量、生态系统吸收量和碳中和贡献（负净CO_2通量=碳汇-碳排放）。CO_2排放量最大的5个省（自治区）是山东、江苏、河北、内蒙古和山西，排放值在5.30亿tCO_2/年和7.89亿tCO_2/年之间；5个排放量最低的省（自治区、直辖市）是

西藏、青海、海南、北京和宁夏，排放值在 0.73 亿 tCO_2/年和 1.34 亿 tCO_2/年之间。2010～2019 年 CO_2 排放量排前 5 个省份的平均排放量为 6.74 亿 tCO_2/年，是排放量最低的 5 个省份（0.66 亿 tCO_2/年）的 10 倍。生态系统碳汇最大的 5 个省（自治区）分别为黑龙江、内蒙古、西藏、青海和湖南，碳汇分别为 1.11 亿 tCO_2/年、0.91 亿 tCO_2/年、0.73 亿 tCO_2/年、0.65 亿 tCO_2/年和 0.64 亿 tCO_2/年；碳汇最小的 5 个省（自治区、直辖市）为上海、天津、海南、宁夏和北京，碳汇在 0.57 百万 tCO_2/年到 2.73 百万 tCO_2/年。全国只有西藏自治区和青海省实现了碳中和，对中国碳中和为正贡献，贡献值为 0.47 亿～0.30 亿 tCO_2/年；对实现中国国家碳中和负贡献最大的 5 个省为山东、江苏、河北、山西和河南，亏缺值分别为 7.74 亿 tCO_2/年、7.36 亿 tCO_2/年、6.64 亿 tCO_2/年、5.30 亿 tCO_2/年和 5.11 亿 tCO_2/年。

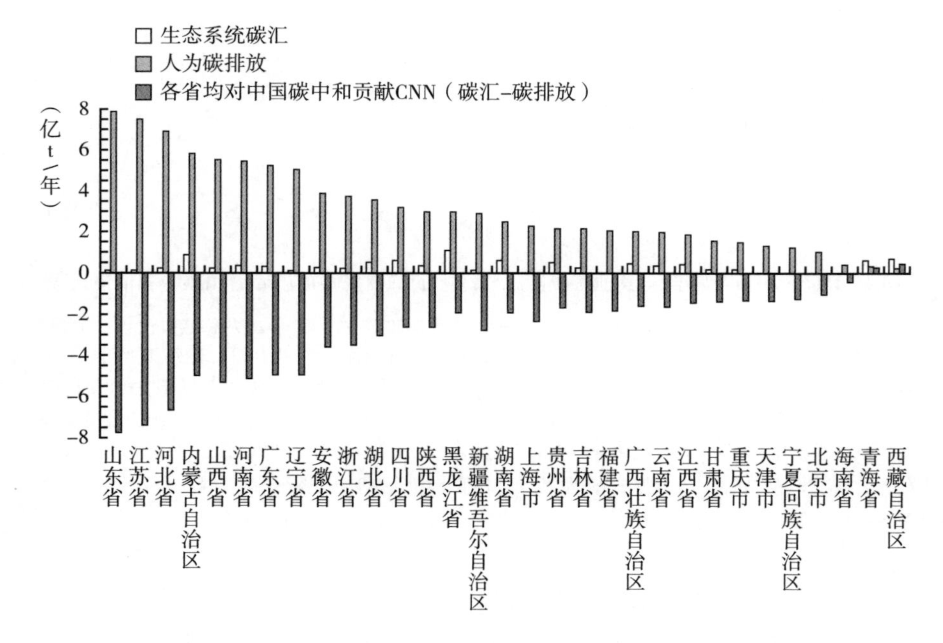

图 5　2010～2019 年中国各省（自治区、直辖市）年平均 CO_2 排放、陆地生态系统 CO_2 吸收以及对国家碳中和贡献

注：各省（自治区、直辖市）对中国碳中和贡献 CCN = 陆地生态系统 CO_2 吸收 – 人为 CO_2 排放。

四　中国碳中和评估面临的问题及展望

（一）碳收支估算不确定性来源分析

1. 人为 CO_2 排放清单估算不确定性来源

人为 CO_2 排放量由活动水平数据和排放系数（EFs）计算得出。目前，碳排放量估算的不确定性仍然相当大，主要来源于部门活动水平数据误差和相应 EFs 的系统误差。当前不同排放清单数据集之间存在很大差异，例如 2014 年，中国官方温室气体清单报告（NCCC）的结果为 89.3 亿 tCO_2，而南京大学（NJU）的清单结果为 105.4 亿 tCO_2，标准偏差（σ）为 5.2 亿 tCO_2。排放清单不确定性来源可归纳为以下三个方面：①选择不同的 EFs（来自 IPCC 默认值或适用于某一局部区域或部门的优化值）和不同的处理方法（排放系数不随时间变化或随时间变化）；②活动水平数据的误差；③排放定义的差异（排放部门的定义）。其中原煤 EFs 取值为 0.491 ~ 0.746tC/t 煤，其变化范围较大是煤排放清单误差的主要原因。例如，EDGAR 使用了 IPCC 建议的默认值，即 0.713tC/t 煤，而 CEADs 基于大样本测量设定 EFs 取值为 0.499tC/吨煤①。使用本地测量 EFs 的清单估计值被认为更准确，如 CEADs②。据报道，中国排放量估算的不确定性约为 ±10%（±1σ）③。

此外，《联合国气候变化框架公约》（UNFCCC）规定，国家排放清单

① Liu Z., Reduced Carbon Emission Estimates from Fossil Fuel Combustion and Cement Production in China," *Nature*, 2015, 524. S. "The Carbon Balance of Terrestrial Ecosystems in China," *Nature*, 2009, 458.

② Liu Z., Reduced Carbon Emission Estimates from Fossil Fuel Combustion and Cement Production in China," *Nature*, 2015, 524. S. "The Carbon Balance of Terrestrial Ecosystems in China," *Nature*, 2009, 458.

③ Friedlingstein P., O' Sullivan M., Jones M. W., Andrew R. M., Hauck J., Olsen A., et al., "Global Carbon Budget 2020," *Earth System Science Data*, 2020, 12.

应“包括在国家领土和国家管辖的近海地区发生的温室气体排放和吸收量”，称为领土排放清单。CDIAC 遵循这一规定，而其他数据集则没有遵循该规定。这种定义差异是另一个不确定因素。

基于消费的排放清单等于地区（省级）排放量减去出口排放量再加上进口排放量。这为基于生产端的省级排放清单提供了额外的信息，可用于量化各省份之间产品贸易的排放量转移。这些信息对中央政府制定省级政策补偿标准具有一定的参考价值。

2. 陆地生态系统碳吸收估算中的不确定性来源

目前对中国陆地生态系统碳汇的估算仍存在很大的不确定性。全球最先进的反演系统在估算生物圈碳汇方面仍存在较大的分歧。这种分歧可能源于大气 CO_2观测误差、大气输送模式、同化方法和反演结构的选择（如同化框架、分辨率、时间步长等）、滞后窗口（如果适用）、先验信息、假设的化石排放量和状态向量的数量。在所有这些原因中，稀疏的中国大气 CO_2原位观测网络是最大的瓶颈问题。虽然卫星 CO_2观测具有广泛的空间覆盖，但其柱浓度精度差（误差往往远超过 1ppm）和空间分布偏差大（例如，柱浓度数据覆盖受中国北方气溶胶污染和中国南方云层的影响大）限制了其应用。反演的中国陆地生态系统地表通量的可靠性和准确度依赖于中国高精度 CO_2监测网络的扩展和大气反演方法的改进。值得注意的是，省级陆地生态系统对二氧化碳的反演结果存在很大的不确定性，这主要是由于中国的大气 CO_2原位观测点数量非常有限。[①] 此外，陆地生态系统 CO_2吸收量的年际变化通常很大，碳汇大小取决于气候变化和人类对生态系统的管理。因此，需要更多大气反演模拟研究团队共同仔细审查，以便在区域和更精细的尺度（市级行政单元）上获得陆地生态系统碳汇的可靠估计值，以满足碳中和评估要求。

---

① Chen B., Zhang H., Wang T., Zhang X., “An Atmospheric Perspective on Chinese Mainland Carbon Sink: Current Progresses and Challenges,” *Science Bulletin*, 2021.

（二）碳中和和碳汇评估中的挑战和亟须改善与发展的方向

从我们的分析来看，精确估算中国碳汇和净碳收支面临着很大的挑战。中国陆地碳汇反演结果的不确定性大、不同模型反演结果的差异大，其主要是原因可以归纳为：①中国及其周边地区大气 CO_2 观测站分布稀疏导致大气反演模型约束远远不够；②大气反演模型本身的局限。

1. 需要建设更多的高精度大气二氧化碳观测站，完善中国温室气体监测网

不确定度降低率定义为（先验不确定度 - 后验不确定度）/先验不确定度，是另一种不确定度度量，表征大气 CO_2 观测对最终后验通量的限制程度。陈报章等采用中国高分辨大气 CO_2 反演系统（CTC）设计了 5 种模拟情景，研究了不同数量大气 CO_2 观测站点数据驱动大气反演模型对中国陆地生态系统碳通量估算的影响及其不确定性。[①] 5 种 CTC 反演情景均包括所有全球（GlobalView）高精度 CO_2 浓度观测数据，但每种情景包括中国及其周边地区的不同地点，以及包含或不包含 GOSAT ACOS 柱浓度（XCO_2）数据。结果表明，随着参与反演的大气 CO_2 观测站点增多，所反演的中国陆地生态系统 2010 年碳汇值变化范围为 2.5 亿 ~ 3.7 亿 t 碳/年，不确定度（不确定度减少百分比）从 3.6 亿 t 碳/年（23.8%）减少至 2.0 亿 t 碳/年（55.5%）。值得注意的是，包括 GOSAT XCO_2 数据的模型情景的不确定度降低程度明显大于其他反演情景的不确定度降低程度。此外，5 种情景反演通量不确定性的平均值大于 5 种情景反演估算的通量数值，更进一步表明反演的中国大部分地区碳汇通量受中国稀疏分布的大气 CO_2 观测站的约束较差。观测站稀少而产生的不确定性因地区而异，变化范围从 0.1 亿 t 碳/年（西北）到 0.8 亿 t 碳/年（东北），具有最大不确定性的 3 个区域是东北（0.8 亿 t 碳/年）、华东（0.6 亿 t 碳/年）和中国西南（0.6 亿 t 碳/年），表明这些区域

---

① Chen B., Zhang H., Wang T., & Zhang X., "An Atmospheric Perspective on Chinese Mainland Carbon Sink: Current Progresses and Challenges," *Science Bulletin*, 2021。

受大气 CO_2观测的约束最差。

中国幅员辽阔（960 万平方公里），与美国国土面积（915 万平方公里）相近，约为欧盟（424 万平方公里）的 2.3 倍，跨越了 25 个纬度范围（从 18°N 到 53°N），覆盖不同的气候条件，包含多种生态系统类型。目前，美国和欧盟分别有 60 多个和 50 多个高精度大气 CO_2观测站点，而中国只有 7 个大气背景观测站和 4 个碳卫星地面验证站。为使大气定位观测站分布与面向碳中和行动有效性监测国家需求，以及大气反演对观测数据的需要相匹配，建议开展中国温室气体大气监测科学布网选址研究，加强在西南、西部和东北地区的监测，建设高精度监测站数量 50 ~ 60 个的适当密度中国大气监测网。

采用大气反演方法估算中国陆地生态系统碳汇的能力在很大程度上取决于可用于大气反演的高精度 CO_2观测站的数量和数据质量及其对数据的仔细筛选。因此，将更多的高精度 CO_2监测站扩大到监测稀疏区域，建立一个具有更多高频时间序列的中国高精度 CO_2监测网络，应成为中国碳中和监测与评估的当务之急。只有具备了充分的高精度大气数据，才可能在大气传输模型中有效地约束反演的地表碳通量，才能实现在区域和更精细的网格尺度上对中国碳汇的稳健估计，才能得到科学和政策领域的检验并最终得到认可，才能有效服务于国家碳中和评估的需求，而且，依托于高密度 CO_2监测网的更精细、稳健的碳源汇核算对二氧化碳排放交易具有巨大的市场价值。

2. 需要更多数量的大气反演模型的集合研究

多个反演模型集合模拟结果的标准偏差可以作为碳汇估算结果的模型间不确定性的度量指标，表征不同反演模型的设置差异（包括大气传输模型的差异）对所估算碳误差的贡献程度。陈报章等使用 6 套全球最先进的大气反演模型对中国 8 大地域分区 2010 年碳汇开展了模拟试验研究，[①] 发现中国大部分地区模型间的不确定性总体上大于大气反演模型本身的不确定

① Chen B., Zhang H., Wang T. & Zhang X., "An Atmospheric Perspective on Chinese Mainland Carbon Sink: Current Progresses and Challenges," *Science Bulletin*, 2021.

性。这表明，大气传输模式及其空间分辨率的选择也是反映中国陆地碳汇准确性的关键性因素。该模型集合研究还发现模型设置不同导致反演结果存在较大不确定性的区域主要为西南（1.21 亿 t 碳/年）、东北（1.15 亿 t 碳/年）和华南（0.81 亿 t 碳/年）。通过对不同区域不确定性的比较分析可以发现大气反演模型最需要改进的具体缺陷和问题，以及反演模型是否需要和如何从更多大气 CO_2 观测数据中受益的信息。通过集合模型对比研究发现，中国需要更多的高精度大气 CO_2 监测站，大气反演模型也需要改进。中国碳中和评估和碳源汇的大气反演研究需要更多的反演模型集合模拟、多情景重复集合分析，以避免使用单一模型设置可能得出错误估算的问题。

3. 省市尺度碳中和行动有效性评估需要发展高效同化算法，建设碳同位素监测网

大气碳同化反演系统研究侧重于自然碳通量反演，而面向人为碳排放的大气同化研究才刚刚起步。应用大气碳反演系统计算人为 CO_2 排放量的一种尝试，即引入 CO_2 同源气体（CO、NOx 等）以及碳同位素（$^{13}CO_2$、$^{14}CO_2$）观测数据，发展基于大气反演法区分自然碳通量和人为碳排放的技术，并取得较好的进展。^{14}C 是一种半衰期为 5730 年的放射性 ß 核素，由于化石燃料（煤、石油等）的形成时间远远大于 ^{14}C 的半衰期，因此石化燃料中不存在 ^{14}C，也就是说，化石燃料燃烧产生的大气 CO_2 不含 ^{14}C。Basu et al. 等①更是直接将 ^{14}C 观测引入大气 CO_2 反演模型中，实现基于 CO_2 浓度和碳同位素（^{14}C）观测的生态系统和人为源碳通量的区分及优化，反演了北美 2010 年自然/人为碳源②。然而，^{14}C 观测数据匮乏，获取数据流程复杂且非常昂贵，难以满足同化反演人为碳排放的需求。一些研究者尝试使用成本低的 CO_2 伴

① Basu S., Miller J. B., Lehman S., Separation of Biospheric and Fossil Fuel Fluxes of CO_2 by Atmospheric Inversion of CO_2 and (CO_2) - C - 14 Measurements: Observation System Simulations, *Atmospheric Chemistry and Physics*, 2016, 16: 5665 - 83.

② Basu S, Miller J. B., Lehman S., "Separation of biospheric and Fossil Fuel Fluxes of CO_2 by Atmospheric Inversion of CO_2 and (CO_2) - C - 14 Measurements: Observation System Simulations," *Atmospheric Chemistry and Physics*, 2016, 16: 5665 - 83.

生痕量气体来代替^{14}C。① 这种伴生气体一般与CO_2相关性高、观测数据易获取、生命周期短且化学机制易于理解，与CO_2浓度观测资料简单结合后就能示踪CO_2燃烧源的特征信息。一氧化碳（CO）是CO_2重要伴随排放物，主要来源为化石燃料的不完全燃烧（如工厂排放和汽车排放），常用于示踪燃烧排放的CO_2，CO_2和CO比值（主要是$\Delta CO_2/\Delta CO$，ΔCO_2和ΔCO分别表示CO_2及CO相对于本底浓度的抬升值）已成为区分自然碳汇和人为碳源的重要手段。Miller et al. ② 等用GOSAT XCO_2和MOPITT XCO估算出美国洛杉矶CO_2和CO排放比，并认为这种卫星CO_2和CO排放是未来计算大城市人为排放的发展方向。

为了甄别人为碳排放和生态系统碳汇通量，并揭示陆地生态系统碳汇变化的机制，建立一个能够监测$^{13}CO_2$和$^{14}CO_2$同位素组分的中国大气CO_2监测网是非常必要的。采用这个监测网获得的大气监测数据（CO_2浓度、$^{13}CO_2$和$^{14}CO_2$同位素组分），以及卫星XCO_2和卫星太阳诱导叶绿素荧光（SIF）数据，驱动改进的大气反演模型，能诊断光合吸收和呼吸释放的碳通量分量贡献，并通过优化陆面生态模型中描述碳通量分量模块的参数来计算、验证化石燃料的CO_2排放。

此外，面向省市碳中和评估的国家需求，需要反演、计算高分辨率（1～5公里网格大小）人为CO_2排放和生态系统碳汇。针对大气CO_2浓度和碳通量之间时间滞后特性和高分辨区域同化系统维数巨大的特点，还需要发展计算效率高的数据同化技术，如4DVar和集合卡尔曼滤波相结合的方法。发挥EnKF与4DVar的数据同化方法的各自优势，研发En4DVar耦合的高效混合同化新算法（见图6）。

---

① Turnbull J. C., Miller J. B., Lehman S. J., Tans P. P., Sparks R. J., Southon J., "Comparison of 14CO_2, CO, and SF6 as Tracers for Recently Added Fossil Fuel CO_2 in the Atmosphere and Implications for Biological CO_2 Exchange," *Geophysical Research Letters*, 2006, 33.

② Miller J. B., Lehman S. J., Montzka S. A., Sweeney C., Miller B. R., Karion A., et al., "Linking Emissions of Fossil Fuel CO_2 and Other Anthropogenic Trace Gases Using Atmospheric 14CO_2," *Journal of Geophysical Research*: *Atmospheres*, 2012, 117.

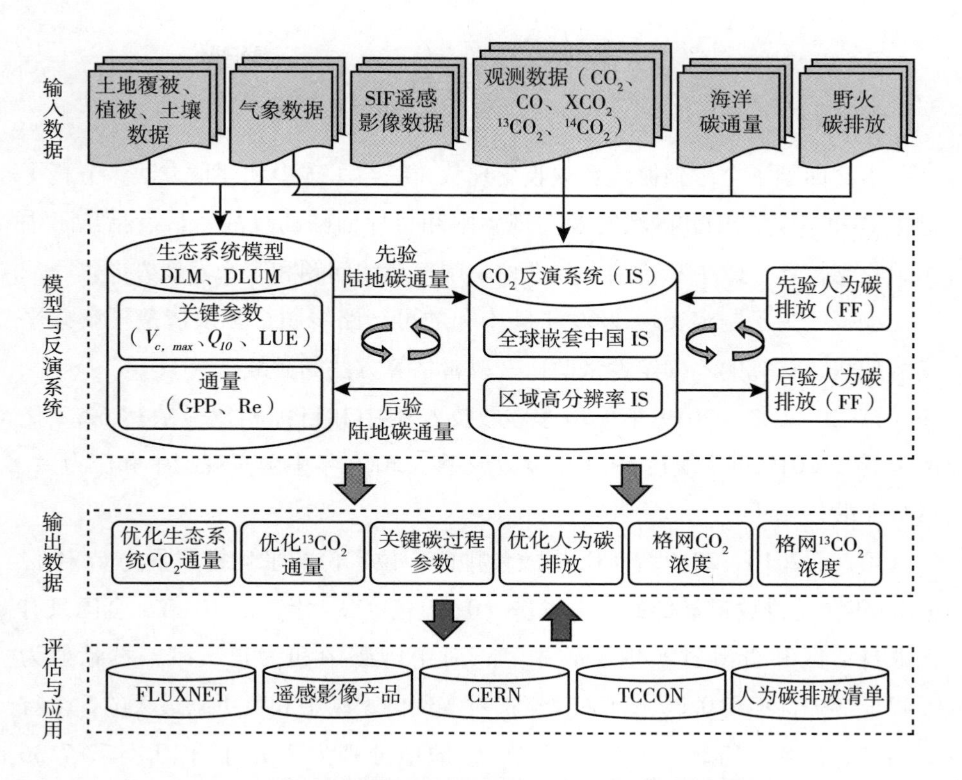

图 6　面向碳中和评估的大气碳同化系统发展框架思路

注：采用全球通量观测网（FLUXNET）、国家生态科学数据中心（CERN）、自下而上方法获得的静态人为 CO_2 排放清单产品、卫星遥感产品和全碳柱观测网（TCCON）进行交互验证、分析。

总之，面对省、市碳中和评估需求，我们强调需要加强以下三个主要领域的研发：①建设中国高精度大气 CO_2浓度和碳同位素观测网；②发展高效的数据同化技术，例如集成 EnKF－4Dvar 技术；③建立双向嵌套的全球和区域（1～5km）高分辨率同化系统，实现对陆地生态系统碳通量分量（GPP：总初级生产力；Re：生态系统呼吸）和人为二氧化碳排放同时高效反演计算。面向上述挑战，我们提出了如图 6 所示的未来 CO_2资料同化系统的发展框架思路。这种先进的大气反演系统将在应对和减缓气候变化以及碳中和政策制定中发挥重要作用。

五　结语

本文回顾了全球碳循环及碳收支现状，综述了碳中和评估方法，分析了过去20年中国碳中和的状况及实现碳中和目标面临的挑战，最后指出了中国碳收支核算、碳中和行动有效性评估中存在的问题和未来发展方向。

第一，为了制定实现2060年碳中和的可行路线图，必须清楚了解碳平衡的现状、估算的不确定性来源以及改善估算方法的挑战。

第二，2000～2019年平均净碳收支与碳中和目标相比亏缺达62.2亿tCO_2/年，2019年亏缺达89.1亿tCO_2之多，2060年中国实现碳中和压力大、形势严峻。

第三，2010～2019年CO_2排放量排前5位省份的平均排放量为6.74亿tCO_2/年，是排放量最低的5个省份（0.66亿tCO_2/年）的10倍。全国只有西藏自治区和青海省实现了碳中和，对中国碳中和为正贡献，贡献值为0.47亿tCO_2/年和0.30亿tCO_2/年；对实现国家碳中和负贡献最大的5个省为山东、江苏、河北、山西和河南，亏缺值分别为7.74亿tCO_2/年、7.36亿tCO_2/年、6.64亿tCO_2/年、5.30亿tCO_2/年和5.11亿tCO_2/年。

第四，中国陆地生态系统2000～2019年碳汇均值为13.2tCO_2/年，占全球陆地生态系统碳汇的10.6%。目前对中国陆地生态系统碳汇的估算仍存在很大的不确定性。因此，需要建设更多的高精度大气CO_2观测站，完善中国温室气体和碳同位素监测网，发展高效同化算法，以实现对省市尺度碳中和行动有效性进行准确、实时评估。

G.4

碳达峰碳中和目标背景下的二氧化碳排放核算关键问题分析

朱松丽*

摘　要：　我国2020年和2030年减缓气候变化量化国际承诺指标的范围均为二氧化碳(CO_2)。在"碳达峰、碳中和"背景下，与CO_2排放核算相关的新问题出现。这里选择我国CO_2核算范围、CO_2核算与监测以及浓度反演方法的关系、CO_2排放的"中和"三个问题进行分析。对于CO_2核算范围，从满足清单编制原则角度看，应逐步提升方法论，明确区分燃料燃烧和"非能源利用"排放；从国内考核和国际履约角度看，应二者并重，不宜将原料用能和排放排除在考核和履约范围之外，否则将带来负面影响，特别会影响未来碳中和进程。连续排放监测和基于浓度的反演方法，一定时期内对CO_2排放核算是有益的补充和验证，但不宜将其视为核算方法的替代手段。人为碳排放必须由人为碳汇来中和，片面夸大碳汇范围和数量将使目前大量上马的高碳项目面临长期资产搁浅风险，可能对经济社会运行带来较大冲击。

关键词：　碳达峰　碳中和　二氧化碳核算

---

* 朱松丽，国家发展和改革委员会能源研究所副研究员，主要研究方向为减缓气候变化政策。

自从20世纪90年代气候变化正式进入全球治理范围，人为温室气体的排放和吸收核算就成为基础关注点之一。经过多年国际国内研究和实践，基于政府间气候变化专门委员会（IPCC）通用方法论的温室气体排放核算体系已经比较成熟，特别是针对二氧化碳（CO_2）这一最大的人为温室气体。但2019年以来的“碳中和浪潮”、2020年我国“碳达峰、碳中和”目标的宣布和热议以及新冠肺炎疫情突袭以来的国内经济复苏，带来新问题。本文以CO_2为主要研究对象，试图通过对其排放核算方法论体系的回顾和分析，对部分问题进行讨论和回答。

一 CO_2核算基本方法和“碳达峰、碳中和”目标下的我国CO_2核算关键问题梳理

（一）CO_2主要排放源和核算方法论简述

CO_2是重要的温室气体，约占全球排放的70%、我国排放的85%，准确、透明和完整地核算其排放量对全球碳循环研究、减缓政策研究和制定、全球盘点有重要意义。虽然相比其他温室气体，CO_2排放核算的不确定性相对较低，但因其体量大且与全球社会经济发展密切相关，一直是温室气体清单编制的核心关切。除此之外，CO_2排放在我国温室气体核算中更有特殊意义。

根据IPCC分类体系，人为CO_2的主要来源为能源活动（燃料燃烧和逃逸排放）、工业过程和产品使用（IPPU）、农业活动和土地利用、土地利用变化及林业（AFOLU）。IPCC于1995年出版第一份国家清单指南以来，方法论已经几经更新，目前通用的版本是《IPCC国家温室气体清单（1996年修订版）》（以下简称《1996清单指南》）和《IPCC2006年国家温室气体清单指南》（以下简称《2006清单指南》），2019年更出版了《2019清单指南精细化》，作为对《2006清单指南》的更新和补充。[①] 基于各自能力原则，《1996清单指南》

① 朱松丽、蔡博峰、朱建华、高庆先、张称意、于胜民、方双喜、潘学标：《IPCC国家温室气体清单指南精细化的主要内容和启示》，《气候变化研究进展》2018年第1期。

和《2006清单指南》分别是《联合国气候变化框架公约》（以下简称《公约》）非附件一缔约方和附件一缔约方的“法定”指南。根据《巴黎协定》实施细则要求，2024年缔约方将统一使用《2006清单指南》。

对于我国CO_2排放而言，农林部门总体表现为“汇”，这里不对方法论进行讨论。对于燃料燃烧，由于CO_2排放与燃料中碳含量直接相关，不同层级的排放因子法最为简洁实用（见公式示例1）。值得注意的是，不同燃料的CO_2排放因子应以热值（而非实物量）为基准，相应活动水平的单位应该是热值，同时还要考虑燃烧氧化率的问题。方法看似简单，但涉及燃料实物量、低位热值、含碳率和燃烧氧化率等多个参数，燃料品种又纷繁多样，每个参数的确定都不是简单的事情。

$$Emission_{CO_2,fuel} = fuelconsumption_{fuel} \times Emissionfactor_{fuel} \tag{1}$$

其中：$Emission_{CO_2,fuel}$为某燃料品种的CO_2排放量（kg）

$Fuelconsumption_{fuel}$为某燃料品种的消费量（TJ），相当于活动水平

$Emissionfactor_{fuel}$为某燃料的CO_2排放因子（$kgCO_2/TJ$），缺省氧化率为100%

对于用作原料的能源排放（属于IPPU范畴），物料平衡法比较普遍，化工生产过程一般碳平衡方法如公式2所示。

$$ECO2_i = \{\sum_k (FA_{i,k} \cdot FC_k) - [PP_i \cdot PC_i + \sum_j (SP_{i,j} \cdot SC_j)]\} \times \frac{44}{12} \tag{2}$$

其中：

$ECO2_i$表示生产化工产品i的CO_2排放（t）

$FA_{i,k}$表示生产化工产品i所消耗的原料k（t）

FC_k表示原料k中的碳含量（tC/t原料）

PP_i表示主要化工产品i的年产量（t）

PC_i表示主要化工产品i中的碳含量（t－C/t产品）

$SP_{i,j}$表示生产主要化工产品i时的副产品j产量（t）

SC_j表示副产品j中的碳含量（tC/t 产品）

不论采用何种方法，CO_2核算均应满足《公约》为国家清单提出的要求：透明、准确、完整、可比和一致（TACCC）[①]，发展中国家享有一定灵活性。各国在确定反映国情的国别参数、提升统计质量方面付出的努力都是为了提高清单的准确性以及一致性，《公约》制定的报告指南、表格、模板和软件工具，一方面便利缔约方提交履约信息，一方面更是为了提高各国清单的透明度、完整性和可比性。从保证环境完整性和履约的角度看，《京都议定书》还规定，承担量化减限排义务的缔约方还需遵守“保守性”原则，即对于基年数据，排放不宜高估、碳汇不宜低估；对于承诺目标年数据，排放不宜低估、碳汇不宜高估[②]。这些要求和原则都是制定《巴黎协定》实施细则的基础。

（二）“碳达峰、碳中和”目标下我国CO_2排放核算关键问题

在双碳目标下，与CO_2排放核算相关的问题不少，这里提炼出三个关键问题。

第一，关于CO_2核算口径。2009 年哥本哈根会议之前，我国向国际社会宣布了“国内适当减缓行动”（NAMAs），关键目标之一是，2020 年万元国民生产总值CO_2排放量（简称CO_2排放强度）比 2005 年降低 40% ~45%；2015 年巴黎会议之前，我国又宣布了初始国家自主贡献（NDC），即 2030 年左右CO_2排放达峰，CO_2排放强度比 2005 年降低 60% ~65% 及其他目标。2020 年 9 月我国对外宣示的 2030 年前“碳达峰”和 2020 年 12 月进一步宣布的 2030 年CO_2排放强度比 2005 年下降 65% 以上的目标也都明确指向CO_2。作为《公约》及《巴黎协定》的缔约方，我国应履行相关义务并接

① UNFCCC, Revision of the UNFCCC reporting guidelines on annual inventories for Parties include in Annex I to the Convention, 2013, FCCC/CP/2019/10/Add. 3.

② UNFCCC, Technical guidance on methodologies for adjustments under Article 5, paragraph 2, of the Kyoto Protocol, FCCC/KP/CMP/2005/8/Add. 3., https://unfccc.int/resource/docs/2005/cmp1/eng/08a03.pdf#page=21.

受相应国际技术分析和审评。

在我国分别于2016年和2018年向国际社会递交的履约文件中，通报NAMAs进展的口径均设定为能源消费的CO_2排放强度①，其背后的能源消费总量数据来自国家统计局，再选取来自国家清单研究的排放参数，核算相应CO_2排放量。与IPCC提供的国家温室气体清单编制方法论相比，“能源消费CO_2排放”的口径有模糊的地方，特别是在燃料燃烧排放和“非能源利用”（non-energy use）排放的区分方面。在“十三五”后期能源强度和总量“双控”形势吃紧的情况下，地方政府和企业提出了区分燃料用能和原料用能（非能源利用的主要方式）、将后者排除在“双控”范围外的建议，类似的提议也见诸CO_2排放的核算。这为我国CO_2排放核算、国内考核和国际履约提出了新问题，即如何更准确地界定和理解我国能源消费CO_2范围，使其既符合方法学要求和TACCC要求，又实事求是，避免漏算和重复计算。

第二，随着2018年气候职能整体转隶至生态环境部以及卫星遥感技术的推广，将CO_2纳入在线监测，用浓度“反演”方法补充甚至替代核算方法的讨论和呼声也渐渐高涨起来。这个问题关系监测与核算、“自上而下”和“自下而上”技术手段在CO_2排放量化方法论中的定位。

第三，在“中和”背景下，CO_2排放首先被中和是实现温室气体中和或者气候中和的首要途径。② 作为与排放（emission）对冲的“去除”（removal）该如何科学理解和量化？如果理解不当的话，可能片面夸大和扭曲“中和”的含义，带来长期气候风险。

以下内容将对第一个问题开展重点探讨，并对第二和第三个问题进行简要分析。

---

① 第一次双年更新报（BUR1）通报：到2015年，我国CO_2排放强度比2005年降低了38.6%；BUR2中进一步说明：2016年CO_2排放强度比2015年下降了6.1%。

② Rogelj J., Geden O., Cowie A. Reisinger A. “Three Ways to Improve Net - zero Emissions Targets,” *Nature*, 2021, 591: 365 - 368.

二　我国能源消费 CO_2 排放核算范围分析

（一）核心问题：能源消费中的“非能源利用”

如前文所述，我国履约的 CO_2 排放核算口径是“能源消费” CO_2 排放。按照 IPCC 国家清单编制通用方法论，与能源消费直接相关的 CO_2 排放（暂不考虑逃逸排放）可以划分为两类：燃料燃烧和“非能源利用”排放。前者定义明确，后者来自以下用途：一是化石燃料用作还原剂，例如钢铁行业大量使用的焦炭或喷吹煤，燃料中的碳最终全部排放；二是用作化工原料，例如煤炭、天然气和石油产品用来生产合成氨、甲醇、乙烯等化工产品。在生产过程中，一部分碳转移至产品，不形成排放（以下简称“固碳”，但请注意，与碳汇研究中涉及的“固碳”意义不同），另一部分碳以氧化形式排出；三是用作材料，例如石油沥青、石蜡、润滑油等，这些作为材料的化石燃料在使用过程中会因自然氧化等原因形成少量排放。按照《2006 清单指南》原则要求，非能源利用排放应区别于能源活动排放，纳入 IPPU 类别。

我国国家清单研究遵循 IPCC 提供的方法学，能源消费 CO_2 排放不仅计算了化石燃料燃烧排放，也包括化石能源的“非能源利用”排放。最终用于核算履约进展的关键分能源品种排放参数（例如单位煤炭消费的 CO_2 排放[①]）也是考虑以上两部分排放源之后的综合结果。

“十三五”中后期煤化工和石油化工开始加速发展和布局。比如，2015 年我国乙烯产量 1715 万吨，2020 年达到 2160 万吨；根据对在建、新建和筹建的化工类项目的统计，“十四五”期末我国乙烯产能可能超过 6000 万吨。煤化工发展也存在类似倾向。能源消费量的快速增长使部分地区推进能

① 这些参数不同年份间存在动态变化。最新数据表明：煤炭、石油和天然气的综合排放系数分别为 2.66TCO_2/tce、1.73TCO_2/tce 和 1.56TCO_2/tce。如果假设这些化石燃料全部用于燃烧且氧化率取 100%，相应的潜在排放系数分别约为 2.83TCO_2/tce、2.16TCO_2/tce 和 1.65TCO_2/tce。

源“双控”形势吃紧，因此有的地方政府和企业建议将燃料用能和原料用能区分开，后者不纳入考核范围。除了二者消费性质确实有所不同外，另外一个重要“说辞”是原料用能有相当的“固碳”能力，增加其消费并不会对我国碳排放造成重大影响，因此不应该限制发展。向外延伸，就会提出类似的疑问，我国的 CO_2 限排承诺是否也应扣除原料用能排放而只考虑燃料排放?

从理论上看，我国履约 CO_2 排放覆盖范围存在调整的可能性。在《巴黎协定》下，绝大部分国家正式提出了第一轮量化减限排目标。根据要求，《公约》第二十六次缔约方大会（COP26）之前，缔约方应对第一轮目标进行更新或细化。从程序上看，我国有合理机会重新界定 CO_2 排放范围。

（二）履约 CO_2 排放核算口径改变的影响分析

首先要澄清的是：原料用能也有排放，而不是完全“固碳”，有些排放在生产过程中产生，有些排放在产品使用或废弃过程中产生。从科学上看，将这些排放严格区分是应有之义，但是否将原料用能排放排除在履约范围之外，情况就比较复杂。

1. 严格区分燃料和原料用能排放有利于提高国家清单的质量

IPCC 清单编制方法学越来越倾向于要求各国明确区分燃料燃烧排放和非能源利用排放，以提高各国清单的可比性。我国国家清单编制总体还遵循《1996 清单指南》，对化石燃料燃烧和非能源利用 CO_2 排放虽分别计算，但合并报告，透明度有所欠缺。同时，非能源利用排放计算方法相对粗糙，准确性略有不足。《巴黎协定》要求各缔约方最晚于 2024 年统一采用《2006 清单指南》进行清单编制并接受国际审评。因此，从履约和进一步提高国家清单质量看，明确区分燃料燃烧排放和非能源利用排放势在必行。

2. 将原料用能排放排除可能降低我国 NAMAs 目标的实现和超额程度

根据我国官方通报，2018 年我国 CO_2 排放强度比 2005 年下降了 45.8%，提前两年完成了 NAMAs 国际承诺；2019 年比 2005 年下降 48.1%，到2020年最终实现了48.4%的降幅。[①] 由于相关统计数据还有可能进行调整，最终降幅也将有所变化，但不会改变我国“提前并超额完成”2020年国际承诺的基本结论。

如果将 CO_2 排放核算口径调整为化石燃料燃烧，那么有可能推翻这个结论。排放核算口径缩小之后，特定年份的 CO_2 排放量和排放强度自然会下降，但当核算对象是排放强度的历史变化率时，问题要复杂得多。这里借用国际能源署（IEA）数据进行定量说明。2020年IEA对其计算各国能源相关 CO_2 排放的范围进行了调整，其中最大的变化就是将主要化工原料用能扣除，明确定义其排放为燃料燃烧（Fuel Combustion）排放[②]。利用IEA最新 CO_2 排放数据与我国GDP统计数据进行计算，2018～2020年我国 CO_2 排放强度相比2005年分别降低了42.3%、44.0%和44.6%，未能实现45%的高案目标。

3. 将原料用能排放排除将进一步模糊对原料用能 CO_2 排放的认识

由于存在产品固碳现象，原料用能 CO_2 排放核算相对复杂。我们不仅要考虑生产过程中的排放，也要考虑产品使用和处理过程中的排放。以甲醇和乙烯生产为例，如前文所述，生产过程的原料用能排放一般采用碳平衡法计算，即一方面要核算进入生产系统的原料用能碳含量，另一方面要核算产品中所包含的碳，二者之差就是原料用能的生产过程排放。[③] 甲醇、乙烯的后续排放视用途而定。如果甲醇用作汽油添加剂，为道路交通提供能源，其排放就应单独核算并在交通行业中报告；如果出口，则不需要计算后续排放，但进口国需要考虑。乙烯作为中间产品，将继续生产其他产品，如二氯乙烷/

① 生态环境部：《第30次“基础四国”气候变化部长级会议召开》，http://www.mee.gov.cn/xxgk2018/xxgk/xxgk15/202104/t20210409_827875.html，2021年4月9日。

② IEA，CO_2 Emissions from Fuel Combustion 2020 Edition：Database Documentation，https://iea.blob.core.windows.net/assets/474cf91a-636b-4fde-b416-56064e0c7042/WorldCO2_Documentation.pdf.

③ IPCC，2006 IPCC Guidelines for National Greenhouse Gas Inventories，Prepared by the National Greenhouse Gas Inventories Programme，Eggleston H. S.，Buendia L.，Miwa K.，Ngara T. and Tanabe K.（eds）. Published：IGES，Japan. 2006.

氯乙烯、环氧乙烷等，其相关工业过程排放，也需要根据碳平衡法逐级进行推演。特别不能忘记的是，石化和化学工业最终产品大多是各类塑料、橡胶、轮胎和化纤品，这些产品在废弃过程中产生的排放应在废弃物处理环节核算。

由于我国不发布完整的清单报告，化工原料用能的固碳/排放比例不是很清晰。这里根据美国清单研究结果为原料用能的“生命周期”排放提供定量认识。美国化工行业主要以天然气和油品作为原料生产下游产品，其国家清单团队经过多年基于产品的“自下而上”调研分析，认为美国原料用能的固碳和排放比例大约为55：45[①]。2018年美国塑料、轮胎等化石成因废弃物焚烧CO_2排放约为11.1Mt。如果将这部分排放也考虑在内，固碳和排放大致平分秋色。

与美国相比，一是我国煤炭作为化工原料的比例远高于美国，其生产过程的碳排放强度显著高于石化和天然气化工。比如利用天然气生产甲醇，生产过程排放是0.267～0.670tCO_2/t甲醇（IPCC缺省数值），但如果以煤炭为原料的话，相应排放至少为2tCO_2/t甲醇。二是由于土地资源稀缺，我国废弃物焚烧处理比例明显高于美国，排放量也相应较高。根据我国第二次双年更新报，2014年我国化石成因废弃物焚烧CO_2排放量约为2000万t[②]，几乎是美国2018年水平的2倍。通过这些信息进行定性判断，我国石化和化工原料用能的平均固碳率应明显低于50%。

因此，从化工产品的生产、使用和处理整个过程看，我国原料用能的固碳水平并没有想象中那么高。如果将“固碳”作为原因之一将原料用能从能源消费中扣除（并将相关CO_2排放排除在核算范围外），将更加模糊相关认识。

---

① USEPA, Inventory of U.S. Greenhouse Gas Emissions and Sinks (1990 - 2018), 2020, https://www.epa.gov/ghgemissions/inventory-us-greenhouse-gas-emissions-and-sinks. 在能源清单中，美国清单团队认为作为化工原料使用的能源的固碳率大约为65%，如果将纳入工业过程的那部分排放合并计算且考虑美国专家认为的20%重复计算，则固碳率将降低到54.9%。

② 生态环境部：《中国应对气候变化第二次双年更新报》，https://unfccc.int/sites/default/files/resource/China_ BUR2_ Chinese.pdf，2018。

4. 排除原料用能排放影响国际形象，同时为碳中和愿景目标实现带来更大挑战

如前文所述，缔约方将在 COP26 之前提出新承诺或对第一轮 NDC 进行更新细化。《巴黎协定》4.3 条规定，NDC 更新细化的基本原则是，新目标或内容不应该在原有信息基础上“后退”。

根据“共区”原则，发达国家全部承担的是“全经济范围”绝对量减排目标，气体种类涵盖所有人为温室气体，排放源覆盖所有行业和部门，因此不论排放在部门之间如何分配（燃烧排放或工业过程排放），都不会影响整体履约信息；而发展中国家（包括我国）较少承诺类似目标，一般为特定范围或行业目标，因此会出现部分排放不在管控范围之内的现象。

我国的 NAMAS/NDC 承诺范围已经明确排除占比 15% 左右的非 CO_2 温室气体排放，同时也排除了水泥等工业过程 CO_2 排放，如果再明确将原料用能 CO_2 排放排除在管控范围外，作为现阶段第一排放大国，我国可能要承受更多负面国际舆论。此外，从减排紧迫和全球治理形势看，逐步走向“全经济范围”承诺方式难以避免。在这种背景下，如果将原料用能及其碳排放排除，短期看似可以降低能源总量控制难度，长期看将极大增加实现碳中和愿景目标和承担“全经济范围”目标的难度。

三　CO_2 监测和核算之争、浓度反演和核算之争

连续监测方法是通过直接测量烟气流速和烟气中 CO_2 浓度来计算其排放量，主要通过连续排放监测系统（CEMS）来实现，在美国和欧盟有所应用。虽然具有数据直观的优点，但也存在应用范围受限、数据质量有待提升、相关成本很高、一致性问题尚需解决、配套报告和核查体系欠缺等缺憾[①]，

① 李鹏、吴文昊、郭伟：《连续监测方法在全国碳市场应用的挑战与对策》，《环境经济研究》2021 年第 1 期。

CEMS 在我国的应用范围非常有限，在世界范围也处于收缩状态[①]。总体来说，就 CO_2 而言，在核算方法成本低而且准确度有保证的情况下，采用连续监测方法在成本－收益方面不具有优势。

《2019 清单指南精细化》首次对基于大气浓度（遥感测量和地面基站测量）反演温室气体排放量的方法进行了评估，最终将这种“自上而下”方法定位为对“自下而上”核算方法的验证，而不是核算方法本身。[②] 这种定位的出发点包括：一是从浓度到排放量的反演模式依然存在很大不确定性；二是难以确定明确的边界，尤其对核算范围要求非常明确的国家清单而言；三是难以区分测量范围内的人为源和自然源；四是难以提供分部门排放量，因此不具有明确的决策支持作用。从发展趋势来看，反演模式将更多应用于非 CO_2（例如甲烷）和突出点源排放核算。对于 CO_2 排放，由于其与化石燃料含碳量以及产品含碳量高度相关，“自下而上”的分部门、分技术核算方法优先性无法被取代。

四　CO_2 排放的“中和”

《巴黎协定》第四条提到“本世纪下半叶达到人为源排放和汇去除的平衡（balance）”，这里的源与汇平衡被通俗理解为“中和”（neutral），覆盖范围为所有温室气体。被广泛讨论的“碳中和”，狭义理解为 CO_2 中和[③]，广义也可以理解为所有温室气体排放中和，例如在法国的“2050 低碳战略”中，碳中和明确指向所有温室气体[④]，我国的碳中和也类似[⑤]。

---

① European Commission, Report from the Commission to the European Parliament and the Council: Report on the Functioning of the European Carbon Market, 2020, COM (2020) 740 Final.

② 蔡博峰、朱松丽、于胜民、董红敏、张称意、王长科、朱建华、高庆先、方双喜、潘学标、郑循华：《〈IPCC 2006 年国家温室气体清单指南 2019 修订版〉解读》，《环境工程》2019 年第 8 期。

③ IPCC：第六次评估报告第三工作组报告 Annex A（SOD）。

④ AU NOM DE M. Édouard PHILIPPE. relatif à l' énergie et au climat. 2019. https://www.assemblee-nationale.fr/dyn/15/textes/l15b1908_projet-loi.pdf.

⑤ 解振华气候特使指出：我国碳中和的范围覆盖全口径温室气体，而不单单是 CO_2。

在所有已经确认的人为温室气体当中，只有 CO_2具有明确的清除过程。CO_2排放首先被中和是实现温室气体中和的首要途径，之后再利用额外的 CO_2清除量中和非 CO_2排放，实现温室气体中和，必要时再增加 CO_2清除量，以实现负排放。

目前对 CO_2中和的途径和数量范围的理解分歧较大，最显著的问题是将自然碳汇与人为碳汇混为一谈。例如，有研究认为“2010～2016 我国陆地生态系统年均碳汇约 11.1 亿 t（折合 CO_2超过 40 亿 t），吸收了我国同时期人为碳排放的 45%”[①]。实际上，人为排放到大气中的 CO_2必须通过人为增加的碳吸收汇来清除[②]，才能达到治理意义上的碳中和。人为碳吸收汇包括通过人工植树造林、森林/土壤/海洋管理等人为活动增加的碳汇，以及通过捕获并埋存生物能源燃烧排放的 CO_2（BECCS）、空气直接捕获 CO_2（DAC）[③]、强化岩石风化（ERW）[④] 等潜在负排放技术形成的碳移除。从我国实践看，森林是最重要的陆地人工碳汇来源。草地/农田土壤碳汇强度与持久性和管理方式密切相关，管理不当很容易造成土壤有机碳的重新释放而成为碳源。海洋自然碳汇已经为吸收浓度不断增加的 CO_2排放“竭尽全力”，自身酸化加剧，维持这种自然碳汇水平的能力是否可持续存在巨大疑问[⑤]，通过人工养殖海藻、微型生物介导等方式扩大海洋碳汇的潜力尚存在争议，而且有潜在环境风险。

依据 IPCC 核算方法论，2014 年我国陆地碳汇总量大约为 11.51 亿 t，占当年 CO_2排放总量（102.75 亿 t）的 11.2%。根据中国宏观经济研究院开

---

① 唐伟、李俊峰：《农村能源消费现状与“碳中和”能力分析》，《中国能源》2021 年第5 期。

② 陈迎、巢清尘等：《碳达峰、碳中和 100 问》，人民日报出版社，2021。

③ Hanna R., Abdulla A., Xu Y., Victor D. G., Emergency Deployment of Direct Air Capture as a Response to the Climate Crisis. Nature Communication, 2021, https://doi.org/10.1038/s41467-020-20437-0.

④ Beerling, D. J., Leake, J. R., Long, S. P. *et al.* “Farming with Crops and Rocks to Address Global Climate, Food and Soil Security,” Nature Plants 4, 138-147 (2018). https://doi.org/10.1038/s41477-018-0108-y.

⑤ Gruber N., Clement D, Carter B. R., Feely R. A., van Heuven S., Hoppema M., et al., “The Oceanic Sink for Anthropogenic CO_2 from 1994 to 2007,” *Science*, 2019, 363.

展的碳汇专项研究结果，21 世纪中叶我国最大人为碳汇为 13 亿 ~ 15 亿 tCO_2，不确定性主要来自海洋碳汇。

五 结论和对策建议

我国中近期减缓气候变化国际定量承诺的指向均为 CO_2。总体而言，CO_2排放核算方法本身相对成熟，但在“碳达峰、碳中和”背景下，也出现了新的问题。本文从 CO_2核算范围、核算与监测以及浓度反演方法的关系、CO_2排放的中和这三个问题着手，并以第一个问题为重点进行了分析。

目前我国 CO_2核算范围为“能源消费”CO_2排放，具有一定模糊性，从科学上须尽可能区分燃料燃烧排放和非能源利用排放。但如果从降低能源“双控”难度出发，将 CO_2核算范围缩小为“化石燃料燃烧”CO_2排放，不仅将在一定程度上低估我国的履约成绩，也将模糊对原料用能排放的认识，影响环境完整性，更为达峰之后走向碳中和和全经济范围减排带来较大挑战。为此提出以下建议：一是对外保持一直以来的 CO_2排放强度计算口径，即能源消费排放既包括化石燃料燃烧排放，也包括非能源利用排放。国家清单编制应与时俱进，更新方法论，明确区分燃烧排放和非能源利用排放，并提升核算方法，但不应因此影响履约的计算范围。二是对内也应谨慎对待且将原料用能区别对待。坚持对化石能源消费进行全方位控制，不人为制造统计“漏洞”，坚决控制不符合要求的高耗能项目。三是及时开展针对我国石化和化学工业产品碳平衡的深度研究。遵循新版 IPCC 方法学，结合我国特有创新技术（如煤化工中的碳氢互补），深入分析元素碳在“原料—产品—使用—废弃”整个流程中的转移和释放，对典型产品的非能源利用排放进行标定。一方面提高我国履约数据的准确性和透明度，另一方面从科学上为 IPCC 提供更多反映最新科技进展的数据信息。

对于 CO_2排放监测与核算的关系、“自上而下”浓度反演和“自下而上”核算方法的关系，由于 CO_2核算法不仅简捷有效、准确度有保证，而且具有明确的政策指导意义，连续监测方法和反演方法均可以作为核算方法的

补充或验证，一定时期内无法取代核算方法。

CO_2排放的中和是实现气候中和的首要途径，但人为源排放必须由人为汇来移除，这是基本原则。一些地区和行业对碳汇贡献和负排放技术无正确认识，可能带来长期气候和金融风险。我国林业、草原等生态系统碳汇资源潜力有限，预计中长期碳汇量最大不超过15亿t；负排放技术远远不够成熟，一些仍处在概念阶段，大规模封存也面临安全性和可靠性等挑战。要实现碳中和目标，必须从根本上转变传统经济体系、能源系统和生产生活方式，深度减排是必由之路。目前，一些地区和行业仍延续高碳发展路径，个别地区甚至存在人为推高碳排放峰值的倾向，把希望寄托于碳汇和BECCS等负排放技术，片面夸大和扭曲“中和”的含义。如果这个趋势发展下去，现在规划建设的大量高碳项目将面临长期资产搁浅的巨大风险，可能对经济社会运行带来较大冲击。

G.5

我国碳达峰碳中和的实施路径研究

柴麒敏*

摘　要：　2020年9月22日以来，习近平总书记在多个国际重大场合和中央重要会议上宣示部署碳达峰碳中和工作。迈向碳中和的转型行动正在成为一场关乎经济社会高质量发展和持续繁荣的系统性变革。如何更好地把碳达峰、碳中和纳入经济社会发展和生态文明建设整体布局并明确时间表、路线图、施工图是当前各方关注的焦点。本文从国际形势、国家战略和IAMC模型情景研究入手，总结和探讨了我国碳达峰碳中和的实施路径，并提出有序推动我国高质量、低排放发展的思考与建议。

关键词：　碳达峰　碳中和　排放路径

工业革命以来，人类活动日益成为引发全球变化的重要动因，尤其是工业化、城镇化进程带来化石能源的大量消耗以及土地利用的大尺度变化，引起了大气中二氧化碳、甲烷、氧化亚氮、六氟化硫、氢氟碳化物和全氟碳化物等温室气体浓度的显著增加，这大大改变了地球表面的辐射平衡，造成了以气候变化为主要特征的全球生态变化。作为大跨度多学科交叉问题，全球气候

* 柴麒敏，国家气候战略中心战略规划部主任、清华大学现代管理研究中心兼职研究员、中国碳中和50人论坛特邀研究员，主要研究方向为全球气候治理、应对气候变化综合评估及能源环境经济学。

变化从科学研究逐步进入政治经济议事领域，全球气候治理也已经成为冷战以后国际政治经济和非传统安全领域出现的少数最受全球瞩目、影响极为深远的议题之一，事关能源、产业、经济、贸易、金融、科技等发展问题。

一 《巴黎协定》全面实施与长期战略的提出

2015 年达成的《巴黎协定》是全球气候治理进程的一个重要里程碑，《巴黎协定》的达成、签署和生效为全球气候治理注入新的动力，国际气候治理新机制正在逐步迈向实施的新时代。《巴黎协定》中形成了有关全球合作应对气候变化的长期目标的最终表述，即相比于工业化前（一般以 1850 ~ 1900 年为基准）的全球平均气温水平，升温的幅度完全控制在 2℃以下，并力争控制在 1.5℃以下。该目标在《巴黎协定》第四条中被进一步阐释为“尽快达到温室气体排放的全球峰值，在本世纪下半叶实现温室气体源的人为排放与汇的清除之间的平衡”。

根据政府间气候变化专门委员会（IPCC）的第五次评估报告及《全球升温 1.5℃特别报告》，如果要实现 2℃温控目标，剩余碳排放空间为 11700 亿吨二氧化碳，全球按目前水平只能继续排放 20 多年。如果要实现 1.5℃温控目标，剩余碳排放空间为 4200 亿 ~ 7700 亿吨二氧化碳，需要社会各方进行快速、深远和前所未有的变革，需要将 2030 年全球人为二氧化碳净排放量比 2010 年降低 45%，并在 2050 年实现净零排放。

全球经济面临新一轮的科技、能源和产业革命的历史性机遇，以低排放发展为特征的新增长路径成为全球转型的主要方向。为实现上述长期目标，《巴黎协定》规定所有的缔约方，也就是参与缔结这个国际条约的国家或地区，每五年要提交一次“国家自主贡献”，第一次是 2015 年，第二次是 2020 年，以此类推，但前两次提交都是到 2030 年的行动目标。同时，《巴黎协定》及其相关决议还要求所有缔约方在 2020 年提交“本世纪中叶长期温室气体低排放发展战略”，也就是展望到 2050 年左右的长期目标。

根据联合国秘书长古特雷斯的统计，预计到 2021 年，占全球温室气体排放65%、经济总量70%的主要国家和地区将以纳入国家法律、提交协定或政策宣示等各种方式提出碳中和承诺，其中有29个国家已经向联合国正式提交长期低排放发展战略，如表1所示。而根据联合国环境规划署《2020年排放差距报告》的统计，截至2020年11月，占全球温室气体排放量63%的127个国家已经正式通过、宣布或正在考虑净零目标。[①] 全球市场在气候变化相关领域持续发展，总体规模已超过万亿美元，全球合作应对气候变化正成为各国携手开展以后经济绿色复苏的机遇和平台。

表1 各国长期战略提交时间及关键要素对比分析

国家/地区	战略名称	提交时间	长期目标	覆盖范围
墨西哥	气候变化本世纪中叶战略	2016年11月15日	2050年温室气体较2000年减排50%	全部温室气体,包括黑炭
美国	20世纪中叶深度脱碳战略	2016年11月16日	2050年温室气体较2005年减排80%或更多	全部温室气体
加拿大	加拿大本世纪中长期战略	2016年11月17日	2050年温室气体较2005年水平降低80%	全部温室气体
德国	2050气候行动计划	首次提交于2016年11月17日,再次提交于2017年4月26日	2030年温室气体较1990年减排55%,2040年温室气体较1990年减排70%,2050年温室气体较1990年减排80%~95%,并以实现2050年大范围温室气体排放中性为指导原则	全部温室气体
贝宁	低碳和气候韧性发展战略	2016年12月12日	减排量不少于国家自主贡献的承诺,或2030年前温室气体排放量至少下降1200万吨和封存1630万吨	全部温室气体
法国	国家低碳战略	首次提交于2017年4月1日,第二次提交于2017年4月18日,第三次提交于2021年2月8日	2050年实现碳中和	全部温室气体

① United Nations Environment Programme, Emissions Gap Report 2020, Nairobi, 2020.

续表

国家	战略名称	提交时间	长期目标	覆盖范围
捷克	捷克气候保护政策	2018年1月15日	2040年温室气体排放量7000万吨,2050年温室气体排放量3900万吨(2050年目标相当于较1990年减排80%)	全部温室气体
英国	清洁增长战略	2018年4月17日	2050年温室气体排放较1990年水平至少降低80%	全部温室气体
乌克兰	乌克兰2050年低排放发展战略	2018年7月30日	尽力将2050年温室气体排放下降至1990年水平的31%~34%	全部温室气体
马绍尔群岛	2050气候战略"照亮道路"	2018年9月25日	2025年温室气体排放较2010年至少降低32%,2030年温室气体排放较2010年至少降低45%,2035年温室气体排放较2010年至少降低58%,2050年净零温室气体排放和100%可再生能源使用	全部温室气体
斐济	斐济低排放发展战略2018~2050	2019年2月25日	降低温室气体排放,2050年净零碳排放并达到碳中和	未明确
日本	《巴黎协定》下的日本长期战略	2019年6月26日	将实现"脱碳社会"作为最终目标,2050年较2013年下降80%	全部温室气体
葡萄牙	葡萄牙2050碳中和之路	2019年9月20日	2050年实现碳中和	全部温室气体
哥斯达黎加	国家脱碳计划2018~2050	2019年12月12日	2050年净零排放下的脱碳经济	全部温室气体
欧盟	欧洲联盟及其成员国的长期温室气体低排放发展战略	2020年3月6日	2050年实现气候中和	全部温室气体
斯洛伐克	2030斯洛伐克共和国低碳发展战略:展望2050	2020年3月30日	2050年实现气候中和	全部温室气体
新加坡	描绘新加坡的低碳和气候弹性未来	2020年3月31日	2050年在2030年排放峰值(6500万吨)基础上下降一半至3300万吨,21世纪下半叶实现净零排放	全部温室气体

续表

国家	战略名称	提交时间	长期目标	覆盖范围
南非	南非的低排放发展战略	2020年9月23日	2050年净零碳排放	未明确
芬兰	芬兰长期低温室气体排放发展战略	2020年10月5日	2035年实现碳中和,2050年实现温室气体排放较1990年水平下降80%(持续增长情景87.5%、节约情景90%)	全部温室气体
挪威	挪威长期低碳排放发展战略	2020年11月25日	2030年温室气体排放较1990年水平下降50%~55%,2050年实现低排放社会转型,温室气体排放较1990年水平降低80%~95%	全部温室气体
拉脱维亚	拉脱维亚2050年实现气候中和战略	2020年12月9日	2030年温室气体排放较1990年水平降低65%,2040年温室气体排放较1990年水平降低85%,2050年实现气候中和	全部温室气体
比利时	比利时长期战略	2020年12月10日	2050年实现碳中和	全部温室气体
西班牙	西班牙长期温室气体低排放发展战略	2020年12月10日	2050年前实现气候中和	全部温室气体
瑞典	瑞典减少温室气体排放的长期战略	2020年12月11日	2045年实现温室气体净零排放(2045年温室气体排放较1990年水平降低85%)	全部温室气体
荷兰	缓解气候变化的长期战略	2020年12月11日	2030年温室气体排放较1990年水平降低55%,2050年在1990年基础上下降95%	全部温室气体
奥地利	2050长期战略	2020年12月11日	2050年前实现气候中和	全部温室气体
韩国	韩国实现可持续和绿色社会的2050碳中和战略	2020年12月30日	2050年实现碳中和	未明确
丹麦	丹麦的本世纪中叶长期温室气体低排放发展战略	2020年12月30日	2030年温室气体排放较1990年水平降低70%,2050年实现气候中和	全部温室气体
瑞士	瑞士长期气候战略	2021年1月28日	2050年前实现温室气体净零排放	全部温室气体

二　我国碳达峰碳中和战略及实施路线图研究

（一）中国提出碳达峰碳中和战略的政策背景

中国人口众多、气候条件复杂、生态环境整体脆弱，受到气候变化不利影响更为显著。作为全球最大的发展中国家，中国粮食安全、水安全、生态安全、能源安全、基础设施安全以及人民生命财产安全受到气候变化较为严重的威胁。中国把应对气候变化作为推动经济高质量发展、引领全球绿色低碳发展的重大战略机遇，通过持续推动能源、工业、建筑、交通等领域的低碳发展，基本扭转了温室气体排放快速增长的局面，在为全球应对气候变化作出重要贡献的同时，也有效促进了经济高质量发展和生态环境高水平保护的协同，并正在逐步实现经济增长和温室气体排放的脱钩。

2020 年中国单位国内生产总值二氧化碳排放比 2015 年和 2005 年分别下降约 18.8% 和 48.4%，超过“十三五”规划确定的 18% 约束性目标和对外承诺的 2020 年较 2005 年下降 40% ~45% 的目标，非二氧化碳温室气体排放控制也取得积极进展；风电和光伏总装机容量达到了 5.3 亿千瓦，非化石能源占能源消费比重达到 15.9%，超过对外承诺的 2020 年提高到 15% 左右的目标；第九次森林普查数据表明，我国已经提前完成到 2030 年森林面积和森林蓄积量增长目标，成为全球森林资源增长最多的国家。中国二氧化碳排放已经进入低增速、低增量的阶段。上述目标的提前超额完成为中国进一步加大国家自主贡献力度、采取更加有力的政策和措施奠定了良好基础。

2020 年 9 月 22 日以来，国家主席习近平在第七十五届联合国大会一般性辩论、联合国生物多样性峰会、第三届巴黎和平论坛、金砖国家领导人第十二次会晤和二十国集团领导人利雅得峰会“守护地球”主题边会、气候雄心峰会、世界经济论坛“达沃斯议程”对话会、领导人气候峰会等多个重要国际场合发表重要讲话，向国际社会郑重宣布中国的碳达峰目标及碳中和愿景，并进一步明确了国家自主贡献最新举措。同时，在党的十九届五中

全会、中央经济工作会议、中央财经委员会第九次会议、中共中央政治局第二十九次集体学习等重要会议及学习中多次对两碳工作作出了重要部署安排，出台做好碳达峰碳中和工作的意见及2030年前碳达峰行动方案。在中国开启全面建设社会主义现代化国家新征程，习近平总书记作出有关新的达峰目标与碳中和愿景的重要宣示，凸显了应对气候变化在中国现代化建设全局中的重要战略地位。碳达峰碳中和的目标任务与中国21世纪中叶社会主义现代化强国建设进程高度契合，关乎中华民族永续发展，影响深远、意义重大。

根据最新的评估模型和情景研究，要实现2℃温升目标中国相应需要实现碳中和的时间在2065～2100年，实现1.5℃温升目标中国相应需要实现碳中和的时间在2050～2075年。这就意味着中国2060年碳中和目标与全球范围内实现1.5℃～2℃温控目标的“成本最优”路径大体一致，将对全球1.5℃～2℃温控目标的实现作出重大贡献（见表2）。中国碳中和目标的提出向世界释放出了中国将坚定走绿色低碳发展道路、引领全球生态文明和美丽世界建设的积极信号，也为各方共同努力、全面落实《巴黎协定》和推动疫情后世界经济“绿色复苏”奠定了主基调，不仅极大地推动了《巴黎协定》提出的“到本世纪下半叶实现温室气体源的人为排放与汇的清除之间的平衡”的实施进程，弥补了全球排放差距，为国际社会全面有效落实《巴黎协定》注入强大动力，而且彰显了中国引导应对气候变化国际合作，成为全球生态文明建设的重要参与者、贡献者、引领者的决心和信心。

表2　IPCC相关情景下中国排放轨迹分析的综述

	累计 CO_2 排放（2011～2050年）（$GtCO_2$）		相比于2015年的 CO_2 排放下降（%）		实现碳中和的时间		
	CO_2（含碳汇）	CO_2（能源相关）	2030年	2050年	CO_2（含碳汇）	CO_2（能源相关）	GHG
1.5℃	200～250	175～235	30～65	80～100	2050～2075年	2050～2080年	2060～2085年
2℃	250～300	220～280	20～40	60～80	2065～2100年	2065～2100年	2070～2100年

资料来源：IPCC数据库。

（二）实现碳达峰碳中和的政策和技术路线图

基于自主开发的气候变化综合评估模型 IAMC（Integrated Assessment Model for Climate Change）①，本研究对我国到21世纪末的温室气体排放进行了情景分析②，如图1所示。在较为严格的假设条件下，能源活动的二氧化碳排放在2030年前经历较短的约为103亿吨的平台期后就将进入一个快速下降的通道，到2035年排放约为86亿吨，到2050年下降至23亿吨左右，2060年则在10亿吨以下。同时，工业生产过程的二氧化碳排放将从当前的12亿吨左右下降至2060年的5亿吨以下。碳汇的水平将接近15亿吨，能够实现二氧化碳的净零排放。如果进一步考虑非二氧化碳的温室气体排放，一方面需要此类排放从当前的22亿吨二氧化碳当量左右，下降至2060年的9亿吨二氧化碳当量以下，另一方面需要增加与此相当的自然系统碳汇或工程碳移除技术用于抵消。

尽管存在不同的技术组合，但由于我国从碳达峰到碳中和只有30年左右的时间，因此技术和经济可行的区间并不大。我国的碳汇及主要的负排放技术（如生物质能+CCUS）受限于我国的土地规模和粮食安全问题，从目前大部分的研究评估来看，可能的抵消规模在15亿~24亿吨。因此，就需要在源头，也就是能源结构上作出根本性调整，其中，电力系统在2045年左右要实现近零排放，整个能源供给在2050年左右要实现近零排放，2060年要实现负排放。非化石能源在能源消费中的占比到2035年、2050年和2060年分别要达到35%左右、68%左右和80%左右。

综合来看，为实现碳达峰和碳中和，如图2所示，技术和产业创新存在如下“新赛道”：一是持续推动可持续能源消费，通过能效提升、结构变革、城市规划和生活方式改变，在维持较高生活水平的同时，实现终端用能

---

① 柴麒敏：《全球气候变化综合评估模型（IAMC）及不确定型决策研究》，清华大学硕士学位论文，2010。

② 柴麒敏、徐华清：《基于IAMC模型的中国碳排放峰值目标实现路径研究》，《中国人口·资源与环境》2015年第6期。

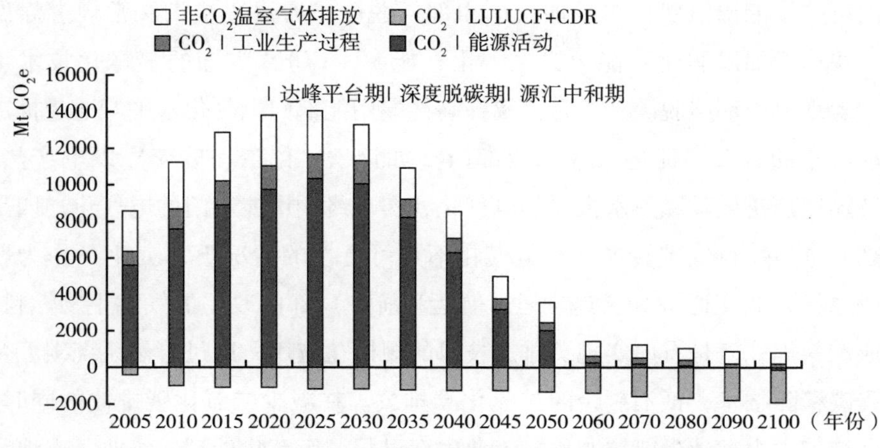

图 1　2005～2100 年中国实现碳达峰碳中和的排放路径

注：笔者基于 IAMC 模型测算，CHAI Qimin, et al.,"Modeling the Implementation of NDCs and the Scenarios below 2℃ for the Belt and Road Countries," *Ecosystem Health and Sustainability*, 2020, 6: 1-11。

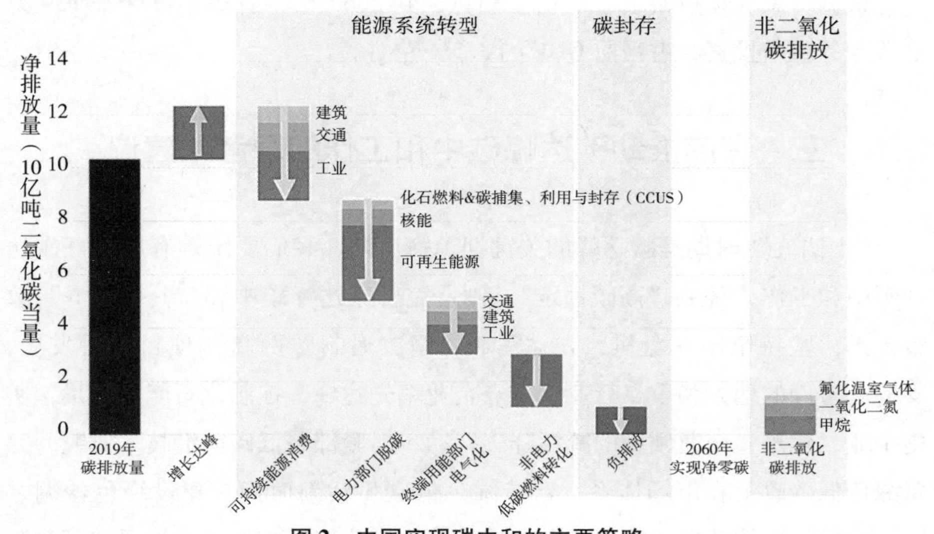

图 2　中国实现碳中和的主要策略

注：根据以下文献整理得到，①Sha Yu, et al., Five Strategies To Achieve China's 2060 Carbon Neutrality Goal, Maryland University, https://www.efchina.org/Reports-en/report-lceg-20200929-en, 2020；②Energy Foundation China "Synthesis Report 2020 on China's Carbon Neutrality: China's New Growth Pathway: from the 14th Five Year Plan to Carbon Neutrality," Energy Foundation China, Beijing, China. https://www.efchina.org/Reports-en/report-lceg-20201210-en, 2020。

部门可持续能源消费；二是加快电力部门脱碳，通过逐步淘汰常规燃煤发电，快速增加以非化石能源为主、化石能源 + CCUS 为辅的多样化技术组合，实现电力部门脱碳；三是大幅提高终端用能部门电气化水平，通过推进电动汽车的普及，促进某些工业部门（如钢铁、化工和玻璃）以电产热，以及加速建筑供暖和热水供应的电气化，实现终端用能部门的电气化；四是实现非电力燃料低碳转换，在电气化不具可行性的情况下，工业（作为燃料或原料）和交通（如长途货运、航运和航空）部门改用氢气和生物燃料、合成燃料等；五是有序实现负排放技术的规模化应用，通过自然系统碳汇及工程碳移除技术，抵消剩余的二氧化碳排放。在减少二氧化碳排放的同时，还必须加大力度减少能源利用、工业生产过程、废弃物处理、农业、土地利用变化和林业等活动中的甲烷、氧化亚氮、六氟化硫、氢氟碳化物、全氟碳化物等非二氧化碳气体排放量。

根据国家气候战略中心的初步测算，到 2060 年将有望累计带来 139 万亿美元的新增投资，占当前 GDP 的 3.5% 左右。

三　有序推动碳达峰碳中和工作的思考和建议

“十四五”时期是碳达峰的关键期、窗口期，我们要统筹有序做好碳达峰碳中和工作，避免“高碳锁定”，制定完善碳达峰碳中和“1 + 1 + N”政策体系，坚持全国一盘棋，先立后破，坚决遏制“两高”项目盲目发展，支持有条件的地方和重点行业、重点企业率先达峰，控制化石能源总量，实施工业、建筑、交通领域的减污降碳行动，抓紧部署低碳前沿技术研究，完善绿色低碳政策和市场体系，营造绿色低碳生活新时尚，建设绿色丝绸之路。为更好地推动碳达峰碳中和战略的实施，我们还应该重点加强如下政策和行动。

一是坚持生态优先的高质量发展。牢固树立新发展理念，以低碳零碳负碳的发展模式、技术和制度创新为着力点，推动传统产业转型升级，积极培育和发展战略性新兴产业，加快培育绿色低碳新增长点，建立健全绿色低碳

循环发展的经济体系，加快新型绿色基础设施建设。

二是坚持以“两碳”引领能源革命。以更大力度实施能源生产和消费革命战略，加快淘汰煤炭、煤电落后产能，有序控制煤电发展，有效管控煤化工规模，持续显著降低煤炭在能源结构中的比重，确保煤炭消费尽早达峰且进入下降通道。加快以“两碳”为导向的电力体制改革，解决入网、消纳、储能、调峰等问题，大幅提高非化石能源比重，确保到2030年使非化石能源增长基本满足新增能源需求。

三是加强减污降碳协同增效。强化21世纪中叶长期温室气体低排放发展战略的引领，突出低碳转型和源头控制，加强应对气候变化规划和生态环境保护规划在目标任务、政策行动、制度体系、试点示范等领域的协同、创新与融合，加快建立控制温室气体排放与大气污染物减排相协同的治理体系，将碳排放总量指标纳入“三线一单”、环境影响评价和中央环保督察。

四是实施控制非二氧化碳温室气体排放行动。逐步建立和完善非二氧化碳排放统计核算体系、政策体系和管理体系，研究提出控制非二氧化碳温室气体排放行动方案，重点推进甲烷、氧化亚氮、六氟化硫、氢氟碳化物、全氟碳化物和污染物排放协同管控。

五是大力增加森林碳汇。基于自然解决方案，加大山水林田湖草沙冰生态保护和修复的政策支持力度，持续挖掘自然生态系统及木质林产品碳汇储量潜力。

六是推动气候治理能力现代化。强化党对应对气候变化的领导，建立健全气候治理的法规体系、政策体系、制度体系、市场体系和支撑体系。完善应对气候变化统计核算体系，重点领域和行业、重点产品的温室气体排放标准，着力健全全国碳排放权交易市场机制，妥善应对碳边境调节机制等绿色贸易壁垒。

碳达峰碳中和在我国不仅仅是节能减排的一项指标，实际上关系中国发展战略和全局。2020年后，全球范围的绿色低碳转型将大大加速，经济社会发展和国际贸易投资都将在未来发生极大的变化，这种变化将不仅是改良

性的，而且是变革性的。碳中和将成为不远的将来技术和产业发展的全球性标准，甚至是贸易和投资进入的门槛，并有可能形成基于新规则的国际秩序。在纷繁复杂的国际局势下，我们应坚定维护合作共赢的多边主义，做大应对气候变化的“朋友圈”，团结广大发展中国家和认同中国发展道路的发达国家，共同建成高质量、低排放的现代化经济体系，为全人类提供更为优质的绿色投资、贸易、就业和持续繁荣。

G.6

碳达峰碳中和目标下煤基能源产业转型发展

姜大霖*

摘　要： 煤基能源产业在支撑国民经济发展方面发挥着巨大作用。伴随着碳达峰及碳中和等重大气候战略问题接踵而至，如何平衡碳减排与煤炭利用间的矛盾，将是煤基能源产业链长期面临的问题和挑战。碳约束条件下煤炭开采产业的生存空间日益缩小，煤电产业面临功能定位和技术性的挑战，煤化工产业的环境负外部性问题日益严峻。因此，我国煤基能源产业低碳转型具有必要性和紧迫性。本文深入剖析"双碳目标"下我国煤基能源产业的发展现状，挖掘制约其低碳发展及转型升级的障碍，并提出针对性的应对策略。未来煤基能源产业应谋定而后动，以现存挑战和发展趋势为导向，借助碳捕集利用与封存等新兴低碳清洁技术，实现整体产业链的低碳转型升级。

关键词： 煤基能源产业　碳捕集利用与封存技术　低碳转型发展

煤基能源产业是以煤炭为基础，由煤炭开采、利用及转化等多个业态组成的产业体系。其中，煤炭开发主要指代煤炭的开采环节，煤炭利用主要聚

---

* 姜大霖，国家能源集团技术经济研究院能源市场分析研究部副主任，高级工程师，主要研究方向为可持续发展经济学、能源与气候变化经济学。

焦于发电用煤，煤炭转化主要讨论现代煤化工产业。不管是基于中国能源生产与消费结构的现实情况，还是从能源安全视角保障能源供应和促进经济增长，抑或是从构建清洁高效的能源体系以缓解气候环境压力着眼布局，煤基能源产业在近中期都将持续发挥支撑经济发展的重要作用。①

随着“2030 年前碳排放达峰”和“2060 年前碳中和”目标（以下简称“双碳”目标）的提出，气候变化问题正从科学认识转变为政治承诺和具体行动。碳排放约束对煤基能源产业发展的制约逐步从隐性转为显性。碳约束下煤炭资源型城市产业转型发展路径不清晰，就业人口安置问题凸显；煤电产业面临功能定位和技术性的挑战；煤化工产业的环境负外部性问题日益严峻。如何在有效控排的前提下实现煤炭的清洁低碳利用，是横亘在煤基能源产业面前的严峻挑战。② 本文聚焦碳约束条件下的煤炭、煤电以及现代煤化工产业，结合实地调研成果梳理我国煤基能源体系面临的主要挑战，并有针对性地提出优化发展路径和应对策略，对协调当前中国经济、能源与环境之间的关系有重要意义。

一　煤基能源产业发展现状分析

（一）煤炭开采产业发展现状

我国是全球最大的煤炭生产和消费国。2020 年煤炭产量为 27.9 亿吨标准煤，煤炭消费总量达到 28.3 亿吨标准煤，占中国一次能源生产和消费的比例分别为 68.4% 和 56.8%。从供给侧看，我国煤炭生产分布广泛且不均匀。以山西为中心，包含河北、河南、陕西、宁夏和内蒙古是中国最大的煤炭基地，这些地区已探明煤炭储量达到全国的 70% 以上。从需求侧看，目前煤炭消费的下游行业主要集中在电力、钢铁、化工和建材。如图 1 所示，

① 谢和平等：《2025 年中国能源消费及煤炭需求预测》，《煤炭学报》2019 年第 7 期。

② 王妍等：《我国煤炭消费现状与未来煤炭需求预测》，《中国人口·资源与环境》2008 年第 3 期。

2020年的煤炭消费构成中，电力用煤占55%，钢铁用煤占17%，建材用煤占10%，化工用煤占9%，其他用煤占9%，四大主要下游行业煤炭消费占全国煤炭消费总量的91%。

近年来，“去产能”政策的有力实施使得煤炭生产结构持续优化，大型现代化煤矿已经成为中国煤炭开采的主力。当前煤炭开采行业政策主要关注煤炭开采智能化、煤炭开采安全性、煤炭清洁化等。首先，在未来构建清洁低碳的能源体系和安全生产的双约束条件下，煤炭行业全链条智能化发展是大势所趋；其次，落实煤矿安全、杜绝煤矿重大事故发生是重要准则；再次，去产能工作转向结构性去产能、系统性优产能的新阶段；最后，政策正切实有效地解决煤炭资源开发带来的生态破坏和环境污染问题。

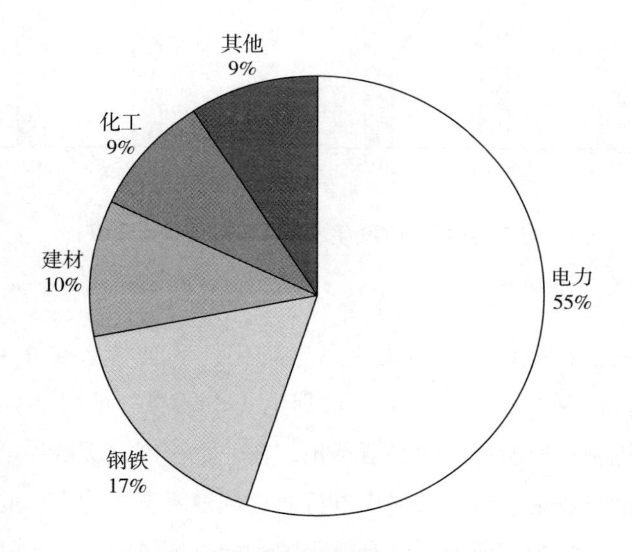

图1　2020年煤炭消费下游行业流向

资料来源：《2020年中国煤炭工业经济运行报告》。

（二）煤电产业发展现状

我国煤电产业发展总体呈现“存量大、机组新、效率高”的特征。2020年煤电装机10.8亿千瓦，占全国装机总量的49%，其中高效大功率的超临界、超超临界燃煤机组占总煤电装机的44%。我国拥有全世界最先进的煤电机组，2020年6000千瓦及以上火电厂供电标准煤耗305.5克/千瓦时，且机组整体服役时间较短，平均服役年限仅为12年。在电力投资方面，如图2所示，近年来我国煤电建设投资已出现持续减少趋势。电源工程投资规模不断缩减，而电网基建则成为煤电投资重点。

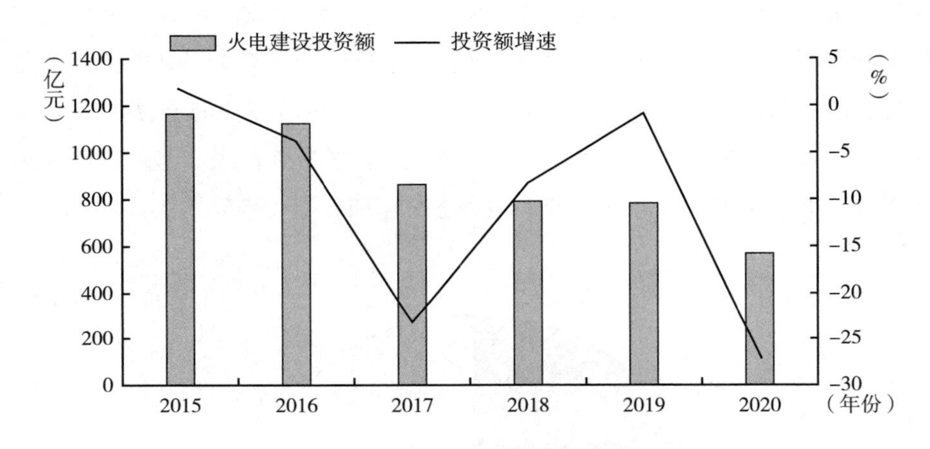

图2　2015～2020年火电建设投资额及增速

资料来源：CEIC数据库。

当前我国正在持续推进电力交易市场化，采取“基准价+上下浮动”的市场化定价机制，有利于缓解“计划电+市场煤”的局面，减轻煤电企业价格传导机制不通所造成的经营负担，在一定程度上缓解煤电企业经营困境，提升煤电企业现金流，增强煤电行业长期健康发展能力。此外，政府通过严控新装机、整治自备电厂，有效化解产能过剩风险。通过开展区域煤电资源整合，缓解产能过剩地区发电企业持续亏损和国有资产流失的情况，提升区域优质煤电企业竞争能力和运营效率。

（三）现代煤化工产业发展现状

煤化工是以煤为原料，经化学加工使煤转化为气体、液体和固体燃料以及下游衍生化学品的过程。现代煤化工以煤炭的气化、液化技术为核心，主要生产煤基气体（煤制天然气）、煤基液体燃料（煤制石油）以及煤基化学品（煤制烯烃、煤制乙二醇等）。现代煤化工项目主要依托煤炭生产基地开展产业集聚，主要分布于西北、华北两大区域，少部分产能分布于东北和华中等地区，呈现出“西多东少、北多南少、煤炭产区多煤炭消费地区少”的空间分布特征。当前我国现代煤化工产业仍处于示范发展阶段，建设周期较长，整体产能水平不高。2020 年煤制油、煤制气、煤制烯烃、煤制乙二醇的产能分别为 931 万吨、51 亿立方米、1582 万吨、489 万吨，均未达到“十三五”规划中的规划产能。

当前政策要求现代煤化工严格执行污染防治和减轻环境影响，“清洁低碳、安全高效”已成为现代煤化工产业发展的基本要求。同时，由于现代煤化工准入门槛高、建设难度大、风险高，产业主要以示范化项目作为突破口逐步发展。煤化工的整体发展定位为“鼓励发展—适度发展—谨慎发展—适当发展”，政策定位仍然处于摇摆阶段。

二　“双碳”目标下煤基能源产业中长期发展面临的挑战

（一）煤炭开采产业低碳发展面临的挑战

第一，老矿城产业转型发展路径不清晰。我国以煤炭为主的能源生产消费结构，造就了许多依靠煤炭开采的资源型城市，诸如辽宁盘锦、黑龙江鹤岗、内蒙古鄂尔多斯等。随着经济低碳转型，这些城市囿于产业结构单一，经济持续发展乏力，“资源诅咒”理论在这些城市得以验证。丰富的煤炭资源为黑龙江的“四煤城”和陕西铜川等资源型城市带来了早期的繁荣，但是长期的挤占作用影响了转型替代产业的发展，制约了城市的经济转型。此外，煤炭资源丰裕地区的产业扩张导致人力资本积累不足，单一的资源型经济结构导致资源丰裕地区严重缺乏高技术人才。

资源型城市转型的微观基础是构成产业的每个企业的转型，但是囿于种种原因，煤炭企业转型压力巨大[①]。小型煤企产业结构单一，非煤产业收入占比较低，受资金和人才等要素制约难以转型。大型煤企缺乏转型灵活性，轻易转型会产生社会性风险。大型国有煤炭企业肩负着保障就业和税收的重任，转型稍有不慎便会影响社会的稳定发展。

第二，低碳转型进程中就业人口转移和安置问题凸显。目前，我国煤炭行业规模以上企业的就业总规模大约为 200 万人。伴随着未来去产能工作的持续开展，需要安置接近百万的煤炭行业冗余劳动力。未来通过企业转岗转业安置职工的空间逐渐缩小，行业中剩余的多为年龄偏大、文化水平相对较低、技能较为单一、竞争力较弱的职工，安置煤炭行业淘汰的从业人员的难度不断加大。此外，一些职工对煤炭企业有感情和认同感，存在着较严重的心理依赖，不愿意离开企业。

煤炭行业中出现的劳动力岗位错配是由我国国情决定的另一个现实挑战。在煤炭行业发展的“黄金十年”，一些煤炭企业机构臃肿，技术水平较高的专业人员不足，行业内劳动力岗位错配情况严重。大部分新培育的替代企业集中于新能源产业等技术和资本密集型行业，与劳动密集型的煤矿产业类型不匹配，所需技术差距壁垒较大，难以安置就业分流人员。大量劳动技能低的富余劳动力等待安置和很多技术岗位处于缺人状态的岗位错配现象将并存。

（二）煤电产业低碳发展面临的挑战

第一，“存量大、机组新、效率高”的煤电机组短期难以退出。共同积极应对气候危机的国际背景下，欧洲正在开展逐步淘汰燃煤发电的行动，英国、加拿大、德国分别提出在 2025 年、2030 年、2038 年前陆续关闭所有煤电机组。随着经济体量的增大，国际社会对我国控制温室气体排放的要求和期待不断上升。

基于我国特殊的资源禀赋和国情特点，我们需要客观看待各国实现能源

① 姜大霖等：《中长期中国煤炭消费预测和展望》，《煤炭经济研究》2020 年第 6 期。

低碳化转型的不同路径。欧洲煤炭储量有限且煤电机组老化，目前平均服役年限为 33 年。而我国煤电机组总体呈现“存量大、机组新、效率高”的特征。因此，需要正视技术路径的锁定效应和发展惯性，短期内我国大量先进的煤电机组难以退出。传统能源发展路径与利用方式在能源电力系统转型中仍有较大惯性。在没有经济可靠的大规模储能技术支撑的情况下，煤电的快速退出不仅会给相关企业造成高额的沉没成本与财务负担，还会对电力系统的安全与稳定构成威胁。

第二，未来煤电机组运行面临功能定位和技术性挑战。可再生能源的大规模发展是新一轮能源与电力系统变革的必然趋势，也给电力系统稳定性和安全性带来严峻挑战。从电力系统的平衡角度看，在现行储能技术实现大规模工业化生产之前，除部分抽水蓄能机组进行调节外，电力系统的调峰主要依靠煤电。

未来大规模可再生能源接入的电力系统对灵活性电源需求将不断提高，煤电机组需要担当基荷和峰荷等多重功能，需要深度参与系统调峰、调频、调压和备用等电力辅助服务。然而，目前国内火电机组无论是调峰深度、变负荷速率还是快速启停能力都与丹麦、德国、美国等国家有较大差距，这也意味着未来煤电灵活性改造有很大的空间与潜力，需要加快灵活性改造满足调度灵活性要求。由于不同地区的电力供需状况和主要矛盾、煤电机组装机规模预期、可再生能源发展与替代潜力、灵活性改造要求与电源结构优化潜力等存在差异，因此煤电机组的定位调整也需要结合自身特性作出差异化决策。

第三，当前电力市场改革未对煤电转型产生合理激励效应。目前，我国电力市场改革中对提供灵活性调节性服务电源的激励机制不完善，传统管理体制下煤电机组因无法找准盈利模式而缺乏动力主动提供调峰、调频服务。[①] 按照发改委的规划要求，“十三五”期间力争完成 2.2 亿千瓦火电机组灵活性改造，截至目前规划目标完成率仅为约 1/4。不完善的电力市场体制和电价机制阻碍煤电的技术变革，降低煤电的市场化生存能力。在电力市

① 林伯强等：《中国现阶段经济发展中的煤炭需求》，《中国社会科学》2018 年第 2 期。

场化改革进程中，煤电产能富余、煤电价格逐步脱钩、发电小时数低位徘徊等问题更加突出，煤电企业受高市场煤、低市场电及计划电价格的“两头挤压”，出现大面积亏损，煤电企业经营效益显著下滑。

（三）现代煤化工产业低碳发展面临的挑战

第一，碳约束下煤化工产业的战略定位模糊。当前世界能源格局正处在重塑阶段，碳中和引领的清洁低碳技术变革和工艺流程改进将助力各国摆脱对传统化石能源的依赖。但无法忽视的是，短期内我国油气对外依存度高的严峻局面仍将存在，所以现代煤化工为我国能源战略安全提供了一条具有中国特色的现实过渡路线。

然而，目前现代煤化工产业仅仅作为战略储备产业进行发展，总体战略定位较为模糊。现代煤化工生产的终端化工产品在一段时间内具有需求刚性特征，在新型替代材料研发取得突破和传统工艺流程发生颠覆性变革之前，现代煤化工产业的发展仍然是保障能源供给安全的现实之需和构建清洁、低碳、安全、高效的现代能源体系的应有之义。产业的高碳排放特性却让社会投资望而却步，政府对于未来发展规模及产能布局仍未出台明确的规划。①

第二，碳减排的外部紧约束削弱产业竞争力。现代煤化工项目由于生产特性和规模较大会产生大量碳排放，因而面临着较为严峻的碳减排压力。②随着煤炭转化程度的加深，其二氧化碳排放量也会增加。产生大量高浓度的二氧化碳的煤制油、煤制气和煤制烯烃等关键煤化工产业将成为减排的重要对象。国家能源局关于煤化工原料用煤不计入煤炭消费总量控制中的否定性答复表明，未来针对煤化工企业煤炭消费及碳排放的约束将进一步增强。

在“3060”目标的约束下，未来现代煤化工产业碳排放标准将日趋严格，从而倒逼企业加大节能减排设施和技术的投入力度，导致产品成本提高，影响产业的整体竞争力。煤化工企业将承受相应的高额碳减排成本，一

① 郑毅：《煤炭企业碳融资风险评价体系构建研究》，《煤炭经济研究》2021 年第 1 期。
② 李铁：《我国新型煤化工产业的发展及其碳排放核算》，《祖国》2019 年第 4 期。

些无法达到碳排放限值要求的企业将可能被关停或整合，现代煤化工的产业布局将发生变革。此外，即将全面开展的碳交易市场将推动能源企业调整投资方向，加大对低碳能源的投资力度，现代煤化工行业会面临投资少、融资难等外部紧约束。

三　煤基能源产业低碳转型发展及应对策略

（一）煤炭开采产业

首先，明晰资源型城市转型思路，摆脱“资源诅咒”。在加快矿区（城）产业转型和区域经济发展方面，可以采取“靠山吃山”和“筑巢引凤”两条途径。一方面，通过塌陷土地治理、矿井水治理和矸石山绿化等措施，将原有的煤炭采掘业转型为高端旅游业、现代农业、光伏产业等新兴产业，原有的煤矿设施改造为煤炭历史博物馆、技术创新基地，实现废弃设施再利用。另一方面，通过加强基础设施建设、改善投资环境、提供低息贷款及税收优惠等措施，吸引区域外的新兴产业落户矿区，为老矿区的发展注入新活力。

在煤矿关闭退出方面，政府应当坚持“因地制宜、分类指导”原则，切忌“一刀切”。在国有煤矿关闭退出方面，应更注重发挥政府主导作用，由国家成立煤炭资产管理平台公司，实施债务减免、税收优惠以及低息贷款等政策措施，切实减轻煤炭企业的财务负担。在私有煤矿关闭退出方面，应更注重运用市场规律，用市场化和法制化手段解决煤矿关闭退出难题。

其次，保障就业人口转移，实现产业升级和改造。煤矿的关闭和退出应以人员安置为优先项。借鉴德国、英国、日本等发达国家的成功经验，可以综合采取提前退休、资金补偿、转岗安置、职业技能培训、社会保障和推动再就业等多项人性化措施。[①] 在煤炭产业转型前期，政府需要积极引导煤炭工人实现再就业。建立遣散资金，帮助待安置工人度过失业或下岗初期的过

① 杨允：《我国煤炭企业新形势下节能减排发展方向》，《煤质技术》2020 年第 2 期。

渡期。设置专职部门，对技能单一但又有就业需求的矿工提供再培训和创业援助。对受影响的低收入家庭，予以专项补贴，最大限度地降低煤炭转型产生的社会成本。

优化地区产业结构也是推动煤炭从业人员转型的有力措施。[①] 煤矿退出后的复垦土地、生态农牧业可以为失业劳动力提供农垦、森工等岗位，光伏、风电等替代性产业产生的绿色岗位也提供了转岗机会，CCUS 等低碳利用技术的推广也将创造新的就业岗位。此外，一些老矿城在对矿区进行生态修复的同时，也大力推动当地旅游业的发展，伴生的服务业、餐饮业等行业能吸引大量劳动力加入。

（二）煤电产业

首先，加快推动煤电低碳高效利用技术研发与示范。中国煤电发展的主要制约因素已经从常规污染物控制转变为低碳排放，中长期煤电低碳发展必须结合碳捕集利用及封存（CCUS）技术，[②] 因此，需要重点关注存量煤电机组碳捕集改造技术示范。新增机组应当考虑碳捕集预留及碳利用与封存一体化解决方案，促进 CCUS 规模化应用同能效提升和发展可再生能源相互配合，共同保障实现日趋严格的碳减排约束目标，保证煤电自身可持续发展及经济社会稳步向低碳化转型。

由于 CCUS 技术实现碳捕集的成本较高，未来可以通过减税、补贴、设立产业基金等政策工具推动技术的重大示范。CCUS 技术利用要进一步结合碳交易市场实现一定的成本补偿。通过碳交易的市场化方式为煤电企业减排提供灵活的履约机制，有利于实现技术成本补偿，从而适应现阶段我国绿色低碳发展需求。

其次，推动煤电灵活性改造，加快建立发电容量成本回收机制。提升电力系统灵活性将成为“十四五”时期及中长期煤电发展的关键词，而煤电

① 张莹：《我国煤炭转型面临的挑战与对策》，《环境保护》2018 年第 2 期。

② 姜大霖：《应对气候变化背景下中美煤炭清洁高效利用技术路径对比与合作前景》，《煤炭经济研究》2020 年第 11 期。

灵活性改造是提升电网灵活性最现实、最有效的措施，因此应盘活煤电产能存量。煤电机组在保障供热质量的前提下深度调峰，有效缓解热电矛盾，促进可再生能源消纳。①

在高比例可再生能源接入电网背景下，引导煤电企业灵活性改造尚未形成足够激励，因此亟须加快建立发电容量成本回收机制助力煤电企业回收发电容量成本，并适度保障发电企业的积极性。容量成本回收机制可在云南、四川、广西等清洁能源占比较高、煤电利用小时数长期偏低的矛盾突出省份优先采用。容量补偿机制能够以较低的实施成本和风险以及可控的终端电价影响保障容量电价长期稳定，这与我国处于电力市场建设初级阶段的国情相适应。

最后，构建多层次电价市场推进煤电机组的角色改变。目前，深度调峰的辅助服务补偿标准偏低，导致煤电企业已实施灵活性改造的项目收益不及预期。针对煤电企业缺乏改造积极性的现状，中国应深化电力体制改革，充分考虑不同区域和不同类型机组的改造投入、运营成本等综合因素，建立公平合理的辅助服务市场和容量市场，发挥市场在资源优化配置中的决定性作用，为煤电提供合理收益。②

未来应结合电力市场改革进程，建立健全电力辅助服务市场和现货市场，体现煤电机组的容量价值和调峰调频调压的辅助服务价值。构建涵盖电量电价和容量电价的综合电价市场。电量市场可以反映电源项目提供电量的价值，是可再生能源获利的主体市场。容量市场主要体现电源灵活性价值，能够为具有可调度灵活性的煤电创造投资收益。将煤电参与调峰的优势及系统价值与其应获得的效益挂钩，客观评估煤电的完全市场价值，形成煤电合理和可持续的盈利模式。

（三）现代煤化工产业

首先，明确现代煤化工产业的战略意义，进行产业合理布局。政府应考

① 赵风云：《助力消纳更多可再生能源是煤电发展的新使命》，《中国电业》2019 年第 8 期。
② 李杨：《去产能背景下煤炭企业资产与债务处置研究》，《煤炭经济研究》2018 年第 2 期。

虑到煤制油品的超清洁性和对特种军品的适应性，将煤制油产能建设纳入我国能源应急能力建设总体方案中，与石油增储上产、石油储备、能源应急管制方案等统筹考虑。对于煤制气，可结合市场需求，走“储备 + 局部市场化”的路线，发挥其对天然气管网的季节调峰作用。

结合煤基油品在极端天气条件下的适应性，针对适宜油化一体化的煤制油项目，配套建设下游深加工装置，生产契合军用及航空航天的特种油品，有助于提升国家整体安全水平。现代煤化工产业应积极提高产品的深加工技术能力，实现向生产高附加值的精细化工产品和高端材料转型。[①] 由油品向高端合成材料转型，差异化发展煤基新型燃料和材料，形成特色明显、优势突出的产品体系。

其次，加快 CCUS 技术示范应用，推进产业碳减排进程。由于现代煤化工项目产生的二氧化碳浓度高，碳捕集成本显著低于电厂及其他工业过程，因而为技术创新和大规模利用二氧化碳带来了独特的发展机遇。[②] 现代煤化工企业应联手高校和其他行业共同推进或申请国家层面的支持，超前部署 CCUS 技术的前沿性研发。加强对 CCUS 技术的示范验证及产业化培育统筹谋划，规避未来全国碳交易市场对产业带来的重大风险。选择资源条件良好、源汇匹配条件适宜的地区（如陕西、内蒙古、新疆等地区），优先采用高浓度排放源与强化石油开采相结合的方式，积极开展 CCUS 规模化工程示范。

① 朱彬彬：《发展煤制油，增强我国能源应急能力》，《能源》2020 年第 6 期。

② 姜大霖：《中国中长期能源低碳转型路径的综合比较研究》，《煤炭经济研究》2020 年第 11 期。

G.7

构建新型电力系统促进电力行业碳达峰碳中和[*]

杨 方 刘昌义 张士宁 马志远 黄 瀚[**]

摘 要： 电力行业是全社会最大的排放部门，因此电力行业率先实现碳达峰和碳中和，对全社会实现“双碳”目标具有重要作用。实现全社会“双碳”目标需要统筹兼顾碳减排与能源发展安全、近期碳达峰与远期碳中和、电力行业与其他行业协同减排、技术可行与经济高效四对关系。全球能源互联网发展合作组织系统研究并提出了中国能源互联网促进实现碳达峰及碳中和系列研究报告和行动计划，提出全社会实现“双碳”目标的总体思路和减排路径，即以中国能源互联网为基础平台，大力实施“两个替代”（能源开发清洁替代、能源使用电能替代），全社会按照2030年前达峰、2030～2050年快速减排、2060年前全面中和三个阶段统筹部署和实施减排。建设中

* 本文是全球能源互联网集团有限公司2020年科技项目“能源电力系统促进实现全社会碳中和的综合路径和技术组合”的阶段性成果。感谢中国社会科学院生态文明研究所陈迎研究员和国家气候中心胡国权博士对本文提出的宝贵修改意见，特此致谢。

** 杨方，全球能源互联网发展合作组织经济技术研究院气变环境处处长，高级工程师，主要研究方向为电力系统与气候环境；刘昌义，全球能源互联网发展合作组织经济技术研究院气变环境处高级工程师，主要研究方向为气候变化经济与可持续发展；张士宁，全球能源互联网发展合作组织经济技术研究院气变环境处高级工程师，主要研究方向为能源系统优化与建模；马志远，全球能源互联网发展合作组织经济技术研究院气变环境处工程师，主要研究方向为低碳电力系统规划分析；黄瀚，全球能源互联网发展合作组织经济技术研究院副院长，高级工程师，研究领域为电力系统。

国能源互联网，构建新型电力系统，扮演好电力系统在全社会实现“双碳”目标中的排头兵和引领者角色。预计电力系统将于2050年前实现近零排放，2050年之后提供负排放，为全社会其他行业碳中和提供排放空间。展望未来，我国电力需求将持续增长。清洁能源成为主力电源，煤电逐步减退，气电承担调峰作用。加快构建以特高压电网为骨干网架，“西电东送、北电南供、多能互补、跨国互联”的电网总体格局。最后，本文探讨了新型电力系统的“三高双峰”新特征，指出以高比例可再生能源为主的新型电力系统在灵活性、安全性、经济性等方面面临的挑战，并提出了相应的政策建议。

关键词：　新型电力系统　碳达峰　碳中和　中国能源互联网　特高压电网

一　引言

改革开放四十多年来，我国电力行业取得了举世瞩目的成就。装机容量方面，截至2020年底，全国全口径发电装机容量22亿千瓦[①]，其中火电达12.5亿千瓦，水电达3.7亿千瓦，并网风电和太阳能分别达到2.8亿千瓦和2.5亿千瓦，核电达4989万千瓦，非化石能源发电装机容量占总装机容量的44.8%。发电量方面，截至2020年底，全国全口径发电量为7.8万亿千瓦时，火电达5.3万亿千瓦时，水电达1.4万亿千瓦时，并网风电达4665亿千瓦时，并网太阳能发电达2611亿千瓦时，核电达3662亿千瓦时，非化石能源发电量占总发电量的33.9%。从电源装机结构和发电量结构来看，我国化石能源电源仍占主导地位。电网方面，特高压骨干网架在保障能源供

① 数据来源：中国电力企业联合会。

给、优化资源配置、能源应急保障中发挥了重要作用。截至2020年底，我国成功投运30条特高压线路，跨省跨区输电能力达1.4亿千瓦。“十三五”期末建成“十二交、十六直”特高压工程。用电量方面，2020年全国人均用电量5320千瓦时，持续稳步增长。2020年我国电能占终端能源消费比重约27%，高于世界平均水平。

电力行业率先实现碳达峰和碳中和，对全社会实现“双碳”目标具有重要作用。[①] 一方面，电力行业是我国碳排放最大的部门。2018年，我国电力行业温室气体排放为52亿吨二氧化碳当量，占全社会温室气体排放的44.5%左右。[②] 因此在能源供应侧，电力生产由煤电主导转向清洁能源主导（清洁替代），是电力行业减排的根本途径。另一方面，终端化石能源消费碳排放占能源活动碳排放的53%。而电能是清洁、高效、零排放的二次能源，因此在能源消费侧通过提高终端部门的电气化水平，替代工业、交通、建筑领域的化石能源消费（电能替代），从而促进终端部门的减排。电力行业通过“两个替代”，能够有力促进全社会实现碳达峰和碳中和。因此，需要结合电力行业发展特点和全社会实现“双碳”目标的要求，研究电力行业碳达峰碳中和路径，以及电力行业在全社会实现“双碳”目标中的地位和作用。

二　电力行业对全社会实现“双碳”目标的关键作用

未来我国能源系统将是以新能源为主体的新型电力系统，在能源系统深层次变革中，需要统筹兼顾碳减排与能源发展安全、近期碳达峰与远期碳中和、电力行业与其他行业协同减排、技术可行与经济高效四对关系。

一是考虑碳减排与能源发展安全的关系。未来能源发展在充分考虑节能优先的条件下，在能源消费总量和强度“双控”制度要求下，既要控制碳排放增长，又要保障经济发展的能源需求和电力需求。预计到2035年我国GDP

---

① 刘振亚：《实现碳达峰碳中和的根本途径》，《学习时报》2021年3月15日。

② 数据来源：WRI Climate Watch. https：//www.climatewatchdata.org/. 访问日期：2021年6月22日。

将较 2020 年翻一番。到 2030 年，我国一次能源需求将增长至 60 亿吨标准煤，我国全社会用电量由 2020 年的 7.5 万亿千瓦时增长至 2030 年的 10.7 万亿千瓦时。因此，我国电力行业的减排重点是在“保供”的前提下加快电力生产结构调整，保障全社会排放在“十五五”期间实现碳达峰。

二是考虑兼顾近期碳达峰与远期碳中和目标的关系。实现碳达峰应是着眼于碳中和的达峰，因此需要立足全局、远近结合谋划碳达峰碳中和目标和方向。电力行业碳排放占能源领域碳排放比重超过 40%，因此其达峰年份和峰值规模将在一定程度上加大我国能源部门乃至全社会碳中和的难度。碳排放峰值过高和滞后达峰都将增加后期减排压力，增加累积排放，增加额外减排成本。煤电达峰是我国电力行业达峰最关键的因素。若“十五五”期间煤电装机和发电量尽早达峰，将对锚定全社会排放实现碳达峰碳中和发挥基础性作用。

三是考虑电力行业与其他行业达峰关系。电力行业减排面临两个问题，首先，自身碳排放总量大，其达峰时间和减排速度直接影响全社会实现“双碳”目标的进程；其次，与其他行业碳减排关系密切，因此电力行业自身减排必须与全社会减排统筹考虑。研究表明，电气化率每提高 1 个百分点，能源强度可下降 3.7%。目前，我国在工业、建筑、交通等能源消费领域电气化水平还有很大提升空间，因此首先应充分发挥电能替代减排作用，促进全社会快速减排。

四是统筹考虑技术可行与经济高效的关系。围绕电力行业实现净零排放，国内外各大机构主要提出三类路径：首先，100% 可再生能源发电供应方案，全部依靠可再生能源实现电力零碳供应，为保障电力稳定可靠供应，需要配置大量储能；其次，传统化石能源配置碳捕集与封存（CCS）方案，仍以煤电保障电力供应，须配置大量 CCS；最后，以可再生能源为主体的方案，发展超高比例清洁电源，保留少量煤电，并通过大电网、储能和 CCS 统筹实现减排。综合比较，以新能源为主体的方案是相对合理的方案，兼顾技术可行与经济高效，是未来我国电力系统发展的主要方向。

三 基于中国能源互联网的碳中和路径与展望①

中国能源互联网是实施“两个替代”、实现碳中和的基础平台，是清洁能源大规模开发、配置和使用的平台，实质就是“智能电网+特高压电网+清洁能源”，由清洁主导的能源生产系统、以电为中心的能源使用系统、互联互通的能源配置系统构成。②

（一）中国能源互联网情景

1. 电力需求

“双碳”目标下，未来我国电力需求持续增长，东中部仍是用电负荷中心，智能化和电气化是驱动电力需求增长的主要因素，最大负荷呈现逐步增大的趋势。

总量方面，未来我国电力需求仍将保持快速增长。2030年我国全社会用电量将由2020年的7.5万亿千瓦时增长至10.7万亿千瓦时，2050年、2060年分别达到16万亿千瓦时、17万亿千瓦时。电能替代深入推进。预计到2025年新增替代电量将超过6000亿千瓦时，2030年工业、交通、商业和生活领域替代电量将达到2.7万亿千瓦时。电制氢等电制燃料转换与电动汽车是未来电力需求增长的关键推动因素。2060年，电制氢等电制燃料用电量将达到2.8万亿千瓦时；电动汽车用电量将达到约9000亿千瓦时。

结构方面，未来我国将是以电为中心的能源结构体系。实现碳中和目标，能源消费需要由煤、油、气等向以电为中心转变，电力成为终端能源消费的核心载体。加快推动终端能源消费如工业、建筑、交通等领域的电能替代，终端电气化水平持续提升，能源使用效率不断提高，终端各领域化石能源排放将大幅降低。到2030年，电能占终端能源比重将达到33%，超过煤

① 全球能源互联网发展合作组织：《中国2060年前碳中和研究报告》，中国电力出版社，2021。

② 刘振亚：《全球能源互联网》，中国电力出版社，2015。

炭、石油、天然气成为终端能源消费中的主导能源。

布局方面，未来东中部地区仍是我国主要的负荷中心。2020 年我国东中部人口占比超过 65%，人口比重高、经济基数大，未来仍处于用电负荷中心地位，但随着产业结构的优化调整和西部城镇化进程的加快，东中部用电量占比将逐年下降，由 2020 年的 65.2% 降至 2030 年的 61% 左右。最大负荷保持较快增长。2030 年用电负荷将达到 18.2 亿千瓦，2030 年后增速趋缓，2050 年和 2060 年将分别达到 26 亿千瓦和 27.4 亿千瓦。随着产业结构调整、商业服务业和居民用电比重增加，最大负荷利用小时数逐步降低，2020～2030 年由 6000 小时降至 5880 小时左右。

2. 电源发展

大力发展清洁能源发电，转变煤电功能布局，科学有序发展气电，安全适度发展核电，积极发展生物质和电制燃料，全面提升电力系统灵活性，加快推进能源清洁化、低碳化、智能化、集成化（综合化）发展。

2025 年清洁能源装机将成为主导电源。2025 年，我国电源总装机达到 29.5 亿千瓦，其中清洁能源装机 17 亿千瓦，占比达 57.6%，清洁能源发电量 3.9 万亿千瓦时，占比 41.9%。煤电达到峰值 11 亿千瓦，气电装机 1.5 亿千瓦，风电、光伏装机分别达到 5.4 亿千瓦、5.5 亿千瓦。2025～2030 年新增电力需求主要由清洁能源满足。2030 年，我国电源总装机 38 亿千瓦，其中清洁能源装机 25.7 亿千瓦，占比达 67.6%，清洁能源发电量 5.8 万亿千瓦时，占比 52.5%。煤电和气电装机分别为 10.5 亿千瓦和 1.85 亿千瓦，风电、光伏装机分别达到 8 亿千瓦、10 亿千瓦（见表 1）。

表 1　2030～2060 年我国电源装机容量预测

单位：亿千瓦

水平年	合计	光伏	光热	风电	常规水电	核电	生物质及其他	煤电	气电	燃氢
2030	38	10.3	0.25	8	4.4	1.1	0.8	10.5	1.85	0
2050	75	32.5	1.8	22	5.7	2	1.7	3	3.3	1
2060	80	35.5	2.5	25	5.8	2.5	1.8	0	3.2	2

化石能源发电将逐步退出，主要是煤电退出，气电承担调峰作用。煤电发展方面，“十五五”期间，煤电装机和发电量均达到峰值。“十四五”期间，新增煤电布局在西部北部，东中部不再新建煤电，同时逐步关停煤电4000万千瓦。煤电从电量型电源向电力型电源转变，2030年降至10.5亿千瓦。2030年后，煤电加快转型，逐步有序减退。循序推进燃氢发电、生物质能掺烧等形式替代煤电，2050年前，煤电装机减少到3亿千瓦，通过碳捕集技术实现碳净零排放。气电发展方面，燃气机组具有启停快、运行灵活等特点，可为新型电力系统提供灵活调节。2030年、2050年、2060年我国气电装机分别达到1.85亿千瓦、3.3亿千瓦、3.2亿千瓦。新增装机主要分布在气源有保证、电价承受力较高的东中部地区，装机占比达到83%以上。

风光集中式分布式协同，发挥水电基础保障作用，安全有序发展核电。大力发展陆上风电，加快西部北部大型风电基地、东南沿海海上风电基地和东中部分散式风电建设。稳步推进海上风电。2030年、2050年、2060年总装机规模分别达到8亿千瓦、22亿千瓦、25亿千瓦。大力发展太阳能发电，集中式分布式协同。加快西部北部大型太阳能发电基地、东中部分布式光伏建设。2030年、2050年、2060年总装机规模分别达到10.3亿、32.5亿、35.5亿千瓦。发挥水电基础保障作用，加快抽水蓄能电站建设，推进“三江流域”大型水电基地建设和藏东南水电开发，安全有序发展核电。

3. 电力配置

按照安全可靠、结构合理、交直流协调发展的原则，加快构建以特高压电网为骨干网架，各级电网协调发展的坚强智能电网，加强与周边国家互联互通，形成“西电东送、北电南供、多能互补、跨国互联”的电网总体格局。

跨区跨省电力流规模还将继续扩大。我国电力需求和资源禀赋逆向分布的特点决定了“西电东送”和“北电南供”电力流格局。2030年，电力流规模进一步扩大，跨区跨省电力流总规模达到4.6亿千瓦，跨国电力流达到4250万千瓦。2050和2060年，跨区跨省电力流将分别达到8.1亿千瓦和8.3亿千瓦，跨国电力流分别达到1.79亿千瓦和1.87亿千瓦。

2030年前，初步形成东部、西部两大同步电网，东部、西部电网间通过多回直流异步联网。东部“三华”建成“七横五纵”特高压交流主网架。南方形成“两横三纵”特高压交流主网架，通过3条特高压通道与“三华”特高压交流电网互联。西部建成“三横两纵”特高压交流主网架。西北特高压交流通道与750千伏主网架相连，西南－西北通过果洛－阿坝的纵向特高压交流通道联网，构成西部交流同步电网。新建7个西北、西南能源基地电力外送特高压直流工程，输电容量5600万千瓦。到2030年，建成跨国直流工程15回（含背靠背工程9回），输电容量约4250万千瓦。

远期全面建成坚强可靠的东部、西部同步电网。东部特高压交流电网进一步加强，“三华”与东北、南方分别加强互联。负荷中心新建特高压负荷站，增强特高压电网的负荷潮流疏散能力，进一步增强电网安全稳定性。特高压交流网架向西向北延伸至西藏、青海、新疆清洁能源基地，满足外送需要。扩建西北－西南特高压交流通道，增强西北和西南电网间的水风光互补互济能力。跨国建设与周边老挝、印度、越南、蒙古等国特高压直流输电通道。2050年、2060年，我国特高压直流工程输电容量分别达到4.9亿千瓦、5.1亿千瓦，跨国直流工程输电容量分别达到1.79亿千瓦、1.87亿千瓦。

（二）减排路径及关键技术

1. 碳达峰碳中和实现路径

按照2030年前达峰、2030～2050年快速减排、2060年前全面中和三个阶段设计减排路径（见图1），能够促进能源电力、经济社会、气候环境协调发展。①

第一阶段：2030年前达峰。重点是控制化石能源消费总量，实现2030年前全社会碳达峰。2030年单位GDP碳强度相比2005年下降超过65%，全面完成自主减排承诺。通过严控煤电总量，电力生产碳排放与碳强度明显下降。2030年，电力生产碳排放降至41亿吨，电力生产碳强度由2017年的822克二氧化碳/千瓦时降至380克二氧化碳/千瓦时，

① 全球能源互联网发展合作组织：《中国碳中和之路》，中国电力出版社，2021。

降幅超过 50%。

第二阶段：2030～2050 年快速减排。关键是全面建成中国能源互联网，2050 年电力系统实现近零排放，全社会碳排放降至 13.8 亿吨，相比碳排放峰值下降约 90%，标志着我国碳中和取得决定性成效。届时人均碳排放降至 1.0 吨，能源强度相比 2030 年下降约 50%。加快建设中国能源互联网，推动煤电有序退出，优化气电功能布局。到 2050 年，电力生产碳强度降至 12 克二氧化碳/千瓦时。通过 CCS、BECCS 碳捕集量约 5 亿吨，2050 年前电力生产实现近零排放，电力生产碳排放每年下降 4.8 个百分点。

第三阶段：2060 年前全面中和。重点是能源系统深度脱碳，并合理发展碳捕集、自然碳汇，能源和电力生产提供负排放，2060 年前实现全社会碳中和。电力生产 96% 以上由清洁电源供应，2060 年电力生产 BECCS 提供碳捕集量约 1.5 亿吨二氧化碳，电力供应提供负排放，为全社会碳中和提供支撑。

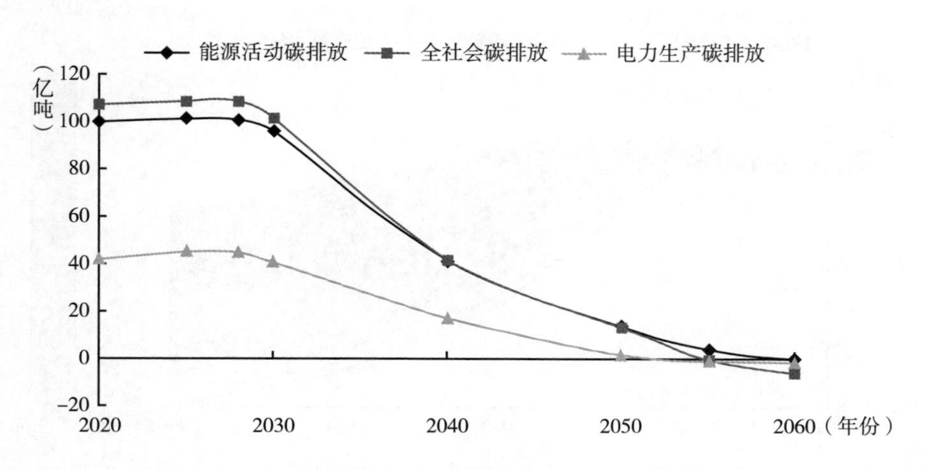

图 1　2020～2060 年碳达峰碳中和目标下全社会碳排放路径

2. 减排技术体系和减排贡献

低碳和零碳技术是实现“双碳”目标的关键。未来我国可发挥在能源电力领域的优势，以中国能源互联网为基础平台形成技术集成、系统综合、包容性强的关键技术体系，在清洁替代、电能替代、能源互联、能效提升、碳捕集利用与封存、碳汇和负排放六大领域开展研发攻关和推广应用，争取尽早取得重大创新突破和规模化应用，支撑实现我国全社会及能源活动碳中和目标。

通过在能源供给侧推广使用低碳和零碳能源，发挥清洁能源基地化开发的网络经济和规模优势，能够大幅提升清洁电力的经济性和安全性，降低能源生产过程中的二氧化碳排放。测算表明，清洁替代可以有效控制碳排放源头，在实现“双碳”目标中将累积实现减排贡献 52%。电能是终端利用效率最高的能源，能源效率达 90% 以上，而且使用便捷，能够与多种形式能源相互转换。中国能源互联网能够发挥电能作为清洁、低碳、高效二次能源的优势，加速推动工业、建筑、交通等主要领域的用能结构从以化石能源为主向以电为主转变，促进各行各业深度减排。测算表明，电能替代促进全行业减排，在实现“双碳”目标中将累积实现减排贡献 28%。清洁替代和电能替代累积减排贡献达到 80%（见图 2）。

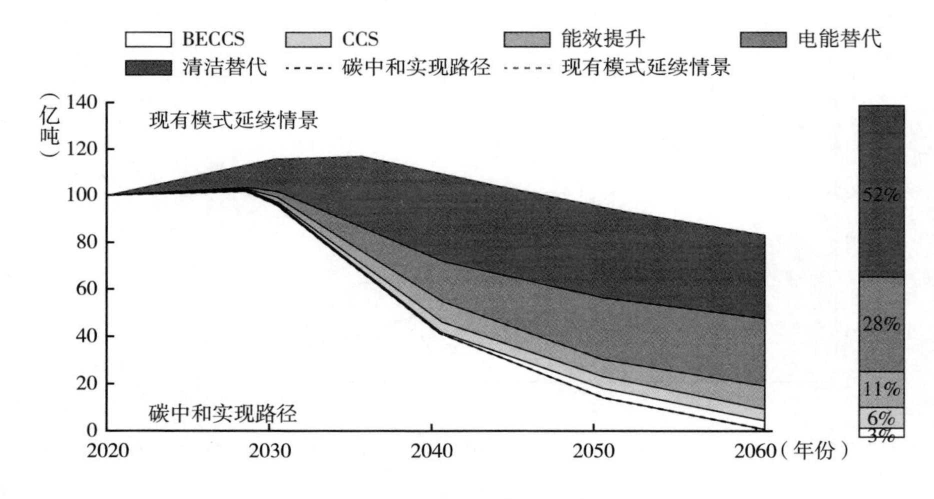

图 2　2020～2060 年中国能源互联网减排贡献

四　构建新型电力系统的机遇与挑战

新型电力系统具有“三高、双峰”（高比例新能源发电、高度电力电子

化、高送受电占比，夏季用电高峰、冬季用电高峰）的技术特征。高比例新能源发电是指以集中式和分布式开发相结合，充分开发我国丰富的太阳能、风能，保障能源清洁低碳、安全高效供应。高度电力电子化是指电力电子设备在电力系统发输配用环节广泛应用。高送受电占比是指我国清洁能源资源与负荷中心呈逆向分布，“三北”、西南等清洁能源富集地区送电比例高，东中部省份负荷中心受电比例高。面对“三高、双峰”的特征，未来需着力增加电力系统包括“源网荷储”的灵活性，提升高比例清洁能源电力系统运行安全性，发挥全国统一电力市场作用，降低综合用电成本，保障新型电力系统安全稳定运行。

一是增加灵活性。[①] 新能源出力具有一定的季节特性，“天热无风”“云来无光”，对系统灵活性资源要求高。必须提升新型电力系统灵活性，电源侧深入推进煤电灵活性改造，积极发展储能，充分发挥燃煤燃气燃氢电站、常规水电和抽水蓄能等电源侧灵活性调节资源作用；电网侧加强电网互联，发挥资源互补、负荷错峰等技术优势，提升网间支撑能力；需求侧积极发挥响应作用，如 V2G、电化学储能、电制氢、虚拟电厂等。结合我国电力系统实际，近期灵活性资源发展以提升火电等常规电源的调节能力、提高调峰深度和加快爬坡速度为主，适度发展短期储能；远期，煤电机组逐步退出，灵活性资源结构更加清洁多元化，长期储能逐步推进。

二是提升安全性。[②] 由于新能源作为一次能源的不可控性，电力电子装置的低惯性、弱抗扰性、多时间尺度响应等特征，以及受端电源“空心化”等问题，电力系统安全稳定运行将面临一系列挑战。提升新型电力系统安全性，电源侧适量发展燃气、燃氢和光热发电，作为新增同步电源主体向系统提供惯量和电压支撑。电网侧加强交流网架结构，提高短路容量，改善“强直弱交”问题，降低电网连锁故障发生风险。负荷侧发挥需求侧响应作用，发掘毫秒级、秒级可中断负荷，合理配置电化学储能。考虑到能源电力

① 灵活性是指在一定经济运行条件下，电力系统对供应或负荷大幅波动作出快速响应的能力。

② 安全性是指电力系统在运行中承受扰动（例如突然失去电力系统的元件或短路故障等）的能力。

系统与气候气象系统关系将日益紧密，利用数值天气预报，进行高精度新能源发电功率预测和电力负荷预测，优化清洁能源发电调度，培育电力系统并网调控运行专业化产品，能够有效保障电力系统安全稳定。

三是保障经济性。从传统电力系统向新型电力系统过渡，需要付出一定的转型成本，体现在短期会导致包括发电成本、输配电成本和系统灵活性成本在内的综合用电成本上升，其中发电成本持续稳步下降，降幅逐步扩大；输配电成本随电网投资持续增加，总体平稳增长；系统灵活性成本随新能源渗透率提升快速增长。[①] 为解决综合用电成本上升问题，需发挥全国统一电力市场在健全能源电力价格合理和成本疏导的作用，并通过碳市场将电能价格与碳排放成本有机结合，提升清洁能源的市场竞争力。按照"谁受益、谁负担"的原则，积极推动新能源、核电、未参与深度调峰的电厂分担深度调峰等辅助服务费用，合理疏导电厂调峰成本。未来可探索建立容量市场机制，激励保供电源、抽水蓄能电站建设，保障电源投资成本回收，从而有效解决保供电要求高与设备利用率低的矛盾。

① 全球能源互联网发展合作组织：《中国2060年前碳中和研究报告》，中国电力出版社，2021。

G.8

中国交通部门碳中和目标下的发展路径

欧训民　袁志逸*

摘　要：　交通部门在我国温室气体排放中占有较大比重且其排放量仍在迅速增加，因此中国交通部门亟待低碳转型。本文分析了中国交通部门的温室气体排放现状和主要特点，结合已有国家政策、目标和以往研究，给出交通部门的碳中和发展路径。中国需要在交通运输结构、替代燃料技术和能效提高等多方面共同努力，以实现2060年近零排放。碳中和目标下中国交通部门应力争2030年之前碳达峰，并在2060年将排放量控制在1亿吨以内。

关键词：　交通部门　碳中和　近零排放

交通部门能耗和碳排放快速增加，2018 年交通部门能耗占终端能源消费量的 15%，碳排放超过 10 亿吨。未来交通部门碳排放将呈现近中期快速增长、远期逐渐放缓的发展态势，在不实行积极、持续的减缓政策情景下，2060 年碳排放可达 2020 年的 3～4 倍。因此，交通部门亟待低碳转型以配合实现“双碳”目标。

针对交通部门的分部门排放特点，我国已出台各类政策来助力交通低碳发展。本文将从中国交通部门发展现状和趋势出发，分析交通部门能源消费量和排放现状及特点，并介绍针对排放特点制定的低碳发展政策。

为实现近零排放目标，交通部门仍需多个方面共同发力。本文针对交通

* 欧训民，清华大学能源环境经济研究所，副教授，主要研究方向为能源管理与气候政策、交通部门能源消费与碳排放分析；袁志逸，清华大学能源环境经济研究所在读博士研究生。

部门排放特点，总结了现有主要的低碳发展技术，并分析了各类技术在推广时面临的挑战。在低碳技术和交通部门发展特点的基础上，本文提出了中国交通部门碳中和的发展路径，为交通部门低碳发展提供参考。

一　中国交通部门碳排放现状

本部分主要介绍交通部门及各运输方式的能源消费量和排放量，并分析了交通部门的排放特点。整体来看，交通部门排放呈现道路运输体量最大、民航运输增速最快的特点，长期来看交通部门排放仍将保持快速增长。

（一）排放总量与分部门情况

1. 排放总量

中国交通部门排放总量随社会经济发展而快速增长。2019 年中国交通部门碳排放为 10.0 亿吨，2013 年为 8.2 亿吨，年均增长率为 3.4%。[①] 中国交通部门碳排放仍以道路运输为主，如图 1 所示。道路运输碳排放在中国交通部门碳排放中占比长期保持在约 80%。

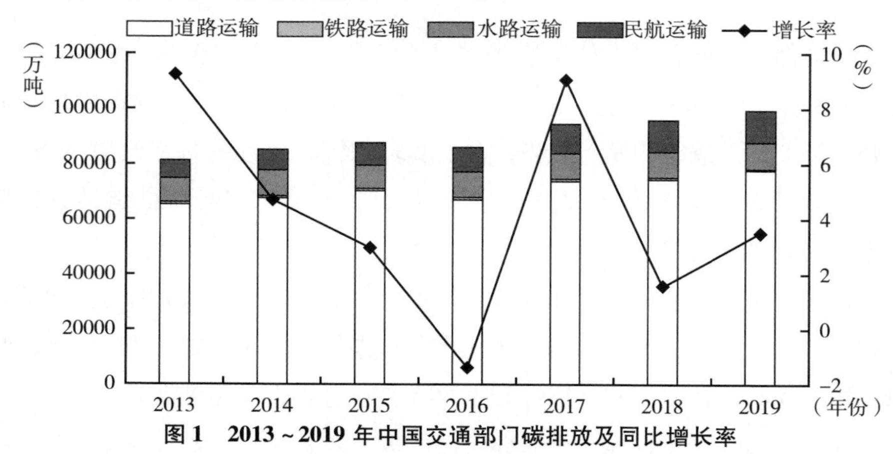

图 1　2013～2019 年中国交通部门碳排放及同比增长率

资料来源：王庆一《2020 能源数据》，绿色发展创新中心，2021。

① 王庆一：《2020 能源数据》，绿色发展创新中心，2021。

2. 道路运输排放量

中国道路运输碳排放保持高速增长。2015～2018年道路运输碳排放增长了1.2倍，主要受乘用车和商用车驱动。私人乘用车和重型卡车的排放在道路运输排放总量中的占比分别为48.2%和26.2%[①]。道路运输能源消费仍以汽油和柴油为主，2018年汽油和柴油的排放在总排放中的占比分别为49.2%和48.0%。2015～2018年道路运输碳排放分车型构成情况如图2所示。

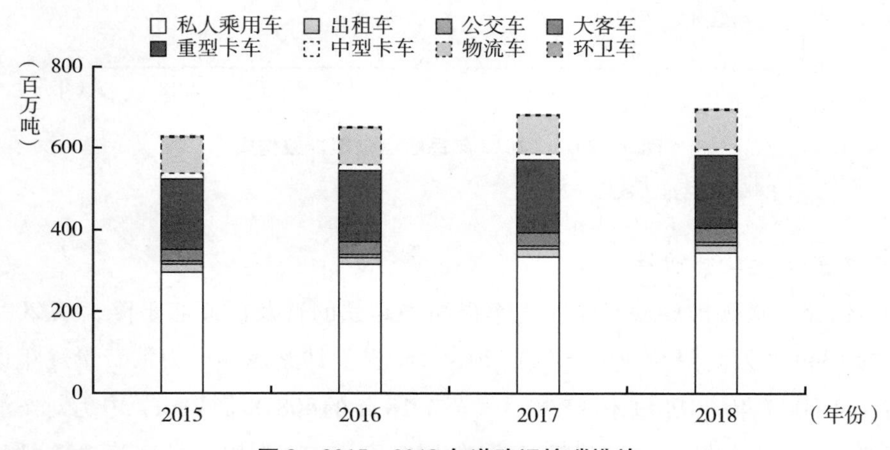

图2　2015～2018年道路运输碳排放

资料来源：清华大学气候变化与可持续发展研究院（2021）。

3. 民航运输排放量

2015～2018年民航运输碳排放从2995.6万吨增长至1.13亿吨。2018年民航运输客运排放中，宽体客机、窄体客机和支线客机的占比分别为23.9%、65.5%和1.6%[②③]，如图3所示。窄体客机仍是民航运输中排放增速最快的飞机类型，宽体客机排放在民航运输总排放中的占比稍有提高，支线客机排放占比基本保持不变。

---

① 清华大学气候变化与可持续发展研究院：《中国实现碳中和的减排路径、技术经济分析与政策支撑》，2021。

② 飞常准大数据，https：//data. variflight. com/，2019。

③ International Civil Aviation Organization, "ICAO Aircraft Engine Emissions Databank," https：//www. easa. europa. eu/domains/environment/icao-aircraft-engine-emissions-databank.

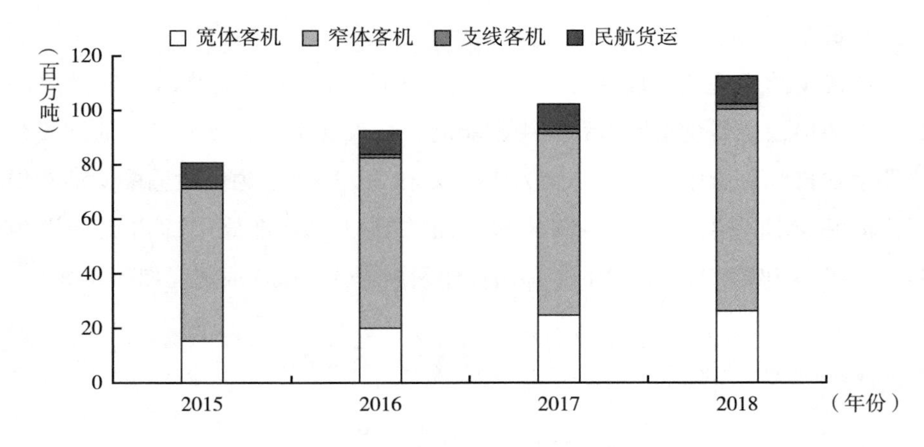

图 3　2015～2018 年民航运输碳排放构成

资料来源：飞常准大数据（2019）。

4. 铁路运输排放量

铁路运输碳排放随着电气化率提高和高铁的普及而逐年下降，从 2005 年的 1849.8 万吨降至 2018 年的 620.4 万吨①。铁路运输电力消费量逐年提高，从 2005 年的 198.1 亿 kWh 增长至 2018 年的 408.8 亿 kWh，电力对柴油消费量的替代加速了铁路运输的低碳化进程。2014 年以来铁路运输碳排放降至 1000 万吨以内。

5. 水路运输排放量

水路运输能源消费结构以柴油和燃料油为主，液化天然气（liquefied natural gas，LNG）在内河运输中逐渐得到应用。2005～2018 年，水路运输能源消费量从 2160.9 万吨标准煤增长至 3977.9 万吨标准煤，排放量从 4602.9 万吨增长至 8492.7 万吨。

（二）交通部门主要排放特征

交通部门碳排放来源以汽油和柴油为主。汽油和柴油的碳排放在交通部门碳排放中的占比长期保持在 85% 以上。2018 年，航空煤油碳排放的占比

① 中国铁路总公司档案史志中心：《中国铁道年鉴》，中国铁道出版社有限公司，2018。

为11.4%，航空煤油逐渐成为不可忽视的排放来源。

从运输方式看，道路运输仍是最主要的排放来源，2018 年排放在交通部门总排放中的占比为 78%，民航和水路运输的占比分别为 12% 和 6%。但长期来看民航运输增长潜力最大，民航运输碳排放的增速最快，2005 年以来年均增长率为 11%，远高于其他三种运输方式。

（三）交通部门碳排放发展趋势

如不采取更激进的管控措施，交通部门碳排放将呈现先增后降的发展趋势，达峰时间较晚，2060 年碳排放将较 2018 年增长 3 ~4 倍。中国道路货运需求增速将保持平稳且在货运需求中的占比将有所下降，因而道路货运碳排放将缓慢增长。尽管高速铁路分担一部分民航运输需求，民航运输碳排放仍将随需求增加而快速增加。

二　中国交通部门低碳发展政策

我国已有的交通部门低碳发展政策按关注重点可分为顶层设计、环境保护、国家标准、行业减排和发展规划五类。

（一）顶层设计

国家发改委和交通运输部发布了《绿色出行创建行动方案》（下称《方案》），旨在落实《交通强国建设纲要》并进一步提升绿色出行水平。《方案》提出实现城市绿色出行的发展目标，打造完整的交通运输网络和基础设施，推进新能源汽车的规模化应用，优先发展公共交通并促进消费者出行理念的转变。

（二）环境保护

国家已经制定相关标准限值交通工具的污染物排放。目前国 6 标准已经开始实施，2020 年 7 月 1 日起对城市专用车实施，2023 年 7 月 1 日起对所有车辆实施。该标准下污染物排放较之于国5标准严格40%～50%，为史上最严格的排放标准。针对船舶我国也已经出台排放标准，对其污染物排放量进行约束和限制。

交通运输部印发了《交通运输生态文明建设实施方案》，力求将绿色理念融入交通运输行业中，以节约优先的发展思路减少交通运输能源消费量和污染物排放量，建立交通运输生态文明制度和标准体系，加强对交通运输行业的监管，发挥绿色项目的示范引领作用。

（三）国家标准

我国已经出台多阶段燃油经济性限制标准，以促进交通运输低碳发展。我国建立并逐步实施了《乘用车燃料消耗量限值》、《乘用车燃料消耗量评价方法及指标》和《重型商用车燃料消耗量限值》等国家标准，规定了各类车型的燃料消耗量限值。

交通运输部与工业和信息化部分别出台了水运船舶的相关能耗及排放标准。船舶能耗标准采用函数对能耗和总载重的关系进行分析。第二阶段标准下5000吨级油轮和集装箱船的每吨公里油耗分别为30000吨级的2.12倍和2.27倍。第二阶段较第一阶段严格了约10%，如图4所示。

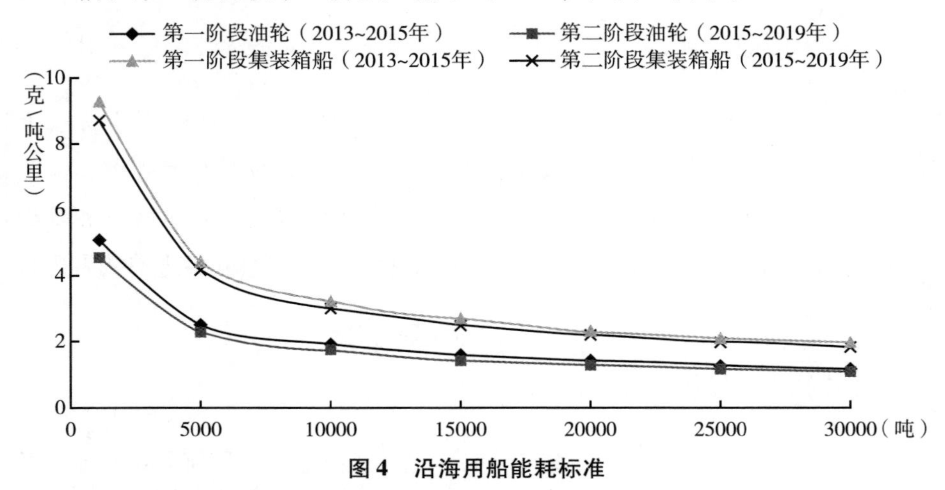

图4　沿海用船能耗标准

资料来源：交通运输部与工业和信息化部。

（四）行业减排

道路运输方面，国家已出台一系列政策，从宏观调控、财政补贴和行业发展等维度推动新能源汽车发展，例如《打赢蓝天保卫战三年行动方案》明确了城市服务车辆和轻型车的电动化渗透率目标，《关于完善新能源汽车推广应用财政补贴政策的通知》明确了符合要求的车型2020年补贴不退坡。

铁路运输方面，继《中长期铁路网规划（2008年调整）》提出四纵四横线路建设目标后，《中长期铁路网规划（2030）》进一步明确2030年前建成八纵八横通道，连接全国的大中城市。2020年，《新时代交通强国铁路先行规划纲要》提出2035年实现50万人口以上城市高铁全面通达。

运输结构方面，《推进运输结构调整三年行动计划（2018—2020年）》提出以重点区域为主战场，进一步推进公转铁、公转水和多式联运。

（五）发展规划

《国家综合立体交通网规划纲要》：2035年，基本建成便捷顺畅、经济高效、绿色集约、智能先进、安全可靠的现代化高质量国家综合立体交通网，实现国内国际互联互通、全国主要城市立体畅达、县级节点有效覆盖，支撑“全国123出行交通圈”（都市区1小时通勤、城市群2小时通达、全国主要城市3小时覆盖）和“全球123快货物流圈”（国内1天送达、周边国家2天送达、全球主要城市3天送达）。

《交通强国建设纲要》：要强化大中型邮轮、大型液化天然气船、极地航行船舶、智能船舶、新能源船舶等自主设计建造能力，同时加强研发新型装备。强化船舶等装备动力传动系统研发，突破装备设备关键技术。

《“十四五”综合交通运输发展规划》正在制定之中。

三　中国交通部门实现碳中和所需关键技术

为实现近零排放，交通部门应在重点行业和领域加速推广低碳技术，各

类低碳发展技术在推广难度和减排潜力上存在差异。本部分对中国交通部门现有主要的关键技术进行总结，分析了各类技术的推广应用难点。

（一）替代燃料技术

1. 道路运输

电动汽车是道路运输最重要的减碳技术路线。2020 年中国新能源汽车产销量分别为 136.6 万辆和 136.7 万辆，连续四年居全球首位。新能源汽车产销量中仍以电动汽车为主，燃料电池汽车处在小规模示范应用阶段。电动大客车主要集中在城市公交领域，电池技术尚不支持长途营运性运输，二三线城市替代动力不足。货车市场电动化趋势不明显，目前仍以轻型纯电动货车为主。① 动力电池密度提升明显，2013 ~2018 年单体和系统能量密度分别提高了 1.04 和 1.36 倍。

《节能与新能源汽车技术路线图 2.0》提出，2025 年电动汽车产业链应发展完整，新能源乘用车销量达到 550 万辆，2030 年达到 1400 万辆，2035 年达到约 2300 万辆。2025 年实现氢能及燃料电池技术推广应用，实现 10 万辆燃料电池汽车推广目标，推广以公共服务车辆为主体。2035 年前燃料电池汽车推广量达到 100 万辆。

2. 民航运输

民航运输可能的替代燃料技术主要分为生物质燃料、氢能和电力三类。② 生物质燃料是现阶段民航运输最有可能大规模应用的替代燃料选择，具有即用性的特点，无须改变飞机结构和地面储运设施。生物质航煤目前制备成本仍然较高，每吨制备价格在 8000 ~20000 元。

全电飞机面临的主要问题是电池技术的局限。为实现中短途航程飞行，电池能量密度须在 800 ~ 2000Wh/kg 范围。目前电池能量密度最高可达

① 中国电动汽车百人会：《中国汽车全面电动化时间表的综合评估及推进建议》，2020。

② Schäfer A., Evans A. D., Reynolds T. G., et al., "Costs of Mitigating CO_2 Emissions from Passenger Aircraft," *Nature Climate Change*, 2016, 6 (4): 412 -418.

300Wh/kg，与800Wh/kg仍有较大差距。在当前的电池技术水平下，全电飞机在2030年将只能应用于小型支线客机中，实现B737或A320型体量的全电飞机商运还不现实。

全电飞机的电池技术局限导致航程有限，氢能被视为民航低碳发展的重要替代燃料技术。氢能窄体客机和宽体客机将在20年内进入机队。

3. 水路运输

LNG是目前应用最广泛的水运替代燃料，全球采用LNG作为燃料的船舶已经超过500艘。全球范围内已经有24个港口具备LNG加注能力。全球共有311艘LNG船舶订单，在总订单中的占比为7.6%。

有关LNG的可持续性仍然有争议，因此水路运输应尽快推动以氢燃料和氨燃料为动力的船舶投用。LNG将扮演中短期内过渡燃料的角色。氢燃料和氨燃料的主要推广障碍包括技术不成熟、燃料能量密度不足和配套设施不完善。与电动汽车和电动飞机类似，电动船舶受电池能量密度限制只能应用到小吨位和短航程中。在内河运输中进一步推广电池技术仍需取得突破。

（二）节能技术

能效提升技术对道路运输的节能减排有极大促进作用。中国车用能效提升措施主要包含对汽车制造商所产汽车进行严格能效限制管控和加大新型高效汽车的市场补贴力度。混合动力技术、先进内燃机技术和轻量化材料技术已经被列为核心节能技术。

民航运输中，翻新技术可提升单机运行能效，管理技术可提升机队整体运行能效。翻新技术包括融合式翼梢小翼、更新发动机、电动滑行系统和机舱减重等，可一定程度上提升单机执飞航班时的巡航能效和滑行能效。

高铁将分担部分民航运输需求，协助民航深度脱碳。以京沪高铁线路为例，全线每年可有效减少碳排放74.3万吨。高铁的低碳效益须配合低碳发电结构才能完全兑现，因此发展高速铁路的同时应注重电力结构的清洁化。

（三）颠覆性技术

自动驾驶技术是汽车重要的发展趋势，是支撑新一代智能交通系统的重要技术。借助自动驾驶技术和智能网联系统，促进车路协同，从而提升道路运输效率，并降低道路运输碳排放。

超级高铁综合利用先进技术创造出与民航运输类似的低真空环境，减少列车高速运行时的空气阻力。超级高铁运行时速可达 1000 公里，且在真空管道中运行安全性较高。

飞机自身结构颠覆性改变和革新性技术概念可能有助于实现民航低碳发展目标。与传统油箱、机翼的飞机布局相比，颠覆性机身构造包括翼身融合、斜拉翼式布局、盒式机翼等。

四 中国交通部门碳达峰和碳中和的主要挑战

交通部门实现近零排放仍面临诸多挑战，本部分对交通部门面临的主要挑战进行了总结。

（一）中国交通运输需求的上行压力加剧

交通部门是国家经济发展的重要组成部分，未来随着中国社会和经济的发展，交通服务需求仍有较大增长空间。道路运输的能耗和碳排放在中国交通部门中占比最高，随着人均 GDP 的增长，中国千人乘用车保有量将快速增长。我国民航人均出行次数远低于全球平均水平，未来仍有较大增长空间。

（二）民航运输和水路运输脱碳难度大

民航客运增长趋势明显，且缺少立即可用的替代燃料。生物质燃料被认为是最可能投入使用的替代燃料，但目前还无法全面应用。氢能和电动飞机基本处在概念和试验阶段，距离商用还很遥远。

水路运输相对民航运输的增长潜力较小，但也存在技术替代选择有限的问题。目前主流的替代燃料技术为 LNG 船舶，其减碳效率较低。氢能船舶、氨能船舶和电动船舶仍在概念示范阶段，距离商用仍很遥远。

（三）道路货运脱碳难度大

目前大多数新能源重型卡车采用锂离子电池供能，但货运任务有距离远、时间长和任务重等特点，要求电池具有更高的能量密度和比功率。目前的电池技术还无法完全满足上述需求，纯电卡车应用的难点包括电池技术性能不足、规模经济发展受限、电功率范围不足和充电设施配套不完善等。因此，电动汽车电池目前还不足以支撑长途、重型货运任务。

燃料电池汽车可能是重型货运的一种替代技术选择，但目前该技术尚不成熟。燃料电池汽车推广的障碍包括新技术的高成本和配套设施建设的高投入。

五　中国交通部门碳中和发展路径

结合交通部门发展特点和现有低碳发展技术，本部分提出交通部门低碳发展目标和主要路径，包括排放发展趋势和各类技术应用规模。

（一）中国交通部门近零排放目标

为实现“双碳”目标，中国交通部门须力争在 2030 年前达峰，并在 2060 年实现近零排放，如图 5 所示。中国交通部门峰值碳排放应力争控制在 11. 3 亿吨，2060 年排放力争降至 0. 6 亿吨，降幅为 94. 7%。直接碳排放减少主要来自燃料电池汽车、电动汽车、氢能飞机和生物质燃料的应用。2060 年，道路运输和民航运输的碳排放占比分别为 31. 5% 和 36. 9%。为实现交通部门近零碳排放目标，下文提出了各运输方式配合的一种可行方案。

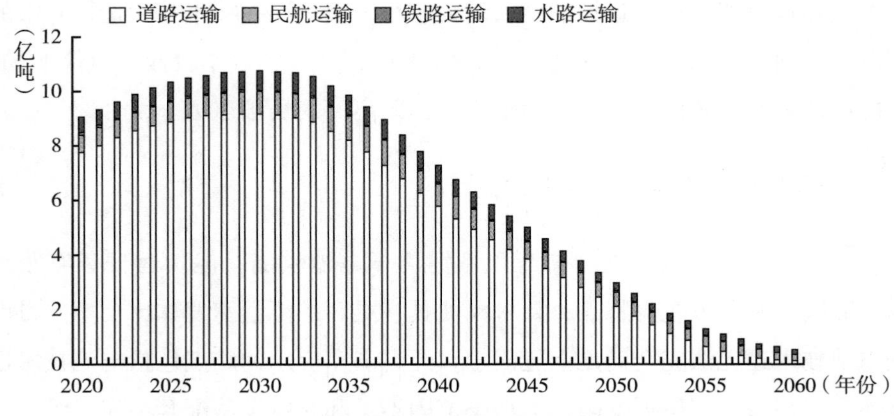

图5　2020～2060年碳中和近零排放目标下中国交通部门碳排放

（二）运输结构优化

城间客运方面，高铁的发展将加速其对民航运输量的替代。2035年后，高速铁路完成对25%民航新增运输需求的替代。城中客运方面，共享出行和自动驾驶可能带来更多出行需求。2060年公交车和出租车保有量比2020年增长1.3和2.3倍。

货运方面，大宗货物运输预计将在2030年达峰，进一步促进“公转铁”和“公转水”，分担道路货运的运输需求。

（三）道路运输发展路径

1. 保有量及车队构成

车队构成情况如图6所示。私人乘用车保有量将呈现先增后降的趋势，2050年后总保有量趋于稳定。2035年、2050年和2060年电动汽车保有量分别达到1.7亿、4.7亿和5.2亿辆。受大宗货物需求增长放缓及“公转水”和“公转铁”的影响，重卡保有量先升后降，预计2030年达到峰值，力争在2055～2060年实现燃油车禁售。2060年货车保有量中燃油车比例降至1%～3%。

2. 燃油经济性进步

《节能与新能源汽车技术路线图2.0》指出2019～2035年乘用车能耗以

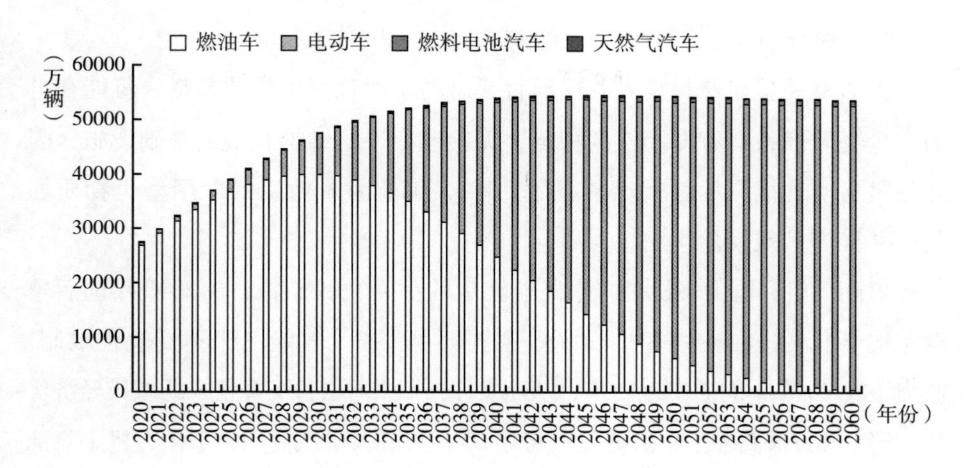

图6　2020～2060年中国车队构成

每年3.0%～4.6%的幅度下降。2035年载货汽车油耗较2019年下降15%～20%，油耗下降20%～25%。

3. 颠覆性技术

智能网联汽车是车辆技术的一项重要变革，也是未来汽车技术发展的重要趋势。自动驾驶技术产生的可能影响包括拥堵适应性、绿色驾驶、跟车行驶、车队车速提高、碰撞规避、整车质量变化等方面，该技术实现减碳仍存在较大不确定性。

共享出行是指通过共享的模式，借助信息技术匹配运输服务和运输需求，为消费者提供一定时间的出行服务或交通工具使用权的一种新兴业态模式。共享出行可能增加城市运输需求，同时也会替代汽车承担的客运需求。

（四）民航运输发展路径

1. 翻新技术

对老龄机队采用翻新技术来提升飞机运行性能。翻新技术中融合式翼梢小翼、电动滑行系统和机舱减重技术应用规模逐步从2030年的402架次增长到2060年2016架次。

2. 替代燃料技术

大力发展替代燃料技术，民航替代燃料主要包括生物质燃料、氢能和电力。生物质燃料具有即用性的特点，无须改变飞机结构和地面基础设施，因此是最易实现推广的替代燃料技术，2035 年前应着力发展即用型生物质燃料，并推广其规模化应用。

氢能飞机和电力飞机是未来民航客运的重要发展方向。在 2040 年前后争取实现全电飞机在支线客机和中短途航班中服役。氢能飞机不受航程限制，应力争在 2040 年前后实现商用，从而发挥长期来看氢价下降带来的减排经济优势。碳中和发展路径下，氢能飞机将在 2046 年进入机队商用，窄体客机中氢能飞机数量将最终达到 577 架，宽体客机和支线客机中应用数量相对较少。

3. 新代际飞机

2020 年前各类机型基本实现换代，上一代际客机已退出生产序列。一般新一代际客机入役时间为 15 ~20 年。因此在 2035 ~2040 年下一代客机商用入役后应加速机队退役和替代，提升客机运行能效从而减轻替代燃料技术的研发和应用压力。

2035 年前后下一代际机型将进入服役，各类机型机队中下一代际机型将在 2035 年后逐渐替代当前代际机型，下一代际机型能效较当前代际机型将提高 20%。2060 年机队将以燃料电池飞机和下一代际客机为主，上一代际机型、当前代际机型、氢能飞机和下一代际机型在机队中占比分别为 0.0%、10.5%、38.5% 和 51.0%，如图 7 所示。

4. 颠覆性技术

与传统油箱、机翼的飞机布局相比，颠覆性机身构造包括翼身融合、斜拉翼式布局、盒式机翼等。革新性推进系统主要包括桨扇发动机技术等。桨扇发动机依靠对转螺旋桨产生推力，其形式介于涡桨发动机和涡扇发动机之间，可有效减少 26% ~30% 的运行能耗。搭载桨扇发动机的颠覆性机身结构客机有望在 2040 年前后商用，届时应加速飞机替代，推广高能效的颠覆性技术客机。

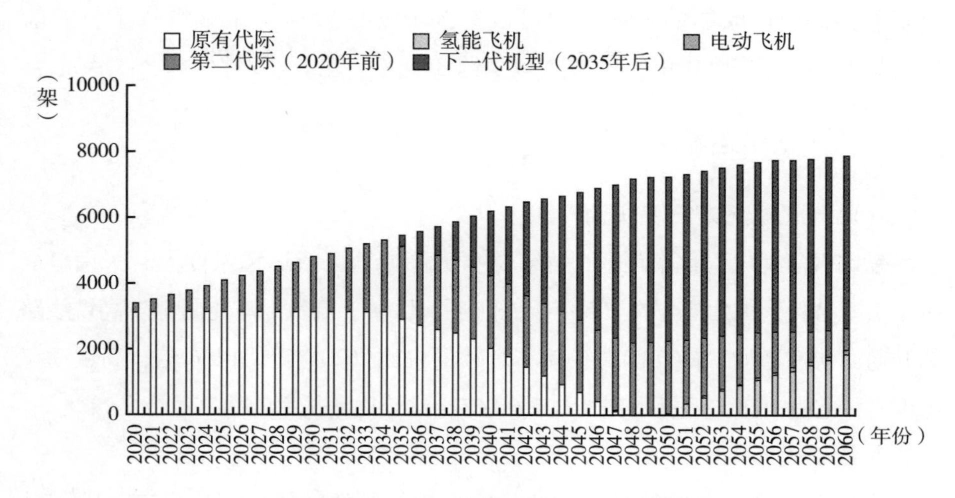

图 7　2020 ~ 2060 年中国民航运输机队构成情况

（五）水路运输发展路径

1. 替代燃料技术

沿海水运中 LNG 发展相对成熟。电动船舶是内河水运或中短途运输未来替代方案，目前还受电池技术限制。电动船舶在内河运输中逐渐应用，在内河 400 公里以内的短距运输中具备可行性。

碳中和发展路径下，水路运输将大规模推广氢能船舶和电动船舶。内河货运将以 LNG 船舶为过渡，逐步转变为以电动船舶为主。沿海货运将以 LNG 船舶为过渡逐步转变为以氢能船舶为主。LNG 船舶 2035 年达到 3. 2 万艘。2030 年后氢能船舶和电动船舶保有量逐渐增加，在 2046 年后快速增加，电动船舶保有量从 2030 年的 0. 3 万艘增加至 7. 6 万艘。氢能船舶自 2035 年前后入役，从 2035 年的 0. 03 万艘增长至 2060 年的 0. 74 万艘。

2. 船舶能效提升

船队能效提升主要分为现役船队运行能效提高和新售船舶的能效提升两方面。从现有船舶技术来看，基于船体结构改造、动力和推进系统升级等船舶设计的节能减排技术型转型措施可以带来 5% ~15% 的减排潜力，中国的主要船型的新造船舶的节能潜力可以达到10%～25%。乐观情景下，船舶能效提升可能在2060年使得排放减少约8%。

（六）铁路运输发展路径

1. 电气化比例进一步提高

铁路客货运电气化率逐渐提高。除少数高原地区或运输难度大时采用氢能机车实现替代，电力机车在2060年占比接近100%，高铁动车组将随着高铁线路的开通而快速增加，2060年高铁动车组数量将比2020年增加1.6倍，高铁动车组保有量将达到1.5万标准列，与2020年相比年均增长率为9.7%。

2. 能效提升

推广关键铁路节能技术，加速运输工具的更新换代过程。目前，中国高速铁路快速普及，发展迅速，但也必须看到，速度大幅提升的同时，能耗也会随之提高。因此，需要加强新式车组的关键节能技术的研发工作，攻克技术难关，减少电气化动车组的全生命周期排放。2060年电力机车和高铁动车组能效较2020年分别提升15.0%和9.1%。

六　小结

交通部门能耗和碳排放快速增加，对中国实现“双碳”目标产生重要影响。2018年交通部门能耗占终端能源消费量的15%，碳排放超过10亿吨。目前，道路运输能耗和排放占比约为80%，交通部门排放来源以汽油、柴油和航空煤油为主体。未来交通部门碳排放将呈现近中期快速增长、远期增长逐渐放缓的发展态势，在不实施积极、持续的减缓政策情景下，2060年碳排放可达2020年的3～4倍。

交通部门实现碳达峰和近零排放的主要障碍包括随经济增长而来的运输需求持续上行、民航和水运的减碳技术选择有限和道路货运脱碳难度大等。为克服上述困难，交通部门应加速运输结构优化，提升交通工具能效，发展替代燃料技术，关注颠覆性技术研究进展。

碳中和目标下，中国交通部门碳排放应力争在2030年前达峰，2060年控制在1亿吨以内。为实现近零排放目标，交通部门应提高新能源汽车、氢能飞机、电动飞机、氢能船舶、氨能船舶、高铁动车组和电力机车的渗透速度。2060年乘用车、出租车和公交车完全实现燃油车禁售，货车车队中燃油车比例降至5%以内。2060年机队中氢能飞机和电动飞机占比接近40%。船队中电动船舶和氢能船舶等新能源船舶保有量在2045年后快速增加。交通工具能效进一步提升，2060年各交通能耗比2020年减少10%~50%。城间客运结构向高铁转移，城中客运结构向公共运输转移，货运结构进一步推进"公转铁"和"公转水"。

参考文献

王庆一：《2020能源数据》，绿色发展创新中心，2021。

清华大学气候变化与可持续发展研究院：《中国实现碳中和的减排路径、技术经济分析与政策支撑》，2021。

中国铁路总公司档案史志中心：《中国铁道年鉴》，中国铁道出版社有限公司，2018。

中国电动汽车百人会：《中国汽车全面电动化时间表的综合评估及推进建议》，2020。

Schäfer A., Evans A. D., Reynolds T. G., et al., "Costs of Mitigating CO_2 Emissions from Passenger Aircraft," *Nature Climate Change*, 2016, 6 (4).

G.9

建筑部门实现碳达峰碳中和的路径

郭偲悦　江　亿　胡　姗*

摘　要：建筑部门实现碳达峰碳中和是我国双碳目标的重要组成部分。虽然我国建筑部门直接碳排放近年来进入平台期，但总排放仍在快速增长；此外，建筑建造建材和运行过程制冷剂泄漏也会带来温室气体排放。要满足未来低碳发展目标要求，建筑应实现“需求合理、结构优化、负载柔性”。基于对不同部门减排途径的梳理，我国建筑部门未来发展需在建筑节能推进、电气化与负载柔性化提升、农村能源改革、北方城镇供暖方式优化以及建造过程和非二减排方面持续着力。建议在“十四五”期间，进一步明确提出能耗与碳排放总量目标、加大能源结构调整力度以及加强与建造、制冷剂泄漏相关的减排措施。

关键词：碳达峰　碳中和　建筑部门

一　我国建筑部门碳排放现状

随着我国经济社会的迅速发展、城镇化水平的持续提升，我国民用建筑

* 郭偲悦，博士，清华大学能源经济环境研究所助理研究员，主要研究方向为建筑领域低碳发展；江亿，博士，任职于清华大学建筑节能研究中心，中国工程院院士，主要研究方向为建筑领域节能低碳发展战略；胡姗，博士，清华大学建筑节能研究中心助理研究员，主要研究方向为建筑领域节能低碳发展。

运行带来的能耗、碳排放的总量与强度近年来快速增长。自我国提出 2030 年前碳达峰、2060 年前碳中和目标，各部门纷纷增大减排力度，加强相关措施，以尽早实现碳达峰碳中和目标。建筑部门是我国主要能源消耗与碳排放部门之一，其深度减排路径的确定极为重要。

（一）建筑部门碳排放的定义与边界

狭义的建筑部门碳排放仅包括建筑运行过程中能源消耗带来的二氧化碳排放。这部分碳排放可以分为直接碳排放和间接碳排放，前者仅包括在建筑部门发生的化石燃料燃烧过程中，比如发生在建筑中的炊事、生活热水、采暖以及医院蒸汽等特殊用途所用的化石燃料燃烧中；后者是指外界输入建筑的电力、热力包含的碳排放，可进一步分为间接电力碳排放与间接热力碳排放，热力部分包括热电联产以及区域锅炉送入建筑的热量。这一部分碳排放也是目前建筑部门碳排放的主要组成部分。

此外，房屋建造本身以及需要的建材在生产过程中也会产生大量碳排放。这部分排放算在工业领域，但排放量和未来房屋建设发展趋势直接相关。还有建筑运行阶段使用的制冷产品，由于所使用的制冷剂泄漏，会产生非二氧化碳温室气体（以下简称“非二气体”）氢氟碳化物（HFC）的排放。在广义上对建筑部门碳排放的考虑中，也会包括这两个方面。

各类碳排放的定义与边界如图 1 所示。本研究旨在分析建筑部门在双碳目标下的整体发展路径，故以上方面的碳排放情况与减排方式都将有所涉及，并将综合不同角度的减排需求给出我国建筑部门低碳发展的主要任务。

（二）我国建筑部门碳排放现状[①]

我国民用建筑年竣工面积自 21 世纪初迅速增长，从 2004 年的不足 14 亿 m^2 增长至 2014 年的 27 亿 m^2，但近年来呈下降趋势，维持在 26 亿 m^2 左右。

① 清华大学建筑节能研究中心：《中国建筑节能年度发展研究报告2021》，中国建筑工业出版社，2021。

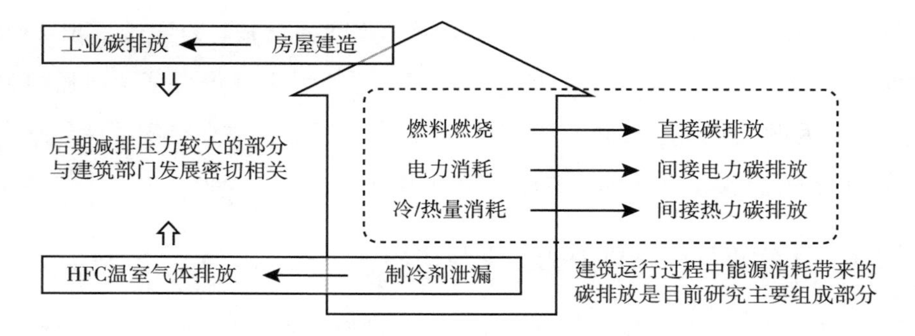

图1　建筑部门不同类型碳排放的定义与边界

随着建筑规模的增加与能耗强度的提升，建筑能耗总量迅速增长。测算表明，2019年，我国民用建筑一次商品能耗约10.2亿tce，折算至终端商品能耗约6.7亿tce；电力消耗为1.9万亿kWh，占总能耗的比重不断增加。此外，农村地区目前有约0.9亿tce的传统生物质用于满足采暖、炊事等需求（见图2）。

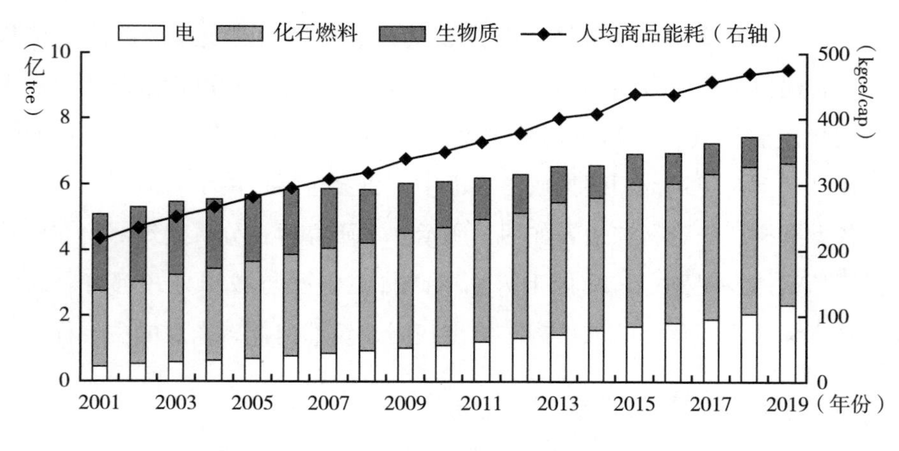

图2　2001～2019年我国建筑运行能耗与强度

能源消费的增加带来碳排放的迅速增长。2019年，我国建筑运行碳排放总量约为22亿tCO_2，其中化石燃料燃烧直接排放约6亿tCO_2，热力间接排放约4.2亿tCO_2，电力间接排放约11亿tCO_2（见图3）。总排放量保持增长趋势；直接碳排放在2015年以前保持快速增长，近年来进入平台期；间接热力碳排放自2005年起基本保持稳定，但近年来呈下降趋势，清洁供暖的迅速推进是其主要原因；间接电力碳排放快速增长。此外，建筑建造带来的碳排放约为16亿tCO_2，制冷剂泄漏导致的非二气体排放为1亿~1.5亿tCO_2eq。

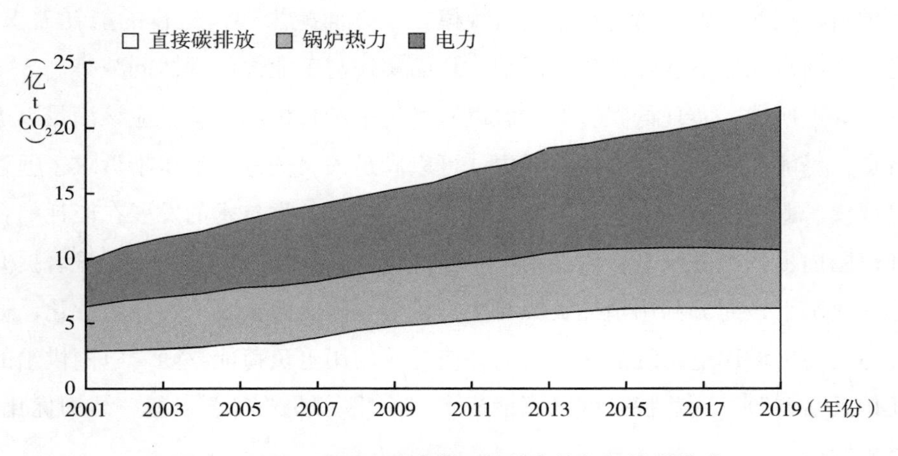

图3　2001~2019我国建筑运行的直接与间接碳排放

（三）我国建筑部门低碳转型目标

考虑到我国建筑部门碳排放发展趋势，对应我国2030年前二氧化碳达峰目标，建筑部门总碳排放应尽快达峰，直接碳排放应避免天然气用量大幅提升导致二次增长，尽快进入下降阶段，间接热力碳排放应保持持续下降的趋势。对应2060年前我国碳中和愿景，建筑部门宜在2050年左右实现碳近零排放。

为了实现以上目标，建筑部门低碳转型首先必须实现低碳排放直至零排放。随着低碳建筑的推进，建筑中化石燃料的消耗会逐渐归零，由电力、余热、生物质燃料与其他零碳燃料满足能源需求，电力系统与余热资源也会逐渐脱碳变为零碳电力与热力。此时，不论建筑有多少能源需求，碳排放量都不会增加。但是，这并不意味着建筑的能耗需求可以无限增长。能源供给的增加意味着供应成本与减排压力的增长，从能源系统来看，依然需要各终端部门控制能耗需求。因此，建筑低碳转型除了实现本身的低碳，也依然需要一直控制能耗总量，不给其他部门增加过多减排压力。同时，建筑部门应当实现与其他部门的协同减排脱碳。未来可再生电力占比不断提升，对电网的灵活性诉求显著增加，要求终端包括建筑部门用能实现用电负荷柔性化以匹配供给特征。另外，通过控制建筑规模，一方面减少建筑运行的能耗需求，另一方面也能够显著降低建材需求，从而实现与工业部门的协同减排。

综上所述，实现低碳转型发展以满足碳中和目标的建筑，应该满足以下特点：用能需求控制在合理范围内，可以满足人民美好生活基本诉求，但建筑规模、服务水平需求等都不会盲目增长，依靠各类技术的发展在能耗的合理范围内提升服务水平；用能结构不断优化，降低化石燃料使用，显著提升电气化水平，充分利用余热资源与生物质等零碳能源；电力负载柔性化，通过建筑与区域用电系统的深度改造，使建筑的用电负荷能够随着电网供给的变化灵活调节。这些特点可以概括成十二个字，即“需求合理、结构优化、负载柔性”。

二　我国建筑部门减排途径[①]

（一）建筑运行过程中直接碳排放的减排途径

直接碳排放主要分为炊事、采暖、生活热水和功能需求的碳排放。

对于城镇建筑的直接碳排放，我国的炊事需求已基本稳定，近年来随着炊事电气化率的提升以及居民炊事习惯的改变，这部分的化石燃料需求已经呈现下降趋势。由于我国长期习惯于明火烹饪，这部分最大的挑战是碳中和情景下如何实现零排放。这两年已经出现一些新技术新方法，希望用电来满足人们的炊事需求。生活习惯的改变也有很大影响。生活热水方面，居民

① 江亿、胡姗：《中国建筑部门实现碳中和的路径》，《暖通空调》2021年第5期。

生活热水需求还在增长，但是越来越多的家庭开始倾向选用电热水器和电动热泵热水器，因此燃气消耗也很难持续大幅增加。我国北方城镇地区大多采用集中供暖，这部分碳排放含在间接热力碳排放中，直接排放的采暖部分主要是指长江中下游地区的城镇居民采暖。目前长江中下游地区大部分居民还是用热泵空调采暖，但近年来也有不少家庭采用分户式燃气壁挂炉，以及有一些地区效仿北方地区采用区域锅炉集中供暖，化石燃料用量呈增长趋势。未来的增长趋势取决于这一地区选用什么途径来满足采暖需求：如果以热泵空调为主，则直接碳排放量不会持续增长；如果改用燃气锅炉或者照搬北方地区的采暖方式，则会带来化石燃料需求的大幅度上升。经过大量的调研与测试，目前已经有足够成熟的空调热泵产品，解决了气流组织、除霜等问题，能够满足居民冬季室内采暖需求。如果可以继续发展这方面的技术，并且不刻意引导居民采用壁挂炉，也不提倡大规模兴建集中供暖设施，预计这部分的直接碳排放也不会持续显著增加。医院蒸汽等特殊用途可以通过电驱动热泵型或者直接电热型蒸汽发生器来替代分散的和集中的燃气锅炉。

农村地区目前主要还采用传统的生物质和散煤来满足采暖、炊事以及生活热水需求。近几年农村地区大规模推广“煤改气”“煤改电”，也有一些农村修建天然气管道。无论“煤改电”还是“煤改气”，由于电力和燃气方式的效率都高于燃煤，单位热量排放的二氧化碳更远低于燃煤，因此随着这些工作在农村持续推广，农宅相关的直接碳排放一定会逐渐下降。面向碳中和目标，考虑到农村具有大量的可再生零碳能源，如果不再推广“煤改气”，而是发展煤改可再生，那么这部分碳排放可以进一步降低，并且逐步实现农村地区的零碳发展。

综上所述，对直接碳排放来说，建筑领域目前增幅不断收容，逐渐进入平台期。如果面向碳中和目标，积极行动、全面推动建筑电气化，那么这部分的碳排放有可能较快进入达峰平台期。要实现碳中和目标，主要的任务是居民炊事和生活热水的“煤改电或气”，农村生活的“煤改可再生”。这需要技术的持续发展以及生活方式的引导。

（二）建筑运行过程中间接热力与电力碳排放的减排途径

间接碳排放包括热力间接碳排放和电力间接碳排放。这部分的排放量，一方面取决于建筑本身的需求，另一方面取决于供给侧的低碳化程度。

热力间接碳排放包括为热电联产以及区域锅炉送入建筑的热量生产过程中产生的碳排放，在我国主要是指北方城镇地区大规模使用集中供暖系统产生的碳排放。我国自 20 世纪 80 年代起，一直致力于提升建筑围护结构性能，其供热需求显著下降，同时随着清洁供暖的推进，高效热源大幅增加。这一部分的碳排放已经在 2012 年左右达峰，近年来已呈现下降趋势。未来我国的集中供热热源将主要为各类电厂与工业过程的低品位余热，各类化石燃料锅炉会逐步淘汰。为了解决电力供应的冬夏季节差和保证供电可靠性，我国未来还将保留 5 亿 ~6 亿 kW 火电，加上约 2 亿 kW 核电以及工业生产过程，这些余热热源一半以上在北方采暖区域，能够满足北方城镇大部分供热需求。如果发展部分跨季节蓄热装置，把春夏秋季的余热储存起来用于冬季，则可以充分满足北方建筑冬季供热需求，并有较大富余量。因此跨季节储热也将是未来需要重点研究开发的技术。

电力间接碳排放则主要与用电量、电力碳排放因子相关。考虑到我国居民还存在室内环境提升的诉求，且电气化是建筑低碳发展的重要手段，电力需求未来还会显著增加。2018 年，我国建筑运行用电量为 1.7 万亿 kWh；未来如果认真推进建筑节能，耗电量可以控制在 3.5 万亿 ~4 万亿 kWh；如果不控制用电量，则可能增长到约 5 万亿 kWh。这部分碳排放什么时候达峰，取决于用电量增长和电力碳排放因子下降的相对速度。目前我国电力总量中约有 30% 的电量来自零碳电源，随着中央低碳战略的展开，零碳电力还会不断增长，而零碳电力的比例则取决于全社会对电力需求总量的变化。如果零碳电力的增长量大于全社会对电力需求的增长量，则零碳电量占比有可能不断增加；反之，如果用电量的增速高于零碳电源的增速，则电力的碳排放量还会持续增长。从前几年的变化趋势看，电力的碳排放因子持续下降，如果碳排放因子的下降幅度大于建筑用电的增长幅度，则建筑间接碳排

放就实现达峰。考虑到2060年碳中和目标，电力系统在2050年会实现净零排放，则间接碳排放，不论是热力（火电热电联产）还是电力，到时都会实现净零排放。

对于间接电力碳排放，建筑部门除了作为“消费者”尽可能降低用电量，还能够依靠自身安装光伏发电设备供应零碳电力、担任能源“生产者”，以及通过安装储能装置、加装储能装置、进行直流配电改造和参与需求侧响应，结合自身发电，以“光储直柔”建筑的形式实现建筑的电力需求与电力供应的实时匹配，作为电力系统的“调节者”，保障高比例可再生电力系统的灵活稳定，破解新型零碳电力系统光电安装空间和可再生电力调控难题，通过对各方面资源的优化调度实现较低成本的新型电力系统建设，实现建筑全面电气化和用电零碳化，助力电力部门脱碳。①

（三）建筑建造碳排放与相关非二温室气体排放的减排途径

建造部分的碳排放包括建筑建造过程、建材生产运输等产生的碳排放。建筑建造规模直接影响建材需求。尽管这部分碳排放实质上是统计在工业生产领域，但如果能够减少建筑建造需求，那么可以对相关的工业减排起到很大作用。

近年来建筑年竣工面积有所下降，建造部分的碳排放呈现下降趋势。考虑到我国正逐步进入经济新常态，年竣工面积出现回弹的可能性较小。值得注意的地方是，近年来年竣工面积稳定在26亿 m^2 左右，拆除面积也逐渐增长并逐步稳定在15亿 m^2左右，年房屋净增量实际在近五年呈现下降趋势；也就是说，我国建筑规模已逐渐饱和，目前维持高位的竣工面积很大程度上是由于“大拆大建”。未来，还会不断有房屋提升质量、完善功能的需求，如果以拆为主，就会不断拆、建，消耗大量钢材水泥等高碳材料，导致此类碳排放居高不下；反之，如果以修缮为主，那么就会显著降低新建建筑的需求。

① 江亿：《“光储直柔”——助力实现零碳电力的新型建筑配电系统》，《暖通空调》2021年第10期。

目前，仅核算经济成本，拆房子常常比修房子便宜得多。尽管建新房需要大量基础性建筑材料，但人工费低；不动结构主体的大修可以节省大量结构主体材料，但要花费几倍的人工费用，这是目前存在大拆大建的一个重要原因。拆房子费物料省人力，修房子费人力省物料，如何通过政策机制使得拆房子的经济效益低于修房子（例如增加相当于房屋整体价值的拆房税），从而改变这种修房不如拆房的不合理现象，需要及时研究和出台相关政策。

建筑运行阶段使用的制冷产品，包括冷机、空调、冰箱等，如果其所使用的制冷剂（HFCs 类物质）泄漏，也会导致全球温度上升。HFCs 类物质由于其臭氧损耗潜值为零的特点，曾被认为是理想的臭氧层损耗物质替代品，被广泛用作冷媒。但其全球变暖潜值（GWP）较高，目前也成为建筑领域的非二氧化碳温室气体排放的主要来源。根据北京大学胡建信教授的研究结果，2017 年中国家用空调和商业空调造成的 HFC 温室气体排放为 0.8 亿 ~1 亿 tCO_{2eq}，而且近几年快速增长。[①]

降低 HFCs 排放的路径主要包括：积极发展低 GWP 的替代工质；提高工艺和维修水平，大幅减少制冷剂泄漏，加大维修过程中制冷剂回收率。这是现有制冷剂系统下实现低非二气体排放的最有效途径，我国近十年来制冷工艺水平有了显著提高，泄漏量大为减少，通过政策机制，如大幅度提高非二气体税收，可以有效降低这类泄漏；发展低制冷剂充灌量和非压缩式制冷与热泵技术，大幅度减少对具有温室效应的制冷工质的需要量，比如在干燥地区的直接和间接蒸发冷却技术。

三　我国建筑部门碳中和发展路径

（一）我国建筑部门碳中和发展路线图

综合以上分析，归纳面向碳中和目标的我国建筑发展转型的主要措施。

① Li Y. X. , Zhang Z. Y. , MD An, et al. , "The Estimated Schedule and Mitigation Potential for Hydrofluorocarbonsphase-down in China," *Advances in Climate Change Research*, 2019, 10 (3): 7.

1. 建筑节能工作的持续推进

建筑节能的实施能够显著降低能源需求，从而实现减排。具体来说，建议修订建筑节能相关法律法规体系，明确以控制建筑实际用能作为建筑节能工作的核心目标。从中央到地方，制定以控制用能总量与强度为核心的建筑节能规划与工作方案，并以此为依据制定与落实相关措施。同时，修订并完善《民用建筑能耗标准》，并以此标准为母标准，制定配套的标准体系。要实现这样的建筑节能工作框架，还需要建立清晰统一的建筑用能数据统计体系，以提供数据支撑。北方建筑供暖是未来降低碳排放的重点，加大建筑节能改造力度，在北方采暖地区全面实现“二步节能”标准，使平均热耗从目前的0.35 GJ/m^2降到0.25 GJ/m^2，是实现建筑零碳采暖的基本条件。

2. 电气化与用电负载柔性化的提升

通过电气化改变建筑的用能结构以实现建筑直接碳排放的减少，提升负载柔性化，助力电网低碳转型，从“消费者”转为消费者、供应者、调节者三位一体。建筑部门应当全面推进用能电气化，大力推广“光储直柔”建筑，增加可再生电力占比并提升可再生电力的消纳能力。由“煤改气”向“煤改电”转变，推动新建建筑与既有建筑的全电气化。充分利用建筑屋顶和可接受阳光的垂直外表面，增加建筑自身的可再生发电量。结合不同地区建筑用能与可再生资源特征，建立能够更好地消纳可再生电力的用能系统，实现柔性负载、电网友好。

3. 农村能源结构的深度改革

在推动农村建筑零碳发展的同时，还需要考虑农村居民生活水平的提升需求，综合多方面因素寻找最优路径，并充分发挥好农村地区丰富的空间以及生物质资源优势。要实现农村地区零碳清洁发展，需要逐步淘汰传统生物质的低效燃烧与散煤燃烧，结合各地资源禀赋、经济发展、建筑特征等论证农村用能改善方式，加大生物质能源、光伏发电等可再生能源在农村建筑的使用。我国农村有巨大的空闲屋顶资源，充分利用这些资源发展光伏，可以使85%的农村实现完全依靠自身光伏的全面电气化。光伏发电量可以满足农户生活（包括炊事、采暖）、生产和交通的全部用能。目前农村地区存在各种能源改革的交叉补贴，可以对这些补贴进行梳理整合，形成合力，重构以碳中和为导向的农村能源系统。

4. 北方城镇供暖的优化

北方城镇供暖系统的热源优化是降低间接热力碳排放的主要手段。结合电力、工业发展布局，充分利用热电联产、工业生产等产生的低品位余热用于北方城镇供热，规划与建设利用各类余热资源的供热系统，在难以采用低品位余热的建筑优先采用热泵供暖。建立推广热电厂“热电协同”运行机制，加强可再生电力消纳能力。除调峰外，建议不再新建各种使用天然气的采暖设施。

5. 建造过程减排与非二减排的推动

通过控制新建建筑量，可以有效降低钢铁、水泥等建材需求，能够助力工业部门减排。建议明确各地建筑发展规模，控制建筑规模总量在适宜范围内。避免大拆大建，由大规模建设转入既有建筑的维护与功能提升。同时，通过在相关政策标准中纳入控制非二排放的措施，比如要求建筑中冷机维护时不得直接排放制冷剂，能够有效减少建筑运行过程中制冷剂泄漏导致的温室气体排放。

结合以上措施，制定我国到2060年建筑部门碳中和发展路线（见图4）。

（二）“十四五”时期的主要任务

在过去的30多年中，各项建筑节能减排措施的深度推进对提升建筑能效水平、控制建筑能耗与碳排放增速起到了重要作用。面对我国新的减排目标，需要持续提升建筑节能减排力度。“十四五”作为我国双碳目标的开局五年，对未来40年我国深度低碳转型具有重大意义。考虑到建筑及其相关基础设施的使用寿命极长，现在的新建建筑、基础设施很有可能在建筑部门实现近零排放时仍在服役期，因此除了聚焦尽早高质量达峰，更应该面向碳中和，在充分考虑相关锁定效应的基础上，对建筑节能工作进行规划布局。

建议在“十四五”期间，结合国家近年来的能源、应对气候变化以及大气环境的发展趋势，建立以能耗、碳排放总量与强度控制为主的建筑节能

领域	指标	2019年	2025年	2030年	2035年	2050年	2060年
建筑节能推进	终端能耗总量（亿tce）	7.6	<8.8	<9.0	<8.9	<8.0	<7.0
	节能体系构建	建成总量与强度“双控”体系	力度不断加大				
电气化与负载柔性化提升	电气化率（%）	0~31	>38	>45	>50	>70	>88
	推动电气化	“煤改气”转为“煤改电”	新建与既有建筑向全电建筑转变				
	推动负载柔性化	完善各类技术，2035年左右实现柔性建筑的规模化推广				有条件的建筑均为柔性建筑	
农村能源改革	低效生物质与散煤（亿tce）	2.2	<0.8	<0.4	<0.1	~0	
	重构政策体系	梳理目前存在的各类交叉补贴，合力支持农村能源系统深度改革					
北方城镇供暖优化	余热利用与热泵占比（%）	42	>70	>80	>85	>95	>99
	供热规划	结合电力、工业发展布局，规划与建设利用各类余热资源的供热系统				建成零碳供热系统	
建造过程与非二减排	建筑建造相关碳排放	鼓励以修为主的房屋提质	根本上扭转“大拆大建”局面				
	HFC温室气体排放	在相关政策标准中纳入HFC减排措施					

图 4　建筑部门低碳发展路线

注：图中电气化率采用电热当量法估算。

低碳管理体系，开始布局面向碳中和目标的技术与政策体系，其主要包括以下几方面。

1. 明确提出能耗与碳排放总量目标

在“十三五”期间，北京等地区已经根据自身情况制定到 2020 年的能耗总量与强度控制目标。住建部“十四五”规划的征求建议稿也明确给出 2025 年的能耗总量约束。建议同时明确提出直接碳排放的下降目标，并将能耗与碳排放目标分解至各省区市作为主要考核指标。同时，修订现有节能工作体系，进一步强调向总量与强度控制转变。

2. 将建筑部门的能源结构调整作为重要的低碳发展手段

建筑部门调整能源结构，以达到低碳发展目标的相关考虑在目前的节能低碳工作体系中还需要进一步加强。“十四五”规划已经包含电气化率的目标，建议进一步强调光伏建筑一体化的发展，增加提升建筑电气化、增加零碳热力供应等内容，将能源结构调整作为发展目标的重要组成部分。同时，重点推动建筑部门负载柔性化、“光储直柔”建筑的相关技术研发，为实现大规模推广做好技术储备。

发展农村以屋顶光伏为基础的新型能源系统，实现农村的生活、生产和交通的全面电气化。在“十四五”期间完成100个村的新能源系统建设，摸索经验，为在“十五五”和“十六五”全面推广做充分准备。

3. 提出与建造、非二排放相关的减排措施

建筑建造以及制冷剂泄漏都是碳排放的重要来源，但目前缺乏对这些排放的控制措施，建议在“十四五”期间有所突破。建筑建造方面，可以考虑加大对既有建筑改造的支持力度、对各地区建筑拆建比进行适当约束等。制冷剂泄漏方面，可以考虑进一步鼓励低 GWP 产品的研发与市场推广、在新的建筑节能设计与运维标准中将制冷剂回收纳入强制要求等。

G.10
中国工业重点行业碳达峰分析
——以钢铁行业为例

禹湘 谭畅*

摘 要： 工业是中国能源消耗和二氧化碳排放最主要的领域之一，也是中国应对气候变化最重要的领域之一。2020年中国工业能源消耗占全社会能源消耗的60%以上，碳排放占全社会碳排放总量的70%以上。工业绿色发展水平将决定中国碳达峰、碳中和目标的实现。其中，高耗能行业依然是工业能源消耗和温室气体排放的重点领域，钢铁、有色金属、建材、石化、化工和电力六大高耗能行业占工业二氧化碳排放的75%左右。其中，钢铁行业又是中国工业重点行业中碳排放占比最大的部门。本报告基于对钢铁行业碳排放的现状分析，对我国钢铁行业实现碳达峰与碳中和目标的关键性技术部署及减排路径进行研究。推动工业行业的碳达峰和碳中和，需要认真研究并构建包括钢铁在内的各行业低碳协同发展新模式，充分发挥绿色投融资机制作用促进低碳技术的研发应用，逐步构建以碳达峰与碳中和为战略导向的低碳工业体系。

关键词： 工业 碳达峰 碳中和 绿色发展

---

* 禹湘，中国社会科学院生态文明研究所副研究员，主要研究方向为气候变化经济学和气候变化政策；谭畅，清华大学地球系统科学系在读博士研究生，为本文通讯作者。

一 引言

应对气候变化和努力实现碳中和将成为世界共识和全球大势。中国当前是全球第二大经济体，世界第一大碳排放国。中国国家主席习近平在2020年9月22日召开的联合国大会上表示“中国将提高国家自主贡献力度，采取更加有力的政策和措施，二氧化碳排放力争于2030年前达到峰值，努力争取在2060年前实现碳中和”。中国是在实现《巴黎协定》全球温升目标的关键阶段作出庄重承诺的，面对国际社会对中国提出更具雄心减排目标的强烈期许，中国适时传达出更具担当和信心的减排目标，既为全球绿色低碳发展作出了表率，也对中国实现应对气候变化目标提出了更高的要求。

工业是中国实现碳达峰最关键的领域之一。我国工业能源消费总量长期占全国能源消费总量的60%以上，碳排放总量占全国碳排放总量的70%以上。在工业各部门中，以钢铁、有色金属、建材、石化、化工和电力为代表的高耗能行业是最重要的碳排放源，上述重点高耗能工业行业碳排放总量约占工业碳排放总量的75%，其中，钢铁行业是全国能源消费与碳排放占比最大的工业部门。高耗能、高排放的工业重点行业对我国工业乃至全国的碳达峰目标的实现起着重要作用。高耗能行业碳排放达峰、提前达峰、实现后续的碳中和，是确保中国在2030年前实现碳达峰与在2060年前实现碳中和长期目标的关键。

中国工业领域如何在未来40年实现快速而深远的转型，在一定程度上决定着中国实现碳达峰与碳中和目标的质量与时间。推动高能耗、高排放行业的绿色低碳转型是工业实现全面绿色低碳转型的关键，需要贯彻绿色低碳发展理念，全面树立以“碳达峰、碳中和”为导向的重大战略发展观，坚决遏制“两高”项目盲目发展。具体来说，就是要立足实际、坚持问题导向，深化供给侧结构性改革，优化产业结构布局，推动淘汰落后产能，严控高碳产能无序扩张，坚决遏制“两高”项目盲目发展，严控增量，改造存量，确保各项政策措施落实到位并取得实质性成效。

将重点行业经验推广到工业全产业，推动工业碳达峰，实现绿色低碳发展，就是要科学把握工业领域发展规律，适应国际气候治理新格局，围绕温室气体减排目标和工业经济发展目标约束，把积极应对气候变化、推动传统制造业与新兴产业结合、走绿色化与智能化道路、绿色产能输出作为推动工业发展方式转变的着力点，以优化原料能源结构组成、提高能源资源利用效率为路径，以科技创新和技术进步为支撑，将减缓和适应气候变化要求融入“加快建设制造强国”的各方面和全过程，推动工业经济增长动力的平稳转换，加快构建中国特色工业绿色发展模式，打造绿色全产业链，主动适应工业成长环境变化，走生态文明的产业发展道路。本文以钢铁行业为例，分析中国重点工业行业碳达峰的现状与趋势，并提出相关政策建议。

二　钢铁行业碳排放的历史与现状分析

作为重要的原料工业，中国钢铁行业为国民经济快速发展作出了重大贡献。21 世纪以来，我国钢铁行业产量迅速增长，粗钢产量由 2000 年占世界比重不足 15%，增长到 2020 年的约 56%，我国成为世界第一大钢铁生产国[①]（见图 1）。钢铁行业作为我国重点工业行业，其实现碳达峰的时间点和碳排放总量决定了我国工业行业能否实现预期的达峰目标，能否在碳达峰后缩短碳排放高位平台期，从而能否高质量实现碳中和目标。

（一）钢铁行业碳排放总量与强度

钢铁行业是中国工业领域碳排放量最大的行业。2013 年以前，钢铁行业碳排放总量迅速增长，8 年间，碳排放总量增长近一倍。2014 年以后，增速逐

① 钢铁行业的产品包括生铁、粗钢以及钢板、棒材、线材等钢材，粗钢是钢铁行业可以向社会提供的最终钢材加工原料，在很大程度上反映了社会钢铁产量与需求。

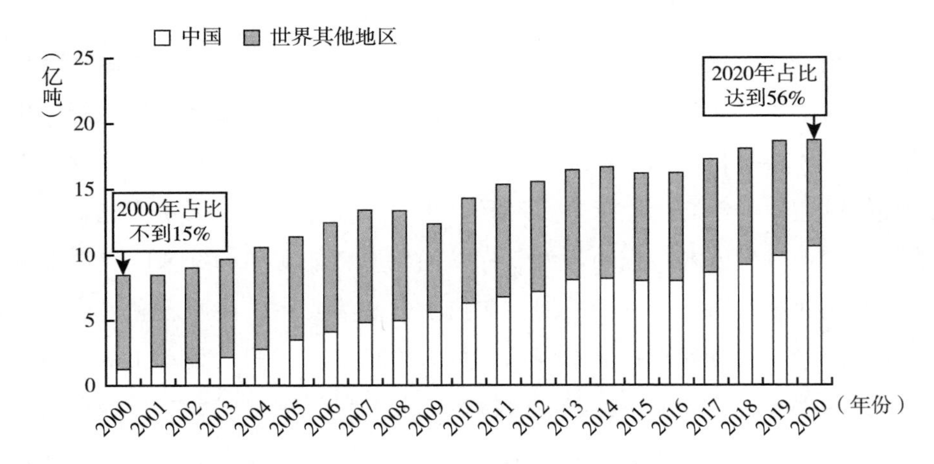

图1　2000～2020年中国及世界其他地区粗钢生产情况

资料来源：历年《中国钢铁工业年鉴》。

渐放缓。2017年后增长态势重现，2020年碳排放总量已超过20亿吨。

从单位工业增加值碳排放来看，我国钢铁行业节能减排行动成效明显。"十二五""十三五"期间，钢铁行业单位工业增加值碳排放强度年均降速逾5%。[①] 近年来，钢铁行业的吨钢综合能耗逐年下降。2010年钢铁行业吨钢综合能耗约600千克标准煤，到2020年下降到545千克标准煤，年均下降速度约0.9%，十年累计能源强度下降9%。[②] 目前，我国一些重点钢铁企业，如武钢、宝钢等大型综合钢厂的生产技术，已经处于国际领先水平。下一阶段，我国钢铁行业的减排工作重点是进一步探索碳中和导向下的减排突破点。

（二）钢铁行业碳排放源解析

钢铁行业碳排放主要由化石能源燃烧产生的直接排放、外购电力热力相关的间接排放以及生产的工业过程排放三部分组成。钢铁行业焦炭、煤粉等

① 《2020年中国能源统计年鉴》。

② 中国钢铁工业协会统计。

化石能源燃烧导致的直接排放是钢铁行业的主要排放源，以 2020 年为例，钢铁行业直接排放占本行业排放量的 75% 左右。其次则是电力热力消费产生的间接排放，约占钢铁行业排放量的 17%，生产过程排放占钢铁行业排放的 8%。

随着工业电气化逐渐发展，预计未来钢铁行业能源结构中使用化石能源燃烧供能的占比将逐渐下降。随着可再生能源的稳步发展，“工业电气化、电气零碳化”将成为我国钢铁行业减排的重要路径。

三　钢铁行业关键减排技术路径研判

由于我国社会经济发展对钢铁的持续需求，钢铁行业仍将继续扮演重要的经济支柱产业角色。在国际碳关税逐渐提上日程、国内应对气候变化行动快速推进等外部环境驱动下，我国钢铁行业应积极规划、主动担责，表现出低碳转型的强烈决心。钢铁行业自身的排放特点以及有关政策的颁布和行动的实施，使我国钢铁行业在低碳转型过程中面对巨大挑战的同时也面临着重大发展机遇。

现代钢铁行业先进技术的应用带来了基于现有生产工艺的能源效率最大化，并且使碳排放降至较低的水平。同时，我国钢铁行业长流程占比还比较高。总体来说，能源使用效率提升贡献的减排效果低于变革性工艺路线替代。我国钢铁行业要实现深度减排，一方面，需在尚具提升能源效率潜力的钢铁生产企业中继续推广节能减排技术；另一方面，则更需要利用我国工业化以来累积的社会废钢存量回收，提高废钢回收率，提高短流程炼钢比例。从中长期发展维度分析，钢铁行业必须通过创新、探索新的生产工艺，开发具有突破性的技术，包括 CCUS 低碳技术、氢还原技术和电解技术等，以实现创新驱动的主动型减排。目前多项促进减排的技术尚未商业化，大规模转向近零排放技术存在较大的不确定性。本部分将对未来钢铁行业实现碳达峰与碳中和目标的关键性技术部署路径进行分析研判。

（一）持续推广节能减排技术

现阶段，我国钢铁行业的低碳发展模式主要是基于现有生产技术改进优化、提升能源使用效率的节能减排技术，如国家发改委发布的《国家重点节能低碳技术推广目录》中适用于钢铁行业的部分技术。各项节能减排技术在钢铁行业中处于推广应用阶段，具备短时间内投资投产的良好基础。[①] 此类技术能够为钢铁行业带来的减排空间为15%～20%[②]。然而，钢铁行业要向碳中和目标推进，还需要进一步从生产流程改革与技术创新等方向寻求碳减排空间。

（二）推进短流程替代长流程的生产结构转变

除上述基于现有生产水平的技术优化以外，长流程转短流程的工艺生产结构改变是碳排放减少的首选技术路线之一。相比长流程生产，短流程生产能够降低85%左右的碳排放。[③] 我国从21世纪才开始大规模进行钢铁生产，社会钢铁储量较低，废钢回收率不足。受此制约，中国短流程炼钢的比例较低。目前，我国钢铁生产已经经历一个集中的快速增长期，社会钢铁存量逐年上升，初步具备开展短流程生产的基本条件。通过不断建立完善废钢回收体系，实现短流程炼钢比例的逐年增长，能够有效降低钢铁行业的碳排放。

（三）超低碳生产技术的研发应用

以上两种减碳技术路径并不足以完全实现中国钢铁行业碳中和的目标，钢铁行业减排需要创新技术的引入，当前具备超低碳排放潜力的技术主要包括两种。

一是装备有碳捕集利用与封存（CCUS）设备的钢铁生产工艺。CCUS

---

① 国家发展和改革委员会：《国家重点节能低碳技术推广目录》。

② International Energy Agency，Iron and Steel Technology Roadmap.

③ International Energy Agency，Iron and Steel Technology Roadmap.

是指将二氧化碳从工业排放源中分离以及直接加以利用或封存，以实现二氧化碳减排的工业过程。中国政府先后发布了《关于推动碳捕集、利用和封存试验示范的通知》等一系列政策，鼓励 CCUS 技术发展。国际能源署等研究表明，CCUS 是实现钢铁行业深度减排的重要手段，需要加快新技术的应用。[①] 当前已有阿联酋钢铁公司、安塞乐米塔尔、北京首钢等大型钢铁企业投入钢铁 CCUS 的商业示范中。[②]

二是以氢基炼钢为代表的新型冶炼技术。氢基炼钢的核心原理是在炼铁过程中使用氢代替焦炭作为还原剂，这被认为是迄今为止钢铁行业最有效的减排技术之一[③]。当前包括奥地利、日本、德国、瑞典等在内的众多国家已经开始开展超大型氢基炼钢项目。在国内，中核集团、宝武集团与清华大学于 2019 年签订《核能 - 制氢 - 冶金耦合技术战略合作框架协议》，旨在通过核能制氢，并应用于氢能冶金。

（四）构建可持续的钢铁生产消费全产业链体系

2016 年，国务院发布《关于钢铁行业化解过剩产能实现脱困发展的意见》，要求严禁以任何名义、任何方式备案新增钢铁产能的项目。化解钢铁行业产能过剩，是过去五年钢铁行业重要的工作方向。除了从生产端减少钢铁大量生产带来的碳排放外，还应通过积极改善钢铁消费方式，提高钢铁产品的使用效率，构建可持续性钢铁消费体系，从而减少下游市场的消费需求，以实现钢铁产量进一步压缩。

四　钢铁行业碳排放的趋势分析

现阶段，我国城镇化外延扩张速度将日益趋缓，淘汰高耗能行业落后产

① International Energy Agency，Iron and Steel Technology Roadmap.

② 世界钢铁协会：《气候变化与钢铁生产》。

③ International Energy Agency，Iron and Steel Technology Roadmap；李新创：《我国钢铁行业如何实现碳达峰碳中和?》。

能工作持续有效开展，钢铁行业产量基本达到顶峰，但仍会保持小幅增长。在“十三五”时期，钢铁行业粗钢产量从2015年的约8亿吨增长至2020年的10.7亿吨。钢铁行业未来大幅增长的可能性较小，具备在“十四五”期间较早实现碳达峰的良好基础。但是，无论从历史碳排放趋势还是未来宏观经济发展的需求来看，钢铁行业对碳排放空间仍有一定的需求，本部分将综合考虑GDP的增速、工业未来的发展，结合重点行业的能源结构等因素对未来钢铁行业的碳排放趋势进行分析研判。

（一）钢铁行业碳排放总量发展趋势

当前我国人均粗钢表观消费量接近美国，达到拐点的历史数据，预计“十四五”期间我国人均粗钢表观消费量将达到峰值并开始下降且粗钢产量逐渐进入平台期。随着钢铁行业节能减排措施的进一步实施、短流程炼钢生产工艺持续推进，我国钢铁行业达峰形势良好，有望在2025年前后达峰，峰值相较于2020年水平增幅在1亿~2亿吨。预计“十四五”期间，钢铁行业碳排放增速在1%~1.5%；到“十五五”期间，钢铁行业碳排放总量逐渐下降，到2030年，行业碳排放总量有望回落至2020年水平（见图2）。

（二）钢铁行业碳排放强度发展趋势

钢铁行业碳排放总量的达峰需要大幅提升能源效率与推进生产流程的绿色转变，迅速降低吨钢综合能耗与碳排放强度，从而为我国未来钢铁消费总量的小幅增长留下碳排放空间。通过不断提高钢铁行业节能效率，推进工业互联网、人工智能、大数据等信息技术在钢铁行业生产过程中的创新应用，未来我国钢铁行业碳排放强度将有显著下降。“十四五”期间是我国钢铁行业达峰的关键时期，钢铁行业单位工业增加值碳排放量累计下降强度有望在22%~24%；“十五五”期间钢铁行业单位工业增加值碳排放量累计下降强度为20%~22%（见图2）。

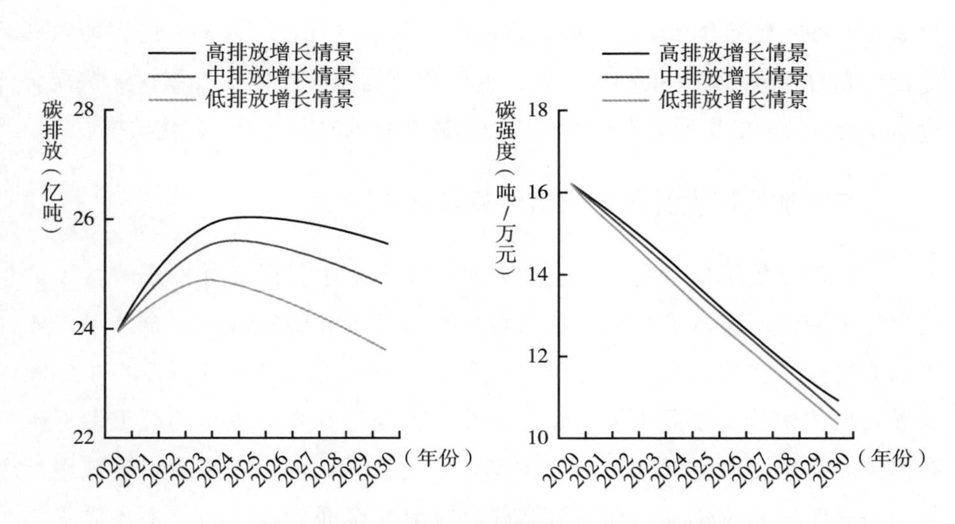

图 2　2020～2030 年钢铁行业碳排放总量与强度演变趋势

五　工业重点行业实现碳达峰的政策建议

（一）形成各行业低碳协同发展的新模式

工业领域提前实现碳达峰，是中国整体在 2030 年之前实现高质量碳达峰的重要支撑。中国工业的碳达峰碳中和之路将是以碳减排带来的技术革新、就业增长、行业扩张等驱动的发展之路。因此，工业领域应对气候变化工作的推进需与污染治理、双循环、“六保六稳”等国家战略深度结合，从而高效率、高质量地实现碳达峰与碳中和目标。

以钢铁行业为例，随着落后产能的不断淘汰，钢铁行业正在朝高附加值生产发展，实现绿色低碳转型具有后发优势，5G、新基建、数字化等发展都为钢铁绿色低碳转型带来了新动力。但是，钢铁行业碳达峰与碳中和发展，不仅需要本行业生产的绿色转型，还需要跨行业协同与多部门的联动。长流程改短流程、CCUS 以及氢基炼钢等各项钢铁行业具备发展潜力的重要超低碳技术路径，都需要零碳电力、绿氢制备以及 CCUS 产业链相关的基础设施建设打造前置条件和配套环境。因此，建议通过顶层设计，统筹多部门大力发展综合集成的能源系统，推动风、光、水电和生物质能一体化发展，加快配套设施和相关产业的协同建设发展，从而大幅削减钢铁生产的二氧化碳排放。

（二）加快研发并推广突破性低碳技术

未来依靠传统技术实现节能的空间在逐渐缩小，研发并推广改变工业流程的突破性低碳技术是高质量达峰和实现碳中和的突破点。全球最为先进的节能技术在我国的钢铁行业中均有试点或使用，为钢铁行业自主创新与导入新技术等工作提供了良好的条件。改变工业生产流程的突破性低碳技术革新将是大幅降低碳排放的关键，通过 CCUS 装备捕集高炉炼铁中产生的中等浓度二氧化碳，利用氢能源、氢冶炼全面代替高炉焦炭还原等钢铁行业高排放工艺等技术的综合应用，将根本上实现净零碳导向下的钢铁行业低碳转型。

（三）充分发挥绿色金融的资金支持作用

依托碳市场等市场机制建设，充分发挥碳交易、碳金融等市场化手段的调节功能，提升市场手段尤其是绿色金融手段的驱动作用，通过建立完善的绿色产品认证体系以及借助包括绿色债券、绿色信托等在内的金融手段，鼓励金融机构与钢铁企业积极将低碳发展纳入自身商业决策与风险管理体系，激发市场主体内在的碳减排积极性和创造性。建立从政策、产业、金融等宏观层面到企业、机构与团体等微观主体的上下融合的主动减碳机制，优化政策体系与市场机制，充分激发市场主体的积极性与主动参与，以实现全方位、全领域、多维度推进钢铁行业逐步实现高质量碳达峰。

·提升碳汇能力·

G.11 碳中和愿景下的CCUS与负排放技术发展

张九天　张 璐*

摘　要：　碳中和愿景的实现需要依靠先进的减排技术组合，负排放技术是我国实现碳中和愿景不可或缺的技术，在众多负排放技术选项中，相较于其他负排放技术，以碳捕集利用与封存（Carbon Capture, Utilize and Storage, CCUS）为核心的负排放技术具有巨大的潜力。同时，钢铁、水泥、化工等工业部门大规模脱碳的重要技术选项，碳中和愿景下电力系统中保留的化石能源脱碳也离不开CCUS。本文介绍了负排放技术体系，分析了以CCUS为核心的负排放技术在未来具有巨大的潜力。未来应明确以CCUS为核心的负排放技术的战略位置，加大力度发展碳捕集利用与封存，确保碳中和愿景实现。

关键词：　碳中和　负排放技术　碳捕集利用与封存

一　碳中和与负排放技术

（一）负排放技术概述

负排放技术（Negative Emission Technology）又称为碳移除技术（Carbon

---

* 张九天，北京师范大学中国绿色发展协同创新中心研究员，中国可持续发展研究会碳中和专委会主任委员，中国环境科学学会碳捕集利用与封存专业委员会秘书长；张璐，北京师范大学中国绿色发展协同创新中心中级经济师。

Dioxide Removal, CDR), 最早是在 IPCC 于 2018 年发布的《温升1.5°C:IPCC 特别报告》中提及①, 关于其准确定义是"能够从大气中清除二氧化碳, 并将其持久地储存在地质、陆地或海洋的储层中或其他产品中的人类活动。它包括人类通过生物或地球化学方法吸收的二氧化碳以及直接空气捕集和封存的二氧化碳的现有能力和未来潜力, 但是, 不包括非人类活动直接引起的自然二氧化碳吸收"。

二氧化碳"净零"排放的概念可以理解为人类活动产生的 CO_2 排放完全被人类活动去除的 CO_2 排放相抵消的状态。根据 IPCC 发布的《温升 1.5°C: IPCC 特别报告》, 全球平均气温上升不超过 1.5°C 的可能性只有 2/3, 这一目标的实现需要全球所有可能产生排放的部门实现平均零排放, 负排放技术不可或缺。其中, 负排放技术存在的主要意义在于从空气中去除和隔离 CO_2, 以抵消难以避免的甲烷等非 CO_2 温室气体排放和难脱碳部门的 CO_2 排放, 帮助各地区和经济体真正实现"净零"排放的目标。

(二)负排放技术的贡献

实现净零排放将可以有效抑制全球变暖。根据 IPCC 的研究, 最大温升取决于实现净零排放时大气中温室气体的积累浓度。不难想象, 无论是从海量碳排放达到净零排放的过程, 还是在净零排放时点之后要实现进一步降低大气中的 CO_2 积累排放浓度, 避免气候变化及其带来的影响和危害, 负排放技术都在其中发挥关键作用, 在很长一段时期负排放技术的需求将广阔而旺盛。

实现碳中和目标负排放技术不可或缺。《温升 1.5°C: IPCC 特别报告》给出了四种不同的情景路径, 分别可以称为社会结构变革路径、可持续性路径、半技术路径和全技术路径。通过模型模拟发现, 这四种路径的实现都需要依赖负排放技术在其中的贡献(见表 1); 当然, 不同情景路径对负排放技术的贡献程度和技术组成要求各有差异。

P1 社会结构变革路径: 在这种情况下, 社会、商业和技术创新将促使

① IPCC, "Special Report on Global Warming of 1.5°C", https://www.ipcc.ch/sr15/, 2018.

2050 年的能源需求下降，同时人民生活水平提高，特别是在南方国家。能源系统由于其规模变小而能够实现迅速脱碳。在这种路径下，造林作为唯一的负排放技术将发挥重要的作用。

P2 可持续路径：这是一个广泛关注可持续性的情景，包括能源强度、人类发展、经济融合和国际合作以及可持续和健康的消费模式、低碳技术创新和管理良好的土地系统等领域。在这种路径下，在增加造林的基础上，结合生物能源的碳捕集利用与封存技术也将发挥一定的负排放贡献。

P3 半技术路径：社会和技术发展遵循历史模式的中间道路场景。减排主要通过改变能源和产品的生产方式以及在需求方面的较低程度上减少排放来实现。在这种路径下，相比在农业、造林和其他土地利用方面产生的负排放，BECCS 将发挥更大规模的贡献。

P4 全技术路径：经济增长和全球化的依旧依靠大量传统的高碳资源和生产生活方式以支撑，温室气体的制造量依旧可观。为了对冲排放进入大气中的温室气体，减排主要通过技术手段实现。在这种情况下需要全面部署 BECCS，充分利用 CDR 技术以实现温室气体的大规模减排。

表 1　四种路径下的负排放技术贡献度

路径	P1	P2	P3	P4
到 2100 年 CCS 的累计贡献（Gt CO_2）	0	348	687	1218
其中 BECCS 的贡献（Gt CO_2）	0	151	414	1191
生物能源作物的土地利用面积（百万 km^2）	0.2	0.9	2.8	7.2

资料来源：IPCC，“Special Report on Global Warming of 1.5°C”，https://www.ipcc.ch/sr15/，2018。

（三）负排放技术体系

负排放技术可以理解为能够减少已经存在于大气中的 CO_2 的技术[①]，当

① Hepburn C., Adlen E., Beddington J., et al., The Technological and Economic Prospects for CO_2 Utilization and RemovalNature, 2019.

前被认为最具有发展前景的负排放技术包括基于自然的解决方案（造林和再造林）、提升自然进程（生物炭、土地管理、矿物碳化、海洋铁施肥和海洋碱性）和技术解决方案（生物质能源与 CO_2 捕集与封存、直接从空气中捕集 CO_2）三大类。

根据 IEA（2020）的研究，技术解决方案比基于自然或促进自然的解决方案具有优势。这些优势主要体现在技术成熟度、当前应用阶段、发展潜力以及经济成本等方面。整体看，技术解决方案的技术成熟度更高，除了造林和再造林之外，促进自然进程的解决方案还基本处于基础研发的实验室阶段，与规模化应用尚有很大距离；技术解决方案能够产生的负排放效应在诸项技术中也比较大；当前阶段 BECCS 的技术成本优势明显，是仅次于造林/再造林的负排放技术。

除此以外，无论是 BECCS 还是 DACCS，基于技术的解决方案都是以 CCUS 为核心，其捕集的 CO_2 大部分最终将会被封存到地下，比起造林/再造林更容易受自然灾害或者人为活动的影响，CO_2 与大气的隔离更加具有永久的时间优势（即便不是永久，也是相当长的时间）；同时，其对于土地面积的需求也不是最大的，特别是 DACCS（见表 2）。

表 2　不同负排放技术的基本情况

负排放技术	主要方法	技术类型	成熟度	碳移除潜力（Gt CO_2，到 2100 年的累积潜力）	碳捕集成本（US $/t$CO_2$）
BECCS	生物能源耦合 CCUS 技术	基于技术的解决方案	示范	100～1170	15～85
DACCS	空气直接捕集耦合 CCUS 技术	基于技术的解决方案	示范	108～1000	135～345
矿物碳化	溶解天然或人工制造的矿物，以去除大气中的二氧化碳	提升自然进程的解决方案	基础研究	100～367	50～200

续表

负排放技术	主要方法	技术类型	成熟度	碳移除潜力（Gt CO_2，到 2100 年的累积潜力）	碳捕集成本（US $ /tCO_2）
土地管理和生物炭	添加生物炭或细矿物硅酸盐岩石	提升自然进程的解决方案	早期培育	78 ~ 1468	30 ~ 120
海洋铁施肥和海洋碱性	向海洋中添加营养物质或碱性物质，以提高海洋吸收二氧化碳的能力	提升自然进程的解决方案	基础研究	55 ~ 1027	—
植树造林/再造林	通过在以前没有森林的地方种植森林重新调整土地用途，在过去有森林的地方重建森林	基于自然的解决方案	早期培育（作为负排放技术）	80 ~ 260	5 ~ 50

注：①碳移除潜力不能相加，因为某些 CDR 之间会争夺资源；②虽然植树造林/再造林已经十分成熟，但作为 CDR，这种做法尚处于早期采用阶段。

资料来源：IEA，Energy Technology Perspectives 2020，https：// www. ipcc. ch/sr15/，2020。

二　以 CCUS 为核心的负排放技术

（一）以 CCUS 为核心的负排放技术是实现碳中和不可或缺的战略技术

当前国际上的主要观点认为多种负排放技术可以被视作一个技术组合，但这些技术在成熟度、成本、有效性和安全性等方面存在着显著差异。总体来说，除去造林和再造林，其他负排放技术当前仍基本处于研发或早期示范阶段，需要尽快开展实质性的工作。

为了实现 2060 年碳中和的目标，我国碳排放需要在达峰后迅速进入深度脱碳阶段，排放实现明显的“急刹车”，到 2050 年须建成以新能源为主体的

净零排放能源体系。从现有排放结构和能源结构看，任务十分艰巨。到2050年在实现农林等生态系统碳汇7.8亿吨前提下，碳捕集利用与封存规模需要达到8.8亿吨，如果进一步实现非二氧化碳温室气体约10亿吨当量的中和，还需要更多的CCUS技术实现负排放。CCUS必须从过去的储备技术成为实现碳中和必不可少的重要举措。总体上来看，我国林业碳汇受水资源和土地资源等方面限制，总量难以增长，未来我国10亿吨以上的负排放量将主要依赖于以CCUS为核心的负排放技术。中国现存燃煤电厂耦合生物质的BECCS年减排潜力为2.3亿吨，2035～2060年的累计减排潜力为24亿～30亿吨，从空气直接捕集受资源条件约束较少，未来能够发挥的负排放潜力将更大。

（二）以CCUS为核心的负排放技术构建循环碳经济闭环

人类文明的进步史是含碳资源利用技术的演化史。工业文明的兴起和其带来的科技突飞猛进成就了人类社会最近二三百年的繁荣，以破坏自然环境的代价推动物质水平极速发展。然而，工业化时代大量温室气体的排放引发的全球气候变化和带来的一系列气候事件已经严重威胁自然生态系统的平衡和人类文明的未来存续。从技术角度来看，这是由于过去人类利用含碳资源的方式粗放、有限和低效，排放大量CO_2、CH_4等副产品到大气中。一直以来，世界都缺乏普遍有效阻断副产品排放甚至产生的技术和手段。CCUS技术和负排放技术的诞生弥补了这一缺陷，形成了人类清洁利用含碳资源的技术闭环，能够帮助构建完整的循环碳经济，使得人类能够从根本上实现含碳资源的可持续利用。

（三）世界主要国家持续部署CCUS技术研发与示范

过去十余年，世界主要国家关于CCUS技术的发展已经展开全面的部署，包括美国、英国、挪威、加拿大、澳大利亚等在内的国家和地区在这一领域走在了前列。全球CO_2捕集能力集中应用于驱油开采，全球大型设施区域结构不平衡，北美优势明显（见表3），开发和在建的大型CCUS设施完工后，全球碳捕集能力将翻番（见图1）。

表 3　截至 2020 年部分国家 CCUS 设施部署情况

国家	美国	加拿大	巴西	中国	澳大利亚	韩国	挪威	英国	沙特	阿联酋	荷兰	新西兰	爱尔兰	卡塔尔	总计
早期开发	9			1		1		7			1	1	1		21
高级开发	9				1		2			1					13
在建	1			2											3
运营	14	4	1	3	1		2		1	1				1	28
合计	33	4	1	6	2	1	4	7	1	2	1	1	1	1	65

资料来源：Global CCS Institute，The Value of Carbon Capture and Storage（CCS），https：//www. globalccsinstitute. com/resources/publications-reportsresearch/the-value-of-carbon-capture-ccs/。

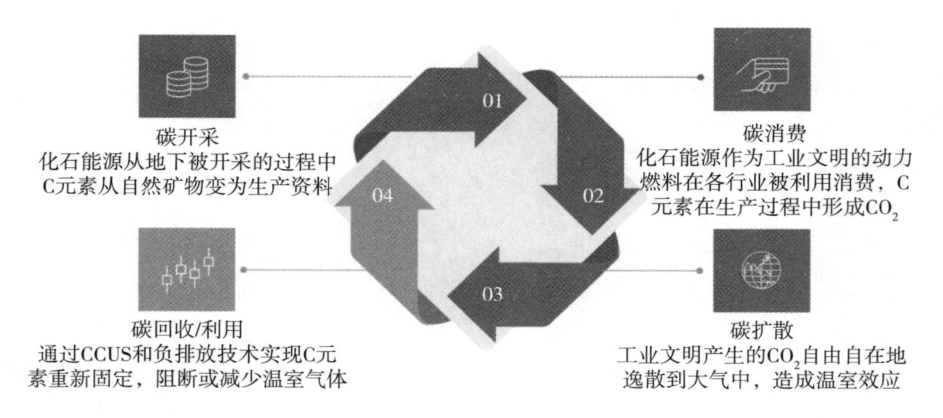

图1　以 CCUS 为核心的负排放技术对实现循环碳经济的作用

根据全球碳捕集与封存研究院的统计，截至 2020 年，总计有 65 个商业 CCUS 设施：26 个正在运行；2 个已暂停运行：一个是因为经济不景气，另一个是因为火灾；3 个在建项目；13 个处于高级开发阶段，已进入前端工程设计阶段；21 个处于开发早期。目前运行中的 CCUS 设施每年可捕集和永久封存约 4000 万 tCO_2。另有 34 个试点和示范规模的 CCUS 设施正在运行或开发中，还有 8 个 CCUS 技术测试中心。

为了实现二度目标，2040 年必须运行 2500 个 CCUS 设施（基于 CO_2 捕集能力约为 1.5 Mtpa 的 CCUS 设施），全球 14% 的累计减排量必须来自 CCUS 系统；到 2060 年，预计 CCUS 能够减排的 140 Gt CO_2 中，OECD 国家的累计减排量占 27%，非 OECD 国家占 73%；电力部门占 52%，工业部门占 48%。而其中包括 CCUS 与生物能源的结合技术。在建或运行的 15 个 CCUS 枢纽和集群中，6 个在北美洲，5 个在欧洲。

当前各行业 CO_2 捕集成本并不一致，从当前 CCUS 在不同行业应用的情况来看，天然气处理、生物乙醇和化肥等行业已经具备开展 CCUS 的成本优势，这三个行业属于 CCUS 早期低成本选项。另外，包含钢铁、水泥等在内的其他行业的碳捕集成本则仍旧高企，是未来工作突破的重点。

未来 CCUS 的碳减排成本可能低于碳市场价格，以支持可再生能源的力度支持 CCUS 技术，能够实现更大的减排量。

根据 IEA 对 CCUS 技术成本的预测①，到 2020 年，天然气处理、生物乙醇和化肥三个产业的成本几乎可以被碳价收益覆盖；而燃煤电厂、钢铁、NGCC 以及水泥行业则成本仍然远高于碳价。相关文献研究表明，在不考虑补贴的情况下，输送和利用成本小于 25 美元的 CCUS 技术，即具有与风能相当的减排成本；若是将对风能的补贴用以支持 CCUS 技术的研发和示范，能够创造的减排量是风能技术减排量的三倍有余（见表 4）。

表 4　各行业 CO_2 捕集成本

单位：美元/吨

行业	天然气处理	生物乙醇	化肥	超临界 pc	含氧燃料	钢铁	循环天然气	IGCC	水泥
成本	20 ~ 27	21 ~ 27	23 ~ 33	60 ~ 121	63 ~ 121	67 ~ 119	80 ~ 160	81 ~ 148	104 ~ 194

资料来源：中国 21 世纪议程管理中心《中国二氧化碳利用技术评估报告》，科学出版社，2014；GCCSI，The Global Status of CCS，2017。

（四）我国 CCUS 技术发展已有较好基础

在众多减排技术中，CCUS 具有大规模的减排潜力，在全球从近零排放到负排放过程中的作用越来越重要。CCUS 技术特别适用于碳排放较集中的大型排放源。目前国际范围内 CCUS 技术主要应用在煤电厂、天然气电厂及水泥钢铁等行业，CCUS 技术可实现化石燃料利用过程的 CO_2 近零排放，是目前世界各地已经存在的化石能源电厂以及正在建设的 500 多个新的燃煤电厂（机组）唯一能够减少排放的技术。随着世界向低碳未来过渡，CCUS 系统改造燃煤发电厂的能力可以持续保持增加就业机会和增强经济活力的优势，即使是像超低排放技术和超临界煤炭技术，也需要 CCUS 来减少 CO_2 的排放。同时，全球 CO_2 封存资源极其丰富，能够满足 CCUS 的封存需求。根

① Global CCS Institute, Global Costs of Carbon Capture and Storage , https：//www. globalccsinstitute. com/archive/hub/publications/201688/ global-ccs-cost-updatev4. pdf.

据 GCCSI 公布的全球封存资源统计，美国封存资源最为丰富（23000 亿吨），其次是巴西（20000 亿吨），中国为 15000 亿吨。

总体来说，我国 CCUS 发展已经有了较好的基础。

（1）发展和实施的潜力大。从总体的利用和封存潜力看，我国具有足够的空间和潜力。经初步评估，我国陆上和海洋二氧化碳地质封存潜力达 7.5 万亿吨，具备巨大的地下封存空间；我国完备的工业产业链为二氧化碳驱采油气、矿化利用和化工利用等利用技术提供了广阔的应用前景和潜力。适宜封存的陆上咸水层主要分布在鄂尔多斯、准格尔、塔里木、松辽、四川和渤海湾等大中型盆地，盆地内部和周边油气、煤层气资源丰富，煤化工、钢铁等高排放源多，二氧化碳利用途径多，具备较好的源汇匹配基础；长三角平原、珠江三角洲等地，水土光热条件好，具备发展实施生物质负排放的潜力。

（2）积累了较好的政策、技术与工程实践基础。2006 年以来，国家发展和改革委员会、科学技术部、财政部、外交部、工业和信息化部、国土资源部等多达 16 个国家部委先后参与制定并发布了十多项国家政策和发展规划，如《中国应对气候变化国家方案》《国家中长期科学和技术发展规划纲要（2006～2020 年）》《中国应对气候变化科技专项行动》《工业领域应对气候变化行动方案（2012～2020 年）》等。《中华人民共和国国民经济和社会发展第十四个五年规划和 2035 年远景目标纲要》已提出开展碳捕集利用与封存重大项目示范。我国通过科技计划支持了一批 CCUS 技术研发和示范项目，涵盖了 CCUS 全领域技术方向，支持能源企业开展技术研发和工程实践，截至 2019 年底，我国实施的 CCUS 示范项目合计规模达到 310 万吨，初步形成了完整的 CCUS 产业链。

当前面临的关键制约，一是对 CCUS 的特点和在实现碳中和进程中的关键作用认识不够，在政策上尚未形成推进合力，CCUS 技术链产业链长，需要形成综合性协同性支持。二是 CCUS 亟须从战略性储备技术过渡到碳中和关键技术，通过以大规模商业化为目标的工程实践发挥规模效应降低成本。三是在投融资机制上缺乏有效支持，美国拟通过 45Q 法案，对用于驱油和封存的项目分别按照每吨 35 美元和 50 美元的标准予以补贴，有效刺激和拉动整体 CCUS 发展。

三　推进 CCUS 与负排放技术发展的建议

（一）明晰 CCUS 和负排放技术在实现碳中和愿景中的定位

当前，由于负排放技术总体处于研发和示范阶段，成本相对较高，但是这不应该是我们给予负排放技术定位的标准，考虑到负排放技术的不可或缺性，我们应当将负排放技术视为碳中和技术组合的一个重要组成部分，而且是不可或缺的重大战略技术。一方面，我们应该辩证地看待技术成本的问题，需要考虑到 CCUS 等负排放技术所处的发展阶段，因而不能够简单地比较成本，随着各项减排技术投入使用，未来减排边际成本会逐渐上升，负排放技术会具有成本竞争力；另一方面，我们不应当将减排技术逐一排序，每一项技术都具有不可替代性，发展负排放技术不是在消除人为排放后才减少大气中二氧化碳浓度的一种方法，考虑到技术发展成熟需要一定的时间，它是需要立即部署的。

（二）明确面向碳中和的 CCUS 发展战略和路径

CCUS 技术在不同领域的结合已经产生出更多的新技术组合，技术体系不断扩大。构建我国面向碳中和目标的 CCUS 技术体系，有助于在低碳/零碳技术系统中对 CCUS 更准确定位，也有助于明晰迈向碳中和目标过程中 CCUS 的发展路径和部署。

CCUS 技术在不同领域的结合会产生出新的技术组合，主要是在捕集端有所不同，捕集之后在运输、利用和封存等环节则基本一致，那么可以从捕集的 CO_2 源来进行分类。[①] 一是将化石能源燃烧过程中产生的 CO_2 排放作为捕集的碳源，面向人类活动特别是能源活动产生的 CO_2 排放，可称之为化石能源与碳捕集和储存（Fossil Energy with Carbon Capture and Storage,

① 张九天、张璐：《面向碳中和目标的碳捕集、利用与封存发展初步探讨》，《热力发电》2021 年第 1 期。

FECCS）。二是将生物质能源使用产生的 CO_2 排放作为捕集的碳源，对这个碳源的捕集开始介入自然界的碳循环过程，即生物质吸收的大气中的 CO_2，开始具有负排放的特征，此即已经所熟知的生物能源与碳捕获和储存（Biomass Energy and Carbon Capture and Storage，BECCS）。三是直接将大气作为捕集的碳源，是典型的负排放技术，可称之为直接空气碳捕获和储存（Direct Air Carbon Capture and Storage，DACCS）。对 CCUS 技术体系讨论的意义主要在于以下两个方面：一方面，完整的面向碳中和的 CCUS 技术体系的勾勒和构建对后续整个 CCUS 的发展非常重要，有助于形成系统化的能更好支撑碳中和目标实现的体系；另一方面，当前不仅要讨论实现碳中和目标时 CCUS 要发挥的作用，更重要的，还需要考虑从当前迈向碳中和目标过程中 CCUS 的发展路径，这对于当下来说至关重要。

（三）加强支持 CCUS 发展的政策协同

CCUS 发展涉及的技术链和产业链较长，又具有显著的区域性特点，急需气候、能源、科技、财政、工信和国土空间等多个部门加强协同，同时联合实施潜力较好的省份，共同推动。建议相关部门联合研究制定支持 CCUS 发展的指导意见，针对制约 CCUS 发展的梗阻点和牵引发展的着力点制定具体政策，多方举措协同推进 CCUS 发展。

（四）加大研发力度和规模化部署项目

开展以商业化为目标的 CCUS 示范。我国已经开展的 CCUS 示范工程规模较小，一般在万吨到十万吨级，面对未来碳中和需要百万吨甚至千万吨级的规模，亟须开展大规模的 CCUS 示范工程。考虑在利用封存条件好同时又有较多排放源的区域，首先开展 CCUS 集群建设，通过管网和封存基础设施的复用共用①，降低成本，提升规模效应，占据负排放制高点。

---

① Global CCS Institute，Policy Priorities to Incentivise Large Scale Deployment of CCS 2019，https：//www. globalccsinstitute. com/wp – content/uploads/.

G.12

云南森林碳汇潜力与碳中和路径探析*

苏建兰　胡忠宇　常如冰**

摘　要： 采用造林、再造林或森林管护等措施可增加森林吸收二氧化碳的能力来抵消工业中的碳排放，森林碳汇相对于工业减排具有明显的成本优势而受到各个国家的青睐。本研究指出，实现“碳减排、碳中和”目标时，不仅人工造林可增汇，森林自然增汇也可推动碳排放的“净零”进程，即自然增汇与人工增汇发挥同等作用并贡献于碳减排和碳中和。然而，现实中仅有人工增汇，而且是以林业碳汇方法学核准的人为碳汇可进入市场交易实现价值，不能有效激励森林经营者和人工造林者参与减碳增汇，更好地服务于碳减排和碳中和。鉴于此，笔者梳理前人研究成果，结合国际绿色治理和我国碳减排、碳中和战略部署，以西南重要林区——云南为研究对象，运用森林蓄积量扩展法计算与衡量森林固碳量及其碳汇潜力，同时遵循《IPCC国家温室气体清单指南》基本方法，借鉴《省级温室气体清单编制指南》，基于《中国能源统计年鉴2020》公布的数据，使用能源活动二氧化碳排放测算法计算云南省二氧化碳排放量，深入分析云南森林碳汇与二氧化碳排放之间的差距，阐明云南碳中和现状。最后指出，基于云南现有森林碳汇潜力，在土地有

* 本文为国家林业和草原局软科学项目（2018－R23）、云南省创新团队（云南林业低碳经济研究）2020年科研项目研究成果。

** 苏建兰，博士，西南林业大学经济管理学院副教授，主要研究方向为林业经济管理、资源与环境经济学；胡忠宇，西南林业大学经济管理学院在读硕士研究生，主要研究方向为农林经济管理；常如冰，西南林业大学经济管理学院在读硕士研究生，主要研究方向为农村发展。

限且造林增汇受限条件下，为激发更多社会主体依托森林服务碳减排、碳中和，必须明确云南省碳源和碳汇数量分布，把森林碳汇作为生态补偿和森林生态功能价值实现的渠道，创新林业碳汇金融产品，构建云南林业碳汇期货交易市场，以差异化战略开展林业碳汇期货交易，基于本土重点排放企业的 CCER 抵消制度，把重点排放企业与林业碳汇有机融合，创新本土碳减排路径，以加快云南碳减排和碳中和步伐，更好地服务于全国碳减排、碳中和战略部署。

关键词： 森林碳汇计量 碳排放测算 碳中和路径 云南

"碳达峰、碳中和"目标实现一方面要通过绿色低碳技术升级手段减少温室气体排放，另一方面还要通过植树造林、碳捕集等方法吸收和封存温室气体。因此，应积极研发和推广化石燃料碳捕集利用与封存、生物质能碳捕集与封存、直接空气捕集等技术，提高碳捕集能力。同时，积极开展生态治理，加大力度实施植树造林、荒漠改善、水土保护等行动，发挥森林、农田、湿地等重要作用以增加自然碳汇。

森林作为重要碳汇源，通过植树造林、加强森林经营管理、减少毁林以及保护和恢复森林植被等活动，吸收和固定大气中的二氧化碳，可有效实现减排。为充分发挥森林碳汇作用，《京都议定书》把林业碳汇纳入 CDM 交易机制，以市场化手段激励植树造林增汇行为，形成了林业碳汇及其交易相关的过程、活动和机制。人们往往将森林碳汇和林业碳汇混为一谈，其实两者有实质性区别：森林碳汇是林业碳汇的前提，森林碳汇价值可通过林业碳汇交易实现。若交易环节缺失，森林碳汇仅是储存在森林中的碳量。① 林业碳汇更加注重市场交易及碳汇价值实现，基于项目的交易原则为"不算存

① 苏建兰：《中国林业碳汇期货市场体系构建与运行机制研究》，中国林业出版社，2020。

量算增量”，即项目报批后新增的碳汇量才被纳入市场交易，是土地被利用为林地，以既定方法学造林增汇并实现碳汇价值的市场化环境治理途径之一。然而，当可利用土地有限使林业碳汇数量无法快速增加时，森林碳汇对碳中和贡献重大。笔者认为，碳中和目标实现过程中，森林碳汇不可或缺，必须客观反映森林资源对碳中和的作用与贡献，使森林碳汇外部性内部化，激发投资经营者参与积极性，以林业碳汇产品及其金融衍生品交易落实森林生态补偿市场化、社会化和多元化，从真正意义上通过市场化手段开展绿色治理。本文正是基于此观点，以西南重要林区云南省为研究对象，根据哥本哈根气候大会、巴黎气候变化大会与气候雄心峰会的中国承诺重点——森林蓄积量为基础，计量云南森林固碳能力，为云南碳中和目标实现提出对策建议。

一　已有研究简述

20 世纪 70 年代左右，国际科学理事会（ICSU，即国际科联）和国际生物学计划（IBP）开始关注全球问题，分别从伦理到环境、自然生态系统结构、功能和生产力等领域开展研究，全球性陆地生态系统碳汇因此渐入人们视野。欧洲各国及美国、加拿大等美洲国家随后针对全球碳循环与碳平衡进行了深入研究。[①] 研究集中于森林功能及其参与大气循环方式、森林空气净化作用和所吸收的 CO_2 计量。[②] 国内学者研究滞后于国外学者，20 世纪末期才追随国外研究轨迹探讨森林对气候系统碳循环的影响[③]，基于全球生态学对我国森林碳汇开展相关研究。[④] 1998 年《京都议定书》所倡导的 JI（Joint Implement）、CDM（Clean Development Mechanism）和 ET（Emission Trade）三种模式，为市场化开展全球环境治理奠定了基础。《京都议定书》于 2005 年正式生效后，林业碳汇作为 CDM 的一种项目交易模式得以在全球范围内

① 张颖、吴丽莉等：《森林碳汇研究与碳汇经济》，《中国人口·资源与环境》2010 年第 3 期。
② 陈根长：《林业的历史性转变与碳交换机制的建议》，《林业经济问题》2005 年第 1 期。
③ 贺庆棠：《森林对地气系统碳素循环的影响》，《北京林业大学学报》1993 年第 3 期。
④ 方精云：《中国森林生产力及其对全球气候变化的响应》，《植物生态学报》2000 年第 5 期。

开展，正式以货币化和市场化形式参与交易，实现市场价值。随着林业碳汇项目交易日益规范，规模不断扩大，林业碳汇项目交易机制运行面临诸多外部挑战和内部制约问题，与林业碳汇相关的理论和实践研究也不断增多，研究内容主要集中于林业碳汇测算的方法学①、林业碳汇价值评价②③④、林业碳汇供需⑤⑥、成本和价格变化⑦⑧、交易瓶颈⑨⑩等方面。林业碳汇及其交易理论指导实践，实践丰富理论，形成了满足不同投资者需求的京都市场和非京都市场 CER、VCS、GS 林业碳汇产品。我国林业碳汇交易从国际市场转战国内市场，产品从 2 种国际产品增加到 4 种，即清洁发展机制（CDM）、国际核证碳减排（VCS）、中国绿色碳汇基金会（CGCF）和中国核证自愿减排（CCER），其中中国自愿核证减排（CCER）产品又细分出许多产品，如福建林业碳汇（FFCER）项目、广东碳普惠（PHCER）项目、北京林业核证自愿减排量（BCER）、贵州单株碳汇扶贫项目等地方抵消履约机制。⑪⑫自习近平主席于 2020 年 9 月 22 日在第七十五届联合国大会作出“中国将提

① 尹晓芬等：《林业碳汇项目基准线和监测方法学及应用分析——以贵州省贞丰县林业碳汇项目为例》，《地球与环境》2012 年第 9 期。

② 孙雅岚：《林业碳汇价值评价方法研究的回顾与展望》，《现代经济信息》2012 年第 2 期。

③ 刘璨：《森林固碳与释氧的经济核算》，《南京林业大学学报》（自然科学版）2003 年第 5 期。

④ 黄宰胜：《基于供需意愿的林业碳汇价值评价及其影响因素研究》，博士学位论文，福建农林大学，2017。

⑤ 曹先磊等：《中国林业碳汇核证减排量项目市场发展的现状、问题与建议》，《浙江农业科学》2018 年第 8 期。

⑥ Alberola E. , Chevallier J. , Cheze B. , “Price Drivers and Structural Breaks in European Carbon Prices 2005 – 2007,” *Energy Policy*, 2008, 2: 787 – 797.

⑦ Marliese Uhrig-Homhurg, Michael Wagner, “Futures Price Dynamics of CO_2 Emission Allowances—An Empirical Analysis of the Trial Period,” *Chair of Financial Engineering and Derivatives University Karlsruhe*, 2009, 2: 1 – 14.

⑧ 张治军、张小全等：《广西主要人工林类型固碳成本核算》，《林业科学》2010 年第 3 期。

⑨ Ahn S. E. , “How Feasible is Carbon Sequestration in Korea? A Study on the Costs of Sequestering Carbon in Forest,” *Environ Resource Econ.* , 2008, 1: 89 – 109.

⑩ Van Kooten, “Economics of Forest Ecosystem Carbon Sinks: A Review,” *International Review of Environmental and Resource Economics*, 2007, 1 (3): 237 – 269.

⑪ 苏建兰：《中国林业碳汇期货市场体系构建与运行机制研究》，中国林业出版社，2020。

⑫ 黄山：《森林对中国实现碳中和目标有重要作用》，《中国绿色时报》2020 年 3 月 13 日。

高国家自主贡献力度，采取更加有力的政策和措施，二氧化碳排放力争2030年前达到峰值，努力争取2060年前实现碳中和”的承诺后，关于“碳达峰、碳中和”目标及其实现途径成为学者研究的重要议题，当前研究热点集中于“碳达峰、碳中和”目标主导下的中国低碳经济转型①、目标实现路径、重排行业减排增汇等领域②。关于森林碳汇如何在“碳达峰、碳中和”中充分发挥作用、加大贡献等领域的研究目前尚未深入开展，结合目前关于森林碳汇的研究以及林业领域关于减碳增汇的相关讨论，未来研究将朝着更加微观和以计量为主导的趋势发展。

总之，国内外研究从最初的森林储碳功能、森林碳汇测算方法与计量，逐渐深入通过林业碳汇交易实现森林碳汇价值，以市场手段实现外部性内部化。目前研究正处于理论结合国际绿色治理和国内“碳达峰、碳中和”实践发现问题、分析问题和解决问题的重要阶段。就研究现状而言，关于森林储碳量计量在方法学、测算过程等领域仍有诸多悬而未决的问题值得深入探讨以形成权威标准，森林碳汇对碳中和的贡献以及如何实现其价值等问题值得开展尝试性研究。

二　森林碳汇在中国“碳达峰、碳中和”中的重要地位

（一）森林资源吸碳功能分析

森林作为陆地生态系统重要构成主体，森林植被利用光合作用吸入大气中的CO_2，形成巨大碳储库，由于其固碳能力强、成本低、生态附加值高、潜在和现实经济效益可观而成为当前遏制温室气体行动的重要举措。联合国粮农组织评估结果表明，森林是陆地生态系统最重要的储碳库。全球森林面

① 何建坤：《碳达峰碳中和目标导向下能源和经济的低碳转型》，《环境经济科学》2021年第1期。

② 刘振亚：《实现碳达峰碳中和的根本途径》，《学习时报》2021年3月15日。

积约40.6亿公顷，森林碳储量高达6620亿吨，若加上无可精准计量的生态价值，其产生的经济、社会和生态价值均对人类生态和发展起着决定性作用。[①] 我国学者研究表明，林木每增加1立方米蓄积量，平均吸收1.83吨CO_2，释放1.62吨O_2，表明造林即是固碳。因此，扩大造林面积，提高森林质量，充分发挥森林吸收大气二氧化碳的功能，增加碳汇效益，抵消温室气体排放量，是林业肩负的特殊使命。

（二）森林资源在中国碳减排承诺中的地位分析

为遏制全球气候变暖，国际社会基于《京都议定书》、哥本哈根会议、巴黎气候变化大会和气候雄心峰会持续推进遏制全球气候变暖行动。中国政府积极以自主减排参与遏制气候变暖行动，对国际社会所做承诺不断推进与深入（见表1）。

表1　哥本哈根气候大会、巴黎气候变化大会与气候雄心峰会的中国承诺

会议	中国单位GDP的CO_2排放	非化石能源占一次能源消费比重	森林蓄积量（立方米）
哥本哈根气候大会（2009年12月7~18日）	2020年较2005年下降40%~45%	15%左右（2020年）	2020年较2005年增加13亿
巴黎气候变化大会（2015年12月12日）	2030年较2005年下降60%~65%	20%左右（2030年）	2030年较2005年增加45亿
气候雄心峰会（2020年12月12日）	2030年较2005年下降65%	25%左右（2030年）	2030年较2005年增加60亿

资料来源：《习近平出席巴黎大会前瞻：推动形成全球气候治理新框架》，人民网，http://politics.people.com.cn/n/2015/1127/c1001-27864392.html；《继往开来，开启全球应对气候变化新征程——习近平在气候雄心峰会上的讲话》，碳排放交易网，http://www.tanpaifang.com/tanguwen/2020/1212/75805.html。

森林蓄积量是我国开展环境治理和参与全球气候变化行动的重要指标，我国对国际社会所做的关于森林蓄积量的承诺不断上升，2009年所做的承

---

① 黄山：《森林对中国实现碳中和目标有重要作用》，《中国绿色时报》2020年3月13日。

诺是相较2005年2020年增加13亿立方米，2015年所做的承诺是相较2005年2030年增加45亿立方米，2020年所做的承诺是相较2005年2030年增加60亿立方米，说明植树造林、森林经营增汇成为实现“碳达峰、碳中和”的关键路径。经国家林业和草原局测算，森林蓄积量每增加1亿立方米，相应地可以多固定1.6亿吨CO_2，2030年森林蓄积量较2005年增加60亿立方米，意味着可多固定96亿吨CO_2，将为中国减排承诺实现发挥越来越重要的作用。

（三）我国森林碳汇对碳中和的重要作用

中科院院士丁仲礼认为，“碳中和”强调化石燃料利用和土地利用的人为排放量被人为作用和自然过程所吸收以实现净零排放。多年来，我国政府持续开展环境治理，以六大林业生态工程、大规模植树造林、森林保护和修复等活动实现人为和自然增汇，成效显著。据2021年3月21日国家林业和草原局召开的中国森林资源核算研究成果新闻发布会报道，我国森林面积达到2.2亿公顷，森林蓄积175.6亿立方米，森林植被总碳储量91.86亿吨，年均增长1.18亿吨，年均增长率1.40%，实现了“双增长”[①]。森林资源良性发展促进了增汇。人工林对森林碳汇作用显著，我国人工林面积7954.28万公顷，为人工林面积最大的国家，贡献了全球增绿的1/4，发展人工林对森林碳汇作用巨大。由于我国人工林面积的60.94%为中幼林，高生长特性使其具有较高的固碳速率和较大的碳汇增长潜力。第九次全国森林资源清查数据显示，中国人工林面积高达8003.10万公顷，人工林蓄积为33.88亿立方米，若以森林蓄积量每增加1亿立方米，相应地可以多固定1.6亿吨CO_2进行核算，中国人工林共吸纳了54.21亿吨CO_2，[②] 随着人工林新造林产生和中幼林质量不断提升，人工林的碳储量将进一步提高，为中国碳中和发挥越来越重要的作用。

---

① 国家林业和草原局官网。

② 中国林业数据中心。

三　云南森林资源概况及其碳汇潜力分析

（一）云南森林资源概况

云南作为西南林区，对比 2008 年、2013 年和 2018 年第七次、第八次、第九次全国森林资源清查数据，全省森林面积从 1817.83 万公顷增加到 1914.19 万公顷、2106.16 万公顷，10 年间净增 288.33 万公顷；活立木蓄积量从 17.12 亿立方米增加到 18.75 亿立方米、21.32 亿立方米，10 年间净增 4.2 亿立方米；森林覆盖率由 47.5% 提高到 55.04%，上升 7.54 个百分点；森林每公顷蓄积量由 105.51 立方米提高到 110.88 立方米、105.89 立方米，10 年间实现净增 0.38 立方米/公顷，增长率为 0.36%；林业总产值从 400 亿元增加到 1587 亿元、2221 亿元，10 年间净增 1821 亿元。[①] 第九次全国森林资源清查数据显示，云南森林覆盖率、林地面积、森林面积、森林蓄积量分别列全国第六、二、二、二位，经济林、天然林和人工林面积分别列全国第一、三、四位；截至 2019 年底，云南森林面积由 2273.56 万公顷增至 2392.65 万公顷，净增 119.09 万公顷；森林覆盖率由 59.30% 增至 62.40%，净增 3.10 个百分点；森林蓄积量由 18.9487 亿立方米增至 20.1981 亿立方米，净增 1.2494 亿立方米，森林面积、森林蓄积量呈“双增长”态势。云南林业总产值由 2000 年的 116 亿元增长到 2019 年的 2309 亿元，增长近 20 倍。

（二）云南森林碳汇潜力分析

目前中国学者在区域森林资源碳含量核算方面已经取得了较大进展，森林生物量及固碳量估算的具体方法有生物量测定法、转换因子法、森林蓄积量扩展法、根系生物量法。笔者采用森林蓄积量扩展法，结合中国第一次至第九次森林资源清查数据中的云南森林蓄积量列表，计量了云南省不同时期森林蓄积量下的固碳量。云南省森林固碳量从第一次森林资源清查时期的

① 云南省林业厅：《云南森林资源》，云南科技出版社，2018。

10193.86 万吨上升至第九次清查期的 48640.30 万吨，45 年间增长了近 4 倍，实现了森林固碳量的持续增长，以 2 倍森林蓄积量获得了近 4 倍的固碳量，具体情况如图 1 所示。

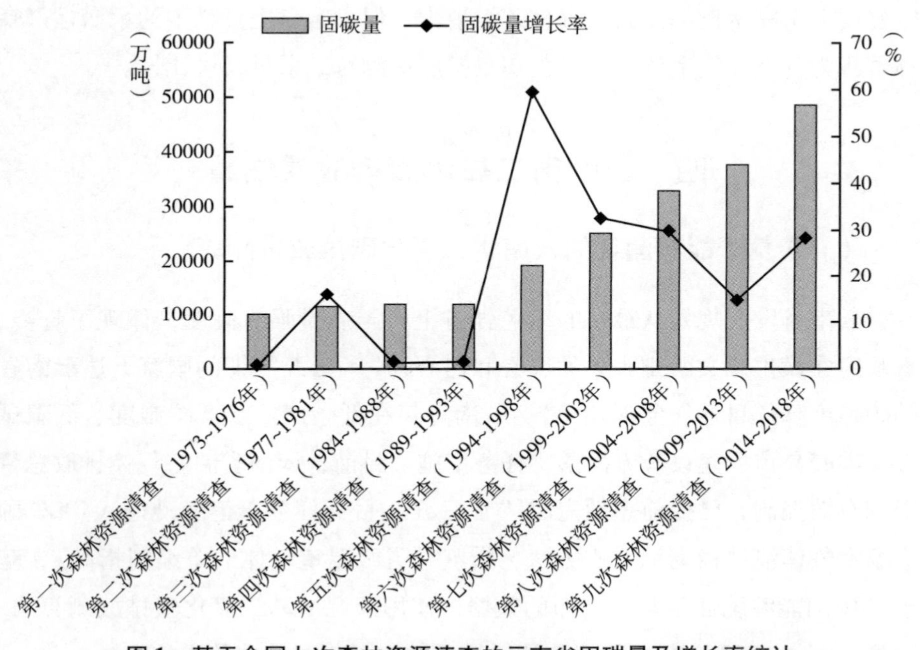

图 1　基于全国九次森林资源清查的云南省固碳量及增长率统计

注：以中国第一次至第九次森林资源清查数据中的云南森林蓄积量为基础，使用森林蓄积量扩展法计算固碳量结果。

图 1 显示，以全国森林资源清查数据核算的云南森林固碳量呈持续上升状态，第五次森林资源清查作为重要转折点，固碳量增长率高达 58.98%，说明天然林保护、退耕还林等重点生态工程对云南森林固碳产生了极大的推动作用，达到了当前 48640.29 万吨的森林固碳量。由于森林碳汇计量较为复杂，使用方法不一样结果会大相径庭，如周金杰等基于第八次森林资源清查云南省数据，采用方精云等学者所提出的生物量换算因子连续函数法估算云南森林碳储量为 7.76×10^{8} 吨①，即 77600 万吨，数值远大于用森林蓄积

① 周金杰、续姗姗：《云南省森林碳储量现状与动态分析》，《林业调查规划》2016 年第 2 期。

量扩展法计量的数值，差距来自计量对象所有生物量固碳与树木树干材积固碳量差异。笔者认为，以权威的全国森林资源清查数据为基础，以森林蓄积量扩展法计量的森林固碳量更具说服力。虽然计算结果相对保守，甚至在一定程度上未完全挖掘出云南森林碳汇潜力，但我国自主贡献中的承诺是以森林蓄积为基准，笔者认为森林蓄积量扩展法测算结果更具可比性。

四　云南省二氧化碳排放量估算

（一）基于能源消耗的云南省二氧化碳排放量测算

云南省发展规划从最初的绿色强省上升至质量强省高度，体现了省委、省政府建设生态文明排头兵的决心和信心，“十三五”期间国家下达云南省的碳强度降低目标任务（18%），云南每年在低碳产业、低碳制度、低碳试点、碳交易市场建设等方面落实任务措施。目前，云南省温室气体排放总量得到有效控制，已提前超额完成“十三五”目标任务。笔者遵循《IPCC 国家温室气体清单指南》基本方法，借鉴《省级温室气体清单编制指南》，基于《中国能源统计年鉴》公布的数据，使用能源活动二氧化碳排放测算法，计算云南省 1973 ~2018 年能源消耗量下的二氧化碳排量及增长率。

图 2 显示，基于能源消耗的云南省二氧化碳排放量从 1975 年和 1976 年的 5273. 10 万吨逐步上升至 2014 ~2018 年的 76163. 78 万吨，经济增长使二氧化碳排放量也增加，2014 年前二氧化碳排放呈持续上升状态，2009 ~2013 年达到 82960. 99 万吨的高值。直到 2014 ~2018 年才开始出现下降，究其根源，则为经济发展速度下降和云南低碳经济转型阶段性成果呈现。

（二）云南省经济增长率和二氧化碳排放增长率分析

云南省 2002 ~2013 年的经济增长率呈现波动中上升趋势，2013 ~2019 年经济增长开始放缓，总体呈下降趋势。二氧化碳排放量 2002 ~2019 年一直呈波动状态，2014 年下降至最低点后开始反弹上升。总体而言，云南省经济增长率和碳排放量增长率呈趋合态势（见图 3）。

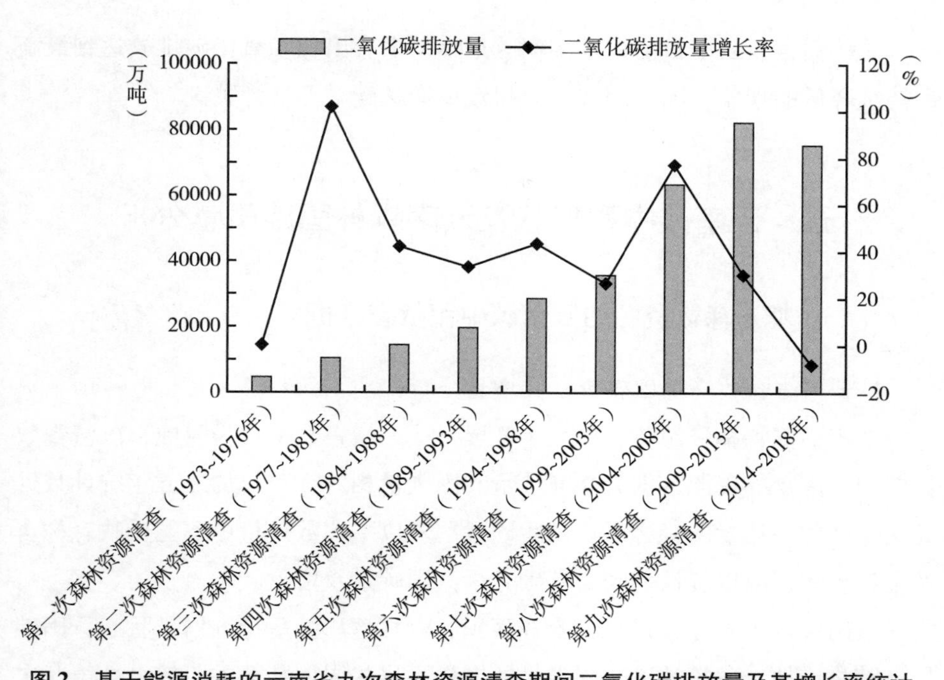

图 2　基于能源消耗的云南省九次森林资源清查期间二氧化碳排放量及其增长率统计

注：为更好地与云南森林固碳量做比较，云南省二氧化碳排放测算时间段与中国森林资源清查期间保持一致；因统计数据缺失，1973～1976 年二氧化碳排放量仅有 1975 年、1976 年两年的统计数据。

资料来源：2012～2019 年《云南统计年鉴》。

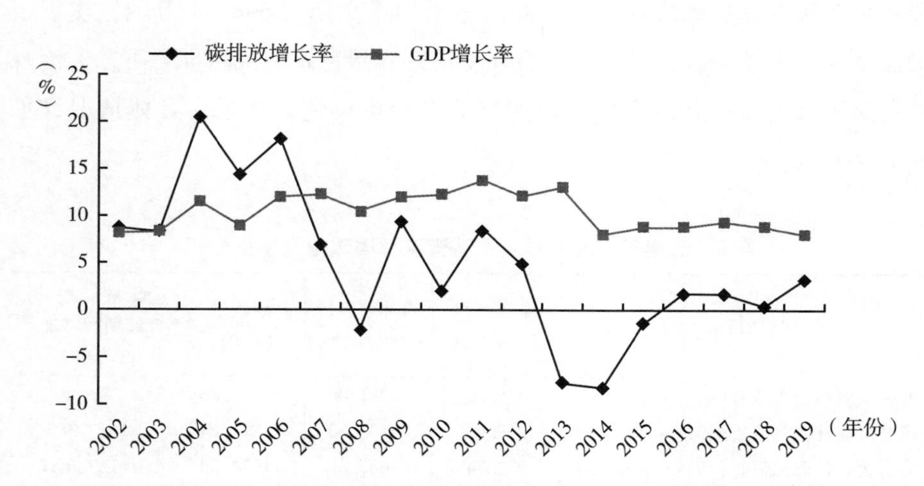

图 3　2002～2019 年云南省经济增长率与碳排放增长率分析

注：基于云南省能源消耗计量各年份二氧化碳排放。

总体而言，云南目前尚未实现碳达峰，没有出现二氧化碳排放达到最高后持续降低的现象，因地制宜采取积极举措减碳增汇最为关键。

五　云南碳中和现状及云南森林固碳贡献分析

（一）基于森林资源的云南碳中和状态分析

1. 云南省森林资源固碳量及其增量分析

由于中国森林资源清查每五年开展一次，清查数据较为权威，以清查数据中的云南森林资源数据为基准计量其固碳量相对客观，加之五年统计数据无法体现每一年度的森林生长和蓄积量，若以平均数计量更不能反映森林自然生长规律，故以统计期间为基础分析其固碳量及增量。

云南省自改革开放以来，森林面积、森林蓄积量呈持续增长状态，固碳量也随之增加，各统计期间固碳量的增量不尽相同，甚至差距较大。第三次和第四次森林资源清查期间，受“木头经济”影响，云南森林固碳量增加量较小，仅为163.04万吨和194.52万吨。在国家重大生态工程推动下，云南省第九次森林资源清查期间的固碳量增加量高达10698.44万吨，实现了增加量的历史性突破，说明在生态环境治理和绿色发展战略部署下，云南森林资源质量不断提升，森林资源的固碳能力也得到了加强，具体情况详见表2。

表2　云南省九次森林资源清查森林固碳量及增量分析

项目	森林面积（万公顷）	森林蓄积量（万立方米）	固碳量（万吨）	固碳量较上一个统计期间增加量（万吨）
第一次森林资源清查(1973~1976年)	956.00	91081.00	10193.86	—
第二次森林资源清查(1977~1981年)	919.65	109703.30	11811.24	1617.38
第三次森林资源清查(1984~1988年)	932.74	109656.83	11974.28	163.04
第四次森林资源清查(1989~1993年)	940.42	110528.18	12168.80	194.52
第五次森林资源清查(1994~1998年)	1287.32	128364.94	19345.77	7176.97

续表

项目	森林面积（万公顷）	森林蓄积量（万立方米）	固碳量（万吨）	固碳量较上一个统计期间增加量（万吨）
第六次森林资源清查(1999～2003年)	1560.03	139929.16	25556.08	6210.31
第七次森林资源清查(2004～2008年)	1817.73	155380.09	33065.70	7509.62
第八次森林资源清查(2009～2013年)	1914.19	169309.19	37941.86	4876.16
第九次森林资源清查(2014～2018年)	2106.16	197265.84	48640.30	10698.44

注：基于1973～2018年《中国林业统计年鉴》中云南森林面积和森林蓄积量计算固碳量。

2. 云南省森林资源固碳量增量与二氧化碳排放量对比分析

根据前文云南省森林资源固碳量增量估值和云南省能源消耗框架下的二氧化碳排放量测算，发现云南森林资源吸碳能力不断增强，同时二氧化碳排放量也迅猛增加，二氧化碳排放量增长势头超过了森林固碳量。

表3　云南省九次森林资源清查期间森林固碳量增量与二氧化碳排放量对比分析

单位：万吨

项目	固碳量较上一个统计期间增加量	二氧化碳排放量
第二次森林资源清查(1977～1981年)	1617.38	10607.19
第三次森林资源清查(1984～1988年)	163.04	15056.55
第四次森林资源清查(1989～1993年)	194.52	20042.82
第五次森林资源清查(1994～1998年)	7176.97	28727.61
第六次森林资源清查(1999～2003年)	6210.31	36025.63
第七次森林资源清查(2004～2008年)	7509.62	63676.41
第八次森林资源清查(2009～2013年)	4876.16	82960.99
第九次森林资源清查(2014～2018年)	10698.44	76163.78

资料来源：1973～2018年《中国林业统计年鉴》、1973～2018年《云南统计年鉴》。

图4显示，云南省二氧化碳排放量随着经济发展不断上升，2009～2013年二氧化碳排放总量高达82960.99万吨，同期云南森林固碳量的增加量降低，森林碳汇能力下降。随着云南森林经营能力提升、重点生态工程的实施，云南森林资源固碳能力在2014～2018年得到了较大提高，固碳量的增

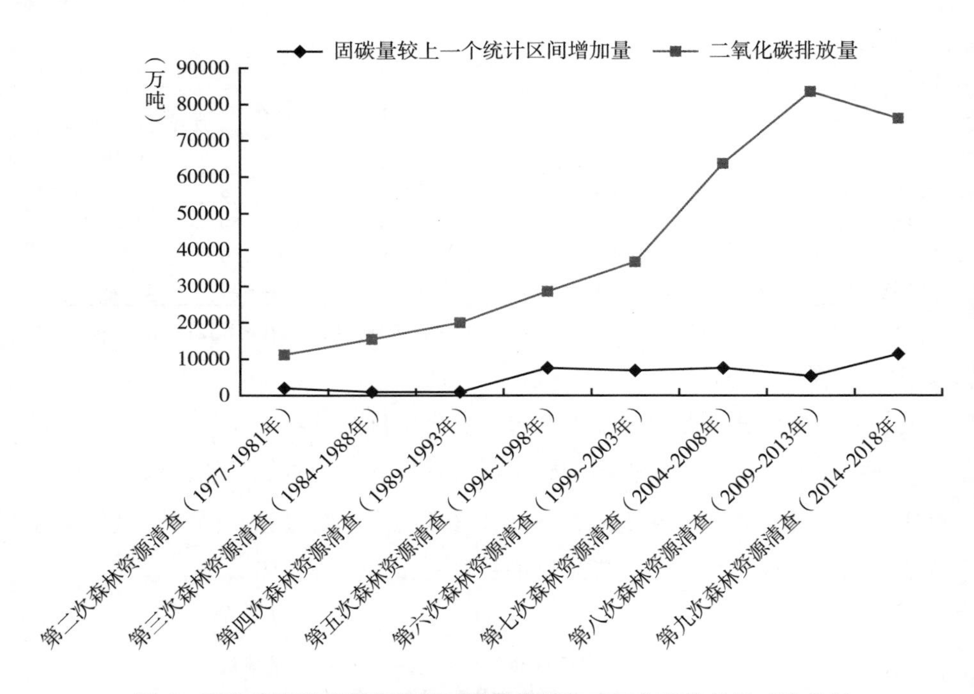

图4　森林资源清查期间森林固碳量增量与二氧化碳排放量对比分析

资料来源：1973～2018年《中国林业统计年鉴》、1973～2018年《云南统计年鉴》。

加量高达10698.44万吨，对大气中二氧化碳吸纳量明显提高。尽管如此，云南森林资源仅吸收了1/7的二氧化碳，说明云南森林资源经营能力还需进一步提高，不仅需要改造低质林分，利用现代技术加强森林经营，还需要激励社会投资主体进入该行业，加强人工造林，提高森林固碳量，为云南生态文明建设和绿色大省发展作出更大贡献。

3. 基于云南省森林资源固碳量与二氧化碳排放量增长率的分析

通过计算九次森林资源清查期间云南省森林固碳量以及二氧化碳排放量的增长率，发现除1994～1998年、1999～2003年、2014～2018年云南森林固碳量增长率高于二氧化碳排放量增长率以外，其他期间的森林二氧化碳排放量增长率均高于森林固碳量的增长率，且二氧化碳排放量增长率远远大于森林固碳量的增长率（见表4）。另外，笔者基于2014～2018年云南森林二氧化碳排放量出现的负增长，以及云南森林资源中幼林成长所产生的固碳潜

力，认为随着云南绿色“三张牌”战略、绿色大省建设和生态文明排头兵建设部署的深入开展，森林资源将会充分发挥其固碳功能并为云南碳中和发挥更大作用。

表4　云南省九次森林资源清查期间森林固碳量和二氧化碳排放量增长率

单位：%

项目	固碳量增长率	二氧化碳排放量增长率
第一次森林资源清查(1973～1976年)	—	—
第二次森林资源清查(1977～1981年)	15.87	101.16
第三次森林资源清查(1984～1988年)	1.38	41.95
第四次森林资源清查(1989～1993年)	1.62	33.12
第五次森林资源清查(1994～1998年)	58.98	43.33
第六次森林资源清查(1999～2003年)	32.10	25.40
第七次森林资源清查(2004～2008年)	29.38	76.75
第八次森林资源清查(2009～2013年)	14.75	30.29
第九次森林资源清查(2014～2018年)	28.20	-8.19

资料来源：1973～2018年《中国林业统计年鉴》、1973～2018年《云南统计年鉴》。

（二）云南省森林固碳贡献分析

前文分析表明，基于森林蓄积的云南森林固碳量长期呈增长状态，但由于土地资源的有限性、林木生长的周期性、森林经营风险性和资金投入大量性，加之云南人工林以中幼林为主，固碳潜力尚未完全挖掘出来。另外，云南省经济发展加快，工业化进程加快，二氧化碳排放量迅速增加。云南省森林固碳量不能较好地满足二氧化碳的封存，不仅需要大力开展节能减排工作，还需进一步挖掘云南森林资源潜力，使森林增强碳汇能力，为云南本地碳达峰和碳中和发挥更大作用。因此，云南如何依托森林资源优势，激励社会化市场化多元化主体投资林业碳汇和森林经营，促进森林增汇，加快云南碳减排、碳中和进程至关重要。必须明确政府职责，有效激励社会多元参与主体开展相关经营活动，特别需要把重排企业与林业碳汇有机融合，创新本土碳减排路径，更好地服务于本土和全国碳减排、碳中和战略部署。

六　云南碳中和的路径选择建议

（一）政府部门：明确云南碳源和碳汇数量及其分布

云南可就国家发改委发布的方法学核实现有碳源和碳汇数量及其分布，精准分析碳供给和需求，为市场交易奠定基础。

首先，适时构建云南省规范性碳源调查体系，明确云南省现有资源所产生的碳源数量。云南省地方碳源调查体系可分为省级和县级两个层级，地方碳源调查可由县发改委、环保局和能源部门组成调查单位，以摸清县域范围内碳源行业分布和数量等数据，为制定区域碳源约束机制，构建和更新碳排放资源档案提供依据，并在此基础上构建省级碳源档案。

其次，评估云南碳汇资源，为其进入市场做准备。省级可由发改委牵头，联系各行业监管部门和专业人士，委托第三方认证机构对云南省可申报的林业碳汇、太阳能、水能、风能和地热能项目进行事前评估，估算预期可通过国际 CDM 审核和 CCER 核准的项目，明确每年可进入市场的碳资产规模，寻求省内外市场渠道将能够用于交易的碳资产推向市场，以扩大市场份额。

（二）林业和草原相关部门：充分利用土地植树造林，提高森林经营效率以提高森林资源增汇潜力

首先，林业和草原相关部门应该不断完善森林经营技术，推进林地立地质量评价、森林质量提升关键技术、营造林机械化等研究和应用。针对不同类型、不同发育阶段的林分特征，科学采取抚育间伐、补植补造、人工促进天然更新等措施，逐步解决林分过疏、过密等结构不合理问题。大力推进天然林修复，以自然恢复为主、人工促进为辅，采取人工造林、抚育、补植补造、封育等措施，改善天然林结构，促进天然林质量提升。切实转变森林经

营利用方式，推动采伐利用由轮伐、皆伐等向渐伐、择伐等转变，确保森林持续覆盖，提升森林生态系统的质量和稳定性，保证森林碳汇功能发挥并充分挖掘云南森林资源碳汇潜力。

其次，积极利用荒山荒地集中连片进行植树造林，开展荒漠化、沙化、石漠化等生态脆弱区综合治理，探索国有林场林区与企业、造林专业合作组织等林业新型经营主体开展多种形式的场外合作造林和森林保育经营，承担营造林工程建设任务，加快人工造林增汇以更好地吸收大气中的二氧化碳。

最后，云南林业和草原相关部门应充分发挥其在气候变暖中不可替代的作用，聚焦云南森林和湿地增量、结构合理化、提高林分质量等关键核心问题，采取有效措施，加大植树造林和森林经营力度，扩大森林面积，增加森林数量，开展封山育林、中幼林抚育，提高现有林分质量，促进森林资源管理科学化和森林整体质量提高，增强森林碳汇能力以充分发挥林业碳吸收的巨大潜力，为应对气候变化履行好行业职责。此外，相关部门还需要加大森林、湿地和林地保护管理力度。防控森林火灾、森林病虫害，遏制非法征占用林地和乱砍滥伐林木，加强自然保护区和湿地管理，提高森林和湿地生态系统的整体功能，巩固碳储存，减少碳排放。

（三）重排企业约束：基于本土重排企业的 CCER 抵消制度，把重排企业与林业碳汇有机融合，创新本土碳减排路径

云南省目前已经开展所有行业排污单位实行排污许可分类管理，并确立了建立世界一流“绿色能源”牌战略，若能够借鉴发达区域 CCER 抵消制度，在试点基础上全面推行，将有效促进云南排污单位运用市场化手段导入环保设备或以植树造林开展节能减排。与此同时，林业碳汇将作为有效的市场化环境治理手段，对云南乃至中国碳中和作出更大贡献。具体举措如下。

（1）明确云南重排企业数量、行业分布、二氧化碳排放量等重要指标，结合云南节能减排工作部署开展清查。

（2）构建重排企业约束机制，按照国家和地方 CCER 抵消制度，探索云南重排企业与林业碳汇合作机制，为云南重排企业有效减排夯实基础。

（3）有效激励重排企业利用林业碳汇减排，使森林碳汇外部性内部化，从真正意义上实现正外部性收益。

（四）社会化市场化多元化投资主体：因地制宜采取差异化战略开展林业碳汇期货交易，解决林业投资资金瓶颈，创新林业碳汇及其金融衍生品交易，稳定林业碳汇价格，获得森林经营追加投资，激励投资行为

1. 构建云南林业碳汇期货交易市场

林业行业经营中面临资源生长周期长、经营风险大、资金回笼慢、政策约束强、生态功能优先等挑战，林业碳汇与基于远期合同交易的期货交易有机结合，可有效规避林业碳汇供应者风险，防止市场供需与价格波动，实现套期保值，打破政治壁垒与地域差别促进公平竞争，探索云南碳中和可持续发展途径，以提高林业碳汇在中国乃至全球碳中和中的贡献，为云南生态文明排头兵建设探索一套行之有效的运行机制，实现经济发展和环境保护双重目标。

云南林业碳汇期货交易市场构建，第一，必须充分发挥云南现有期货交易平台基础作用，发展线上和线下交易平台，以突破性和创新性工作形成云南碳达峰、碳中和政策与实践体系，以特色和差异形成本土垄断竞争优势。第二，国际碳期货交易已发展成熟，可借鉴欧盟和美国经验，结合云南本土优势，以林业碳汇为主导开展碳期货市场构建并运行，以缩短与发达区域的差距。

2. 创新林业碳汇金融产品，发展碳金融产品以形成垄断竞争优势

积极探索林业碳汇期货交易，利用丰富碳减排资源不断创新林业碳汇金融产品，探索与林业碳汇有关的金融交易活动，设计新颖的林业碳汇金融衍生品，如林业碳汇期货和林业碳汇远期买卖交易和投资活动，以达到价格发现和套期保值作用。

3. 构建林业碳汇主导下的碳期货交易机制，开展风险预警

（1）责成相关部门积极开展碳期货研究，借鉴欧盟排放贸易体系和芝

加哥气候交易所期货期权合约，以标准化形式进行产品交易，制定符合自身需求的合理的碳汇期货交易制度，包括期货保证金制度、每日结算制度、持仓限额制度、大户报告制度、强行平仓制度等，为林业碳汇期货交易提供保障。

（2）建立完善的林业碳汇期货交易和结算机制。整合并组建专业机构制定碳汇期货交易所的交割制度、价格形成制度等，以及林业碳汇期货交易中的大户报告制度、信息披露制度、涨跌停板制度、交割制度、无负债结算制度、持仓限额制度等。严格限定林业碳汇期货交易所准入原则，配备硬件以及软件设施，系统运作规范化和法律化。

（3）实行有效风险管理机制，开展风险预警。构建和完善保证金管理制度、强制平仓制度、风险警示制度等，其中风险警示制度可以通过对保证金、持仓数额和交易价格的反映来测定市场的风险程度，需运用风险警示系统对碳期货市场进行跟踪、监控，以及时监测市场风险隐患，达到事先防范和控制风险的目的。

G.13
海洋碳汇过程与负排放技术研发

刘纪化　王文涛　焦念志*

摘　要：实施碳中和国家战略，是我国践行“人类命运共同体”理念并积极参与全球气候治理的有力抓手。中国是发展中大国，CO_2排放总量巨大。中国要实现碳中和宏伟目标，既需要减排（减少CO_2排放）、更需要增汇（增加CO_2吸收）。海洋是地球上最大的活跃碳库，其碳汇含量是陆地的10倍、大气的50倍，负排放潜力巨大。中国海域辽阔、生态类型丰富，为多种形式的海洋负排放提供了前提。我国在海洋碳汇理论研究方面走在国际前沿，为实施海洋负排放生态工程奠定了良好的基础。如果及时布局，大力研发海洋负排放技术，建立有关标准与规程，引领国际发展趋势，不仅将为我国实现碳中和战略目标提供科技支撑，还可向世界推出“中国方案”，为提升我国国际话语权、践行人类命运共同体理念作出实质性贡献。

关键词：海洋碳汇　海洋负排放　碳中和

---

* 刘纪化，山东大学海洋研究院研究员，全国海洋碳汇联盟秘书长，戈登论坛（青年论坛）原主席（GRS Chair，2016～2018年），主要研究方向为海洋微型生物介导的碳－氮－硫元素循环；王文涛，中国21世纪议程管理中心研究员，主要研究方向为海洋和极地生态环境保护、气候变化与可持续发展；焦念志，厦门大学教授，中国科学院院士，国际海洋探索理事会（ICES）与北太平洋海洋科学组织（PICES）“海洋负排放”（Ocean Negative Carbon Emission，ONCE）国际工作组主席，主要研究方向为海洋生态与环境效应。

一　海洋碳汇概述及国际发展近况

（一）“海洋碳汇”的概念和原理

海洋碳汇，亦称“蓝碳”，是指海洋活动以及海洋生物等吸收大气中的 CO_2，将其固定在海洋中的过程、活动及机制。2009 年，由联合国的环境规划署（UNEP）、粮农组织（FAO）和教科文组织政府间海洋学委员会（IOC/UNESCO）三部门联合发布了《蓝碳：健康海洋固碳作用的评估报告》（以下简称“《蓝碳》报告”），明确指出了海洋对全球气候变化和全球碳循环的重要作用。《蓝碳》报告也指出，与其他生物碳汇相比，“海洋碳汇”具有固碳量大、效率高、储存时间长等特点。海洋是地球上最大的活跃碳库，是陆地的 10 倍、大气的 50 倍，在时间尺度上，相较于森林、草原等陆地生态系统数十年到几百年的碳汇储存周期，海洋碳汇可储存长达千年之久①②。

当前，海洋碳汇研究主要包括海岸带生态系统、渔业碳汇和微型生物碳汇三部分。海岸带碳汇主要由红树林、海草床和滨海沼泽等生境捕获的生物量碳和储存在沉积物（或土壤）中的碳组成。渔业碳汇主要通过渔业生产等活动转化水体中的 CO_2，而后随着生物产品的收获将其移除的过程。海洋微型生物个体虽小，但数量极大，生物量占全球海洋生物量的 90% 以上，是海洋碳汇的主要驱动者。海洋生物固碳、储碳机制主要包括依赖生物固碳及其之后的以颗粒态有机碳沉降为主的“生物泵”和依赖微型生物过程的“微型生物碳泵”（MCP）。MCP 理论由我国科学家首次提出，揭示了微型生物转化溶解有机碳（Dissolved Organic Carbon，DOC）的一种非沉降型海洋储碳新机制。

---

① Jiao N. , et al. , “Microbial Production of Recalcitrant Dissolved Organic Matter: Long-term Carbon Storage in the Global Ocean,” *Nat. Rev. Microbiol*, 2010, 8.

② Hansell D. A. , “Relcalcitrant Dissolved Organic Carbon Fractions,” *Ann. Rev. Mar. Sci.* , 2013, 5.

（二）“海洋碳汇”的国际发展近况

国际组织很早就认识到海洋碳汇的重要作用。《蓝碳》报告明确指出海洋碳汇对全球气候变化的调节具有十分重要的作用。保护国际（Conservation International）、世界自然保护联盟（International Union for Conservation of Nature）和IOC/UNESCO在2010年共同发起“全球蓝碳计划”（The Blue Carbon Initiative），同时发布了《蓝碳政策框架》《蓝碳行动国家指南》《海洋碳行动倡议报告》等一系列报告。联合国政府间气候变化专门委员会（IPCC）于2019年9月通过《气候变化中的海洋与冰冻圈特别报告》（SROCC），并指出基于自然减缓措施的海洋碳汇（增汇）和基于人为减缓措施的海洋可再生能源（减排），将在应对气候变化中发挥重要作用。[①]

在国家政策层面，发达国家通过政策制定凸显海洋在应对气候变化领域的贡献。2015年澳大利亚政府在COP21期间发起了“国际蓝碳伙伴”（International Blue Carbon Partnership）行动，随后在气候变化大会蓝碳问题边会上进行了专门研讨。2018年11月，韩国海洋环境管理公团在海洋与渔业部的支持下，在第六届东亚海大会期间针对东亚海区域蓝碳研究进行了研讨，在东亚海建立区域蓝碳研究网络，旨在引领东亚地区蓝碳发展。美国国家海洋和大气管理局（National Oceanic and Atmospheric Administration, NOAA）从经济、政治等多个方面提出了国家蓝碳工作建议。在全球环境基金（The Global Environment Facility, GEF）的支持下，印度尼西亚实施了为期四年的蓝色森林项目，建立了国家蓝碳中心，编制了《印尼海海洋碳汇研究战略规划》。2020年10月美国提出了《海洋气候解决方案法案》，从蓝碳、保护区、海上能源、航运、气候适应等方面提出了一揽子方案。

在科学技术层面，发达国家关注技术创新，特别是海洋颠覆性技术创新对碳中和的贡献。2020欧盟地平线项目设立719万欧元基金资助“基于海

① 焦念志：《研发海洋“负排放”技术 支撑国家“碳中和”需求》，《中国科学院院刊》2021年第36期。

洋的负排放技术研究"，旨在研发海洋负排放颠覆性技术，预测实施时间节点，评估综合社会效应，遴选政府和社会可接受的最佳方案。其中，具有颠覆性技术属性的微生物和化学人工海洋碱化方案备受欧盟关注，被认为是最有效且副作用较小的负排放技术。

在海洋碳汇核算方法学和标准方面，主要包括国家温室气体清单编制、碳储量调查与监测等。2014 年 IPCC 在其发布的《对 2006IPCC 国家温室气体清单指南的 2013 增补：湿地》中给出了三个典型海岸带生态系统（海草床、红树林、滨海沼泽）的温室气体清单编制方法学，涉及森林管理、土壤挖掘、排干、再浸润、恢复和创造植被等活动的 CO_2 排放和吸收以及水产养殖的 N_2O 排放和再浸润的 CH_4 排放。针对不同数据级别，规定了各项活动导致的各类碳库变动的计算方法、排放因子和活动数据的选择以及不确定性评估方法。目前，美国和澳大利亚已连续两次将滨海湿地纳入各自的国家温室气体清单，并不断完善清单内容。澳大利亚还将清单编制作为环境外交手段在巴布亚新几内亚、印度尼西亚、斐济等国开展蓝碳调查。

二 我国海洋碳汇的发展历程及负排放发展前景

（一）中国在海洋碳汇领域的发展历程

中国海洋碳循环的前期研究是以追赶国际领先研究为主。源于国际海洋通量研究计划（Joint Global Ocean Flux Study, JGOFS, 1988 - 2003），海洋碳循环综合研究首次以海洋碳循环为切入点，耦合了全球海洋过程与范围，在全球尺度上揭示了海洋生态系统中控制碳以及相关生物组成元素通量变化的生物地球化学循环过程。作为 JGOFS 的发起方，美国以海洋碳循环为物理和生物海洋连接的"通用货币"，以生态系统的模型和研究为具体途径，面向全球制定了一系列围绕 CO_2 观测的研究方法。同期中国开展了以海洋生态系统为核心的"九五"国家重大项目预研究"胶州湾生态动力学"。国际上于 1995 年再次启动了作为 IGBP 的子计划"全球海洋生态系统动力学"

（GLOBEC）研究。随后国内启动了“渤海生态系统动力学与生物资源持续利用”、“东、黄海生态系统动力学与生物资源可持续利用”和“我国近海生态系统食物产出的关键过程及其可持续机理”等一系列“九五”重大课题项目，围绕着海洋真光层初级生产和转运开展了许多研究，同时引入了碳泵（carbon pump）、新生产力（new production）和再生生产力（regenerated production）等概念。此后，中国海洋碳循环观测和生态系统模型研究蓬勃发展。

中国在21世纪初出版了国际上第一本有关陆架海洋通量的专著，胡敦欣院士估算了东海吸收大气CO_2的能力，得出东海是大气CO_2弱汇区的结论，受到了国际科学界的广泛关注。我国海洋碳循环的模式研究起步较晚，20世纪90年代开展了海洋对大气CO_2的吸收和生物泵在碳循环中的作用的相关研究。刘茜等在2018年对中国邻近边缘海近10年的碳通量研究现状进行了综述，并判断中国边缘海在周年尺度上是大气CO_2的“源”（向大气释放）。最新研究表明，中国边缘海可能是大气CO_2的“汇”，每年从大气中吸收11.0（±23.0）PgC的CO_2。中国海的“源汇”问题，依然停留在科学问题范畴。

MCP理论指出海洋生态系统中的微型生物是惰性溶解有机碳（Refractory Dissolved Organic Carbon，RDOC）的主要贡献者，其含量与大气碳库相当。随后，加拿大达尔豪斯大学利用世界上最大的Aquatron大型海洋生态系统模拟实验体系进行了长期实验，并证实了微生物碳泵（MCP）的客观存在及其高储碳效率。因此，微型生物碳泵不仅引领了一个新的学科方向，也展示了可以通过人为操控的生物化学过程实现额外CO_2净吸收的海洋增汇的一系列新路径。

（二）中国发展海洋负排放技术的必要性

应对气候变化不仅是国际共识，也是我国践行“人类命运共同体”理念、积极参与全球治理的有力抓手。在第七十五届联合国大会一般性辩论会上，习近平主席提出中国“CO_2排放力争于2030年前达到峰值”，“努力争取2060年前实现碳中和”的宏伟目标。这是我国作为负责任的大国向世界作出的庄严承诺，也是一场深刻的工业革命宣言。碳中和国家战略，其内涵是应对气候变化，其本质是经济增长与碳排放脱钩，其核心是全面推动高质量发展。

实现“碳中和”，既要“减排放”，更要“负排放”。实现碳中和目标的根本途径，一是减排（减少CO_2向大气中的排放），二是增汇（增加CO_2的吸收和储藏）。在替代能源尚远远不足的情况下硬性减排，势必影响经济发展，而增汇则是两全其美之策，尤其是主动的人为增汇，即负排放，是在保障经济发展和承担国际义务双重压力下的“碳中和”必由之路。党的十九届五中全会决议指出，CO_2排放在2030年达峰后的方针路线是“稳中有降”。当前，中国CO_2排放量已超过100亿吨（超过美国和欧盟的总排放量），要实现“碳中和”目标，必须大力研发“负排放”各种技术途径。如果说“减排放”是对我国能源结构进行变革调整，“负排放”则是为国民经济发展保驾护航。

海洋不仅是巨大的碳库（其吸碳量是陆地的10倍、大气的50倍），也是主动吸收大气CO_2的汇。据估算，海洋吸收了工业革命以来人类排放约40%的CO_2，且其吸收能力随大气CO_2浓度的升高呈增强趋势。因此，海洋碳循环和负排放日益受到国际社会的关注。我国具有坚实的海洋碳汇理论基础，在“碳中和”目标指引下，研发和实施“海洋负排放”恰逢其时。

（三）中国海洋负排放发展优势

1. 自然条件优势

中国海总面积约470万平方公里，纵跨多个气候带，有近300万平方公里的主张管辖海域和1.8万公里的大陆海岸线，发展海洋负排放自然条件优越。据统计，我国滨海湿地面积约为670万公顷，其中，红树林（面积约为3.2万公顷）、海草床（面积约为3万公顷）、滨海沼泽（面积为1.2万~3.4万公顷）三大海岸带海洋碳汇生态系统分布广泛。此外，我国海水养殖面积和产量多年稳居世界第一，15米等深线以内的浅海滩涂面积约为1240

万公顷，海水养殖的空间潜力巨大。同时，全球最大的生态系统水平的实验证明，微型生物碳汇具备科学的有效性和实施的可行性，可望通过生态工程再现地球历史上曾经发生的大规模碳封存。据保守估算，通过微生物介导的有机－无机联合增汇手段，能够实现50亿吨CO_2的增汇。

2. 政策优势

中国政府历来重视海洋碳汇的发展，并作出前瞻性战略部署。2015年，中共中央、国务院印发了《关于加快推进生态文明建设的意见》，提出了增加海洋碳汇手段控制温室气体排放。同年，国务院印发了《全国海洋主体功能区划》，提出积极开发利用海洋可再生能源，增强海洋碳汇功能。2016年，我国第十三个五年规划纲要明确提出了加强海岸带保护与修复，实施“南红北柳”“生态岛礁”“蓝色海湾”等多项海洋碳汇修复工程。同年，国务院印发了《“十三五”控制温室气体排放工作方案》，提出了探索海洋生态系统碳汇试点。2017年，中央全面深化改革领导小组第三十八次会议通过了《中共中央国务院关于完善主体功能区战略和制度的若干意见》，提出了探索建设蓝碳标准体系和交易机制。同年，国家海洋局和发改委联合发布了《“一带一路”建设海上合作设想》，提出了与共建国共同就海洋和海岸带生态系统的蓝碳监测、蓝碳标准规范以及碳汇机制展开研究。党的十九大报告指出坚持陆海统筹，加快建设海洋强国。

3. 理论基础与国际认可优势

我国有坚实的“海洋碳汇”研究基础，特别是微生物海洋学领域，引领着国际前沿发展方向，应该为国家生态文明建设和减排增汇战略发挥重要作用。2008年，我国科学家提出MCP理论，首次揭示了海洋中巨大溶解有机碳库的来源，该理论得到了国际同行的广泛关注和认可，被*Science*杂志评论为“巨大碳库的幕后推手”①。此后，国际海洋科学研究委员会（SCOR）发起并成立了MCP科学工作组（SCOR－WG134），由中国科学家主导推进MCP的深入研究。2010年，MCP科学工作组成员主导的美国戈登

① Stone R.，“The Invisible Hand Behind A Vast Carbon Reservoir，” *Science*，2010，328.

论坛被 *Science* 封面报道。2011 年，国际海洋与湖沼科学促进会（ASLO）将 MCP 理论遴选为四个前沿科学论题之一。2013 年，国际大型海洋联合研究计划再次将 MCP 理论遴选为三个战略研讨主题之一。同年，秉承“产 - 学 - 研 - 政 - 用”协同创新的发展理念，旨在推动海洋碳汇研发，服务国家需求，全国海洋碳汇联盟（China Ocean Carbon Alliance，COCA）正式成立。次年 8 月，我国海洋科学家在科学共识基础上一致推动成立了“中国未来海洋联合会”（China Future Ocean Aliance，CFO），衔接国内的“未来地球”计划和国际的“未来海洋”计划。2014 年，在 IMBER“未来海洋”大会总结中，MCP 被遴选为“研究亮点”。2015 年，我国科学家联合美、欧、加（拿大）等国家和地区科学家，与“北太平洋海洋科学组织”（PICES）和“国际海洋考察理事会”（ICES）开展合作研究，致力于通过学科交叉及国际组织间联合攻关，连接科学与政策，促进政府间合作。2016 年 PICES 为积极应对全球气候变化对海洋生态系统的影响，设立了“未来”科学计划（PICES FUTURE）。PICES 中国委员会为此建立了与之相对应的中国计划——FUTURE - C 计划；这不仅有助于推动国际 PICES FUTURE 科学计划，提高中国在 PICES 中的话语权和影响力，而且有助于推进我国实施海洋强国战略，保障海洋生态系统可持续发展。2016 年由我国科学家发起并担任主席，召开了“戈登科学前沿研究论坛”（Gordon Research Conferences，Frontier of Science，GRC）——“海洋生物地球化学与碳汇（Ocean Biogeochemistry and Carbon Sink）永久论坛”，重点研讨各种海洋储碳机制以及海洋碳汇的社会和经济价值等。2017 年，“陆海统筹论碳汇”被遴选为雁栖湖会议首期国际论坛的主题，围绕“海洋碳汇过程与机制”等议题产生了丰硕的学术成果。同年，IPCC 第六次评估报告（AR6）特设“气候变化和海洋及冰冻圈特别报告”，纳入海洋碳汇相关内容，焦念志院士受邀作为海洋碳汇的主要推动者被 IPCC 遴选为该特别报告第五章“气候变化中的海洋、海洋生态系统及群落”的领衔作者之一，2019 年，IPCC 正式发布了《气候变化中的海洋和冰冻圈特别报告》（*Special Report on the Ocean and Cryosphere in a Changing Climate*），并纳入“微型生物碳泵”

（Microbial Carbon Pump，MCP）理论以及陆海统筹、养殖区增汇等我国科学家提出的增汇方案。2020 年，上述方案被纳入联合国政府间海洋学委员会（IOC）海洋碳研究总结报告（IOC－R）以及未来十年海洋碳联合研究与观测的应对气候变化的解决方案。在 2020 海洋生态经济国际论坛上，来自教育部、中科院、自然资源部、农业部等所属大学和研究机构的全国海洋碳汇联盟成员代表共同发起《实施海洋负排放　践行碳中和战略》倡议，在科学界引起巨大反响。

（四）中国发展海洋负排放技术面临的挑战

尽管中国在发展海洋增汇和减排方面的自然条件优越，但必须指出的是，依然存在“概念不清”、“家底不明”、“核算方法学不接轨”和“国际引领缺位”等问题。

在科学上，“海洋碳循环”和“海洋碳汇”概念不同。必须明确的是，只有通过“人为干预额外增加的海洋碳汇部分”，才能对碳中和国家战略提供支撑。海洋碳的“源－汇格局”是科学问题范畴，通常不区分“自然过程”和“人为过程”。“海洋碳汇”既有科学问题属性，也是工程技术问题，其中通过“人为干预”实现额外增加的碳汇的部分，具有获得国际认可的属性。

在资源上，中国海洋碳汇家底并不清晰。例如，尽管中国滨海湿地的种类很多，但涉及相关物种的分布、现状、面积等基础数据，其可变区间很大，往往导致碳汇核算的变异很大。

在技术上，海洋碳汇核算方法学亟须与全球接轨。开展人为干预额外获得的碳汇资源，具备“可测量、可报告、可核查”（Monitoring、Reporting、Verification，MRV）属性，是重要参考标准。中国碳汇资源种类丰富，但仅部分（如滨海湿地等）能够参照国际方法学纳入国际体系。如何将中国特色的碳汇资源（如渔业碳汇）纳入国际核算框架，是我们面临的紧迫问题。

在实施上，中国牵头发起的“海洋碳汇国际大科学计划”是海洋碳汇支撑碳中和的强力抓手。目前，内外条件均已齐备，急需国家优先支持。

"海洋碳汇国际大科学计划"能够在碳汇核算方法学上直接对应中国特色碳汇资源，帮助科学界走出概念误区、共同摸清碳汇家底，打造国际认证的中国海洋碳汇标准。

三　海洋负排放技术的发展展望

（一）海洋负排放技术的研发方向

1. 陆海统筹减排增汇

过量陆源营养盐的输入，不仅会加剧近海生态系统富营养化，也容易引发各种生态灾害，更会导致海水中的有机碳难以保存。大部分陆源有机碳（约占陆地净固碳量的1/4）在河口和近海就已经通过呼吸作用转化为 CO_2 被重新释放到大气中，导致此类生产力最高的近海海域反而成为 CO_2 的"源"。因此，为了将近海海域恢复到 CO_2 的"汇"，必须做到陆海统筹。

基于 MCP 理论，应针对中国近海富营养化的状况，在陆海统筹理念的指导下，合理减少农田中氮、磷等无机肥料的使用，进而减少河流营养盐的输入量，并缓解近海海域富营养化，兼顾高水平固碳量和低水平的有机碳呼吸消耗，提高惰性转化效率，实现总储碳量最大化。

2. 海水碱化负排放技术

海洋酸化是目前全球海洋面临的环境问题。一个应对措施是实施海洋碱化，即通过人为施加矿物质增加海水碱度（主要是 HCO_3 –），从而实现 CO_2 从大气向海洋的负排放。目前已知有效的碱性矿物包括橄榄石、黏土矿物等。我们初步研究发现，橄榄石添加能够快速大量增加碱度，从而增加水体吸收大气中 CO_2 的能力。通过粗略估算，橄榄石添加封存二氧化碳的潜力可达50 亿吨量级。由于海流交换可不断地将实施碱化的海水向外海输送，因而其储碳潜力非常巨大。中国的橄榄石等矿床储量，可以支撑保障经济发展所允许的减排，加上清洁能源、替代能源能够补足配额之后的负排放缺口。

3. 海洋缺氧区负排放技术

海洋缺氧是沿海各国和地区所面临的日益严重的生态环境问题，其形成过程与富营养化密切相关，严重影响近海生态系统的结构和功能。针对这一问题，我国科学家提出了在厌氧条件下实施有机（生物）和无机（矿物）联合负排放的理论和技术框架，旨在增加碳存储，同时缓解生态环境问题。选择近海典型的缺氧区，基于MCP、生物泵和碳酸盐泵原理，建立综合负排放生态工程发展示范区，建立兼具生态系统服务功能和高效负排放的中国方案，是一举两得的生态工程范例。

4. 海水养殖区综合负排放技术

我国海水养殖产业发展居世界前列，为国民经济发展提供了重要支撑。但我国海水养殖产业在受到环境变化影响的同时，也使自然环境本身发生了不可忽视的改变。在我国科学家的建议下，基于营养盐调控的人工上升流举措已纳入IPCC。结合海洋牧场建设，开展海藻养殖区上升流增汇工程，研发养殖区微型生物碳汇，有望在增加近海碳汇的同时，应对大规模养殖带来的生态环境压力。

5. 滨海湿地生态系统增汇技术

海岸带生态系统相比于陆地生态系统的优势在于其具有极高的固碳速率（单位面积的碳埋藏速率是陆地森林系统的几十到上千倍），以及长期持续的固碳能力（百年至万年）。应选择典型的海岸带蓝碳生态系统，建立滨海湿地碳通量监测网络，深入认识其生态系统结构与功能。开发针对滨海湿地的固碳机理模型，预测未来不同气候变化情景下蓝碳的功能及其变化趋势，阐明未来气候变化和人类活动对我国滨海湿地的影响机制。最终建立针对不同类型滨海湿地的固碳增汇生态管理对策，提出效应最大化的滨海湿地负排放生态管理方案，以期更好地发挥海岸带蓝碳的生态系统服务功能。

6. 珊瑚礁生态系统“源-汇”效应评估和增汇模式研发

珊瑚礁是海洋中生产力水平最高的生态系统之一，以虫黄藻为代表的珊瑚水螅体共生微生物对其中的碳循环过程产生了互惠调控，珊瑚共生体（holobiont）的光合作用、钙化、摄食、降解等生物过程也驱动了其中有机和无机碳的高效循环。由于珊瑚的钙化过程会伴随 CO_2 的释放，因此长期以来人们认为其为碳源。现有的观测数据主要基于对有限珊瑚群落典型代谢活动（光合作用、钙化、呼吸作用、碳酸钙溶解）的评估，严重忽视了其他的重要生物地球化学过程，如 MCP 驱动的惰性有机碳储存以及海流将 RDOC 的输出等，因而忽略了珊瑚礁是碳汇的情形。目前，珊瑚礁作为碳源/碳汇的属性仍然存在争议。考虑到我国南海丰富的珊瑚礁系统和碳中和需求，因此极有必要系统探究微型生物在珊瑚礁系统中有机碳埋藏和无机碳矿化平衡之间的作用，进而阐明珊瑚礁区惰性有机碳的动态变化过程及其“源－汇”效应，同时通过实验参数，建立普适性模型，最终回答学术界一直悬而未决的珊瑚礁系统“源－汇”悖论。针对不同珊瑚礁区域碳库动态变化的异同性和环境差异，研究人工上升流工程对珊瑚礁系统的生态调控机理及其环境效应，解析有机碳的生态调控动力学过程及其边界效应，建立多重胁迫情境下珊瑚礁的增汇模型，提出珊瑚礁负排放的科学策略，并在典型海区进行应用示范。

（二）海洋负排放技术的发展潜力

从资源属性上看，滨海湿地更重要的是体现在其生态系统服务功能上，而非增汇功能。据估计，滨海湿地增汇技术至 2030 年、2060 年的增汇潜力分别为 588 万吨二氧化碳当量/年和 2540 万吨二氧化碳当量/年；此碳汇量无法应对碳中和的需求。从经济属性上看，海水养殖的价值在于产业消费（中国是全球最大的海水养殖国家，产值近 4000 亿元/年），碳汇并非其主要价值。预计至 2030 年、2060 年通过海水贝藻类养殖对二氧化碳的消纳能力将分别达到 0. 93 亿～1. 09 亿吨二氧化碳当量/年和 3. 00 亿～3. 50 亿吨二氧化碳当量/年。海洋地球工程增汇技术能够真正发挥支撑碳中和的作用。其中，碱性矿物增汇技术、海洋微生物介导的有机碳－无机碳联合增汇技术备受关注。在当前加快部署研发的基础上，预计至 2030 年、2060 年，仅通过上述两项技术，增汇能力将分别达到 2 亿吨二氧化碳当量/年和 5. 80 亿吨二氧化碳当量/年。

四　我国海洋负排放技术的发展建议

（一）引领海洋负排放大科学计划

我国科学家发起的海洋负排放国际大科学计划（Ocean Negative Carbon Emission，ONCE）得到国际同行积极响应。我国科学家还于2019年与14个国家的20多名代表科学家签约实施ONCE海洋负排放计划。ONCE计划也得到国际科学组织的支持，2020年国际海洋探索理事会（ICES）和PICES批准成立了以ONCE为名称的ICES－PICES联合工作组。ONCE科学工作组的宗旨为，通过国际专家的交流和调研，厘清目前海洋负碳排放方面的知识缺口和技术瓶颈，并提出相应的解决方案；促进科学、技术、应用各个环节之间的连接；推动典型海区建立海洋碳汇长时间序列站，以观察代表性沿海和近海环境的储碳动态；提出针对海洋负排放实践的先期综合实验研究，模拟理解地球历史代表气候条件下、当前气候条件下和未来气候条件下的海洋储碳情景。

我国应尽快组织实施ONCE大科学计划，缓解人为活动影响下近海环境压力（富营养化、赤潮、绿潮、缺氧、酸化等），使之成为应对气候变化保障生态系统可持续发展的国际范例，推出我国领衔制定的海洋碳汇/负排放有关标准体系，推动中国实现在此领域的国际引领地位。

（二）建设海洋负排放示范基地

海洋负排放示范基地，既可作为产学研政用联合协作平台，也可为科学－技术－应用－政策链条落地提供场所，更是对外开放、向国内外推广的窗口和渠道。我国纵跨从亚热带到亚寒带的各类代表性生态环境，具备建设海洋负排放国际示范基地的自然条件，尤其是拥有全球最大的海水养殖业，可望在正常生产的基础上进行不受国际海洋法限制的海洋负排放研发，并通过示范基地向共建“一带一路”国家推广。

目前，全国海洋碳汇联盟（COCA）已有的工作为建设示范基地奠定了基础，包括大型藻类、贝类、海洋牧场等养殖体系可以率先启动。遵循“摸清碳汇家底、查明碳汇过程、研发负排放技术、建立示范工程体系”的路线图，建立和完善碳汇过程参数监测系统化、标准化、自动化、可视化，有序推出一系列负排放工程技术，建立与企业协同共进的、符合“三可”（可检测、可报告、可核查）的负排放示范基地，形成“促进科学研究、帮助企业生产、维护生态环境”的优化模式。配合 ONCE 国际大科学计划，立足中国、辐射全球，将海洋负排放技术与海洋碳汇交易纳入“国际大循环”框架，使海洋负排放示范基地成为向全球推广“中国方案”的样板，为践行人类命运共同体理念作出示范。

（三）建设海洋负排放大科学装置

当前，海洋生态和环境变化相关负排放过程与机制的研究重心正在从小微尺度向中大尺度转变，从定性向定量转变。在此背景下，探索建设研究参数可控的海洋环境模拟实验体系（Marine Ecosystem/Environment Experimental Chamber System，MECS）的大科学工程，搭建中尺度的海洋生态水平上的环境模拟实验系统，就成为研发海洋负排放技术的理想实验平台。迄今为止，国内外尚未有高度 50 米级以垂直过程为目的的大型实验水体。MECS 的建成将填补这一国际空白，并对我国近海生态系统与环境改善、负排放技术研发以及国际海洋科学与技术研究产生重大和深远的影响。MECS 不仅是研究海洋对气候变化的响应与反馈、预测未来海洋情景无可替代的手段，也将是探讨海洋生态系统可持续发展理论和实践的工具。在海洋科学发展新一轮竞争的大形势下，我国应尽快启动建设海洋气候环境模拟研究设施，大力开展海洋气候环境垂直参数模拟的科学研究工作。

·支撑保障·

G.14

依靠科技创新支撑碳达峰碳中和目标实现

陈其针 彭雪婷 张 贤*

摘 要： 碳达峰碳中和的实现过程，本质上是经济社会发展与化石能源/资源消耗从开始脱钩到完全摆脱依赖的过程。未来一段时间内，我国碳排放总量和强度“双高”的情况仍将持续，实现碳中和目标的时间周期短，现有技术储备不足，需要付出更多努力并提前部署低碳/零碳/负碳科技研发与示范，为保障“双碳”目标实现提供有力的科技支撑。“十四五”时期是我国碳达峰与碳中和技术部署和发展的关键时期，应围绕电力、工业、建筑、交通各部门科技需求，从源头替代、过程削减、末端捕集等方面，大力发展和推广应用传统低碳技术、先进零碳技术、前沿负碳技术等；同时多措并举做好政策规划顶层设计、法规标准建设、碳排放权交易市场建设等。

关键词： 碳中和 科技创新 技术研发

* 陈其针，中国21世纪议程管理中心副主任，主要从事可持续发展与气候变化、科技管理与创新政策等相关研究；彭雪婷，中国21世纪议程管理中心助理研究员，主要从事可持续发展与气候变化等相关研究；张贤，中国21世纪议程管理中心研究员，主要从事应对气候变化、可持续发展、碳捕集利用与封存技术等相关研究。

我国“二氧化碳排放力争于2030年前达到峰值，努力争取2060年前实现碳中和”[①] 的目标，是党中央、国务院统筹国内国际两个大局和经济社会发展全局，推动经济高质量发展，建设社会主义现代化强国作出的重大战略决策，是着力解决资源环境约束突出问题、实现中华民族永续发展的必然选择，是构建人类命运共同体的庄严承诺。

碳达峰是二氧化碳排放量由增转降的历史拐点，碳中和是人为温室气体排放与吸收的平衡，碳达峰、碳中和的实现过程，本质上是经济社会发展与化石能源/资源消耗从开始脱钩到完全摆脱依赖的过程。未来一段时间内我国碳排放总量和强度“双高”的情况仍将持续，实现碳中和目标的时间周期短，现有技术储备尚存在不足，实现碳达峰、碳中和目标面临巨大挑战，需要付出更多努力并加快构建科技创新支撑体系，提前部署低碳/零碳/负碳科技研发与示范[②③]。

一 实现碳达峰碳中和目标急需科技支撑

（一）碳中和目标对我国科技支撑应对气候变化工作提出了更高要求

我国尚处于经济社会发展的上升期，碳排放总量和强度“双高”的情况仍将持续，尚未实现经济发展与碳排放量的脱钩，碳中和目标要求所有温室气体净零排放，未来我国减排力度将发生变化。据测算，假设“十四五”期间低碳转型政策力度（每五年碳强度下降率达18%，能源强度下降率达13.5%）[④]，保持现有技术发展趋势，我国可实现在2030年前二氧化碳排放

---

① 《习近平系列重要讲话数据库》，人民网，http：//jhsjk. people. cn/。

② 黄晶：《中国2060年实现碳中和目标亟需强化科技支撑》，《可持续发展经济导刊》2020年第10期。

③ 张贤、郭偲悦、孔慧、赵伟辰、贾莉、刘家琰、仲平：《碳中和愿景的科技需求与技术路径》，《中国环境管理》2021年第1期。

④ 《中华人民共和国国民经济和社会发展第十四个五年规划和2035年远景目标纲要》，http：//www. gov. cn/xinwen/2021 -03/13/content_ 5592681. htm。

达峰，但我国二氧化碳峰值高达 126 亿吨，到 2060 年仍有约 90 亿吨的二氧化碳排放和约 30 亿吨二氧化碳当量的非二氧化碳温室气体排放，与实现碳中和目标有很大差距。与相对排放基准线的国家自主贡献目标要求比较，碳中和目标要实现源汇抵消，更迫切需要充分发挥科技创新支撑引领作用，特别是加速低碳/零碳/负碳技术的研发部署及其在各行业的推广应用，弥补减排缺口。

（二）实现碳达峰碳中和目标要求科技从供给侧和消费侧提供全面支撑

实现碳达峰碳中和不仅需要从电力、燃料等能源供给侧作出主动调整，而且需要工业、交通、建筑等部门从消费侧积极响应。在能源供应方面，需在加快低碳清洁能源技术推广的基础上，加快零碳能源供给，大力发展各类零碳能源。通过大力发展可再生能源电力等零碳电力能源技术，到 2050 年非化石电力在总发电量中的比重将增长至 85% ~95%。针对高品位热力、高能量密度燃料等电力难以解决的问题，需要发展氢能、生物质能等零碳非电能源技术，满足各类用能需求。在能源消费方面，通过提高能效、终端用能电气化和零碳燃料替代，快速降低化石燃料的消耗量。预计到 2060 年，清洁能源占一次能源消费比重将超过 90%①，氢能占终端能源比重达到 15% 以上②，各行业普遍实现零碳能源的广泛应用。

（三）碳中和愿景下我国经济社会变革需要系统性的技术解决方案

碳达峰碳中和目标实现还将给经济社会发展模式带来颠覆性改变，加大了减排行动的复杂性，更加需要科技提供系统性解决方案。碳中和不仅涉及单一领域或某一行业的深度减排问题，需要从全产业链、跨产业的角度处理好协同减排的关系；也不仅是独立解决能源转型或者温室气体减排的问题，

① 全球能源互联网发展合作组织：《中国 2030 年能源电力发展规划及 2060 年展望》，2021。

② 中国氢能联盟研究院：《中国氢能源及燃料电池产业白皮书 2020》，2021，http：//h2cn.org.cn/。

需要兼顾减排目标实现、能源资源安全和经济社会可持续发展等多重需求；同时，上述碳中和技术的推广与应用需要考虑不同区域、行业和领域的不同应用场景，各技术间要实现协同优化，急需集成耦合与优化技术提供支撑。

（四）全球气候治理新形势下我国应加快提升碳中和技术竞争力

联合国政府间气候变化专门委员会（IPCC）发布的第六次评估报告再次警示了气候变化的紧迫性和严峻性，强化并推进了全球减少温室气体排放并实现 CO_2 净零排放的目标导向。[①] 目前，全球已有 130 多个国家通过立法、签署行政令、政策宣示等方式提出碳中和承诺，欧盟、英国、美国、日本等国家及地区都加强了科技创新部署和研发投入，支持海上风电、低碳氢、先进核电、零排放汽车、绿色建筑、碳捕集利用与封存（CCUS）等技术发展，制定了重点领域深度减排的技术发展目标和路线图。我国碳达峰到碳中和实现时间仅有 30 年，明显短于工业发达国家承诺的 40～70 年的周期，更加需要艰苦努力，需要充分发挥科技创新的支撑引领作用。欧美发达国家在技术研发的同时也在推动提高全球贸易市场准入门槛，如推动碳边界调节机制，碳中和技术成为新的国际竞争热点，我国亟须提升低碳核心技术储备和技术竞争力。

二　实现碳达峰碳中和目标的科技需求及路径

（一）减排路径

根据测算，2020 年我国温室气体净排放总量约为 126 亿吨二氧化碳当量，包括二氧化碳排放约 112 亿吨（其中电力能源活动碳排放约 40 亿吨，非电能源活动碳排放约 59 亿吨，工业过程约 13 亿吨），非二氧化碳温室气

---

① IPCC，Climate Change 2021：The Physical Science Basis，https：//www. ipcc. ch/report/sixth－assessment-report-working-group-i/. 2021－8－9.

体排放约24亿吨二氧化碳当量，碳汇约10亿吨二氧化碳当量。[①②] 我国全面建成社会主义现代化国家需要深入发展工业化、城镇化，能源和工业、建筑、交通等领域碳排放具有刚性需求。将“双碳”目标融入经济社会发展的全过程和各领域，需统筹考虑、合理规划未来减排路径。综合清华大学[③]、国务院发展研究中心[④]等多家单位已有研究成果，将未来温室气体排放路径分为达峰期（达峰年以前）、稳中有降期（达峰年至2035年）、深度减排期（2035～2050年）、碳中和期（2050～2060年）四个阶段。

在达峰期，高质量达峰需要兼顾经济社会可持续发展，减排手段主要集中在节能减排技术广泛推广、可再生能源技术应用占比提升、能效技术潜力进一步释放等，新兴技术如CCUS、生物质能碳捕集与封存技术（BECCS）等需提前有序部署以减轻未来压力，实现2030年前经济增长与二氧化碳排放增加基本脱钩。在稳中有降期，经济保持合理增速，加速研发深度减排技术，做好技术储备，显著提升非化石能源比重，实现经济发展对化石能源/资源依赖的进一步减弱、碳排放稳中有降。在深度减排期，经济发展向第二个百年目标稳步推进，快速推广深度减排技术，实现难减排行业的关键技术突破，基本完成以非化石能源为主体的新型能源系统构建，碳排放快速下降，基本摆脱经济发展对碳排放的依赖，这一阶段能效提升技术的贡献逐渐变小，主要减排手段集中在零碳技术规模化推广与商业化应用，低碳燃料、原料和工艺全面替代，负排放技术广泛示范等。在碳中和期，我国将要或者已经全面建成社会主义现代化强国，经济社会发展绿色低碳/低碳转型已经完成，碳中和技术发展处于全球引领水平，面向前期难减排部门进行持续的深度减排，低碳/零碳/负碳技术全面推广，最终实现碳中和目标。

---

① 生态环境部：《中国气候变化第三次国家信息通报及第二次两年更新报告核心内容解读》，https：//www. mee. gov. cn/ywgz/ydqhbh/wsqtkz/201907/t20190701_ 708248. shtml。

② 清华大学气候变化与可持续发展研究院项目综合报告编写组：《中国长期低碳发展战略与转型路径研究综合报告》，《中国人口·资源与环境》2020年第11期。

③ 王灿、张雅欣：《碳中和愿景的实现路径与政策体系》，《中国环境管理》2020年第6期。

④ 国务院发展研究中心：《分四个阶段实现2060年碳中和》，2021。

（二）技术需求

我国碳排放现状从供给侧看，能源系统是主要的碳排放部门，以煤为主的高碳能源结构是我国碳排放总量大的主要原因，工业过程排放和非二氧化碳温室气体排放等非能源活动排放约占总排放的1/3。从需求侧看，我国产业结构呈现明显高碳化特点，各行业对化石能源依赖严重，电力与工业是主要的温室气体排放部门。考虑到我国未来能源需求还将持续攀升，工业发展将长期作为我国的重要经济支柱，短期内碳排放仍是经济社会发展的刚性需求。分领域来看，建筑、电力、工业、交通领域碳排放将相继达峰，2060年前实现净零排放或负排放。

电力领域包括电力的生产和输配，实现其碳减排甚至负排放是落实碳达峰碳中和目标的关键。电力领域将于2050年左右率先实现净零排放，随后进入负排放阶段，为其他领域提供一定的排放空间。在达峰期，能效提升、可再生能源电力与核电技术的减排起主导作用，高比例非化石能源电力系统的安全性和灵活性是其难点。支撑电力领域实现碳减排目标的主要技术包括可再生能源电力与核电、储能、输配电、能源互联、CCUS、BECCS等。

工业领域是实现碳达峰碳中和目标的难点，在2060年将实现近零排放，排放量为1亿~7亿吨。在达峰期，工业生产节能、减少产品需求量、提升产品利用率的技术非常重要。支撑工业领域减排的关键技术包括电气化应用、燃料替代、原料替代、工业流程再造、回收与循环利用、CCUS等。部分化工产品、金属冶炼、半导体制造、能源开采等工业过程还会产生各类非二氧化碳温室气体的排放，需要从源头减量、过程控制、末端处置和综合利用的角度实现减排。

建筑领域碳排放（建筑运营相关的直接和间接热力碳排放）已开始进入平台期，在2060年将实现近零排放，排放量在1.5亿吨以内。为实现建筑领域尽快高质量达峰，2060年实现净零排放并更好地匹配未来能源系统柔性需求，需重点推广建筑电气化、零碳供暖、零碳燃料、电力供需平衡优化（光储直柔建筑）技术，进一步发展提效技术（如建筑智能化技术，综合考虑气候适应、行为模式可调与节材等需求的建筑设计与环境营造优化技术）作为已有节能提效技术的补充优化。此外，建筑空调等使用的制冷剂泄漏会产生氢氟碳化物（HFC）排放，加剧温室效应。

交通部门碳减排潜力大、难度高，在2060年将实现近零排放，排放量不超过1.5亿吨。在达峰期，主要依靠发展公共交通、优化运输结构等需求减量技术和提高能源利用效率技术，支撑其减排的关键技术还包括电气化、氢燃料替代、生物质燃料替代、CCUS等，预计航空与远洋航海到中和期还可能有部分排放难以削减，需要颠覆性技术。交通工具的制冷设备在运行过程中也会产生HFC排放，相关减排技术也需要发展推广。

为实现碳中和目标，预计到2060年需要将非二氧化碳温室气体排放控制在8亿~10亿吨二氧化碳当量，应加强对非二氧化碳温室气体削减技术的研发。此外，碳中和目标的实现还需要大力发展系统优化与集成技术，支撑区域、行业和领域部门各项减排技术的应用，包括减排目标与其他经济社会发展目标的协同、多能互补供给保障机制的构建、各行业技术的耦合优化、高时空精度碳中和监测/预警/治理系统的建设、人工智能等新技术应用等。

（三）技术路径

要实现碳达峰、碳中和目标，应围绕四个阶段的减排路径和各领域科技需求，针对各部门排放结构和自身发展的差异性，充分发挥科技创新支撑引领作用。从“碳”的角度出发，不仅需要在前期节能减排行动的基础上，大力发展推广传统低碳技术；面向碳中和目标实现全局，同步研发示范先进零碳技术；而且需要针对长远深度减排和可持续发展的战略技术需求，超前部署前沿负碳技术研究。具体技术路径应根据不同阶段能源结构特点、产业行业减排需求、技术成熟度和推广情况，有侧重地合理开展低碳、零碳、负碳技术的部署推广。从源头替代、过程削减、末端捕集等方面，统筹考虑碳中和系列技术组合和重大工程建设，为我国应对气候变化和保障能源安全提供技术支持，为实现产业转型和流程再造升级提供技术保障，为经济社会可持续发展提供科技支撑。

从近期看，以节能增效为代表的传统低碳技术是我国实现碳达峰的优先技术选择，将为我国碳减排作出主要贡献。2020年我国煤炭消费量占能源消费总量的56.8%，石油、天然气消费量分别占18.9%和8.4%，[①] 在相当长的一段时期内这种以煤为主的能源结构仍将持续。能源消费与碳排放高度相关，研究表明，节能增效等传统低碳技术在实现碳减排的同时具有良好的盈利空间[②]。因此，充分利用减排成本低、收益大等的优势，加快先进低碳成熟技术普及推广，开展能源资源的清洁、低碳、集约、高效和优化利用，是当前我国实现碳减排的优先技术选择，应大力发展循环经济，深入推进工业、建筑、交通等领域低碳转型，做好工业通用节能设备升级，鼓励超低能耗及近零能耗建筑建设和节能绿色建材使用，推广低碳交通，大力发展公共交通。

从中长期看，可再生能源和绿氢等零碳技术的发展是我国实现碳中和愿景的主要技术手段。我国自主贡献目标明确，到2030年非化石能源占一次能源消费比重将达到25%，风电、太阳能发电总装机容量将达到12亿千瓦以上。[③] 随着化石能源利用能效提高逐渐接近极限以及能源结构零碳化，能源消费与碳排放的相关性逐渐减弱，传统低碳技术在碳减排中的贡献将逐渐降低，而传统低碳技术的边际减排成本则不断升高，相比零碳技术其经济性优势逐渐丧失。因此，中长期要实现深度减排，必须在供给侧加快零碳能源供给，大力发展各类零碳能源，在消费侧通过终端用能电气化和零碳燃料替代，快速降低化石燃料的消耗量。应围绕构建以新能源为主体的新型电力系统，重点解决发电性能提升、成本下降、电网灵活性与稳定性保障等关键技术问题，实现相关技术快速推广；推进零碳非电能源技术的研发与商业化进程，探索与工业、交通、建筑等深度融合发展的新模式；针对钢铁、水泥、

---

① 国家统计局，https：//data. stats. gov. cn/。

② 高盛集团：《碳经济学》，https：//publishing. gs. com/。

③ 《习近平在气候雄心峰会上的讲话》，新华网，http：//www. xinhuanet. com/politics/leaders/2020－12/12/c_ 1126853600. htm。

化工、有色等高排放工业行业降碳减污的迫切需求，以燃料/原料与过程替代为核心，重点解决制造效率提升、减碳成本降低、产品高质服役等关键技术问题，集中攻克过程排放削减难题，助力工业领域碳排放高质量达峰，碳效水平力争达到国际领先。

从远期看，CCUS、碳汇和碳移除等负碳技术是碳中和目标实现的托底技术保障。随着零碳技术的普遍推广和应用，高比例可再生能源电力系统和高比例非化石能源体系逐渐形成，单位能耗碳排放接近于零，能源消费与碳排放基本脱钩，节能增效等传统低碳技术对碳减排贡献度大幅下降。同时，具有良好水风光等可再生能源开发利用条件的区域越来越少，零碳电力的灵活性和稳定性挑战愈加明显。随着碳中和目标实现进入“最后一公里”，交通重卡和远洋航空、工业领域水泥和钢铁等难减行业排放削减，非二氧化碳温室气体的减排成为重点和难点，零碳技术的边际减排成本开始直线上升。通过负排放技术来抵消难减行业和无法削减的非二氧化碳温室气体，成为经济可行的技术手段。因此，面向远期碳中和目标实现，应超前部署负碳技术的研发与示范，着力推动技术创新，提升生态系统稳定性、持久性增汇能力，重点开展低成本低能耗 CCUS 技术大规模全流程示范，突破 BECCS 和直接空气捕集（DAC）关键技术难题。

三　统筹推动碳达峰碳中和科技发展的相关举措

碳达峰、碳中和目标提出的意义远远超出了应对气候变化和碳减排本身，是一场广泛而深刻的经济社会系统性变革，应围绕国家碳达峰碳中和“1 + N”政策体系总体部署，从全局和长远对科技支撑碳达峰、碳中和工作进行部署。坚持新发展理念和系统观念，充分调动国家、地方、部门、行业、企业及国际科技资源。

充分发挥科技创新的支撑引领作用，针对各阶段的重点科技需求，开展基础性、前瞻性、战略性研究，大力发展推广传统低碳技术，同步研发示范先进零碳技术，超前部署前沿负碳技术研究。合理布局产业集群和基础设施建设，因地制宜推动碳中和技术集成示范，着力推动低碳技术在多领域、多层级、多方位的应用推广。优化基地、平台、数据中心布局，打造绿色低碳科技国家战略力量。

实现碳达峰、碳中和是一场硬仗，亟须推动低碳/零碳/负碳技术实现重大突破，全方位推动构建碳中和技术体系，为清洁低碳安全高效的能源体系重构和重点行业领域减污降碳行动实施提供支撑。应加快推动应对气候变化立法和相关领域法律法规制修订，增加推动低碳/零碳/负碳技术发展相关内容。完善重点领域碳排放限额、核算评价等标准体系建设。发展绿色金融，完善财税政策、投融资体系、价格政策和市场机制，加快推进全国碳排放权交易市场建设。推进“产学研金介”深度融合，健全以价值为导向的成果转化激励机制，加快碳达峰碳中和科技成果的产业化进程，推动产业链、价值链、供应链重构。加强碳中和科技创新、经济结构优化升级、能源系统转型、生态环境保护等相关工作的统筹推进和综合施策，实现协同增效。统筹做好国际谈判与履约，深化国际低碳/零碳/负碳技术交流合作。

G.15 建设服务碳达峰碳中和目标的全国碳市场

张　昕*

摘　要： 本文总结了2020年以来全国碳市场建设新进展，分析了我国碳达峰、碳中和目标的内涵及对我国社会经济发展的重要意义。通过实例分析，本文阐述了近年来我国开展碳交易活动对社会经济绿色低碳发展转型的作用，并在此基础上，提出了未来建设服务于碳达峰、碳中和目标的全国碳市场顶层设计和建设构想，即坚持减排工具的基本定位建设完善全国碳市场，以总量控制为着力点强化全国碳市场制度体系建设，以全国碳市场为中心构建多层次、多元化碳交易体系，以降碳为核心探索建立碳市场与其他环境权益交易市场协同的增效机制，以服务碳减排为目标健康有序发展碳金融。

关键词： 全国碳市场　碳交易　碳达峰　碳中和

碳交易是基于市场机制控制温室气体排放的政策工具，党中央、国务院高度重视全国碳排放权交易市场（以下简称“全国碳市场”）的建设工作，全国碳市场是我国利用市场机制、结合配额管理制度实现温室气体排放控制和减排的重大制度创新，是作为积极应对气候变化、全面深入地推动绿色低

---

* 张昕，国家应对气候变化战略研究和国际合作中心总经济师，教授，主要研究方向为碳交易机制、碳排放数据监测、报告和核查政策与技术。

碳发展的一项重大制度创新，是生态文明建设的重要组成部分，是推进我国生态环境治理体系和治理能力现代化的重要抓手。

一　全国碳市场建设的新里程碑

2017 年 12 月，我国启动了全国碳排放交易体系，着手建设全国碳市场，标志着碳交易机制建设从试点走向全国。2020 年以来，生态环境部从政策制度、基础设施、技术规范和综合能力等方面入手，积极加快推进全国碳市场建设，并取得里程碑式进展。

密集发布碳交易及相关活动政策法规和技术规范，为全国碳市场上线交易奠定了政策法规基础。2020 年 12 月，生态环境部发布《碳排放权交易管理办法（试行）》（生态环境部令第 19 号），正式启动全国碳市场第一个履约周期（2021 年 1 月 1 日至 12 月 31 日），全国碳市场目前仅纳入发电行业重点排放单位，第一个履约周期内全国碳市场纳入的发电行业重点排放单位共 2162 家，覆盖二氧化碳排放量约 45 亿 tCO_2e/年，目前全国碳市场是全球覆盖二氧化碳排放总量规模最大的碳市场。还发布了碳排放权登记、交易、结算等管理细则，以及企业温室气体排放核算、核查等技术规范，初步构建全国碳市场政策法规和技术规范体系。

持续扎实做好数据质量管理工作，为全国碳市场上线交易奠定数据基础。虽然受到新冠肺炎疫情的影响，但我国仍然组织各省级生态环境主管部门完成了 2019 年、2020 年重点排放单位碳排放数据核查与报送工作。为了进一步夯实数据质量，强化核查管理，2021 年 5 ~6 月，生态环境部在 8 个省区市组织开展了发电行业碳排放数据质量调研帮扶工作，指导省级生态环境部门加大开展碳排放数据核查、抽查力度，加强能力建设，进一步提升碳排放数据质量。

制定了科学合理的配额分配方案，为重点排放单位成本效益优化实现碳减排目标奠定基础。2020 年 12 月，生态环境部发布了全国碳市场配额分配方案，即《2019 ~2020 年全国碳排放权交易配额总量设定与分配实施方案（发电行业）》，公布了发电行业重点排放单位名单，采取基准法为全国发电行业重点排

放单位分配核定的配额。另外，为了处理好发电行业碳减排与经济发展的关系，促进电源结构清洁化，我国制定了配额清缴上限和鼓励燃气机组发电政策。

基本完成基础支撑系统建设并顺利投入运行，为全国碳市场监管与服务提供了有力的工具。生态环境部依托全国环境综合信息管理平台，建成了重点排放单位温室气体排放数据直接报送信息管理系统，并实现了2020年碳排放数据的直接报送；此外，在生态环境部的指导下，湖北省、上海市牵头分别开展全国碳市场注册登记结算系统和交易系统建设，已基本建成了两个系统，完成了测试、对接调试并通过验收，具备了顺利开展配额交易及监管的能力。

通过大量细致探索性的工作，2021年7月16日全国碳市场顺利启动上线交易。韩正副总理出席全国碳市场上线交易启动仪式，并宣布全国碳市场上线交易正式启动。全国碳市场顺利启动上线交易是全国碳市场建设的里程碑，既是我国积极应对气候变化的重要政策与行动，也是推动我国经济社会绿色低碳发展的重大举措。截至2021年8月16日，全国碳市场配额累计成交量为702万tCO_2e，成交金额累计3.55亿元，价格由首日开盘价48元/tCO_2e上升到开盘价51.76元/tCO_2e。全国碳市场运行平稳、成交量较大、碳价稳中有升，正在逐渐发挥减排成效。

建立完善全国碳市场，不仅为优化配置碳排放空间资源提供了有效的市场机制手段，而且为我国社会经济发展与碳排放脱钩、为社会经济高质量发展和高水平保护创建了良好的制度环境，也是落实习近平总书记要求我国二氧化碳排放力争于2030年前达到峰值，努力争取2060年前实现碳中和，积极应对气候变化实现国家自主贡献目标的核心政策工具。

二　碳达峰碳中和是我国社会经济发展的重大战略目标

2020年9月22日，习近平主席在第七十五届联合国大会一般性辩论上提出，我国二氧化碳排放力争于2030年前达到峰值，努力争取2060年前实现碳中和目标（以下简称“碳达峰、碳中和目标”）。之后，习近平主席多次在重

要国际会议、重大国内会议和考察中就我国实现碳中和、碳达峰目标发表一系列重要讲话。2021 年 3 月 15 日，习近平主席主持召开中央财经委员会第九次会议，强调碳达峰、碳中和目标是党中央深思熟虑的重大战略决策，关系中华民族的永续发展，要把碳达峰、碳中和目标纳入生态文明建设整体布局，拿出抓铁有痕的劲头，确保如期实现碳达峰、碳中和目标。

党中央、国务院为做好碳达峰、碳中和工作多次作出安排部署。2020 年底中央经济工作会议要求，2021 年八项重点工作之一是要做好碳达峰、碳中和工作。中央财经委员会第九次会议确立了碳达峰、碳中和目标的战略定位，明确了碳达峰、碳中和目标的战略方向，并就实现碳达峰、碳中和目标的窗口期、关键期——“十四五”时期的重点工作作出具体要求。“十四五”规划纲要要求，制定 2030 年前碳排放达峰行动方案，碳排放达峰后稳中有降。在 2021 年国务院《政府工作报告》中，李克强总理强调，扎实做好碳达峰、碳中和各项工作，制定 2030 年前碳排放达峰行动方案。国务院印发《关于加快建立健全绿色低碳循环发展经济体系的指导意见》（国发〔2021〕4 号），要求确保实现碳达峰、碳中和目标，推动我国绿色发展迈上新台阶。

碳达峰、碳中和目标因应对气候变化而提出，辐射覆盖社会经济发展的各个方面，要求我国必须形成具有战略优先地位、高水平的生态系统及保护体系，必须建成绿色低碳循环发展的经济体，必须形成简约适度、绿色低碳的生活和消费方式，建立人与自然和谐共生的现代化社会，揭示出碳达峰、碳中和目标不仅是应对气候变化的目标，还是社会经济发展的目标，本质是社会经济高质量、可持续发展的目标，碳达峰、碳中和的战略决策与安排部署，丰富了我国新时代的发展观内涵。碳达峰、碳中和不是别人要求我们做的，而是为了中华民族的永续发展我们自己要做的事业。

三　碳市场对行业绿色低碳发展发挥了重要的推动作用

实现碳达峰、碳中和目标的关键是高碳排放行业实现绿色低碳发展，碳

市场可有效推动行业绿色低碳发展。截至2020年，全球30余个国家和地区建立了碳市场，分别纳入了工业、电力、航空、交通、建筑、废弃物处置和林业等部门，覆盖了3~6种温室气体，碳排放量分别占其所在地区碳排放总量的18%~85%，碳排放总量约为当前全球碳排放总量的1/4。此外，各碳市场的年度排放配额上限从500万tCO_2e到40亿tCO_2e不等，配额价格（碳价）区间为1~60美元/tCO_2e。碳市场以碳价为信号，优化配置碳排放空间资源，在倒逼高排放行业及排放实体绿色低碳转型发展中发挥了重要作用。

（一）国外碳市场推动纳管电力行业绿色低碳转型发展

1. 欧盟碳市场推动电力行业绿色低碳转型发展

自2005年欧盟碳市场运行以来，碳价长期较低，但2018年以后，碳价不断上涨，2021年5月底碳价上涨到约50欧元/tCO_2e。欧盟碳市场碳价转移至发电行业，增加了煤电的建设投资成本（平准化度电成本）和运行成本，促进了火电清洁化，推动了可再生能源发展，推动了电力行业绿色低碳发展。

以英国为例①，欧盟碳市场碳价转移到英国火电机组平准化度电成本上之后，燃气机组的平准化度电成本与煤电机组的平准化度电成本相当；因此发电企业更倾向于选择建设燃气机组，致使2000~2019年英国的天然气发电量与煤电发电量之比从0.8逐年上涨至约20，使得火电电源结构更加清洁化。

欧盟碳市场有力地推动了风电、光伏发电的发展。虽然风电、光伏发电平准化度电成本不受碳价的直接影响，但是碳价推高了煤电的平准化度电成本，相当于提升了风电、光伏在建设成本方面的竞争力，加之可再生能源技术不断进步，使得风电、光伏的平准化度电成本几乎与煤电成本相当。

---

① http：//www. gov. uk/government/news。

此外，欧盟碳市场碳价也使得欧盟煤电机组的运行成本不断增加[①]，例如，2019年欧盟煤电机组月平均运行成本比2018年增加约10欧元/MWh。按照目前欧盟碳市场碳价发展趋势估算，欧盟煤电机组运行成本将不断增加，而风电、光伏的运行成本可能分别在2024年、2027年接近或低于煤电机组的运行成本。

就电力装机而言，据不完全统计，2008～2018年欧盟光伏发电装机量和风电装机量分别增长了约4倍和2倍；与2018年相比，2019年欧盟光伏发电装机量增加了约104%，风电装机量增长了约30%。[②] 就发电量而言，火电发电量从2008年的约1900000GWh逐年降至2018年的约1300000GWh；2019年欧盟（含英国）煤电发电量更是比2018年下降24%，降幅为1990年以来最大；2019年欧盟可再生能源发电量（不包括水电）约占欧盟总发电量的35%，增加了约6500GWh；2019年欧盟风电和光伏发电量首次超过了煤电发电量。[③]

2. 美国区域温室气体减排行动推动纳管发电企业碳减排

2009年，美国区域温室气体减排行动（RGGI）正式启动，是美国首个强制性区域碳排放总量控制下的碳交易市场机制，仅覆盖25MW及以上的化石燃料发电企业，共纳管发电企业160余家。RGGI仅以有偿分配的方式为纳管发电企业分配配额。RGGI与目前全国碳市场覆盖范围相似，即仅纳管发电行业，因此RGGI促进发电企业减排的政策与行动对全国碳市场发挥减排作用具有重要借鉴意义。研究表明，2009～2016年RGGI覆盖范围内的发电企业排放量下降了35%，一方面得益于RGGI严格的碳排放总量控制，在一定程度上激励企业提高能效并增加非化石燃料使用比例以完成减排目标；另一方面配额拍卖收益再投资于能效提高项目以及清洁和可再生能源项目，进一步促进了碳排放的减少。由RGGI的经验可鉴，严格控制配额总量、强化配额有偿分配是发挥碳交易机制作用，促进发电企业减排的重要抓

① http：//www. eurostate. com/。

② http：//www. eurostate. com/Renewable energy statistics。

③ 数据来源：Agora Energiewende 和 Sandbag。

手，配额有偿分配收入反哺碳减排项目和可再生能源项目等强化了碳市场对发电企业减排的激励成效。

（二）清洁发展机制推动了我国电力行业绿色低碳转型发展

清洁发展机制（CDM）是《京都议定书》引入的灵活履约机制，核心内容是允许《京都议定书》附件Ⅰ发达国家缔约方与非缔约方即发展中国家进行项目级的温室气体减排量交易。在清洁发展机制中，发达国家购买发展中国家减排项目产生的经核证的减排量（CER），或者为发展中国家减排项目提供技术获得CER，用于实现自己在《京都议定书》下的部分减排义务。由此可见，清洁发展机制不仅帮助发展中国家实现可持续发展和最终减排，还帮助发达国家以成本效益优化的方式实现其在《京都议定书》下的温室气体排放控制目标。

截至2020年2月底[①]，在清洁发展机制执行理事会（CDM－EB）已经注册CDM项目共8154个，已签发CER共约22.57亿tCO_2e，我国是全球开发CDM项目数量最多的国家，获得签发的CER约为11.1亿tCO_2e，约占CER总量的52.6%。据不完全统计，我国已经直接通过CER交易获得约410亿元的经济收益，并撬动对我国风电、光伏、水电领域直接投资约1248亿美元，促进了我国可再生能源的快速发展，有力地推动了我国可再生能源技术创新和国产化，推动了我国电力行业的绿色低碳转型发展。

（三）我国试点碳市场促进控排企业绿色低碳转型发展

2013～2015年，深圳试点碳市场覆盖了电力、水务、燃气、制造业、建筑、公共交通、机场、码头年排放量3000tCO_2e及以上的636家排放单位。以2010年为基准年，2013年、2014年、2015年深圳碳市场纳管的上述排放单位碳排放总量分别下降403.53万tCO_2e、446.31万tCO_2e和

① 张昕：《温室气体自愿减排交易机制建设》，国家应对气候变化战略研究和国际合作中心，2020。

632.32 万 tCO_2e；此外，2013 年度深圳试点碳市场纳管的 621 家制造业企业在完成碳排放控制目标的同时工业增加值比 2010 年度增加 1051 亿元，上升 42.5%。[①]

广东试点碳市场纳入钢铁、石化、电力、水泥、航空、造纸行业约 250 家碳排放控排企业，覆盖广东省约 70% 的能源消耗产生的碳排放量。2013 年 12 月广东试点碳市场运行以来，减碳增效激励作用明显，超过 80% 的碳排放控排企业实施了节能减碳技术改造项目，超过 60% 的碳排放控排企业实现了单位产品碳强度下降，电力、水泥、钢铁、造纸、民航行业控排企业单位产品碳排放量均呈下降趋势，分别下降约 11.8%、7.1%、12.7%、15.9%、5.4%。[②]

北京试点碳市场覆盖电力、热力、水泥、石化、其他工业、制造业、服务业、交通等行业 800 余家企事业重点排放单位。据初步测算，2013 年度北京试点碳市场纳管重点排放单位碳排放总量同比下降了 4.5% 左右；2014 年度北京试点碳市场纳管重点排放单位二氧化碳排放量同比降低了 5.96%，并协同减排 1.7 万吨 SO_2 和 7310 吨 NO_x，减排 2193 吨 PM_{10} 和 1462 吨 $PM_{2.5}$；[③] 2015 年北京碳市场纳管重点排放单位碳排放总量同比下降约 6.17%，万元 GDP 碳排放分别同比下降约 9.3%。

（四）温室气体自愿减排交易促进绿色低碳转型发展

2012 年 6 月，《温室气体自愿减排交易管理暂行办法》发布，我国着手建立温室气体自愿减排交易市场，开展国家核证减排量（CCER）交易。截至 2017 年 3 月暂停受理备案时，已备案温室气体自愿减排方法学 200 个，覆盖节能、提高能效、新能源、生物质利用、垃圾废弃物处置、碳汇等多个减碳增汇项目领域；备案温室气体自愿减排项目 1315 个，备案 CCER 约 7800 万 tCO_2e，覆盖我国大陆地区所有省区市，其中超过 70% 的项目属于可

① 深圳排放权交易所：《深圳碳市场建设情况报告》，2018。

② 广州碳排放权交易中心：《广东试点碳市场建设进展情况报告》，2018。

③ 林艳：《543 家碳排放企业均按期履约》，《北京青年报》2015 年 5 月 7 日。

再生能源项目。

2015 年 1 月，CCER 正式在全国 9 个交易平台上线交易，同年参加试点碳市场和福建碳市场的配额清缴抵消。截至 2021 年 3 月，CCER 累计成交量约 2.8 亿 tCO_2e，成交额约 23.6 亿元；此外，约 2700 万 tCO_2e 的 CCER 已经用于试点碳市场配额清缴抵消，为碳市场控排单位降低配额清缴成本超过 3 亿元，有效降低了碳市场控排单位减排成本，有效激励了温室气体减排项目及绿色低碳技术开发，特别是推动了可再生能源的发展。①

综上所述，碳交易机制可为碳排放实体提供成本效益优化的减排途径，倒逼能源消费结构和产业结构低碳化，倡导绿色低碳生活与消费，并有助于将碳减排与生态环境保护有机结合，可将资金、技术创新引导至绿色低碳发展领域，推动行业企业绿色低碳发展。

四　面向碳达峰碳中和目标的全国碳市场建设思考与建议

为了助力实现碳达峰、碳中和目标，必须不断完善全国碳市场顶层设计与建设。总体上，全国碳市场未来应纳入电力、钢铁、有色、建材、石化、化工、造纸、航空等高排放行业，重点排放单位约为 6000 家，全国碳市场覆盖的碳排放量将约占全国碳排放量的 60% ~70%，据此全国碳市场排放配额总量将约为 70 亿 tCO_2e，因此，一个切实可行、行之有效的全国碳市场将有力地推动我国实现碳达峰、碳中和目标，特别是促进高排放行业以成本效益优化的形式率先实现碳达峰、碳中和目标。

全国碳市场将逐渐从碳排放强度控制过渡到碳排放强度和总量控制相结合的控制方式，再过渡到碳排放总量控制，在处理好碳减排与经济发展的关系的同时严格实施碳排放控制。实施碳排放总量控制，必须制定严格的碳排

① 张昕：《全国碳市场建设政策与实践报告》，国家应对气候变化战略研究和国际合作中心，2020。

放总量控制目标。全国碳市场还应积极实施配额有偿分配，将减排的价格信号有效传递给碳排放实体；不仅要鼓励重点排放单位、金融机构和个人参与碳交易，还将开展除配额现货之外的碳排放衍生品多种产品交易，发挥碳价优化分配碳排放空间资源的决定性作用。此外，还要更好地发挥政府作用，通过政府为全国碳市场建章立制，不断完善制度体系建设，为全国碳市场实现碳排放总量控制目标保驾护航。充分发挥市场机制优化碳排放资源分配的决定性作用和更好发挥市场机制作用，推动全国碳市场逐渐发展成熟壮大，发现碳排放合理价格，切实为碳减排提供经济激励。

以全国碳市场为平台，将碳排放管理与碳资产管理紧密相连，不仅成为重点排放单位成本效益优化实现碳排放控制目标的重要途径，而且成为将资金、技术等引导至社会经济绿色发展领域的重要渠道；通过全国碳市场，切实开展碳排放总量控制、预算管理、有偿使用，将把对社会经济发展的“碳约束”有效转化为“碳生产力”，将全国碳市场建设成为我国实现碳达峰、碳中和的有力驱动和经济激励机制。

为了建设服务于我国碳达峰、碳中和目标的全国碳市场，现阶段，我们必须进一步强化全国碳市场的法律法规体系、政策制度体系，推动碳排放权交易市场化。①

（一）坚持减排工具的基本定位建设完善全国碳市场

碳市场是政府为实现碳排放控排目标建立的市场机制，通过市场机制形成合理的碳排放价格（如配额价格），优化配置碳排放资源，倒逼企业实施碳减排措施，并降低实现碳排放总量控制目标的成本。由此可见，碳市场的核心目标是实现政府设定的碳排放总量控制目标，交易是降低碳减排成本的可能途径。

欧盟、美国加州和韩国碳市场均通过国家立法明确了碳市场的核心目

① 张昕：《以碳达峰、碳中和为引领深化建设全国碳排放权交易市场》，《中国生态文明》2021 年第 4 期。

标：实现碳排放总量控制，碳市场也相应地设定了年度或履约周期内的碳排放量上限（排放配额总量），并呈逐渐收紧的趋势。例如，欧盟以立法形式发布的《欧盟温室气体排放交易指令》（欧盟指令 2003/87/EC）明确指出，建立欧盟碳市场是为了推动欧盟实现不同阶段碳排放控制目标。欧盟碳市场第三阶段（2013～2020 年）的碳减排目标是在 2005 年的基础上减少 21% 的碳排放量，欧盟碳市场 2013 年排放配额总量约为 20.4 亿 tCO_2e，之后排放配额总量每年下降 1.74%。加州 AB32 法案表明，加州碳市场是加州为实现 2020 年温室气体排放总量控制目标的 18 项重要措施之一，加州碳市场 2018～2020 年各年度排放配额总量分别为 3.58 亿、3.46 亿和 3.34 亿 tCO_2e，排放配额总量逐年收紧。韩国《低碳绿色增长基本法》要求将韩国碳市场建设成为碳排放总量控制下的交易机制，以推动实现韩国碳排放总量控制目标。

党中央、国务院要求将全国碳市场建设成为基于市场机制的碳减排政策工具。《全国碳排放权交易市场建设方案（发电行业）》指出，全国碳市场建设坚持将碳市场作为控制温室气体排放政策工具的工作定位。《碳排放权交易管理办法（试行）》（生态环境部令第 19 号）明确了全国碳市场是服务于应对气候变化和促进绿色低碳发展的重大制度创新。“十四五”规划纲要强调，建设完善碳排放权交易机制是我国现代环境治理体系建设的重要内容，碳排放权市场化交易的重要目标是持续改善生态环境、促进经济社会发展全面绿色低碳转型。

（二）以总量控制为着力点强化全国碳市场制度体系建设

欧盟、加州和韩国等碳市场均以国家立法形式明确了建设碳市场的主要目标——实现碳排放总量控制，并服务于实现国家/地区碳排放总量控制目标。类似地，为了推动实现碳达峰、碳中和目标，我国碳市场应尽快推动出台“碳排放交易管理暂行条例”，明确全国碳市场碳排放总量控制责任，配合国家碳排放总量控制目标要求设立全国碳市场碳排放总量控制目标。

全国碳市场还要不断优化完善排放配额分配方式与方法，合理设定配额有偿分配的比例与使用范围，制定有效的有偿分配计划，包括有偿分配的频次与底价等，探索建立用于低碳发展、公平绿色低碳转型的配额有偿分配收入使用机制等。此外，还应充分发挥配额有偿分配（竞买）指引配额价格的作用，并以此为手段有效防范管理碳交易市场风险。通过强化法律法规体系建设，以法律手段压实重点排放单位配额清缴履约责任，特别是加大对重点排放单位违约违规的处罚力度，确保全国碳市场实现碳排放总量控制目标。

另外，还需不断强化全国碳市场交易监管机制建设。梳理分析全国碳市场交易及相关活动的风险点，针对风险点并结合国务院监督管理职责分工，构建全国碳市场部委联合监管机制。建立碳价调控机制，包括实施价格涨跌停及最大持仓量限制、设定碳价走廊、建立碳市场政府平准基金或建立碳排放配额储备机制等。不断完善全国碳市场碳交易系统和注册登记系统功能，充分发挥全国碳市场碳交易机构和注册登记机构对交易活动的监管能力，以两系统为工具构建全国碳市场交易风险跟踪、分析、预警、联合处置管理体系。建立健全碳市场信息披露制度、征信管理体系和行业自律管理体系，构建信息披露标准与平台，强化对全国碳市场交易及相关活动的全流程特别是事中、事后监管。

（三）以全国碳市场为中心构建多层次多要素碳交易体系

逐步构建以全国碳市场为核心，以温室气体自愿减排交易市场、碳普惠交易市场为补充的多层次、多要素碳排放交易体系，逐渐扩大全国碳市场覆盖的温室气体种类和行业，不断扩大全国碳市场规模。在监管机制不断完善的前提下，不断丰富交易品种，扩大交易主体，丰富交易方式，形成多要素的碳市场要素体系，提升碳市场交易活跃度，形成合理的碳排放价格。

全国碳市场建设完善阶段，还应充分发挥试点碳市场的辅助作用。试点碳市场为全国碳市场建设提供了宝贵的经验，并为全国碳市场在政策、技术、人才方面做了准备，营造了良好的建设环境。加快推进全国碳市场建设，不仅应推动试点碳市场向全国碳市场平稳过渡，还应深化试点碳市场建设，持续发挥试点碳市场的作用。在坚持全国碳市场统一运行、统一管理、统一标准的基础上，明确试点碳市场在过渡时期的定位，按照全国碳市场要求建设原有试点碳市场，为试点碳市场平稳过渡到全国碳市场提供清晰的目标、路径和时间指引；尽快制定出既因地制宜，又与全国碳市场建设规划衔接一致的试点碳市场深化发展方案，例如，试点碳市场可以覆盖全国碳市场未覆盖的行业和领域、探索发展碳普惠交易机制；试点碳市场还可以继续作为全国碳市场的试验田，为建立健全全国碳市场制度体系、交易机制先行先试。

（四）以降碳为核心探索建立碳市场与其他环境权益交易市场协同增效机制

目前我国社会经济发展与碳排放没有脱钩，我国碳排放、污染物排放、化石能源消费也具有同源性。应以碳达峰、碳中和目标为引领，把降碳作为源头治理的“牛鼻子”，将全国碳市场作为控制温室气体排放的统领性政策工具，在全国碳市场顶层设计中，注重碳排放权交易、排污权交易、用能权交易制度的管理需求、特点与相互作用，重视不同部门管理优势与特点合理调配，加大部门之间协调力度，共享管理资源，管理政策有机衔接协调，政策执行协调合作，实现碳交易与其他权益交易机制（包括用能权交易机制、绿证交易机制、绿电交易机制）的协同增效，提升市场机制生态环境治理能力，推动能源消费和产业绿色低碳转型。

（五）坚持以服务碳减排为定位健康有序发展碳金融

健康有序发展碳金融有助于将资金、人才、技术等各类要素资源引导到碳排放控制、低碳技术创新和绿色低碳发展领域，特别是有助于解决低碳转型的巨大资金需求，推动我国实现碳达峰、碳中和目标。

依托全国碳市场健康有序发展碳金融，必须处理好全国碳市场建设与碳金融发展的关系。全国碳市场是碳金融发展的载体，全国碳市场的基本定位是碳减排工具，因此，碳金融首先必须服务于碳减排这一核心目标，也才更具生命力；其次，在全国碳市场市场化水平满足条件并可有效防范金融风险的前提下，在全国碳市场开展碳金融才能充分发挥碳金融成效。

为了健康有序发展碳金融，还应在以下方面不断加强全国碳市场制度体系与技术体系建设。一是以即将出台的《应对气候变化法》《碳排放交易管理暂行条例》为基础，制定出台碳金融的配套法律法规，明确碳金融产品的法律和资产属性。二是建立完善碳交易监管机制，除了强化现货交易监管外，还应进一步加强对碳金融活动的监管。三是在建立有效的碳市场调节机制、信息披露机制和征信管理机制的基础上，丰富市场要素，提升现货市场活跃度，促进现货市场发展成熟。四是以碳减排控制成效为导向，建立完善碳金融技术标准体系和基础统计制度，规范碳金融产品开发、操作运行、绩效和信用评估。五是在试点碳市场开展碳金融的基础上，不断探索创新、总结先进经验和最佳实践，建立完善碳金融产品、工具以及组织服务形式和监管制度，并将其积极稳妥地推广到全国碳市场，为推动碳达峰、碳中和构建投融资渠道。

五　小结

全国碳市场是我国应对气候变化的重大机制创新和复杂的系统工程，全国碳市场建设不可能一蹴而就。为了将全国碳市场建设成为积极、高效推动我国实现碳达峰、碳中和目标的重要平台工具，必须坚持碳减排工具的基本定位，同时还需要做大量的基础性、探索性工作，不断优化全国碳市场顶层设计，制定服务于碳达峰、碳中和目标的全国碳市场建设路线图、施工图和时间表，以完善制度体系建设为关键，不断强化碳排放总量控制法律法规基础，夯实技术规范基础，还须处理好地方差异性、行业差异性问题，处理好减排与经济社会发展的关系，统筹降碳减污成效及其经济效益、社会效益，最终将全国碳市场建设成为把资金、人才、技术创新等各类要素资源引导至绿色低碳发展领域的有力工具，并推动社会经济实现公平、高效的绿色低碳转型，促进科学、高质量地实现碳达峰、碳中和目标。

G.16
绿色金融助力碳达峰碳中和目标愿景实现

王 遥　黎 峥*

摘　要： 在第七十五届联合国大会一般性辩论上，中国国家主席习近平提出中国应对气候变化的方案，即“二氧化碳排放力争于2030年前达到峰值，努力争取2060年前实现碳中和”。进一步加强绿色投融资、加快推动经济结构与能源结构转型，是实现“双碳”目标亟须破解的重要难题。发展绿色金融，发挥金融支持绿色低碳发展的资源配置、风险管理和市场定价三大功能，是破解实现“双碳”目标资金难题的重要手段。本文阐述了发展绿色金融对于“双碳”目标实现的重要意义，在系统梳理中国绿色金融在政策体系、市场建设、国际合作以及发展成效的实践基础上，结合“双碳”目标给绿色金融发展带来的机遇与挑战，提出更好发挥绿色金融服务实体经济、支持“双碳”目标实现的政策建议。

关键词： 绿色金融　碳中和　绿色投融资　绿色转型

气候变化正对全球气候系统、生态系统造成显著破坏，同时极端天气和气候事件的频繁发生对各国经济发展造成了较为严重的影响。世界气象组织

---

* 王遥，中央财经大学绿色金融国际研究院院长，北京财经研究基地研究员，博士生导师，主要研究方向为低碳经济、气候金融、绿色金融；黎峥，中央财经大学绿色金融国际研究院研究员，主要研究方向为绿色产业、绿色金融。

发布的2020 *State of Climate Services* 显示，因极端的天气和气候引发的灾害，例如过量降水或者干旱等，过去50年里全世界遭受3.6万亿美元的经济损失，超过200万人死亡，有记录的灾难数量超过1.1万起，是过去的5倍，由此造成的损失增加了7倍。[①] 与此同时，新冠肺炎疫情的蔓延对全球经济和社会带来巨大的冲击，世界银行披露的数据表明，2020年全球GDP下降了3.5%~4.3%，是“二战”以来遭遇的最大经济衰退。[②] 为应对经济下行带来的失业、收入减少、贫困等问题，世界各国纷纷在疫情防控常态化时期推动大规模的经济刺激计划。而疫情防控常态化时期的经济复苏正值应对气候变化和实现可持续发展的关键时期[③]，绿色复苏成为各国疫情后经济复苏的重要内容。中国国家主席习近平在2020年9月的第七十五届联合国大会一般性辩论上指出，“绿色复苏”应成为各国推动疫情后世界经济复苏的主要方式，以形成强大合力推动可持续发展，并提出了中国“二氧化碳排放力争于2030年前达到峰值，努力争取2060年前实现碳中和”的应对气候变化目标。实现“碳中和”目标需要进一步加快经济及能源结构转型，发展绿色金融是满足推动经济绿色低碳发展转型资金需求的重要途径。

一　绿色金融支持“双碳”目标实现的作用

金融是现代经济的核心，是实体经济的血脉，金融具有的资源配置、风险管理和市场定价三大功能，是推动我国“碳中和”目标实现的重要支撑工具。

绿色金融能够形成绿色低碳的资金导向。实现“30/60”目标需要大量

① WMO，“2020 State of Climate Services”，https：//library. wmo. int/index. php？lvl = notice_display&id = 21777#. YOz56 – gzZPZ.

② The World Bank.“Global Economic Prospects”, 2021.

③ 郑馨竺、张雅欣、李晋、王灿：《后疫情时期的经济复苏与绿色发展：对立还是共赢》，《中国人口·资源与环境》2021年第2期。

的资金支持，基于一种宏观经济学内生增长模型，中央财经大学绿色金融国际研究院估算我国实现“碳达峰”目标需要14.2万亿元[①]；而若要在21世纪中叶实现二氧化碳净零排放，清华大学气候变化与可持续发展研究院估算我国2020~2050年的总投资需求是174.38万亿元[②]，如此巨大的资金需求仅依靠政府无法满足，需要社会资本共同参与。绿色金融通过引导绿色投融资、抑制高碳投资引导资金流向绿色低碳领域，形成发展绿色低碳行业所必需的金融资本，有效降低资本筹集的成本。通过激励优惠政策以及限制性措施，传递经济低碳转型的信号，进一步优化市场资源配置。

绿色金融能够加快构建绿色低碳产业结构。推动产业结构绿色低碳转型是实现“双碳”目标的必然要求，绿色金融一方面可以加快传统产业转型升级，通过降低绿色投融资成本，支持绿色低碳技术创新，通过资产定价功能形成对污染高碳行业的挤出效应，倒逼其进行转型升级，减少产业发展中的碳排放；另一方面，绿色债券、绿色基金等绿色金融工具能够发挥金融系统的资金聚集功能，支持优势绿色企业的发展，形成规模优势，实现劳动力、商品、技术及金融等资源要素的有效配置，帮助绿色产业实现整合并进一步凸显规模效应，提升对实现碳中和目标的装备、技术和服务支撑能力。

绿色金融能够提升“双碳”目标下系统性金融风险的防范能力。实现“双碳”目标要求我国提高自主贡献力度，采取更积极的措施推动经济结构和能源结构转型，在此背景下会对传统制造业、化石能源行业等棕色资产造成冲击，和这些行业相关的信贷、债券、股权投资等金融资产也会受到较大影响，金融机构风险暴露程度上升[③]，严重情况下可能会引发系统性金融风险。绿色金融具有对环境和气候风险的前瞻性，通过制度工具引导金融机构

---

① 陈川祺、潘冬阳、王遥：《实现2030年“碳达峰”目标需要多少投资？一个初步的理论计算》，中央财经大学绿色金融国际研究院，2021年4月。

② 清华大学气候变化与可持续发展研究院：《〈中国长期低碳发展战略与转型路径研究〉综合报告》，《中国人口·资源与环境》2020年第11期。

③ 孙天印、祝韵、刘雅琦：《碳中和目标下的气候转型风险与银行业应对》，《金融纵横》2021年第3期。

加强气候环境信息披露，引导投资者在投融资决策中将潜在的气候和环境因素考虑在内，提升金融机构对于“双碳”目标实现给金融体系带来的财务风险的认知，进而提升金融机构对环境气候风险的预防和管理能力，为实现“双碳”目标营造平稳良好和安全的金融发展环境。

二 绿色金融发展的中国实践

在全球可持续发展、应对气候变化与环境治理议程中，中国扮演的角色日益加重，经过多年发展，中国在全球气候变化与环境治理议程中的角色已逐渐由推动者转变成为引领者。在此基础上，中国围绕全球应对气候变化和可持续发展的理念，构建了绿色金融体系，形成了一系列在全球具备领先水平的绿色金融政策，以支持碳中和目标的实现。

（一）全面构建绿色金融政策体系

建立健全绿色金融顶层设计，构筑“自上而下”的绿色金融政策体系。中国早在2007年就开始进行绿色金融政策探索，在绿色信贷、绿色债券以及绿色保险等领域完善制度，原银监会等三部门2007年7月发布《关于落实环境保护政策法规防范信贷风险的意见》，通过金融杠杆实现环保调控；同年12月，原保监会推动环境污染责任保险试点，发布《关于环境污染责任保险工作的指导意见》；2008年，为强化上市公司环境管理能力，原国家环保总局发布《关于加强上市公司环境保护监督管理工作的指导意见》。党的十八届五中全会将绿色发展作为新时期国家发展的主要战略之一，绿色投融资需求进一步增加，绿色金融的战略地位得到提升，成为我国构建生态文明体系的重要内容之一。2016年8月，中国人民银行等七部门发布《关于构建绿色金融体系的指导意见》，我国成为全球首个建立了比较完善的绿色金融政策体系的经济体。在“顶层设计”的引导下，经过多年发展，我国构建了包含绿色信贷、绿色基金和PPP、绿色保险、证券市场绿色投资、环境权益交易市场、地方试点、国际合作、风险防范等较为完善的绿色金融政策框架。

推动绿色金融改革创新试验区建设，“自下而上”探索适合不同地区的绿色金融发展优势路径。2017 年 5 月，为深化绿色金融发展路径探索，国务院常务会议决定建立绿色金融改革创新试验区，在广东、浙江、江西、新疆、贵州五省区设立了绿色金融改革试验区。各试点地区根据自身特点和情况，在绿色金融体制机制建设、标准完善、金融产品和服务创新、监管与风险防范等方面进行探索，不断提升绿色金融服务供给能力，取得了较为显著的成效，部分绿色金融改革创新经验已局部推广。在地方层面，地方政府立足绿色金融顶层设计、借鉴绿色金融改革试验区先行经验，制定适合地方发展情况的绿色金融制度体系，为绿色金融中长期健康发展提供保障。截至 2020 年 6 月底，全国 31 个省（自治区、直辖市）均发布了绿色金融相关政策，共计发布省级绿色金融政策 100 部，包含统筹和指导整体绿色金融发展的综合性文件，以及聚焦特定领域的专项指导文件，包括绿色信贷、环境污染责任险、环境权益试点、绿色基金以及产融结合等领域。在已发布的省级绿色金融政策中，综合性指导文件 25 部，占比 25%；专项指导文件 75 部，占比 75%。在专项指导文件中，绿色信贷、环境权益、环境污染责任险三类专项指导文件共计 62 部，占比 83%，是地方绿色金融政策引导的主要领域（见图 1）。

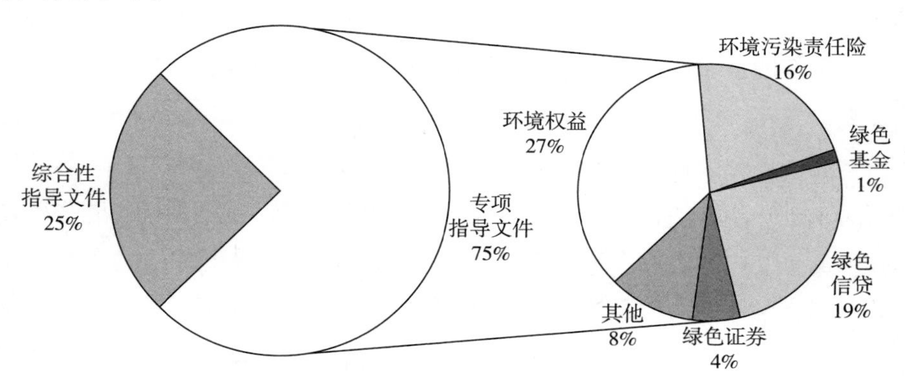

图 1　省级绿色金融政策类别

资料来源：中央财经大学绿色金融国际研究院地方绿色金融数据库。

推动标准体系逐步完善，构建统一的绿色金融评价标准。构建统一的绿色金融评价标准可以降低金融机构绿色识别成本，有利于绿色金融产品的创新和实践运用，我国结合市场实践，通过标准体系建设持续打造统一的绿色识别标准。2019 年 2 月，国家发改委发布《绿色产业指导目录（2019 年版）》，对我国绿色产业进行统一界定，中国人民银行于 2019 年 12 月发布《关于修订绿色贷款专项统计制度的通知》，参照绿色产业标准调整绿色信贷统计分类标准和报告要求；2021 年 4 月，中国人民银行等三部门发布《绿色债券支持项目目录（2021 年版）》，将原有的绿色债券项目支持范围与绿色产业目录进行匹配，形成跨领域统一的绿色金融评价标准。

聚焦应对气候变化，提升绿色金融支持“碳中和”能力。应对气候变化作为全球进入 21 世纪后的核心议题，在这一时期受到了更多关注。在气候变化日益升温的国际议题下，开展气候相关投融资，出台相关政策成为中国绿色金融发展的重点方向。2020 年 10 月，为鼓励和引导民间投资与外资进入气候投融资领域，生态环境部等五部门发布《关于促进应对气候变化投融资的指导意见》，更好发挥绿色金融对应对气候变化的支撑作用，支持国家碳中和自主贡献目标的实现。

（二）大力推动绿色金融市场建设

立足于较为完善的绿色金融体系与体制机制，我国绿色金融市场自 2016 年以来得到快速发展，各类市场主体表现活跃，已形成多层次绿色金融产品和市场体系。

绿色信贷增长迅速，创新多元化信贷融资担保方式。截至 2021 年第一季度末，中国 21 家主要银行绿色余额达到 12.5 万亿元，相较 2013 年的 5.2 万亿元增长了 140%，占各项贷款的 9.3%，绿色信贷规模位居世界第一。[①] 银行业金融机构根据绿色产业资产及项目运营特征，创新信贷融资担保方

① 《我国绿色信贷规模位居世界第一　绿色信贷资产质量整体良好》，央视网，https://news.cctv.com/2021/07/14/ARTIfPZikkkHktlraTuMnSTM210714.shtml。

式，以应收账款质押、特许经营权质押、公益林和天然林收益权质押、林地经营权抵押、知识产权质押、合同能源管理项目未来收益权质押、股权质押等形式，推出排污权融资、能效融资、未来收益权融资等形式多样的信贷产品。①

绿色债券发展势头良好，债种涵盖各类债务工具。2020 年中国境内外发行绿色债券规模达 2786.62 亿元，自 2016 年 1 月启动以来，截至 2020 年末，我国已累计发行 1.035 万亿元规模的普通贴标绿债，共计 618 只，中国已经成为世界上最大的绿色债券市场之一。② 金融机构及绿色企业根据自身特征应用不同债务工具，发行的债券种类包括绿色企业债券、绿色公司债券、绿色金融债券、非金融企业绿色债务融资工具、绿色资产支持证券（绿色 ABS）等绿色债券品种，2021 年以来还根据应对气候变化需求，探索发行碳中和专项绿色债券，支持碳中和目标实现。

绿色基金与绿色股票稳步增长，但总体规模较小。截至 2020 年末，在中国证券投资基金业协会备案成立的绿色基金数量已经超过 850 家，基金投资的领域包括生态环保、低碳节能、循环经济等，其中 2020 年新增绿色基金 126 只，同比增长 64%，这是新增绿色基金数量自 2017 年连续 3 年下降后首次增长③，但与基金市场超过 10 万只基金的规模相比，占比较小。绿色环保上市企业总数已经达到 145 家，其中 2020 年新增 16 家，业务领域涵盖水务和环境修复领域，同时也涵盖了大气污染防治、固废处理和资源化、综合服务以及环境监测与检测等，145 家绿色上市企业总市值增至 11659.1 亿元，同比增长 16%，仅占同期 A 股总市值的 3%。④

碳交易市场试点成效显著，全国碳交易市场开放在即。自 2011 年启动碳排放权交易试点建设以来，截至 2020 年底，我国碳排放权累计交易

---

① 黎峥：《中国地方绿色金融实践进展及发展建议》，《金融博览》2020 年第 4 期。
② 数据来源：中央财经大学绿色金融国际研究院绿色债券数据库。
③ 数据来源：中国证券投资基金业协会，中央财经大学绿色金融国际研究院整理。
④ 数据来源：Wind 数据库，中央财经大学绿色金融国际研究院整理。

3.31 亿吨，成交额 73.36 亿元，对地方减排降碳发挥了较好的支撑作用。[①] 部分碳交易试点市场依托碳市场发展金融衍生品，开发出配额回购融资、碳资产质押、碳债券、碳掉期、碳远期等金融融资工具，进一步提升碳交易市场活力。在试点碳市场运行的经验基础上，2021 年 7 月，全国碳交易市场正式开始上线交易，首期将发电行业 2225 家重点排放单位纳入管理，并将坚持稳步推进的原则，将化工、石化、钢铁、建材、有色、造纸、民航等八个行业逐步涵盖，进行配额现货交易以及碳排放强度管理。

（三）引领绿色金融国际合作

推动 G20 框架下的绿色金融国际合作。2016 年，中国以轮值主席国的身份首次将绿色金融纳入 G20 峰会的核心议题，并通过《G20 领导人杭州峰会公报》推动形成绿色金融发展的全球共识，并成立 G20 绿色金融研究小组（Green Finance Study Group，GFSG），持续推动绿色金融国际合作。在研究小组成员的共同努力下，绿色和可持续金融议题被写入领导人峰会成果文件中，推进了环境风险分析、环境数据可得性、可持续资产证券化、可持续 PE 和 VE、可持续金融科技等领域的发展。在该小组的影响下，全球 30 多个国家已经在绿色金融体系与政策建设方面取得初步成效，部分国家已经发展出较为成熟的绿色债券市场，其中一些国家开始发行主权或准主权绿色债券，为推动全球绿色金融合作交流作出较为显著的贡献。[②]

推动组建央行与监管机构绿色金融网络（NGFS）。在全球应对气候变化和寻求经济可持续发展的共识不断提高的背景下，2017 年 12 月，中国人民银行与多家外国中央银行和监管机构共同发起成立 NGFS，旨在强化全球对于实现《巴黎协定》所需各项行动的共识，加强金融体系在管理风险和调动资本方面的作用，从而构建更广泛的环境和可持续发展背景，并帮助国

① 数据来源：Wind 数据库，中央财经大学绿色金融国际研究院整理。
② 刘建飞、黎峥：《G20 框架下绿色金融合作现状、障碍及政策建议》，中央财经大学绿色金融国际研究院，2021 年 3 月。

际社会更好认识和管理有关气候变化的金融机遇和风险。[①] NGFS 是全球唯一一个将中央银行和监管机构集合在一起的论坛，自成立以来通过强化气候风险监管、分享应对气候变化金融实践，为金融部门环境改善和气候风险管理作出贡献，并动员金融业大力支持经济向可持续方向转型，成功地推动了全球范围内的多项绿色和低碳投资。

（四）绿色金融支持绿色低碳转型成效显著

绿色金融产品环境效益突出。绿色信贷和绿色债券是我国绿色金融市场上主要的绿色金融产品，截至 2020 年末，我国绿色信贷余额规模居世界首位，绿色债券规模居世界第二位，产生的环境效益日益显著。绿色信贷方面，以 11.6 万亿元的绿色信贷余额作为基准，每年可实现节约能源超过 3.2 亿吨标准煤当量，产生二氧化碳减排当量超过 7.3 亿吨；[②] 绿色债券方面，根据中央结算公司中债研发中心、深圳客户服务中心联合发布的《中债——绿色债券环境效益信息披露指标体系（征求意见稿）》，已披露环境效益的 450 只绿色债券募集资金投向的绿色项目可支持二氧化碳减排 13016 万吨/年，二氧化硫减排 60 万吨/年，氮氧化物减排 13 万吨/年，[③] 为实现国家节能减排目标作出了突出贡献。

助力地方“双碳”目标实现。我国六省九地绿色金融改革创新试验区在推动绿色金融改革创新工作过程中，通过绿色金融工具创新与应用，加快推动地方节能降碳，支持“双碳”目标实现。广州作为全国碳排放市场试点区域之一，自碳市场启动至 2020 年末，推动林业碳汇交易 406.96 万吨，帮助 86 个林业碳汇项目获得 7927.4 万元的碳汇收益，有效拓宽林业企业资金来源；衢州试点银行创建“个人碳账户”体系，通过发掘银行账户系统蕴涵的绿色支付、绿色出行、绿色生活等“大数据”构建银行“个人碳账

---

① Central Banks and Supervisors Network for Greening the Financial System，Network for Greening the Financial System Annual Report 2020，2021，p. 3.

② 中国银行业协会：《2020 年中国银行业社会责任报告》，2021 年 8 月。

③ 商瑾：《中国“实质绿”债券环境效益信息披露研究》，《债券》2021 年第 5 期。

户”平台，截至2020年底，累计配置碳账户488.72万个，当年累计减少碳排放2364.86吨，上线以来累计减少碳排放4076.69吨；贵州省开展单株碳汇精准扶贫项目，截至2020年底全省已完成30个县646个村8532户共334万株碳汇树木开发，累计碳汇3340万公斤，可抵消碳排放3340万公斤。各试验区在创新绿色金融产品支持节能降碳中的探索实践，为地方未来推动碳减排、实现碳中和提供了宝贵的经验。[①]

三　绿色金融支持“双碳”目标实现的机遇与挑战

（一）绿色金融迎来发展新阶段

绿色低碳转型需求推动传统金融业升级发展。实现“碳中和”目标，需要从产业结构、经济发展方式、能源结构进行调整，将带来基础设施建设、产业结构调整和能源优化项目方面的诸多投资机会，例如充电桩建设、自动化和电气化交通设施、新建绿色建筑及既有建筑绿色改造等基础设施项目，以及风电、光伏、绿色氢能等绿色能源类项目。绿色投融资市场需求的快速增长将提升市场上绿色主体的种类和数量，进而要求更多元化和个性化的金融服务，特别是在绿色和气候投融资领域，进而推动传统金融服务创新升级，催生出更多新的绿色金融产品和服务模式。

碳金融迎来更广阔的市场发展空间。作为绿色金融重要的组成部分，碳金融是体现绿色金融应对气候变化能力的重要内容。我国自2011年开展碳排放交易试点建设，在探索实践中积累了诸多碳金融发展经验。随着碳中和目标的提出，具有良好减碳效应的碳市场规模将进一步扩大，特别是2021年7月全国碳市场交易的正式启动，将推动市场的扩大和更多主体加入碳市场交易，进而促进碳金融的快速发展和创新。在试点建设积累经验的基础

---

① 绿色金融改革创新试验区第四次联席会议：《绿色金融改革创新试验区自评价报告（征求意见稿）》，2021年4月。

上，预计会有更多碳金融产品的实践和创新，包括进一步扩大碳资产抵质押贷款、碳保理、碳信托、碳金融、碳保险等规模和使用范围，以及现货市场发展到一定程度后碳期货、碳期权等金融衍生品的创新。

转型金融将成为绿色金融的重要补充。碳中和目标的实现，关键之一就是推动棕色资产的绿色低碳转型，该类行业以高碳排放强度为典型特征，这就要求绿色金融从支持“纯绿”产业，发展到兼顾支持所有有利于低碳发展的绿色转型项目，即将绿色金融的概念扩展到涵盖帮助棕色资产低碳转型的转型金融，以进一步增加其灵活性、针对性和适应性。碳中和目标指引下，碳密集型企业需要加快自身减排步伐，通过技术改造、工艺升级、发展循环经济等提升减排效益，其中产生的项目投资需求同样需要绿色金融的支持，绿色金融支持的目标将更强调项目投资和市场主体的相关资产向低碳和“碳中和”倾斜，从而给予绿色金融机构在产品和服务上更多的创新和应用空间。①

（二）绿色金融面临诸多挑战

顶层政策体系执行力有待进一步加强。我国在《关于构建绿色金融指导意见》的指引下初步构建绿色金融体系，但该文件更多的是具有指导意义，我国仍然缺少在产业、金融、环境和气候等领域推动绿色金融全面发展的上位法规。与英国、德国等国家相比，我国尚未立法支持应对气候变化相关目标和措施；在环境保护领域我国已经发布《环境保护法》，但是执行力度还有待增大；金融领域法规也缺少针对气候和环境风险管理的研究和讨论，部分领域的绿色金融标准仍在制定和完善之中，建立健全上位法政策体系，是我国绿色金融发展面临的重要挑战。

气候与环境信息披露水平难以适应碳中和要求。实现碳中和目标对金融机构和企业的信息披露水平提出了较高的要求，特别是环境与气候相关的数据，例如碳排放、碳减排等，应做到可核查、可验证并保持信息透明公开；对于碳市场建设来说，完善的信息披露也是进行科学合理碳定价的基础。目

① 王遥、吴祯姝：《绿色金融助力实现碳中和》，《中国经济评论》2021 年第 4 期。

前，我国对于环境和气候信息披露的相关政策更多以“建议”或者是通过“试点”小范围开展，缺少硬性的、更广范围的披露条款。机构的环境和气候数据可得性较差，数据的质量也不高，制约了监管部门制定应对气候变化相关政策的可行性，进而影响后续监督管理、激励惩戒、政策实施评估等工作的开展。

绿色金融产品创新和应用有待加强。中国在绿色金融产品创新领域已经取得一定成效，但总体来看，绿色金融产品实质应用层面存在较大差异，体现在绿色信贷和绿色债券应用较广，绿色基金、绿色保险、绿色指数产品、绿色信托、绿色融资租赁等其他绿色金融产品普及程度较低，在提升环境和气候风险保障、引导绿色低碳投融资领域发挥的作用有限。此外，绿色金融产品总体规模占整体金融市场规模比重也较小，绿色信贷占总贷款余额比例仅为10%左右，绿色债券占信用债比例不足2%；另外，与传统金融产品如期权、期货等对冲金融风险的绿色金融品种缺乏创新成效，有待进一步加强。

气候风险成本内生化效果不显著。绿色金融的重要作用之一为提升金融机构的气候风险管理能力，但目前金融机构应对气候变化的方法学缺失，难以科学评估金融机构所面临的气候风险，进而造成市场对气候风险的认知度不足，气候风险成本尚未传导至金融端，降低金融机构主动采取措施应对气候风险的积极性。目前，国内已经有少数金融机构开展环境或气候压力测试，对相关风险进行量化分析，但是由于缺少政策推动、准确统一的方法学等，大多数金融机构尚未认识到加强气候风险管理的重要性。[①]

四　绿色金融助力“双碳”目标实现的政策建议

（一）加强激励性货币和财税政策支持，激发市场主体积极性

建议加强货币政策工具调控功能，通过运用再贷款和再贴现、差别存款

① 王遥、吴祯姝：《绿色金融助力实现碳中和》，《中国经济评论》2021 年第 4 期。

准备金、抵押补充贷款等措施，精准支持绿色低碳产业，引导商业银行加大绿色和气候贷款的投放力度，同时加强对“高碳”企业以及相关棕色资产非转型项目的信贷限制。引导和鼓励商业银行采用气候与环境风险模型评估各项贷款风险，并通过差别化利率定价鼓励市场上更多的气候和环境风险友好项目。进一步扩大合格担保品范围，探索将碳排放权、排污权、用能权等环境权益资产纳入其中。此外，推广部分地方实施的绿色贷款、绿色债券和绿色保险的贴息、资金奖补等措施，提升市场主体应用和推广绿色金融产品的积极性。探索建立以环境、社会和治理（ESG）为评价依据的税收优惠制度，并将相关结果纳入政府优先采购政策。

（二）加强气候和环境信息披露，提高数据获得能力

建议构建完善的气候和环境信息披露体系，提供明确的评估方法学引导，推进企业和金融机构开展环境信息披露活动。进一步拓展上市企业强制性环境信息披露广度和深度，特别是探索加入气候相关要素，制定和完善碳排放信息披露的制度依据，并明确重点行业企业碳排放治理中的监督管理、事务管理、法律责任等信息，通过奖励与惩罚等方式形成碳排放信息披露的监管引导。此外，建议加强相关部门在气候和环境数据沟通方面的协作，通过数据互联互通构建更为完善的企业气候环境表现数据库，为今后碳排放及交易、气候风险评估提供高质量和全面的基础数据。

（三）创新绿色金融产品和服务，拓展支持的广度和深度

结合目前“高碳”行业绿色低碳转型需求，通过产品和服务创新提升绿色金融服务能力，深化绿色信贷、证券、保险、基金等绿色金融工具多元化应用，更大范围支持降碳减碳项目，包括绿色产业发展和“高碳”资产转型。引导商业银行细化绿色信贷、转型信贷等金融工具，进一步创新融资担保方式，开发绿色票据、可持续发展挂钩信贷、碳资产抵质押等信贷产品；推动绿色债券发行方式和支持领域创新，开发更聚焦的“碳中和”债券产品，例如碳中和债券、可持续发展挂钩债券、绿色供应链 ABS 等引导

“高碳”行业低碳转型的债券融资工具；进一步发挥绿色保险的风险防范和增信功能，持续创新气候保险、碳保险、农牧业保险、绿色建筑保险、绿色投融资担保保险等各类产品；探索创新绿色基金融资渠道和投资领域，推动多边绿色基金、政府引导基金等绿色基金的设立，鼓励加强风险投资、开展投贷联动，加强基金对技术创新、中小绿色企业的支持。

（四）持续完善绿色金融标准，降低绿色识别成本

依据《绿色产业指导目录（2019 年版）》对绿色产业的定义，推动多领域绿色金融产品识别标准的统一，加强绿色基金、绿色信托、绿色保险等标准与现有绿色信贷、绿色债券标准的衔接，持续完善绿色金融领域标准建设。构建并完善气候投融资、转型金融制度框架的相关标准体系，形成监管和市场层面统一的“绿色”定义，降低市场绿色识别成本。此外，鼓励在绿色认定、绿色评级等方面采用专业的第三方服务机构，通过专业的服务和标签化建设减少“假绿”和“漂绿”的现象。[①]

（五）加大转型金融的支持，推动高碳密集型行业转型升级

监管部门可以通过转型标准的制定明确对转型行动的支持方向，建立明确的技术规范和约束框架，如低碳或可持续发展目标、目标实现路径和考核评价指标等，并通过举办具有影响力的论坛、会议、培训、座谈会等形式来提高市场对于转型金融的认知。避免出现“一刀切”从所有高碳行业撤资的现象，支持金融机构大力发展可持续发展挂钩信贷（SLL）、可持续发展挂钩债券（SLB）等典型的转型金融工具，自主构建转型金融的资产组合，逐步提升市场对于转型价值的认可度。

---

① 王遥、吴祯姝：《绿色金融助力实现碳中和》，《中国经济评论》2021 年第 4 期。

·多主体参与·

G.17

面向碳达峰碳中和目标的居民低碳消费政策措施研究

曲建升　刘莉娜　曾静静*

摘　要：居民生活消费是温室气体排放的主要来源之一，对实现双碳目标起到重要作用。本文对居民消费特征、居民低碳消费政策措施以及面向双碳目标的中国居民低碳消费建议进行探讨。研究发现：全球、高收入及中等收入国家的居民消费总量呈现逐步上升趋势；主要国家居民消费水平及消费结构存在显著差异；中国居民消费增长速度较快；居民低碳消费政策措施对实现"双碳"目标具有重要的决策意义；居民低碳消费政策措施主要涉及能源、建筑、技术、交通、工业、食物、农业等领域；中国居民消费端面临巨大的减排压力，实现全民低碳消费面临挑战。最后本文从差异化减排、碳市场机制、消费行为转变、科技创新等方面提出促进中国居民低碳消费的几点建议。

关键词：居民消费　双碳目标　碳减排

---

* 曲建升，中国科学院成都文献情报中心党委书记，研究员，主要研究方向为碳排放评估、气候变化政策战略；刘莉娜，中国科学院西北生态环境资源研究院助理研究员，主要研究方向为碳排放评估、气候变化政策战略；曾静静，中国科学院西北生态环境资源研究院文献中心情报部主任，副研究员，主要研究方向为碳排放评估、气候变化政策战略。

工业革命以来，大气中温室气体排放带来的全球变暖问题引起广泛关注，尤其是人类活动产生的CO_2排放被认为是全球变暖的主要原因。[①] 根据全球碳排放网格数据，2018 年，全球碳排放的主要贡献国家和地区分别为中国（27%）、美国（15%）、欧盟 28 国（10%）和印度（7%），其排放量增长率分别为 4.7%、2.5%、-0.7%和 1.8%。[②] C40 城市气候领袖群评估了城市消费对全球温室气体排放的影响，结果显示，仅 C40 城市的消费碳排放就占全球温室气体排放的 10%。[③] 加强城市低碳消费行动可以显著减少居民生活领域的碳排放，减少基于消费的排放将为城市和居民带来更多好处。因此，居民低碳消费研究成为当今科学界非常重视的一个领域。

IPCC 第六次评估报告第一工作组报告指出，人类活动导致了地球变暖，要避免全球进一步变暖，各国必须推行“净零计划”，至 2050 年前后实现全球净零排放。[④] 目前关于碳排放的研究，主要集中在工业领域，对居民生活直接能源消耗和间接能源消耗产生的碳排放研究相对较少。[⑤⑥⑦] 然而，随着地区经济水平和居民消费水平的提升，居民生活中的各种家居产品、电子商品以及家庭汽车的普及，来自居民生活的能源需求也不断提升。居民生活用于衣着、食品消费的最基本需求得到满足；在吃饱喝足的基础上，居民居住、出行和服务等发展的需求也有所提升。居民日常生活中通过不同消费行

---

① Intergovernmental Panel on Climate Change, The Intergovernmental Panel on Climate Change (IPCC) Special Report on Global Warming of 1.5°C, https://www.ipcc.ch/sr15/. Accessed Aug 2019.

② Global Carbon Project, Global Carbon Budget 2018, http://www.globalcarbonproject.org/carbonbudget/. Accessed Aug 2019.

③ C40 Cities, The Future of Urban Consumption in a 1.5°C World, https://c40-production-images.s3.amazonaws.com/other_uploads/images/2236_WITH_Forewords_-_Main_report__20190612.original.pdf?1560421525. Accessed Aug 2019.

④ Intergovernmental Panel on Climate Change, Climate Change 2021: The Physical Science Basis, https://www.ipcc.ch/report/ar6/wg1/downloads/report/IPCC_AR6_WGI_SPM.pdf.

⑤ Wiedenhofer D., Guan D., Liu Z., et al., “Unequal Household Carbon Footprints in China,” *Nat. Clim. Change*, 2017, 7, 75-80.

⑥ World Bank, https://databank.worldbank.org/home.aspx.

⑦ 刘莉娜、曲建升、黄雨生等：《中国居民生活碳排放的区域差异及影响因素分析》，《自然资源学报》2016 年第 8 期。

为，如衣、食、住、行、服务等，一方面直接燃烧煤炭、油品、燃气等能源，另一方面通过居民消费间接产生能源消耗，由此产生大量的 CO_2 排放。①

探讨分析居民低碳消费政策措施对实现“双碳”目标具有重要的决策参考意义。本文将对世界主要国家居民消费特征、居民低碳消费政策措施进行探讨，在此基础上，提出面向“双碳”目标，中国居民低碳消费面临的挑战，以及促进中国居民低碳消费的挑战。

一　居民消费特征及变化趋势分析

（一）数据来源

本文用到的居民消费总量及居民消费结构数据主要来源于 2002～2020 年《国际统计年鉴》和 2001～2020 年《中国统计年鉴》，GDP 数据主要来源于世界银行开放数据（World Bank Open Data），缺失的个别年份数据采用均值进行插值补充。

（二）不同收入国家的居民消费变化趋势

经济发展为提高居民收入水平创造条件，收入水平提高引起居民消费增加。2001～2018 年，除了低收入国家，全球、高收入及中等收入国家的居民消费总量均呈现逐步上升趋势，2001～2010 年增长趋势较缓，2011～2018 年上升趋势非常明显。2001～2018 年，除了低收入国家，全球、高收入及中等收入国家的居民消费率基本在 45%～63%。2011～2018 年，世界平均居民消费率在 55% 上下波动；高收入国家平均居民消费率在 57% 上下

① Liu，L. N.，Qu，J. S.，Maraseni，T. N.，Niu，Y. B.，Zeng，J. J.，Zhang，L. H.，Xu，L.，“Household CO_2 Emissions：Current Status and Future Perspectives，” *Int. J. Env. Res.*，Pub. He.，2020，17.

波动，高于世界平均水平 2 个百分点；中收入国家平均居民消费率在 53% 上下波动，低于世界平均水平 2 个百分点（见图 1）。

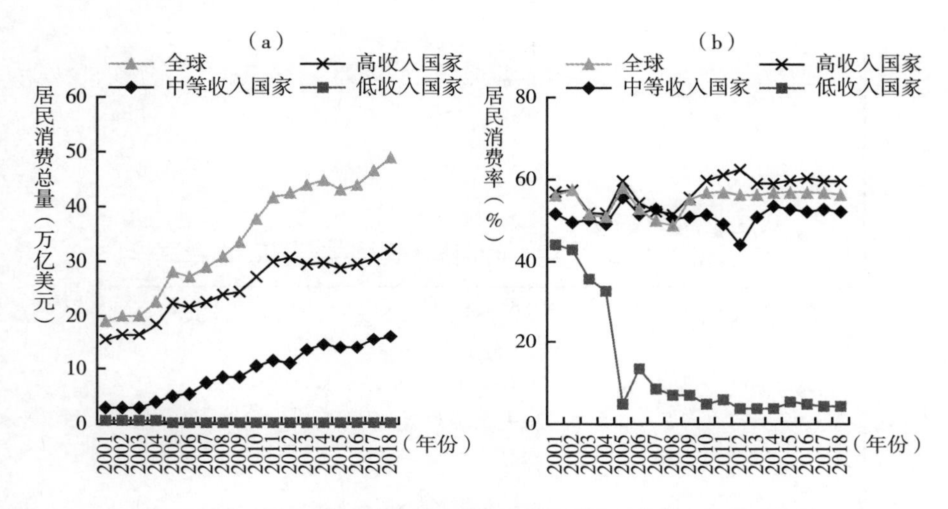

图 1　2001 ~ 2018 年全球和不同收入国家的居民消费总量及消费率

（三）主要国家居民消费变化趋势分析

如图 2 所示，对比 2001 ~ 2018 年 G7 国家居民消费总量变化趋势，可以看出，除了美国居民消费总量整体呈现逐步上升趋势外，其他 6 个国家均呈现先缓慢上升后略有下降的趋势。对比 2001 ~ 2018 年 G7 国家居民消费率变化趋势，可以看出，G7 国家居民消费率基本在 48% ~ 72%。其中，美国、英国平均居民消费率分别为 67% 和 62%，远高于其他 5 个国家。如图 3 所示，对比 2001 ~ 2018 年金砖 5 国居民消费总量变化趋势，可以看出，5 个国家居民消费总量均呈现不同程度的上升趋势，中国居民消费总量上升趋势最为明显，尤其是 2011 年之后，中国居民消费总量远高于其他 4 个国家。对比 2001 ~ 2018 年金砖 5 国居民消费率变化趋势，5 个国家居民消费率在 32% ~ 64%，中国居民消费率最低（仅为 37%）。巴西、南非、俄罗斯的居民消费率整体呈现波动上升趋势，印度与中国居民消费率整体呈现波动下降趋势。

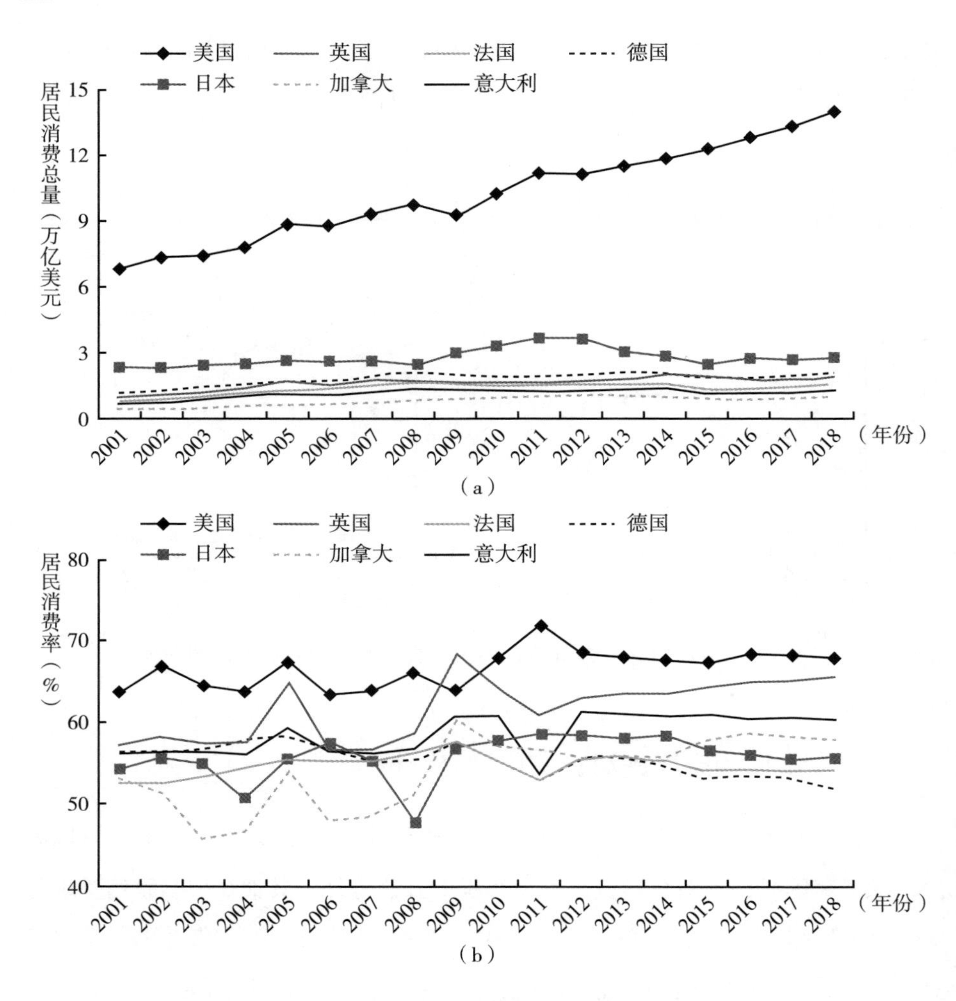

图2　2001～2018年G7国家居民消费总量及消费率

（四）主要国家的居民消费结构分析

对比近年来G7国家与中国居民消费结构的变化趋势（见图4），按照不同国家居民消费结构特征，可以将G7国家与中国分为4个组。第一组以居住、交通通信及文教娱乐消费为主，包括德国、法国、加拿大和英国，在其历年居民消费结构中，3项消费的占比分别为24%～27%、

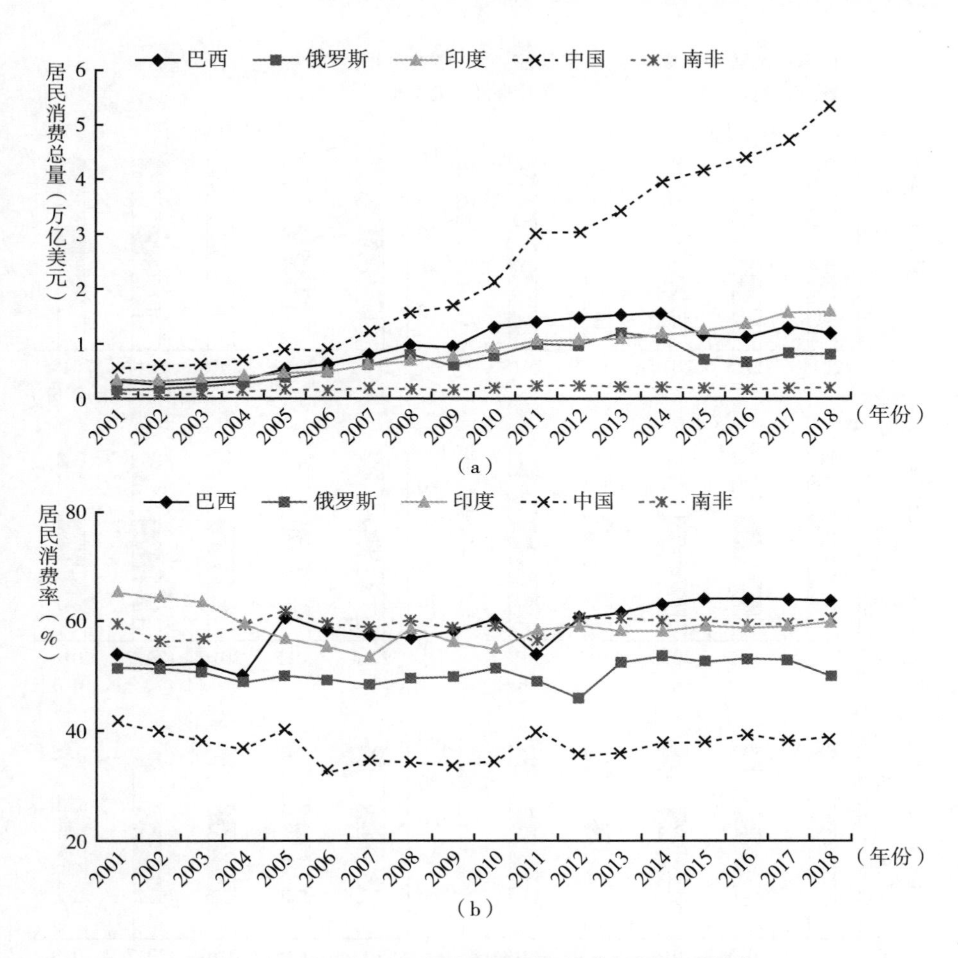

图3　2001～2018年金砖5国居民消费总量及消费率

16%～18%、15%～23%；第二组以居住、食品烟酒、文教娱乐消费为主，包括日本和意大利，在其历年居民消费结构中，3项消费的占比分别为21%～25%、17%～21%、14%～16%；第三组以医疗保健、居住、文教娱乐消费为主，主要包括美国，3项消费的占比分别为20%～22%、19%～20%、17%～18%；第四组以食品烟酒、居住、文教娱乐消费为主，主要包括中国，3项消费的占比分别为28%～37%、12%～23%、12%～14%。

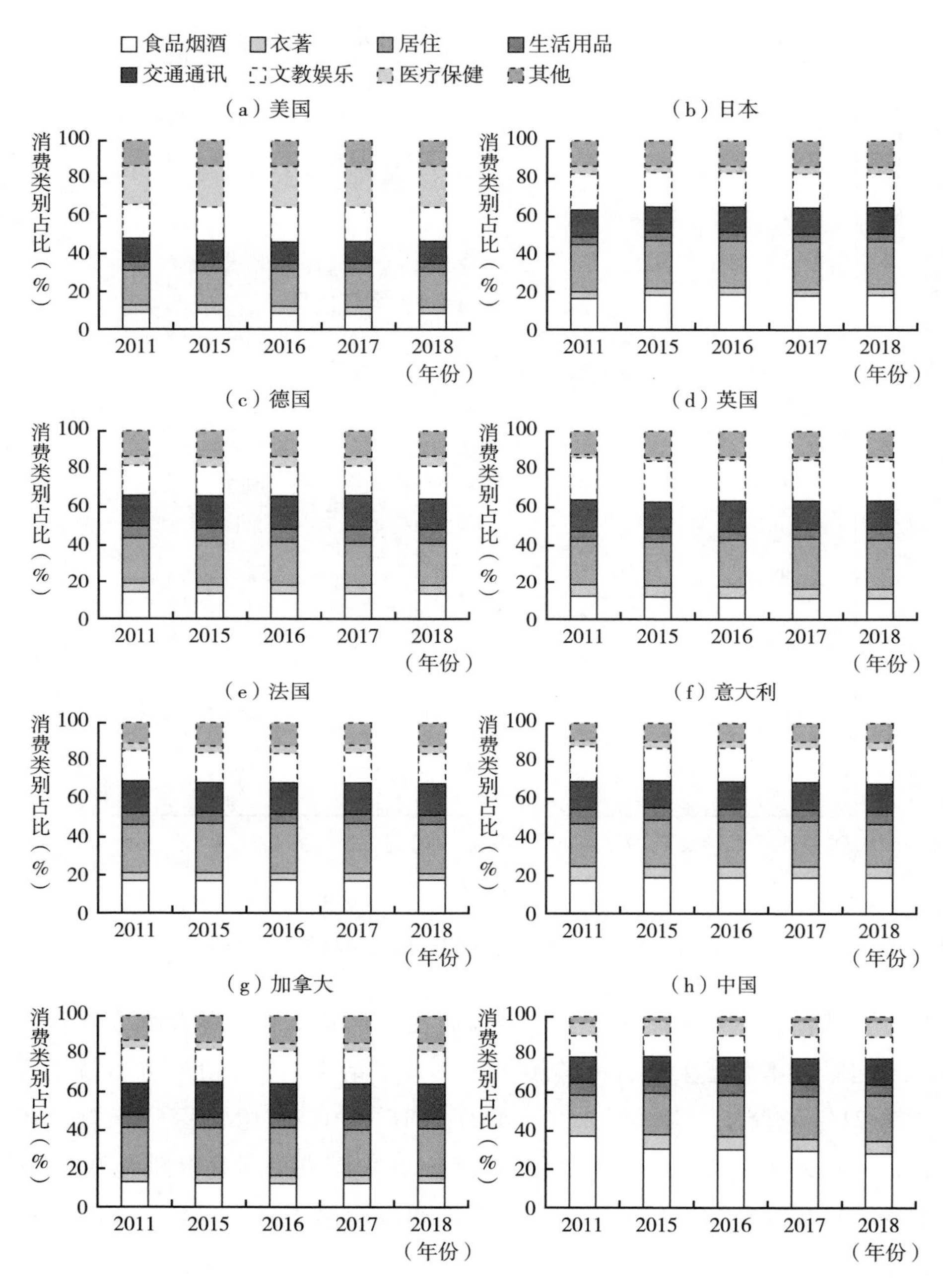

图 4　2011～2018 年 G7 国家及中国的居民消费结构

（五）中国居民消费特征分析

由于世界各国经济发展水平、经济结构与发展环境等方面的差异，世界主要国家的居民消费水平及消费结构存在显著差异，但各个国家在居民消费总量、居民消费率的变动上又存在一些趋同[①]。对比我国与世界主要国家居民消费总量、居民消费率及居民消费结构的趋势变化，可以发现，近年来，我国居民消费增长速度较快，远超过 G7 国家及其他金砖国家同期水平。2001～2018 年，世界平均居民消费率保持了较高且稳定的发展态势，而我国明显偏低，处于世界较低水平，远低于全球中高收入国家同期消费率。通过对中国近期消费结构变化且与 G7 国家 2011 年之后的消费结构进行对比，发现中国居民消费总量中以食物消费为主，而 G7 国家的居民消费结构中以居住、交通通信、文教娱乐、医疗保健为主。按照 G7 国家的居民消费结构发展趋势，笔者预计，中国未来居民消费结构将由以食物消费为主转向以居住、交通通信和文教娱乐消费为主。

二　基于文献计量的居民低碳消费政策措施分析

（一）数据来源与方法

本文数据来源于 Web of Science 核心合集：科学引文索引数据库扩展版（Science Citation Index Expended, SCI－E）和社会科学引文索引数据库（Social Sciences Citation Index, SSCI）。检索方式为 TS＝［（Household OR Resident*）AND（"low carbon" OR "carbon emission*" OR "CO_2 emission*" OR "carbon footprint*" OR "CO_2 footprint*" OR "carbon emit*" OR "CO_2 emit*" OR "Energy emission*" OR "Energy footprint*"）］；AND 语种＝

① 江林、马椿荣、康俊：《我国与世界各国最终消费率的比较分析》，《消费经济》2009 年第 1 期。

English；AND 文献类型 = Article；索引 = SCI - E，SSCI；时间跨度 = 1991 ~ 2020。数据检索时间为 2021 年 4 月 15 日，根据标题、摘要等进行筛选与剔除，最终获取 2328 篇研究论文作为本研究文献计量分析的文本数据来源。

本文首先对居民低碳消费的研究需求进行说明，在此基础上采用文献计量分析方法对居民低碳消费研究领域的文献进行文本发掘与数据分析，以期寻找居民低碳消费的关键领域及主要措施。

（二）居民低碳消费的研究需求

居民消费产生的碳排放引起广泛关注。居民生活部门是温室气体排放的主要贡献部门之一。从居民生活碳排放占国家排放总量的比例来看，美国占 70% ~80%、加拿大约占44%、日本占5% ~40%、英国约占69%、中国占 17% ~40%[①②③④]（见图 5）。从人均碳排放角度看，2012 年，美国、日本的人均居民生活碳排放分别为 10.4 吨 CO_2/人、6.6 吨 CO_2/人，中国人均居民生活碳排放为 2.5 吨 CO_2/人[⑤]，不到美国的 1/4。相关研究表明，在不改变居民生活消费行为的情况下实现气候目标是不现实的。由此可见，居民低碳消费政策措施分析对实现“双碳”目标及可持续发展具有重要的决策参考意义。

① Wiedenhofer, D., Guan, D., Liu, Z., et al., “Unequal Household Carbon Footprints in China,” *Nat. Clim. Change*, 2017, 7.

② Mi, Z. F., Zheng, J. L., Meng, J., Qu, J., Hubacek, K., Liu, Z., Coffman, D. M., Stern, N., Liang, S., Wei, Y. M., “Economic Development and Converging Household Carbon Footprints in China,” *Nat. Sustain*, 2020, 3: 529 - 537.

③ Liu, L. C., Wu, G., Wang, J. N., Wei, Y. M., “China's Carbon Emissions from Urban and Rural Households during 1992 - 2007,” *J. Clean. Prod.*, 2011. 19: 1754 - 1762.

④ Tian, X., Chang, M., Lin, C., Tanikawa, H., “China's Carbon Footprint: A Regional Perspective on the Effect of Transitions in Consumption and Production Patterns,” *Appl. Energy*, 2014, 123: 19 - 28.

⑤ 曲建升、刘莉娜、曾静静等：《基于入户调查数据的中国居民生活碳排放评估》，《科学通报》2018 年第 5 ~6 期。

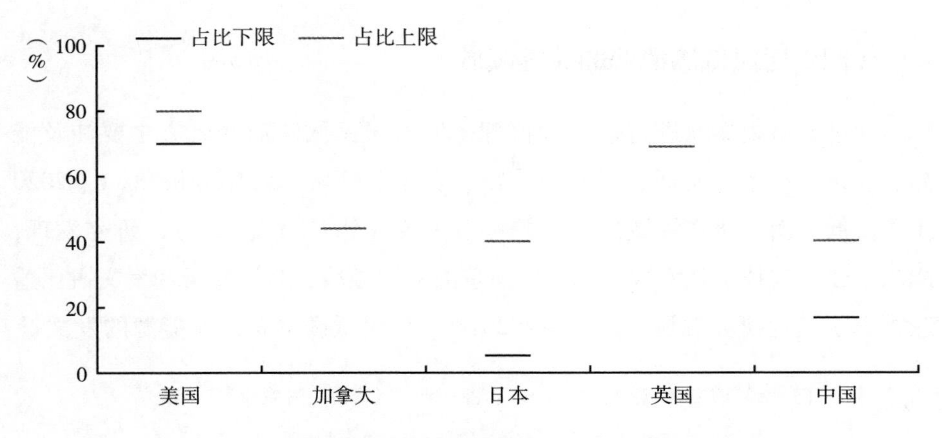

图 5　主要国家居民生活碳排放在碳排放总量中的占比

（三）居民低碳消费的主题分析

关键词可以体现论文的研究主题，通过对关键词进行文献计量分析，可以了解该领域的研究热点和主要研究方向，有助于低碳消费研究学者探索此领域的未来发展趋势。本研究选择所选文献中关键词出现频次≥20 次的文献进行分析，发现居民低碳消费政策总体围绕能源效率、气候变化、能源消费 3 个主题展开研究。同时，各主题又分别分成温室气体排放、碳足迹、可持续发展、可再生能源、生命周期评价、投入产出分析等更细致的主题，关键词之间的共现度非常紧密。

为了进一步掌握居民低碳消费未来研究动态，本研究选择关键词出现频次≥20 次的文献且剔除温室气体、碳排放、碳足迹等检索词中出现的主题词进行分析，发现在能源效率这个主题上，主要关注不同国家在不同能源政策下，基于不同测算方法，如投入产出分析方法、生命周期评价方法，对居民消费产生的碳排放进行测算，探索居民生活碳排放现状、低碳政策、回弹效应，同时关注碳固存、碳交易等技术措施；在气候变化这个主题上，主要关注可持续发展、环境及生态足迹的现状及发展趋势；在能源消费这个主题上，主要关注不同行业和部门（如建筑、交通）的能源类型、能源节约。

（四）居民低碳消费的关键领域

通过对检索文献进行进一步梳理，发现居民低碳消费研究主要涉及能源、建筑、技术、交通、工业、食物、农业等领域。对比分析2011～2020年居民低碳消费研究领域的发文趋势及发文量占比（见图6），研究发现，能源、建筑与技术是实现居民低碳消费的关键领域，其发文量和发文占比遥遥领先于其他研究领域。2011～2020年，居民低碳消费涉及能源的发文量

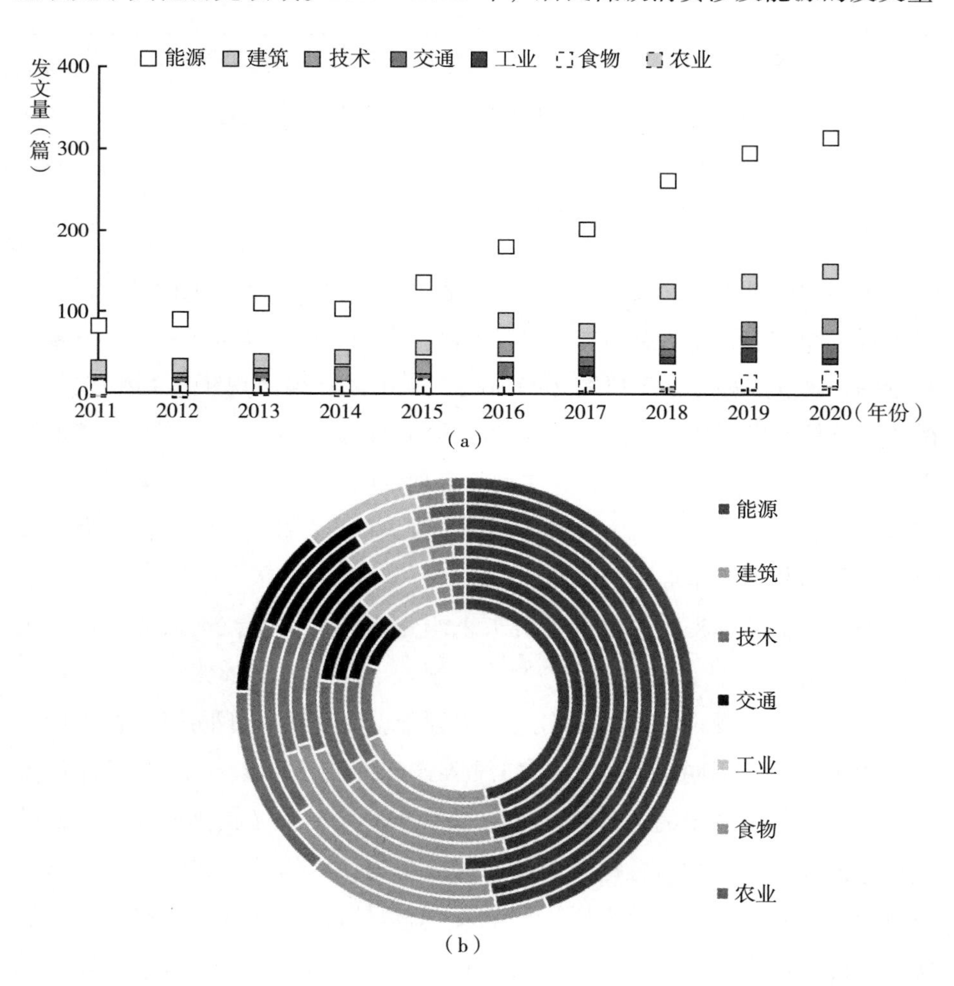

图6　2011～2020年居民低碳消费研究领域发文情况

占总发文量的44%～50%，这也说明，居民低碳消费研究中，近50%的学者更加关注能源领域政策措施产生的低碳贡献，其次是建筑和技术领域。

（五）基于文本挖掘的居民低碳消费政策措施

1. 居民低碳消费的能源政策措施

通过对居民消费能源领域碳减排相关文献的梳理，发现居民低碳消费的能源政策措施需要关注能源效率、能源转型以及适应气候变化等方面。

（1）提高能源效率

多篇文献指出提高能源效率至关重要。提高能效措施体现在新增住宅建筑和公共建筑、交通基础设施的建设、家庭耐用品设备的使用等方面。比如在制冷系统中使用相变材料可以实现更节能制冷系统，而不对环境产生不利影响。另外，增加废物的回收也是提高能效的一种方式。

（2）加速能源转型

能源转型措施体现在提升可再生能源的比例，包括太阳能光伏生物质能、氢能等。比如，采用光伏电池系统是一种提高能源弹性与碳清除的经济方式。还有文献指出，采用光伏发电联产利用热回收系统有助于减少碳排放量。此外，使用天然气和可再生资源，有利于改善地区能源的缺乏状况。

（3）适应气候变化

碳排放增加是气候变暖的主要原因之一。随着气候变化加剧，人们要更主动地适应气候变化。适应气候变化的措施包括鼓励消费者节约热水，通过缩短沐浴时间和降低洗澡频率，或投资碳效率更高的供热方式；减少食物等浪费。

2. 居民低碳消费的建筑政策措施

通过对居民消费建筑碳减排相关文献的梳理，笔者发现居民低碳消费的建筑政策措施需要关注能源效率，包括建筑材料、可再生能源、太阳能、能效等方面。

多篇文献指出提高能源使用效率对于建筑减排至关重要。居民消费侧，提高建筑能效措施体现在优化生产流程，消除高能耗技术，开发绿色建筑材料，提升钢铁、建材、玻璃等能效；使用绿色建筑材料，提升可持续建筑实践，包括升级施工技术，减少现场施工与现场处理，提高资源节约意识，消除浪费，增加建筑材料回收利用；制定有效的施工计划和供应链管理，这将有助于缩短距离避免交通运输过程中的碳排放；加强高碳排放建设项目的审批，建立鼓励低碳建设机制，不符合绿色建筑材料、不符合低碳建筑技术或节能要求的建筑项目不应批准；降低建筑物运营过程中的碳排放，比如增加能效设计，加强现有建筑节能改造。

3. 居民低碳消费的技术政策措施

通过对居民消费技术碳减排相关文献的梳理，笔者发现居民低碳消费的技术政策措施需要关注住宅建筑、可再生能源、直接供暖等方面。

对已有文献进行梳理，居民消费侧技术碳减排关键措施主要包括提升技术来支持向低碳能源系统的过渡，考虑改造潜力以及太阳能、地热资源等优先领域；改造现有建筑物以提高能效的激励措施，比如屋顶隔热与窗户保温等技术设施；提高建筑材料、交通工具以及家用电器的节能技术；利用热能储存创新技术，提高建筑部门能效，进而减少碳排放；提高生产技术，优化产业结构，促进产品碳排放附加值提高；鼓励创新，改进节能技术，优化能源结构。

三 “双碳”目标下中国居民低碳消费面临的挑战及建议

（一）主要挑战

1. 中国居民消费端面临巨大的减排压力

中国面临的减排压力不断增大，与国际气候谈判各缔约方的气候博弈非常激烈。中国是世界人口大国，人口总量仍呈现上升趋势。从农村贫困线衡量，2014 年，中国贫困人口比例为 7.2%。2016 年，从人口总量看，中国人口为 13.79 亿，占世界人口总量的 18.53%，是美国的 4.27 倍；从城镇化水平看，中国城镇化率为 55.61%，略高于世界平均水平，仅为美国的

68%；从人均国民收入看，中国人均收入低于世界平均水平，仅为美国的26.71%。[①] 目前，中国的第一要务是发展。与世界主要发达国家相比，中国居民消费率仍处于较低水平，城镇化水平仍待提升，精准脱贫问题亟须解决，居民生活质量有待改善；随着中国人口不断增长，工业化和城市化进程不断推进，能源消耗、碳排放与未来经济发展之间的矛盾仍将存在。

2. 实现全民低碳消费困难较大

中国实现居民低碳消费的城乡、地区及城市差异非常明显。比如，基于2012年全国范围居民生活碳排放调研数据进行分析，中国城镇居民生活碳排放是农村的1.84倍，城乡差距显著；中国东北区是西南区的1.53倍，地区差别明显；北京市是南宁市的3.29倍，城市差异突出。[②]

与世界主要发达国家相比，中国居民生活碳排放具有明显的不平等性。与美国相比，中国人均碳排放达峰时，仅为美国当前人均排放水平的50%~70%，而人均居民生活碳排放达到峰值时，仅为美国当前人均排放水平的20%~35%。[③] 碳排放不仅存在国内地区差异，也呈现国际地区差异。

对比世界主要国家碳排放总量、人均碳排放、排放峰值以及排放与经济发展之间的关系发现，目前，中国已成为全球最大的碳排放国。党的十九大明确提出实现“解决人民温饱问题”和“总体达到小康水平”两个一百年奋斗目标。习近平总书记指出“我们既要绿水青山，也要金山银山。宁要绿水青山，不要金山银山，而且绿水青山就是金山银山”。如何兼具致富与碳中和需要统筹思考，实现全国各省区市居民低碳消费面临巨大挑战。

（二）几点建议

1. 需重视差异化减排举措

中国居民生活碳排放整体呈现“城高乡低”“东高西低”“富高贫低”

---

① World Bank, https://databank.worldbank.org/home.aspx.

② 张志强、曲建升、曾静静等：《中国居民生活碳排放评估报告》，科学出版社，2018。

③ 刘莉娜：《中国居民生活碳排放影响因素分析与峰值预测》，博士学位论文，兰州大学，2017。

的态势。如不考虑这些差异对居民生活碳排放的影响，采取标准一致的节能减排举措势必会对欠发达地区、低收入人群的生活水平提高、生活质量提升产生较大影响，不利于缩小贫富差距，不利于促进社会公平。因此，中国在制定低碳政策和减排规划时要充分考虑城乡差异、区域差异以及贫富差异对碳排放的影响，建议提出针对居民生活领域不同经济水平、不同区域环境的专门性差异化减排对策，以期为中国整体实现峰值目标提供参考。

2. 完善个人（消费者）碳中和市场交易机制

当前存在的四大碳市场机制为全球碳交易市场的发展奠定了制度基础，包括《京都议定书》框架下的国际排放交易机制（IET）、联合履约机制（JI）和清洁发展机制（CDM）三大机制以及框架之外的自愿减排机制（VER）[①]。从国际经验来看，澳大利亚 2011 年通过《清洁能源法案》从碳税逐步过渡到国家性碳交易市场，构建了比较完整的碳市场执法监管体系，设立了碳排放信用机制和碳中和认证机制，为碳中和目标实现奠定制度基础。自 2011 年开始，我国 7 个省市开展碳交易试点，目前，正在加速建设全国范围内的统一碳排放市场。消费者作为生产端与消费端连接的重要节点，也是产生碳排放的重要贡献者与承受者，强化绿色生产与低碳消费的监管体系，建立个人碳中和账户，强化完善个人碳中和市场交易体制，有助于全民参与碳中和并为实现碳中和作出努力。

3. 低碳消费倒逼绿色生产

绿色消费、低碳生活，责无旁贷，不能将追求较高生活质量作为破坏环境的借口，如何有效实现居民生活低碳减排，绿色理念大有可为。分批次淘汰传统、落后的高碳行业，从能源、建筑、技术、交通、工业、食物、农业等重点领域减少碳排放，加强绿色、低碳、碳中和产品认证，促进消费者购买碳中和系列产品。提升居民节能减排意识、开展低碳消费知识讲座、提倡低碳绿色生活方式，不仅有利于促进中华民族传统文化传播，更有利于促进低碳发展理念实现。通过改变消费者的购买方式、生活方式，倒逼生产端绿

① 杜群、李子擎：《国外碳中和的法律政策和实施行动》，《中国环境报》2021 年 4 月 16 日。

色化、低碳化、碳中和化。

4. 创新引领科技冲锋

提高居民收入水平和消费水平与居民生活节能降碳的最终目的一致，中国不能以降低居民生活水平作为实现低碳减排的主要手段，而是将提高科技水平、提升创新能力作为重要突破口，引领人们走向低碳生活。比如低碳能源替代产品研发、可再生能源技术创新等既可以提高居民生活能源利用效率，实现低碳节能，又能提升居民生活质量。加强对碳中和理论、原理的探讨，夯实基础理论研究。有效评估碳中和技术研发方案，统筹考虑中长期国情、发展布局，优先考虑可行性高、科技创新强的碳中和技术方案进行推广和应用。制定颠覆性技术与卡脖子技术研发计划与投资计划，设立碳中和关键技术示范区，有针对性地突破核心技术。强化碳中和科学技术研发的落地实施以谋高质量发展。

5. 需要政府、企业及个人共同努力

双碳目标作为国家重大战略决策，需要发挥政府作用，从上而下进行碳中和治理，有效推动绿色产业转型，狠抓高碳产业节能。企业作为利益相关者，需要发挥各家企业的优势，在能源、交通、建筑、电力等领域发挥重要的市场作用，提高碳中和相关技术研发资金，提升碳中和大局观，推进市场低碳转型。个人作为社会的最小单元，从小事出发，节水、节电、节粮，杜绝浪费，养成低碳生活习惯，转向低碳消费理念。总之，需要多措并举、多管齐下，发挥国家、政府、企业和个人的碳减排潜力和增汇能力，实现全民努力的碳中和愿景。

G.18
碳中和目标下城市碳达峰路径分析

王 克　邢佰英　姜雨荷*

摘　要：　当前，我国明确了力争2030年前二氧化碳排放达到峰值，2060年前实现碳中和的减排目标，实现碳达峰是实现碳中和的前提条件。2021年是我国“十四五”规划的开局之年，城市作为实现国家碳达峰、碳中和目标的主战场，新形势也将对城市碳达峰、碳中和路径提出新的要求。本文结合我国低碳城市试点工作成果以及对60个城市情况的分类讨论，识别了我国城市碳达峰路径的共性和差异特征，得出城市需要根据自身发展和碳排放特征分类有序、梯次达峰的结论，并结合梯次有序达峰设想为我国城市碳达峰工作提出可行建议。

关键词：　碳达峰　碳中和　低碳城市

一　新形势下我国城市碳达峰面临的机遇和挑战

2020年，我国明确了力争2030年前二氧化碳排放达到峰值，2060年前实现碳中和的减排目标，这意味着我国将更加全面、深入地开展碳达峰、碳中和工作。城市一直以来就是各国开展低碳工作的主战场，我国早在2010

---

* 王克，中国人民大学环境学院副教授，博士生导师，中国人民大学国家发展与战略研究院研究员，主要研究方向为气候变化经济学、全球气候治理，低碳城市规划；邢佰英，中国人民大学环境学院博士；姜雨荷，中国人民大学环境学院在读硕士研究生，主要研究方向为低碳城市规划与建模。

年即已经开始城市低碳试点工作。在2010~2017年间，我国先后确立了三批低碳试点省区市，涵盖了全国6个省区和81个城市。虽然过去三批低碳试点工作的开展已经为我国城市低碳工作奠定了良好的理论与实践基础，但随着“双碳”目标的确定和发展形势的不断变化，国家对城市碳达峰工作也将提出新的要求。

（一）新形势下城市碳达峰的新要求

目前我国明确了未来针对碳达峰工作，应当“降低碳排放强度，支持有条件的地方率先达到碳排放峰值，制定2030年前碳排放达峰行动方案”，可见未来十年之内我国城市碳达峰工作将面临更加紧迫的任务和更加严格的要求。

一方面，经济新常态下，我国进入由速度型向质量型发展的新型城镇化阶段，[①] 意味着城市碳达峰工作也需进行转型，适应新的城镇化阶段。2010~2020年，我国城镇化率平均每年上升1.39个百分点，2020年达到63.89%，当前研究表明，到2035年我国城镇化率还将有十几个百分点的提升空间。[②] 同时，城镇化率影响着城市的碳排放水平，例如对城镇化率较高的城市来说，人民消费水平较高，城市对能源有着更高的消费需求，从而产生更多碳排放。[③] 因此，新形势要求我国城市碳达峰规划能够在完成达峰目标的同时，也能适应城市新型城镇化发展，保证城市城镇化率在提升“量”的同时也能做到“质”的提升。

另一方面，2021年是我国“十四五”规划的开局之年，是明确碳达峰、碳中和目标后国家低碳工作的全新起点，“十四五”规划也将成为唯一一个完整推动碳达峰工作的五年规划，因此更要强调“十四五”规划在城市碳达峰

① 庄贵阳、魏鸣昕：《碳中和目标下的中国城市之变》，《可持续发展经济导刊》2021年第5期。

② 张车伟、蔡翼飞：《从第七次人口普查数据看人口变动的长期趋势及其影》，https://epaper.gmw.cn/gmrb/html/2021-05/21/nw.D110000gmrb_20210521_1-11.htm。

③ 孙昌龙、靳诺、张小雷、杜宏茹：《城市化不同演化阶段对碳排放的影响差异》，《地理科学》2013年第3期。

工作中的指导地位，要求我国城市根据“十四五”规划，在碳中和目标的引导下，衔接好空间、产业及能源领域相关规划，同时加紧制定和部署地方碳达峰规划，并将碳达峰规划纳入城市总体规划体系当中，加快推进绿色低碳发展。

（二）新形势下城市碳达峰的新机遇

虽然发展形势的新变化给我国城市碳达峰、碳中和工作提出了许多新的要求，但是碳达峰、碳中和不是城市发展的拦路石，而是为城市带来了新的发展机遇。制定合理有效的低碳发展战略有助于城市融入国家发展新格局，顺应国家战略政策向低碳化方向调整，有利于从市场、技术、资金、资源能源与环境等方面给城市带来新的变化。

首先，碳达峰工作为城市带来了经济增长的新机遇。传统发展模式带来的高污染已经成为我国城市发展的瓶颈，无法满足人民日益增长的美好生活需要，因此城市确立碳达峰目标，能够形成倒逼机制，实现城市产业高端化和技术的升级换代，培育新的经济增长点，提升城市中长期竞争力。

其次，碳达峰工作为城市带来了转型发展的新机遇。可以发现，我国的城市序列始终发生着变化，每一次的产业和技术革命都孕育着城市发展的新机会，而低碳发展正是靠产业转型、技术革命的方式完成的，因此，碳达峰、碳中和工作也意味着城市转型发展的一次重大机遇。

最后，碳达峰工作为城市带来了吸纳人才的新机遇。随着国家对碳达峰工作的重视程度不断加深，新形势对碳达峰工作提出的要求不断增多，城市亟须引进或培养一批机关人才，进入城市建设队伍，专项开展碳达峰相关工作。因此，碳达峰工作的开展也为城市做好职能统筹、吸纳专项人才、城市建设提供了崭新机遇。

（三）新形势下城市碳达峰的新挑战

新形势下城市面向碳中和目标开展低碳工作，也将面临诸多挑战。第一，针对碳达峰规划的制定，城市将面临发展指标与减排指标的双重考验。目前我国大部分城市还处于城镇化快速发展和工业化的中后期阶段，在追求经济发展的同时也面临巨大的基础设施建设和碳排放增长压力，如何在碳中和背景下，从碳达峰的目标出发，选择合适的发展指标和减排指标作为城市发展方向，是规划制定环节的挑战。

第二，针对产业结构的转型方式，我国城市将面临“先立后破”还是“先破后立”的选择困境。如何结合城市实际，选择合适的方式开展减碳工作，减少高能耗高排放产业，促进城市产业转型，避免“一刀切”地盲目冲锋，是城市在碳达峰目标分解环节面临的挑战。

第三，针对碳达峰规划的实施，城市将面临治理能力与技术水平不足的双重难题。新形势要求我国城市构建更加科学的现代环境治理体系，在原有技术水平上探索更加清洁的生产工艺和高新技术手段，“低处易摘”的发展果实已经没有了，如何在有限的时间内构建更高效的治理体系，提升现有技术水平是城市碳达峰规划执行阶段面临的挑战。

二　城市碳达峰路径的共性与差异

三轮的低碳试点工作帮助我们总结了我国城市碳达峰路径的共性特征，为其他城市提供相似领域工作的经验基础，少走老路、弯路。而在中央“支持有条件的地方率先达到碳排放峰值”的新要求下，针对全国城市开展碳达峰的差异性路径研究也十分必要。虽然在碳达峰路径上存在一定共性，但也需要通过收入水平、资源禀赋、产业结构等标准对我国城市进行一定区分，判断出“有条件”率先达峰的城市特征，开展差异性的碳达峰路径规划，帮助城市梯次有序达峰，从而保证我国能够在十年或者更短时间内完成在 2030 年前全国碳达峰的目标。

基于以上分析，从共性特征和差异研究两个方面对城市碳达峰路径进行分析。

（一）城市碳达峰路径的共性特征

在共性特征上，本文基于我国三轮低碳城市试点的工作成果，发现我国城市碳达峰路径规划中的重点领域主要包括优化城市空间形态、改进经济和产业结构、改善能源结构和提升能源效率。

第一，在优化城市空间形态方面，不断提升的城镇化率和更严格的城镇化质量指标要求我国各个城市重视空间的合理规划和有效利用，提高城镇土地利用效率，在制定城市土地利用规划和基础设施建设方案时考虑低碳要求和可持续发展要求，以低碳理念为导向，合理规划城市各功能区布局。

第二，在改进经济和产业结构方面，由于目前我国大部分城市仍将第二产业作为经济重心，因此需要将优化经济和产业结构作为未来低碳发展的核心主线。主要通过重点增加第三产业及三大产业中高附加值产品的比重，促进第二产业高新技术产业发展，减少高污染、低效率行业比重，完善产业链等方式开展。

第三，在改善能源结构、提升能源效率方面，我国城市通过大力推广可再生能源产品代替化石燃料产品等方式降低化石燃料使用率，获得更加清洁的能源结构，此外部分以发展重工业为主的城市还在通过技术节能和管理节能的手段提高工业能源效率。

（二）城市碳达峰差异性路径分析

我国幅员辽阔，城市在地理位置、资源禀赋、经济水平、排放特征等方面存在较大差异，为了获取城市碳达峰差异性路径，首先需要识别城市间的特征差异，从而因地制宜地分析城市差异性的碳达峰路径。

1. 样本城市的选取

本文选取了我国华北、华东、华南、华中、西南、西北及东北七个主要区域内具有代表性的60个城市作为分析样本，不仅在区域分布上包含了我国主要的区域，在城市特征上也充分考虑了经济水平、资源禀赋、排放特征等因素，体现了我国城市的多样性。例如，在城市人口规模方面，样本城市涵盖了从超大城市到中小城市的不同规模城市，在碳排放情况方面，样本城市的碳排放量和碳排放结构也具有较大差异（见图1）。

为进一步分析城市碳排放特征的差异，本文对60个样本城市的人均

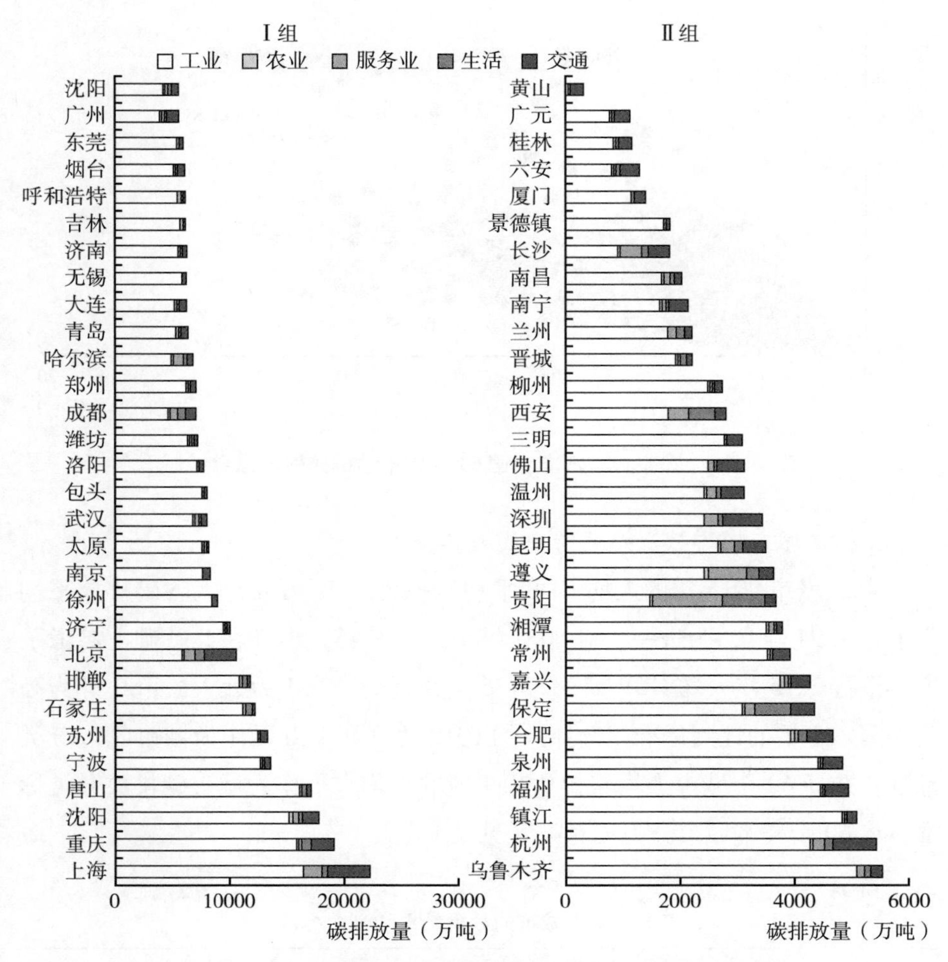

图1　60个城市能源相关碳排放（直接排放）构成对比

资料来源：《中国城市温室气体排放数据集（2015）》。

GDP与人均碳排放面板数据做二次函数回归拟合，结果如图2所示。

可以看到60个城市之间当前的碳排放特征有较大差异，碳排放轨迹也各有不同。由于碳排放特征和轨迹的不同，我们可以预见60个城市未来实现碳达峰目标的时间、路径及峰值可能也会呈现不同的梯队。因此，进一步对60个城市进行分类分析有助于对我国城市达峰路径的差异进行归纳总结。

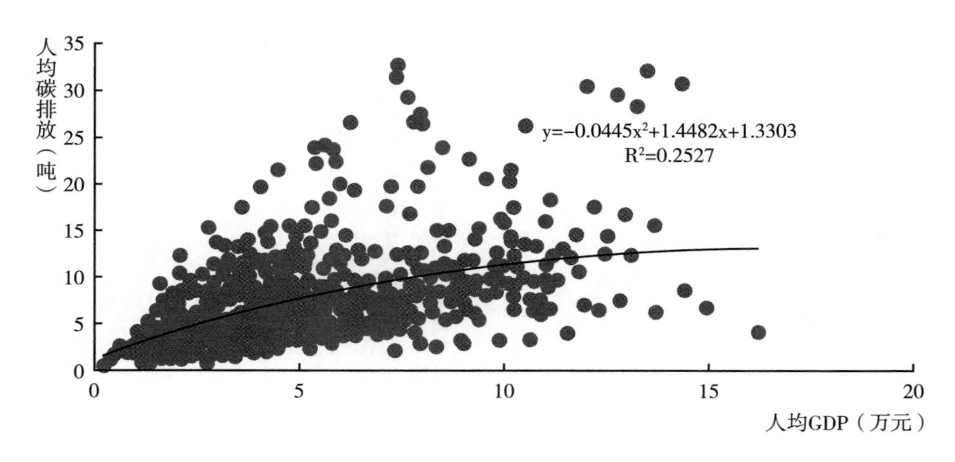

图2　2003～2015年我国60个城市碳排放轨迹拟合

2. 样本城市碳排放及发展特征的差异分析

60个城市2015年的人均GDP平均水平为7.78万元，人均碳排放平均水平为9.94吨[①]，为进一步对60个城市进行分类，本文在此基础上参考了世界银行2015年人均GDP高于12736美元（约合9.1万元人民币）即为高收入国家水平的评判标准，选择人均GDP达到9.1万元作为城市收入分类标准，选择60个城市人均碳排放9.9吨的平均水平作为城市碳排放分类标准，将60个样本城市分为了六类（见表1）。

表1　60个城市的分类结果和划分标准

类型	城市	划分标准
A类	北京、深圳、广州、杭州、长沙、大连、佛山、青岛、烟台、厦门	人均GDP>9.1万元 人均碳排放<9.9吨
B类	苏州、无锡、南京、常州、镇江、宁波、天津、上海、武汉	人均GDP>9.1万元 人均碳排放>9.9吨
C类	沈阳、郑州、嘉兴、南昌、福州、东莞、成都、合肥、泉州、西安、贵阳、昆明、柳州、哈尔滨、重庆、温州、晋城	5万元<人均GDP<9.1万元 人均碳排放<9.9吨

① 数据来源于2015年60个样本城市的统计年鉴或国民经济和社会发展统计公报。

续表

类型	城市	划分标准
D 类	济南、三明、徐州、湘潭、潍坊、洛阳、石家庄、济宁、景德镇、邯郸	人均 GDP <9.1 万元 人均碳排放 >9.9 吨
E 类	南宁、黄山、桂林、保定、遵义、广元、六安	人均 GDP <5 万元 人均碳排放 <5 吨
F 类	呼和浩特、包头、唐山、乌鲁木齐、太原、兰州、吉林	人均碳排放排名前十且属于中西部资源型地区

进一步对各类城市的发展阶段和发展模式进行分析发现，六类城市体现了明显的发展路径高碳与低碳的差别，也更凸显了不同发展阶段城市对应的碳排放阶段差异（见表2）。其中 A 类城市碳排放总量已经接近峰值，其余类型城市碳排放总量均呈不同程度的增长趋势。从产业结构来看也可以发现六类城市碳排放阶段的不同，例如 A 类城市产业结构均以第三产业为主，标志着该类城市产业结构转型基本完成，与其碳排放接近峰值的碳排放阶段相对应，而其余碳排放仍呈增长趋势的城市产业类型仍以第一产业或第二产业为主，且工业化水平不高的城市仍对第一产业具有一定的依赖性。

表 2　六类城市的基本情况及碳排放趋势

城市	城市规模	工业化水平	产业结构	碳排放趋势
A 类	特大和大型城市	后工业化	以第三产业为主	碳排放接近峰值
B 类	特大和大型城市	后工业化或工业化后期	以第二产业为主	碳排放保持增势
C 类	大型城市	工业化后期	以第二产业为主	碳排放持续缓慢增长
D 类	大型和中型城市	工业化后期	以第二产业为主	碳排放持续快速增长
E 类	中小城市	工业化中期	第一产业和第二产业	碳排放持续缓慢增长
F 类	中小城市	工业化中期	第一产业和第二产业	碳排放持续快速增长

本文继续采用库兹涅茨曲线模型对六类城市碳排放趋势进行曲线拟合，以便更直观地反映不同类型城市碳排放轨迹的差异。

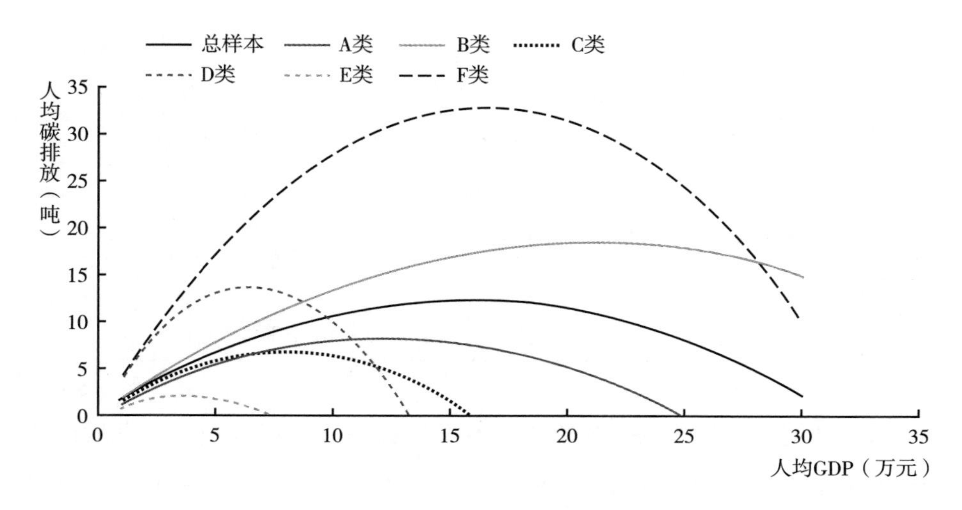

图3　六类城市碳排放轨迹拟合曲线示意

从图3可以发现六类城市碳排放轨迹拟合曲线的拐点具有较大差别，但是彼此存在可以修正的空间，例如B类和D类城市，前者工业化水平略高于后者，城市发展阶段具有差异。由于发展轨迹的惯性，如果D类城市注意低碳发展，未来有可能进入与B类城市类似的发展轨迹。因此，D类城市可以借鉴B类城市的发展经验，避免重蹈B类城市经历过的高碳发展的覆辙。

由此可见，通过将不同类型城市进行对比分析，深入探究城市碳排放特征差异，有助于判断其碳排放走势，从而确定适合不同类别城市的碳达峰路径。

3. 基于样本城市特征差异的碳达峰路径差异分析

明确样本城市自身的特征差异和碳排放阶段的不同后，为进一步对不同类城市的碳达峰路径进行差异化分析，本文又总结了60个样本城市中各类城市的碳排放重点领域和碳达峰路径特征。

首先，在碳排放重点领域方面，从经济发展、资源禀赋、产业结构、发展定位几方面的特征分析，可以发现A类及B类城市经济发展水平明显领先于其他城市，但产业类型不同，C类及D类城市仍处于发展阶段，但D

类城市受环境资源制约更严重，E 类城市多是生态环境脆弱的城市而 F 类城市具有较为丰富的资源禀赋。在以上分析的基础上，对每种类型城市碳达峰工作的重点领域进行分析。

表 3　不同类型城市碳达峰重点领域差异

城市类别	城市特征	重点领域
A 类	经济发达 以第三产业为主	建筑、交通、生活消费
B 类	经济发达 以第二产业为主	产业、建筑、交通、生活消费
C 类	发展阶段 定位综合性强	能源、产业、建筑、交通、土地利用
D 类	发展阶段 传统重工业为主	能源、产业、建筑、交通、土地利用
E 类	经济欠发达 生态环境脆弱	能源、产业、建筑、土地利用
F 类	经济欠发达 产业转型压力大	能源、产业、建筑、土地利用

从表 3 可以发现，除了经济发达且碳达峰工作进展顺利、成果良好的 A 类城市之外，其余城市碳达峰工作重点领域均包括产业方面，特别是产业结构的优化转型。在仍处于经济快速发展或亟待促进经济发展的城市中，能源消费仍是其开展减排工作的重点领域之一。同时，结合上文提到的我国城市逐渐进入新型城镇化阶段的特点，多类城市也在土地利用方面面临着减碳的挑战，如何合理利用空间布局，减少城市“锁定效应”，是我国城市发展的难题之一。

其次，在碳达峰路径方面，为更加直观地了解不同类型城市碳达峰路径的差异，本文针对每一类城市选取了 1 ~ 2 个代表性城市对其碳达峰路径选择进行总结（见表 4）。

表 4 不同类型城市碳达峰路径的案例分析

城市类别	路径特征	达峰路径
A 类 （北京、深圳）	加速达峰迈向中和	在产业方面，继续保持优化趋势，增加第三产业比重； 在建筑、交通方面，采用先进技术和绿色材料，控制碳排放； 在生活消费方面，加大低碳理念宣传教育，帮助居民养成低碳生活习惯，减少生活碳排放。 目前，北京市已完成碳达峰目标。深圳市已经逐步实现碳排放达峰和经济高质量增长双重目标，开始碳排放与经济增长的逐步脱钩①
B 类 （苏州）	加快转型促进脱钩	在产业方面，加快产业结构转型，将支柱产业从第二产业向第三产业进行转移，特别是推动高新技术产业及服务业发展； 在建筑、交通方面，加快技术进步，采用更加先进的技术进行低碳发展，采用更加先进的技术标准要求相关行业。 苏州碳排放总量大、强度高、来源集中，目前已呈现与经济发展逐渐脱钩的迹象，加速产业转型有助于苏州进一步向碳达峰目标迈进②
C 类 （成都）	促进发展重视低碳	2019 年，成都市主要碳排放来自工业、交通运输及能源生产与加工转换的碳排放，三领域约占成都市 2019 年总碳排放的 76%；此外，建筑业领域也是成都市碳排放的主要来源之一。③ 在产业方面，重视产业结构转型，推动工业经济向服务业经济转型； 在能源方面，继续推进能源结构调整，大力开发利用非化石能源，推进节能政策，提高能源效率
D 类 （石家庄）	加速转型提高能效	在产业方面，加快经济结构和产业结构调整，淘汰落后产能，避免重走粗放型发展老路； 在能源方面，注意提高能源效率、降低煤炭消费比重； 在土地利用方面，注意做好城区空间规划布局，避免“锁定效应”
E 类 （广元、黄山）	特色转型发展新兴低碳产业	着力加强生态环境建设，提升生态环境稳定性，结合生态环境优势推动当地经济发展； 积极发展绿色有机食品、生态旅游等独具特色的新兴低碳产业，加强低碳产业建设
F 类 （包头）	发展经济减少高碳产业	在重视经济发展的同时需要减少高碳产业，降低对高碳产业的依赖性，淘汰落后产能，合理规划城市空间，避免“锁定效应”的发生，从而降低碳排放峰值

①参见哈尔滨工业大学（深圳）的《深圳市碳排放达峰、空气质量达标、经济高质量增长协同“三达”研究报告》，能源基金会，2019。

②参见郭磊、陈爱康、王林钰、江海燕《苏州碳达峰、碳中和路径研究与建议》，《中国能源报》2021 年 7 月 5 日。

③数据来源于《2019 年成都市能源平衡表》《2019 年成都能源数据简况（统计简报第 7 期）》。

通过选取60个样本城市，分类分析其发展及碳排放特征差异，对其碳排放轨迹进行拟合分析，能够发现具有不同特征的城市碳排放轨迹具有明显差异，能够因地制宜地针对城市不同特征选择差异性的碳达峰路径，是能够更快完成碳达峰目标的关键所在。

三　基于城市差异性的梯次有序达峰建议

基于上文的讨论，我们明确了新形势下我国实现碳达峰、碳中和的时间更加紧迫、任务更加艰巨，同时我国城市的碳排放水平存在较大差异，为了实现有条件的地区率先达峰的任务目标，提出城市梯次有序达峰的概念，因地制宜地为不同城市设计有差异性的碳达峰路径。

在落实碳达峰目标的压力下，从国家层面来看，梯次有序达峰可以为科学规划各地区、各行业碳达峰路径提供有利参考，并进一步为国家经济长期持续增长提供可能。利用一定的政策手段对城市碳达峰进程进行干预，对城市碳达峰的时间和峰值进行有效调控，可以有效避免我国城市碳达峰时间的高度重合，从而为我国经济平稳增长提供宝贵时间。从地区和城市间层面来看，梯次有序达峰设想为分析不同地区和城市低碳发展路径提供了横向对比的新视角，为欠发达城市实现低碳发展的弯道超车提供了可能。从地区和城市内部层面来看，梯次有序达峰设想可以作为各地区及城市内部各行业分解落实碳达峰目标的工作基础，在梯次有序达峰设想的基础上根据当地实际不断将城市碳达峰目标进行分解，直到细化成为具体的减碳措施。

在明确梯次有序达峰的重要意义后，要实现城市梯次有序达峰的设想需要从国家和城市两个层面作出努力。首先，国家应结合梯次有序达峰设想，合理规划不同区域、不同行业的达峰目标。国家要顺利实现碳排放达峰目标，应针对不同的城市情况开展分类指导，避免“一刀切”地确定评判标准并下达目标任务，例如可以要求东南沿海发达地区、经济发达地区率先达峰。对于重点开发区域要努力采取低碳措施，适当延缓其达峰时间，降低峰值；禁止开发区域碳排放可以适度增长，稍晚实现达峰，实现错峰目的。从

行业角度看，可以要求城市内工业领域和能源领域碳排放率先实现达峰，建筑和交通领域稍迟达峰。

其次，城市内部应结合梯次有序达峰设想，从不同角度分解落实达峰目标。从“整体和局部”“短期和中长期”两个角度对达峰目标进行分解，梯次实现。从“整体和局部”的角度来看，城市应将低碳发展纳入整体规划布局，做好部门和区域间的达峰目标分解。从“短期和中长期”角度来看，城市应合理规划基础设施建设方式，防止由于基础设施延续性强的特点，发生“锁定效应”，长期限制城市低碳发展的有效性，影响城市短期和中长期发展间的合理过渡。此外，在利用梯次有序达峰设想对达峰目标进行分解的过程中，城市也应处理好发展与减碳间的关系。

最后，碳达峰是碳中和的前提，达峰的峰值和时间也影响了碳中和目标的实现，因此城市应当在完成梯次有序达峰的基础上，追求更高质量、更高水平的达峰目标，为达峰后的碳中和目标的实现打好基础。参考目前已经正式宣布完成碳达峰工作的北京市和基本完成达峰目标的深圳市的先进经验，更高质量的达峰工作应当将温室气体与大气污染物的协同治理纳入低碳工作规划当中，考虑气候变化对城市碳排放可能产生的影响。此外，城市应当积极探索具有低碳潜力的自然与社会资源，加强高新技术产业发展、生态文明建设，提升城市创新能力，深入探索低碳带来的发展转型机会，促进城市高质量发展。

G.19

企业碳中和应对策略

李 鹏　胡小燕　郑喜鹏　王 乐　金雅宁*

摘　要：《巴黎协定》提出温升控制目标后，碳中和成为全球共识，超过130个国家以立法、公开宣示等方式提出碳中和目标，中国明确提出2030年前实现碳达峰，2060年前实现碳中和。企业是温室气体排放的主要来源，也是完成碳中和目标的创新者、实施者。面对外部政策压力、碳定价机制及投融资环境变化，碳中和成为企业构建长期竞争优势的必然选择。本文梳理总结了国内外典型行业企业的碳中和应对策略，为我国企业应对碳达峰碳中和提供重要借鉴和参考。

关键词： 国际企业　国内企业　减排路径

引　言

《巴黎协定》提出了温升控制目标，即把全球平均气温升幅控制在工业化前水平以上2℃之内，并努力控制在1.5℃之内。从此碳中和成为全球共识，目前全球已有超过130个国家以立法、公开宣示等方式提出

* 李鹏，北京中创碳投科技有限公司研究院副院长，高级工程师，主要研究方向为节能减排技术；胡小燕，北京中创碳投科技有限公司研究院资深项目经理，主要研究方向为低碳技术及排放数据分析；郑喜鹏，北京中创碳投科技有限公司副总经理，主要研究方向为低碳政策；王乐，北京中创碳投科技有限公司咨询事业群副总经理，主要研究方向为企业低碳发展；金雅宁，北京中创碳投科技有限公司咨询事业群总监，主要研究方向为企业低碳发展。

碳中和目标[①]，这些国家的二氧化碳排放量在全球占比超过88%，经济规模占比超过90%[②]。其中，瑞典、芬兰等6个国家的碳中和目标实现时间设定在2030~2045年，美国、日本等122个国家的碳中和目标实现时间设定在2050年，中国提出2060年前实现碳中和，但中国从碳达峰到碳中和的过渡期仅30年，时间远短于西方发达国家，需要付出艰苦努力。

企业是温室气体排放的主要来源，也是完成碳达峰碳中和目标的创新者、实施者，在实现“双碳”目标中具有关键作用。众多国际企业碳排放已经达峰，正在迈向碳中和。全球已有600余家国际公司、商业机构、投资银行等确定了在2030~2050年实现碳中和的目标。碳中和先行者的实践经验，可为我国企业应对碳达峰碳中和提供重要借鉴和参考。

一　企业制定碳中和目标的重要性

各国提出碳中和目标加快了能源结构转型进度，以化石能源为主的企业面临严峻压力。煤炭是全球温室气体排放的主要来源[③]，为有效控制温室气体排放，多个国家明确提出退煤时间表，法国、英国、德国分别将于2021年、2025年、2038年关停燃煤电厂。“十三五”期末，煤炭在我国一次能源消费总量中的占比已下降至57.7%，“十四五”时期我国将进一步严控煤炭消费增长、“十五五”时期将逐步减少。

构建碳定价机制是实现碳中和目标的重要手段，碳定价机制主要包括碳排放权交易以及碳税机制。在碳定价机制下，企业将面临碳排放成本的增加。2019年，欧盟在绿色新政中明确提出将实施碳边境调节税，针对进口的高碳产品征收碳关税。对于我国出口企业而言，未来可能面临碳排放权交

---

① https://eciu.net/netzerotracker.

② https://zerotracker.net/，最后访问日期2021年11月19日。

③ https://www.iea.org/data-and-statistics.

易及碳边境税的双重压力。

在绿色低碳发展目标下，高碳企业融资难度将增大。世界银行、亚洲开发银行等国际金融机构已陆续停止对涉煤项目的融资支持，巴克莱银行、德意志银行、渣打银行、三井住友信托银行等已停止为新增煤电项目提供贷款，并逐步退出存量煤电项目。中国的金融机构也在积极推进投融资结构的绿色转型，各大银行将绿色金融上升到战略高度，加大对绿色低碳行业的融资力度。

综上所述，实现碳中和是一场广泛而深刻的经济社会系统性变革。在外部政策压力、碳定价机制、投融资环境发生变化的情况下，企业提出碳中和目标，以实现自身及供应链范围的净零排放，成为其保持可持续发展的必然选择。苹果公司承诺到2030年实现全部产品生命周期的碳中和，并要求供应商使用100%可再生能源电力生产苹果产品；此外，西门子、雀巢、博世等企业也纷纷提出碳中和目标并付诸行动，加入CDP（碳信息披露项目）、RE100倡议（可再生能源100%）、SBTi（科学碳目标倡议）等，定期披露减排目标、减排进展及成绩，展现了良好的低碳企业形象，吸引了更多消费者，构建了长期竞争优势。

二 国际典型企业的应对策略及案例分析

（一）主要能源和工业企业的应对

国际油气公司低碳发展策略分为两类，一类是采用“融入发展”方式，如雪佛龙、埃克森美孚等企业主要专注于主营油气业务的减排，通过碳捕捉利用与封存技术（CCUS）以及可再生能源替代等方式减少碳排放；另一类企业采用“转型发展”方式，在关注油气业务碳减排的同时，积极投资可再生能源发电、氢能等低碳产业，实现从油气公司向综合能源公司的转型。截至2020年，道达尔可再生能源发电总装机规模6000MW，2025年预计将

达到35000MW①；壳牌可再生能源发电装机规模964MW，在开发项目总装机规模3914MW②；英国石油2019年、2020年共投资12.5亿美元发展低碳产业，风电光伏总装机规模达18700MW，并计划建设英国最大的蓝氢生产装置，2030年实现1GW制氢能力③。

国际电力企业应对策略主要为退煤及煤电转型。莱茵集团在2020年关停其在英国及德国的三座燃煤电厂，计划2030年前关停其在荷兰的燃煤电厂④。英国德拉克斯电厂自2012年起将4台660MW的煤电机组逐步转型为生物质燃料发电，碳排放量降低了85%，并于2021年3月关停剩余2台燃煤发电机组⑤。

钢铁企业主要依靠化石燃料替代及CCUS等技术减排。安塞乐米塔尔到2030年的目标是实现三大技术突破：氢能炼钢技术、使用生物质能等可再生碳能源替代传统化石燃料炼钢技术、化石燃料燃烧排放的碳捕获和封存技术。瑞典钢铁集团计划2026年生产第一批无化石燃料钢铁产品，到2045年实现无化石燃料冶炼的目标⑥。

国际大型水泥集团如海德堡、拉法基毫瑞、西麦斯等均提出2050年实现水泥价值链碳中和，混凝土碳中和目标。混凝土碳中和目标的实现覆盖其全生命周期，包括原材料开采、生产、使用、拆除及回收等。实现路径主要包括提高能源利用效率，提升生物质能、替代燃料比例，提高可再生能源使用比例，推进新工艺和技术（如CCUS、窑炉电气化技术）创新等，发展低

---

① Total, Getting to Net Zero, September 2020, https://totalenergies.com/sites/g/files/nytnzq121/files/mini-site/2020-12/client_download_GB_.zip-extract/common/data/catalogue.pdf.

② Shell, Responsible Energy, Sustainability Report 2020, https://reports.shell.com/sustainability-report/2020/servicepages/downloads/files/shell-sustainability-report-2020.pdf.

③ BP, Sustainability Report 2020, https://www.bp.com/content/dam/bp/business-sites/en/global/corporate/pdfs/sustainability/group-reports/bp-sustainability-report-2020.pdf.

④ https://www.group.rwe/en/responsibility-and-sustainability/environmental-protection/climate-protection.

⑤ Drax, Driven by our Purpose, Annual Report and Accounts 2020, https://www.drax.com/annual-report/driven-by-our-purpose/.

⑥ SSAB, Sustainability-Linked Finance Framework, May 2021, https://mb.cision.com/Main/980/3357081/1425025.pdf.

碳水泥以及回收再利用等。

大型化工企业依靠改进工艺提高能源利用效率、大力发展可再生能源电力、开发新产品新技术等路径减少碳排放，此外还重点关注塑料的回收再利用。巴斯夫通过化学回收和机械回收打造塑料闭环。其中，化学回收方面，将废塑料重新加工为基础原料，并用其生产新的化工产品；机械回收方面，将回收塑料作为替代燃料使用。陶氏化学提出 2030 年回收再利用 100 万 t 塑料的目标，通过自身或合作伙伴的行动，提高全球塑料制品的再生利用率。同时陶氏化学还致力于提供包装设计方案，以提高包装材料的重复使用或再生利用率，减少碳排放。

（二）制造业、零售业企业的应对

除高耗能的能源和工业企业外，高端制造业、零售业等领域的商业巨头也纷纷作出碳中和承诺。对于服务终端消费者市场的企业而言，其上游供应链产生的排放量远远超过其本身业务运营产生的排放量。根据 CDP 报告数据，供应链排放量比运营排放量平均高 11. 4 倍，其中零售业供应链排放量比运营排放量高 28. 3 倍，制造业供应链排放量比运营排放量高7. 7 倍[①]。根据企业披露的数据，拜耳 2020 年范围 1 和范围 2 排放量占总排放量的 22. 78%，范围 3 排放量占比为 71. 22%[②]；雀巢 2018 年范围 1 和范围 2 排放量占总排放量的 5. 2%，范围 3 排放量占比为 94. 8%[③]；博世 2020 年范围 1 和范围 2 总排放量占比不足 1%，范围 3 排放量占比超过 99%[④]。以上企业碳中和目标均覆盖范围 1 至范围 3，碳中和路径中也充分

① CDP，Transparency to Transformation：A Chain Reaction，CDP Global Supply Chain Report 2020，February 2021，https：//www. cdp. net/en/research/global – reports/transparency – to – transformation.

② Bayer，Sustainability Report 2020，https：//www. bayer. com/en/media/sustainability – reports.

③ Nestle，Nestle's Net Zero Roadmap，February 2021，https：//www. nestle. com/media/mediaeventscalendar/allevents/nestle – net – zero – roadmap.

④ Bosch，Sustainability Report 2020，https：//assets. bosch. com/media/global/sustainability/reporting_ and_ data/2020/bosch – sustainability – report – 2020 – factbook. pdf.

考虑了供应商的减排潜力及贡献度。

作为全球最大的连锁零售企业，沃尔玛2017年发起了10亿t减排计划倡议（Project Gigaton），目标是到2030年在全球范围实现10亿t碳减排，目前已有3169家供应商支持该计划，它们设定减排目标并在能源使用、可持续农业、废弃物、森林、包装和产品设计六个领域采取行动。该计划自实施起至2019年底，累计减少碳排放量2.3亿t①。

苹果公司为推动供应链碳中和，于2015年推出供应商能源效率计划和供应商清洁能源计划，通过组织培训等方式指导供应商挖掘能效提升潜力，协助供应商进行减排技术评估，分享100%使用可再生能源的经验并指导供应商向使用可再生能源转型。苹果公司表示任何希望成为苹果供应商的公司都必须承诺在10年内生产苹果产品时100%使用可再生能源。截至2021年3月，已有来自24个国家的109个制造业供应商响应了上述承诺②。

（三）小结

国际企业的碳中和目标大多覆盖范围1至范围3，包括阶段性目标和远期目标。很多企业的减排目标通过了SBTi审核，与《巴黎协定》1.5℃温升控制目标相一致。企业的减排路径主要包括能效提升、提高可再生能源比例、开发CCUS等新技术和自然气候解决方案及推动产业低碳转型等。制造业及零售业企业根据行业特点，除采用以上方式外，还通过产品低碳设计、低碳包装、低碳运输等方式减排，并带动供应商减排以实现全产业链范围的碳中和。国际典型企业碳中和目标及减排路径见表1。

① Walmart, 2020 Walmart ESG Report - Environmental - Climate Change, https://corporate.walmart.com/esgreport/.

② Apple, Environmental Progress Report 2020, https://www.apple.com/euro/environment/pdf/a/generic/Apple_Environmental_Progress_Report_2020.pdf.

表 1　国际典型企业碳中和目标及减排路径汇总

行业	企业名称	碳中和目标		减排路径
		阶段性目标	长期目标	
油气	英国石油	①运营排放量(范围 1 至范围 2):2025 年减少 20%,2030 年减少 30% ~35%; ②范围 3 排放量:2025 年减少 20%,2030 年减少30% ~40%; ③产品全生命周期碳排放强度:2025 年减少 5%,2030 年减少 15%; ④2023 年,在现有的主要石油和天然气设施中安装甲烷测量装置,甲烷排放强度减少 50% 基准年:2019 年	①2050 年实现净零排放(范围 1 至范围 3); ②2050 年产品全生命周期碳排放强度下降 30%	①能源产业转型升级,布局低碳产业;②能效提高;③燃料替代;④控制甲烷排放;⑤实施 CCS、碳汇等负碳技术
	壳牌	①产品碳排放强度(范围 1 至范围 3):2030 年降低 20%,2035 年降低 45%; ②油气生产的甲烷排放强度:2025 年维持在 0.2% 以下 基准年:2016 年	2050 年实现净零排放(范围 1 至范围 3)	
电力	意昂集团	①运营排放量(范围 1 至范围 2):2030 年减少 75%; ②范围 3 排放量:2030 年总量减少 50% 基准:2019 年	2040 年实现碳中和(范围 1 至范围 3)	①淘汰煤电机组,提高可再生能源比重;②采用 CCUS、生物质掺烧等技术;③业务转型
	莱茵集团	①2030 年排放量下降 75% 基准年:2012 年	2040 年实现碳中和(范围 1 至范围 3)	

续表

<table>
<tr><th rowspan="2">行业</th><th rowspan="2">企业名称</th><th colspan="2">碳中和目标</th><th rowspan="2">减排路径</th></tr>
<tr><th>阶段性目标</th><th>长期目标</th></tr>
<tr><td rowspan="2">水泥</td><td>海德堡水泥</td><td>①净 CO_2 排放量(不含替代化石燃料产生的二氧化碳排放量):2025 年下降 30%;
②碳排放强度:2030 年下降到 500kgCO_2/t
基准年:1990 年</td><td>2050 年实现混凝土产品碳中和</td><td rowspan="2">①提高能源效率、提高替代燃料比例、余热回收;②产品创新,发展低碳水泥;③应用 CCUS、窑炉电气化等新技术;④提高可再生能源比例;⑤低碳运输;⑥循环再利用等</td></tr>
<tr><td>西麦斯</td><td>①净 CO_2 排放量(不含替代化石燃料产生的二氧化碳排放量):2030 年减少 35%;
②每年减少 1600 万 t CO_2 排放量
基准年:1990 年</td><td>2050 年实现净零排放(范围 1 至范围 3)</td></tr>
<tr><td>钢铁</td><td>安塞乐米塔尔</td><td>欧洲运营排放量(范围 1 至范围 2):2030 年排放量降低 30%
基准年:2018 年</td><td>2050 年实现碳中和(未明确)</td><td>①化石燃料替代;②氢能炼钢;③采用直接还原铁工艺;④增加废钢使用量</td></tr>
<tr><td rowspan="2">化工</td><td>巴斯夫</td><td>①运营排放量(范围 1 至范围 2):2030 年产量增长但排放量维持在 2018 年水平</td><td>2050 年实现碳中和(范围 1 至范围 3)</td><td rowspan="2">①优化工艺提高能效;②提升低碳能源比例;③发展新的低排放技术;④CCS;⑤基于自然的解决方案;⑥材料循环利用等</td></tr>
<tr><td>陶氏化学</td><td>①碳排放量:每年减少 500 万 t;
②碳排放量:2030 年减少 15%
基准年:2020 年</td><td>2050 年实现碳中和(范围 1 至范围 3)</td></tr>
<tr><td rowspan="2">制造业</td><td>西门子</td><td>①运营排放量(范围 1 至范围 2):2030 年全球所有西门子生产设施和建筑物将实现净零碳排放;
②范围 3 排放量:2030 年供应链排放量减少 20%</td><td>2050 年实现碳中和(范围 1 至范围 3)</td><td rowspan="2">①产品及生产工艺低碳设计;②提高能源利用效率;③可再生能源电力及分布式能源解决方案;④减少运输排放;⑤自然气候解决方案;⑥供应链减排等</td></tr>
<tr><td>苹果</td><td>①运营排放量(范围 1 至范围 2):2020 年实现碳中和</td><td>2030 年实现碳中和(范围 1 至范围 3)</td></tr>
</table>

续表

行业	企业名称	碳中和目标		减排路径
		阶段性目标	长期目标	
零售业	沃尔玛	①运营排放量（范围1至范围2）：2025年相比2015年下降18%； ②范围3排放量：2030年供应链累计减排10亿t	到2040年在不购买减排权的情况下实现净零排放（范围1至范围3）	①提高能效；②提高可再生能源比例；③低碳运输；④低碳包装；⑤基于自然的解决方案；⑥供应链减排等
	雀巢	①范围1至范围3排放量：2025年下降25%，2030年下降50% 基准年：2018年	2050年实现净零排放（范围1至范围3）	

三　我国主要企业应对碳达峰碳中和目标的主要行动

（一）提出碳达峰碳中和目标的企业

在国家碳达峰碳中和目标引领下，能源、钢铁等传统高耗能高排放企业陆续宣布其碳达峰碳中和目标。国家电力投资集团是全国首家宣布碳达峰目标的企业，提出2023年实现碳达峰；随后国家能源集团、大唐集团、华电集团提出2025年实现碳达峰。中国长江三峡集团是全国首家宣布碳中和目标的电力企业，提出2023年实现碳达峰、2040年实现碳中和，河北钢铁提出2022年实现碳达峰、宝武钢铁和包头钢铁提出2023年实现碳达峰，三家钢铁企业均把实现碳中和目标的年份锁定在2050年。

除高耗能行业企业外，部分新兴科技企业也纷纷加入碳减排队列。腾讯、比亚迪已启动碳中和目标规划及研究，远景科技、蚂蚁集团提出未来1~2年内实现企业运营范围碳中和，分别在2028年、2030年实现碳中和。联想集团、京东物流等企业虽未制定碳中和目标，但明确了2030年的减碳目标并通过了SBTi的审核。联想集团提出到2030年，实现公司运营排放量减少50%，部分价值链的碳排放强度降低25%；京东物流2030年的减碳目标为：与2019年相比碳排放总量减少50%。

（二）主要举措

能源消耗二氧化碳排放量约占我国排放总量的88%，而电力行业排放量约占能源行业排放量的41%①，位居各行业排放量之首，因此电力企业肩负着减排重任。各大发电集团积极开展碳达峰碳中和研究并制订行动方案，通过发行债券、成立基金等方式筹集低碳资金，积极发展清洁能源。

---

① 韩继园：《五大发电集团碳达峰路径的异与同》，国际能源资讯网，https：//www.in-en.com/article/html/energy-2303936.shtml。

国家电力投资集团提出，到 2025 年清洁能源装机比重提升到 60%，2035 年提升到 75%；国家能源集团提出“十四五”时期将新增新能源装机规模 7000 万～8000 万 kW，占比达到 40%；华能集团明确，到 2025 年新增新能源装机规模 8000 万 kW 以上，确保清洁能源装机占比在 50% 以上，到 2035 年清洁能源装机占比在 75% 以上；大唐集团提出，将加快推进装备和管理升级，有序推进新能源替代；华电集团力争“十四五”期间新增新能源装机规模 7500 万 kW，非煤装机（清洁能源）装机占比接近 60%。

我国钢铁行业碳排放量占工业碳排放总量的 18.72%①，位居各行业排放量第二。宝武钢铁、河北钢铁、包头钢铁的减排路径与国际钢铁企业基本一致，基本包括以下几方面：提高天然气、可再生能源使用比例，布局氢能产业，推进能源结构清洁低碳化；不断提升高炉热效率、深挖余能回收潜力，提高能源利用效率；创新工艺，5～10 年内开发减排 30% 的工艺技术；打造低碳循环经济产业链，实现协同降碳；树立全员减碳意识。

新兴科技企业方面，光伏领域的晶科能源、隆基股份、阳光电源，风电领域的金风科技、远景科技均是行业低碳减排的领先者，先后加入 RE100 倡议，其中，晶科能源、远景科技承诺 2025 年实现所有的工厂和全球运营 100% 使用可再生能源电力，隆基股份、阳光电源承诺最晚 2028 年实现这一目标。此外，隆基股份联合 150 多家供应商发起《隆基绿色供应链减碳倡议书》，将绿色供应链作为一种创新型环境管理方式，从自身做起，设立高标准，协同供应链企业共同兑现气候承诺。蚂蚁集团等服务业企业排放总量不大，减排路径重点关注建筑节能、数据中心节能等方面，主要依靠使用可再生能源电力及抵消机制，实现企业运营排放的碳中和。

国内典型企业碳达峰碳中和目标及减排路径见表 2。

① 郑常乐：《我国钢铁行业 CO_2 排放现状及形势分析》，《世界金属导报》2020 年 8 月 25 日，第 B14 版。

表 2　国内典型企业碳达峰碳中和目标及减排路径汇总

行业	企业名称	碳达峰碳中和目标	主要行动/减排路径
电力	华能集团	到 2025 年，发电装机规模达到 3 亿 kW 左右，新增新能源装机规模 8000 万 kW 以上，确保清洁能源装机占比 50% 以上，碳排放强度较“十三五”时期下降 20%； 到 2035 年，发电装机规模突破 5 亿 kW，清洁能源装机占比 75% 以上	①成立碳中和研究所； ②发行 2021 年度第一期专项用于碳中和的绿色公司债券 20 亿元； ③加大清洁能源开发力度
	华电集团	“十四五”期间，力争新增新能源装机规模 7500 万 kW，“十四五”时期末非化石能源装机占比力争达到 50%，清洁能源装机占比接近 60%，2025 年实现碳达峰	①大力抓好行动方案落实落地； ②大力推进能源绿色转型发展； ③大力推动低碳技术研发应用； ④大力提升碳资产管理水平； ⑤大力塑造绿色低碳品牌形象
钢铁	宝武钢铁	2023 年力争实现碳达峰； 2025 年具备减碳 30% 的工艺技术能力； 2035 年力争减碳 30%； 2050 年力争实现碳中和	①以科技创新探索钢铁行业低碳发展路径； ②以智慧化、精品化实现极致的碳利用效率； ③把降碳作为源头治理的“牛鼻子”，优化能源结构、加大节能环保技术投入； ④树立全员减碳意识
	河北钢铁	2022 年实现碳达峰； 2025 年实现碳排放量较峰值降低 10% 以上； 2030 年实现碳排放量较峰值降低 30% 以上； 2050 年实现碳中和	①优化产业布局和流程结构，推进全流程碳减排； ②优化用能并构建多元能源结构体系，加快低碳转型； ③开展全生命周期评价，助力钢铁材料性能和寿命提升； ④打造低碳循环经济产业链，实现协同降碳； ⑤以科技创新助推低碳技术的研发示范与应用； ⑥倡导全员低碳化生产生活

续表

行业	企业名称	碳达峰碳中和目标	主要行动/减排路径
新兴科技	蚂蚁集团	自2021年起,实现运营排放的碳中和(范围1至范围2); 2030年实现净零排放(范围1至范围3)	①积极推进绿色办公园区建设; ②提升员工碳中和意识,鼓励员工积极参与; ③持续推动数据中心节能,推动其他供应环节减排; ④推进绿色投资,引导资本向低碳领域流动
	远景科技	2022年运营实现碳中和目标(范围1至范围2); 2028年实现价值链碳中和(范围1至范围3)	①节能减排; ②增加绿色电力消费; ③购买碳信用

（三）特点分析

与国际企业相比，国内提出碳达峰碳中和目标的企业数量尚少，覆盖行业有限。目前，提出碳达峰碳中和目标的企业主要为大型能源央企，集中在电力、钢铁等行业。

电力行业企业的碳达峰碳中和目标设置相对宏观，明确了碳达峰碳中和年份及清洁能源装机占比，但尚未明确碳达峰年份的碳排放总量或强度控制目标。从目标设定中也可发现几大电力集团应对碳达峰碳中和的举措基本一致，主要是提升清洁能源装机规模。

钢铁集团碳达峰碳中和目标较为明确，在提出碳达峰碳中和年份的基础上，还设置了阶段性目标，且明确了具体碳排放总量下降目标。各钢铁集团的减排路径基本一致，重点依靠调整能源消费结构、提升能效、技术创新等方式。

新能源及服务业企业提出碳中和目标的数量虽少，但其目标设置具有前瞻性，在实现运营排放碳中和的基础上，部分企业还提出实现供应链的碳中和。此类企业由于排放量不大，主要通过能效提升、使用可再生能源等方式减少排放，并在此基础上依托碳汇造林等抵消方案实现碳中和。

四　对企业应对碳达峰碳中和目标的主要建议

（一）关注国际国内两个大局，走绿色低碳可持续发展道路

碳中和已成为全球共识，各国对碳排放的监管力度日趋加大，各项政策措施逐步出台，企业的碳排放成本及面临的压力与日俱增。企业应关注国际国内两个大局，全面把握碳中和带来的挑战和机遇。一方面加快向低碳深度转型；另一方面寻找新的经济增长点，增加低碳投资，实现应对气候变化和经济发展的平衡，走绿色低碳可持续发展道路。

（二）企业应尽快出台低碳发展目标及应对策略

我国电力、钢铁等行业企业已率先提出碳达峰碳中和目标，其他企业尤其是高排放的工业企业应尽快开展盘查摸清排放家底，制定低碳发展目标，明确碳排放总量或强度下降目标，将近期目标与中远期目标有机结合，从某一范围的碳中和逐步过渡到全产业链的碳中和。同时把碳排放纳入企业整体发展战略，分析政策约束、市场压力等带来的风险，识别低碳发展带来的机遇，制定应对策略。

（三）结合企业自身特点开展碳中和行动

企业应根据自身特点，明确减排措施，开展碳中和行动。积极借鉴国内外企业的经验，短期内主要通过现有技术提升能效，逐步提升能源结构的清洁化水平；中远期引入负碳技术如碳捕集、封存、利用技术，自然气候解决方案等减少排放；最后通过购买绿证或碳汇抵消剩余的少量排放。在此过程中，企业还可采用碳普惠、碳定价等创新机制进行减排。

G.20

大型活动碳中和行动方案

——以北京冬奥会为例

李雨珊　张　莹*

摘　要：　全球气候变暖正对人类产生巨大且深刻的影响，积极应对气候变化已经成为世界各国政府的共识。随着2020年中国“双碳”目标的提出，碳中和理念已经逐渐渗入国内发展的各个领域。大型活动碳中和行动方案作为全球应对气候变化的重要创新举措，以低碳环保为实施理念，逐渐被采纳推广。作为我国重要历史节点的重大标志性活动，北京冬奥会承诺实现碳中和，展现了我国应对气候变化的决心。本文通过对大型活动碳中和的内涵要求、实施流程和实现路径进行解读，并对北京冬奥会碳中和措施进行分析，为国内大型活动碳中和、助力“双碳”目标实现提供政策建议。

关键词：　大型活动　碳中和　北京冬奥会

引　言

大型活动是一项具有巨大吸引力和影响力的全球性活动，是指在特定时

* 李雨珊，中国社会科学院生态文明研究所博士后，主要研究方向为可持续发展经济学；张莹，中国社会科学院生态文明研究所副研究员，主要研究方向为能源经济学、环境经济学、数量经济分析。

间和场所开展的较大规模的集聚活动，具有引人关注、受众广以及国际重要性三个重要特征[①]，其中包括体育赛事活动，具有商业性质的演出活动和具有文化交流性质的会议、论坛和展览等活动。除了举办规模较大之外，大型活动还具有较大的国际影响力，并可能会对主办城市的环境和经济的可持续发展产生重大影响。大型活动的筹备和举办会在一段时期内成为媒体竞相报道的重点，为活动举办地提供较长时间的全球曝光，从而有利于主办城市或地区吸引大量投资进而对当地人口和环境带来直接影响。因此，举办国际性的大型活动通常也被看作全球化的一种表现。全球化带来的城市竞争也使世界各国愈加重视大型活动，试图通过大型活动的举办打造积极正面的国际形象，展现国家综合实力，“以便在激烈的城市竞争中吸引投资和人才”[②]。通常大型活动都是在特定城市和特定时间内开展，因此举办大型活动也可以被看作国际活动在特定地点的本土化体验[③]，能为举办城市提供城市改造的机会和展示经济文化发展成果的平台。2008 年北京奥运会和 2010 年上海世博会等大型活动都作为城市发展的助推剂，为加速城市基础设施建设提供了契机，促进了城市更新和环境改善。大型活动的成功举办将主办地展现在世界面前，对城市经济、社会和环境发展都会产生重大影响。但是，大型活动涉及的活动和流程繁多，从筹备到举办的全过程持续时间较长，场馆建设、活动举办会导致原材料和能源消耗等，其产生的大量温室气体排放会对举办地环境造成影响，形成较大的举办成本。

近年来，在气候变化的影响下，全球极端天气频发，对人类生存与发展产生了深刻的影响，气候变化已经成为当今国际社会需要共同面临和克服的挑战，国际社会也正为此作出共同努力。2016 年正式生效的《巴黎协定》为世界各国在 21 世纪应对气候变化行动设定了清晰的目标，目前全球已有 132 个国家承诺在 21 世纪下半叶实现碳中和。中国也于 2020 年 9 月召开的

① Roche M. , Mega-events and Modernity: Olympics and Expos in the Growth of Global Culture, London: Routledge, 2000.

② Harvey D. , *The Urban Experience*, Baltimore: Johns Hopkins University Press, 1989.

③ Shortjr, “Globalization, cities and the Summer Olympics,” *City*, 2008, 12 (3): 321 -40.

第七十五届联合国大会一般性辩论上宣布，“中国将提高国家自主贡献力度，采取更加有力的政策和措施，二氧化碳排放力争2030年前达到峰值，努力争取2060年前实现碳中和”[①]。在2021年中央经济工作会议上，碳达峰、碳中和也被列为当年的重点任务之一。

作为应对气候变化的创新举措，大型活动碳中和是指通过购买碳配额、碳信用或通过植树造林产生新的碳汇量，抵消大型活动举办所产生的温室气体排放量，实现温室气体“碳中和”。对大型活动所排放的温室气体进行碳中和，能够在保证高水平完成所有工作的前提下，通过综合实施资源节约和环境保护等措施，树立可持续的发展观、价值观和消费观，有效抑制温室气体排放，实现环境的可持续发展。北京冬奥会作为我国重要历史节点的重大标志性活动，自申办之初就作出了“碳中和”的承诺，北京冬奥组委在筹备阶段多措并举进行碳减排，同时制定相应的碳抵消措施，确保碳中和目标的实现。此外，生态环境部也出台了《大型活动碳中和实施指南（试行）》，为国内大型活动碳中和提供指导建议，规范相关活动的开展。倡导大型活动碳中和体现了中国政府应对气候变化和实现碳达峰、碳中和目标的决心，也有利于向世界展示中国为国际议程所作出的努力。

一　大型活动碳中和的内涵要求

（一）大型活动碳中和的基本要求

大型活动具有参与人数众多、受关注程度较高、社会影响力较大的特点，能够为主办城市吸引大量的投资和游客，因此是推广和传播碳中和理念的理想示范。通过大型活动碳中和的示范，能够使社会各界对碳中和理念进

① 《习近平在第七十五届联合国大会一般性辩论上发表重要讲话》，人民日报，http://gs.people.com.cn/n2/2020/0923/c183342-34310714.html，2021年8月25日。

行广泛讨论和传播，弘扬低碳可持续的生活方式，推动公众自觉树立绿色低碳的消费观和价值观，从而有利于促进温室气体减排和应对气候变化措施的实施。目前已经有多个大型活动，如2006年的都灵冬奥会和2018年的平昌冬奥会等大型体育赛事，2014年的APEC北京峰会和2017年的G20杭州峰会等大型国际会议，都针对活动举办过程中排放的温室气体采取了碳中和措施，将于2022年举办的北京冬奥会也承诺实现碳中和，并于2021年5月召开了北京冬奥会碳中和论证会。

"碳中和"理念在国际上出现时间较早，因此国内的大型活动碳中和行动大多参照国际上相对较成熟和标准化的文件开展，可能存在不符合国内温室气体排放实际的问题。为填补国家层面在大型活动碳中和标准方面的空白，生态环境部在2019年6月14日正式发布了《大型活动碳中和实施指南（试行）》（以下简称《指南》）[①]，对大型活动碳中和的相关要求、流程和评价作出了规定，并对温室气体的排放源及核算方法也给出了建议。根据《指南》，作出碳中和承诺的大型活动组织者应根据所举办活动的规模、举办时间、场地建设等实际，优先在活动筹备和举办过程中采取碳减排行动，降低大型活动所产生的温室气体排放量，而后通过碳抵消等手段对实际活动中无法减排的温室气体进行抵消，最终实现碳中和。此外，《指南》还要求大型活动主办方主动公开碳中和信息，并接受监管部门和社会大众的监督。

（二）大型活动碳中和的具体流程

《指南》指出，大型活动碳中和涉及筹备阶段、举办阶段和收尾阶段三个阶段的主要工作，具体内容包括制定碳中和实施计划、开展减排行动、核算温室气体排放量并采取抵消措施实现碳中和，以及要求独立机构对碳中和实现结果开展评价等。

---

① 生态环境部：《大型活动碳中和实施指南（试行）》，http：//www. mee. gov. cn/xxgk2018/xxgk/xxgk01/201906/t20190617_ 706706. html，2021年7月1日。

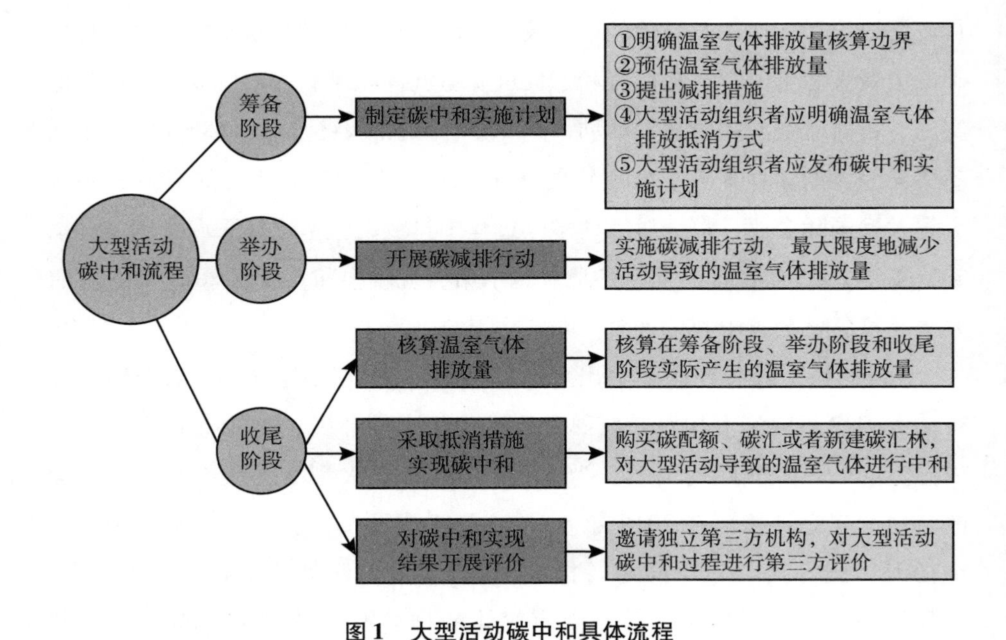

图1　大型活动碳中和具体流程

大型活动主办方需要在活动的筹备初期制定碳中和实施计划，明确温室气体排放量的核算边界，在所确定的核算边界范围内，对各类温室气体进行识别和预估，并有针对性地提出减排措施和实现碳中和的抵消方式。根据《指南》要求，在碳中和实施计划中，需要披露大型活动名称、举办时间及地点、活动内容、预计温室气体排放量，以及相应的温室气体减排政策、碳抵消措施等重点内容。在大型活动的举办阶段，活动主办方需要优先实施碳减排行动，并保证减排效果达到预期。在大型活动结束之后，活动主办方需要根据实际核算活动产生的温室气体排放量，最后通过相应的碳抵消措施来中和大型活动实际产生的温室气体排放量。

（三）温室气体核算

温室气体是大型活动碳中和实施的对象，因此碳中和实施计划应当首先明确大型活动温室气体排放量的核算边界。温室气体排放量核算边界的确定可以从活动举办场馆的地理边界、活动举办的时间范围、活动设施边界等多个角度进行考虑。

在确定温室气体排放量的核算边界之后，再通过相应的核算方法预估温室气体的排放量。《指南》对温室气体排放源和排放类型进行了重点识别，并针对温室气体排放量核算推荐了相应的核算标准和技术规范。大型活动温室气体的排放类型包括化石能源燃烧排放，净购入电力、热力产生的排放，交通排放，住宿餐饮排放，会议用品隐含的碳排放，废弃物处理产生的排放[①]。大型活动产生的温室气体排放量即为上述6类排放源的排放量总和。

二　大型活动碳中和的实现路径

（一）温室气体减排措施

为推广和传播碳中和理念，推广低碳举办大型活动的思想，《指南》指出，活动主办方应当在结合大型活动实际筹备和举办情况的前提下，在大型活动的筹备、举办和收尾阶段优先实施温室气体减排措施，并保证减排措施达到预期效果，之后对无法减排的温室气体进行中和，即要求大型活动组织者首先对温室气体排放量进行控制，并采取减排措施，然后通过抵消剩余的温室气体排放量实现碳中和。根据《指南》，大型活动主要有6类排放源，因此在减少大型活动产生的温室气体排放量时，可以主要从大型活动举办的地理边界及活动举办方和活动参与方等方面进行考虑，着手制定和实施减排措施。

表1　大型活动的主要减排措施

类别	内容
大型活动场地减排措施	选择交通便利的会议场地，尽量保证会议场地到公交车站和市中心处于步行可达范围
	尽量保证会议场地能够提供住宿，或有距会议中心较近的住宿点

① 生态环境部：《大型活动碳中和实施指南（试行）》，http：//www. mee. gov. cn/xxgk2018/xxgk/xxgk01/201906/t20190617_ 706706. html，2021年7月1日。

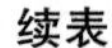
续表

类别	内容
大型活动酒店住宿减排措施	尽量选择距公共交通枢纽或会议地点较近或在步行范围内的酒店
	酒店不再免费提供一次性洗漱用品、毛巾及床单
	酒店使用高效节能的灯具和能源系统
	酒店应为水龙头和淋浴头等安装节水设备
大型活动餐饮减排措施	尽量使用当地种植和生产的食材,选用时令食材
	减少瓶装水的使用
	根据参加人数准备饮食,避免浪费
大型活动举办方减排措施	尽量使用电子通信,减少印刷品使用
	设置电子登记系统,允许参与者提交表格和图片
	鼓励参与者使用更加环保和可持续的交通方式抵达会场
	尽量使用可再生纸;尽量重复使用纸张
	活动所产生的废弃物应根据相应分类分别回收处理
	最小化商品包装,并使用环保材料
大型活动参与方减排措施	只打印必需的文件
	选择环保低碳的出行方式
	离开房间时关闭所有空调等设备及电源
	主动回收产生的废弃物,如纸张、易拉罐等

（二）碳抵消措施

主办方需要在大型活动举办阶段通过开展减排行动降低温室气体排放量，在活动收尾阶段核算温室气体实际排放量并采取相应的碳抵消措施，确保最后实现碳中和。大型活动碳抵消方式主要有两种，一是购买碳配额和碳信用，二是新建林业项目。

由于在大型活动结束之前无法确定实际产生的温室气体排放量，且相关碳抵消方式产生效果均需要一定的时间，因此《指南》针对不同的碳抵消方式规定了不同的碳中和实现时间。通过购买碳配额或碳信用抵消实际温室气体排放量的方式，需要在大型活动结束之后的1年内实现碳中和。通过新建林业项目产生碳汇量抵消实际温室气体排放量的方式，则需要在大型活动结束之后的6年内实现碳中和。值得注意的是，《指南》规定的可用于抵消实际温室气体排放量的 CDM 项目减排量必须是我国境内项目所产生的减排量。此外，新建林业项目产生的碳汇量仅能用于此次大型活动碳中和，不得另作他用。

在实现大型活动碳中和的过程中，优先鼓励购买经济欠发达地区的碳信用或在经济欠发达地区新建林业碳汇项目。这一方面是因为经济较落后地区生态环境较好，森林资源丰富；另一方面是因为这有利于探索出一条将经济落后地区生态优势转化为发展优势的新道路，建立一个将经济欠发达地区森林生态优势和生态效益市场化的新机制，实现由"绿水青山"向"金山银山"的转变，推动实现碳中和、经济增长双重收益。

三　北京冬奥会实现碳中和的具体措施与成效

北京冬奥会作为我国重要历史节点的重大标志性活动，是向世界展示我国生态文明建设成果的重要平台和窗口。为了兑现北京冬奥会的申办承诺，北京冬奥组委在 2019 年 6 月发布了《北京 2022 年冬奥会和冬残奥会低碳管理工作方案》（以下简称《低碳方案》），为北京 2022 年冬奥会设定了实现碳中和的总目标。结合北京冬奥会办赛的实际需求，《低碳方案》从低碳能源、低碳场馆、低碳交通和低碳标准 4 个方面提出了 18 项碳减排措施和 6 项碳中和措施，明确了北京冬奥会碳中和的保障机制。

（一）北京冬奥会碳减排措施

作为国内大型活动碳中和的先行者，北京冬奥组委在能源、场馆和交通等方面都制定并实施了温室气体减排措施。第一，在保障低碳能源使用方面，建成并投入使用了张北柔性直流电网工程。该工程利用柔性直流输电技术保障了张家口可再生能源示范区的新能源送出，全面满足北京及张家口地区的 26 个冬奥会场馆用电需求，实现北京冬奥会场馆 100% 清洁用电。该工程不仅是世界上首个柔性直流电网工程，也是世界上电压等级最高、输送容量最大的柔性直流工程，创造了 12 项世界第一，实现了三大突破。为了保障冬奥会

低碳绿色用电需要，助力落实“绿色办奥”，河北省发改委和国家能源局华北监管局分别印发了《张家口零碳冬奥绿色电力交易实施办法》和《京津冀绿色电力市场化交易规则》，北京冬奥组委联合主办城市政府、电力交易中心、电力公司等多家单位成立绿色电力交易工作组，搭建冬奥绿色电力交易平台，通过市场化直购绿色电力方式，为奥运场馆及其配套设施提供清洁能源。截至2021年6月，已有12个场馆提前实现100%绿色电力供应。

第二，在低碳场馆建设方面，严格按照绿色建筑标准，通过超低能耗技术推动场馆低碳节能建设和改造，加强对场馆运行能耗的智能化检测，打造超低能耗场馆示范工程。截至2021年6月底，北京冬奥会既有场馆100%获得绿色建筑二星级及以上认证，新建场馆100%获得绿色建筑三星级认证，所有雪上场馆均获得绿色雪上运动场馆评价三星级证书。短道速滑、花样滑冰、冰壶、冰球4个冰上场馆都将首次使用二氧化碳制冷剂。相较于传统的制冷方式，二氧化碳制冷剂不仅能减少对臭氧层的破坏，还将大幅降低制冷系统能耗，实现能耗下降超过30%。北京冬奥会还建设了三个总建筑面积50271平方米的超低能耗示范工程，通过超低能耗建筑技术最大限度地减少温室气体排放。

第三，在建设低碳交通体系方面，《低碳方案》要求应用低碳工程技术开展交通基础设施建设，应用智能交通技术，倡导绿色低碳的出行方式。北京冬奥会赛事期间，赛区内交通服务用车将100%利用清洁能源车辆，在全部车辆中的占比将达到85.84%，实现历届奥运会最高水平，这一措施将会使赛事期间二氧化碳排放量下降约1.1万吨①。北京市和张家口也正在按计划建设加氢站、充电桩等配套设施，以保障氢燃料、纯电动汽车等新能源汽车的能源补给需求。

除上述措施之外，北京冬奥组委还秉承绿色奥运的理念，对首钢园区原有厂房进行了改造和再利用。改造工程在尊重原有工业架构和风貌的基础上兼顾了赛后再利用功能，尽量避免重复建设，节约建筑资源，减少温室气体排放。

---

① http：//www. gov. cn/xinwen/2021－05/26/content_ 5612844. htm.

（二）北京冬奥会碳抵消措施

北京冬奥组委在实施碳减排措施的基础上还提出了林业固碳、企业自主行动和碳普惠等碳抵消措施。北京市和张家口市分别完成了54万亩和50万亩的造林工程，这些造林工程所产生的林业碳汇量将在开展碳汇量监测及核证工作之后全部捐赠给北京冬奥组委。北京冬奥组委还于2020年7月上线了“低碳冬奥”小程序，通过数字化技术手段记录用户在日常生活中的低碳行为轨迹，鼓励企业、社会组织和个人的低碳环保行为，并支持其捐赠给国家。截至2021年6月30日，已有超过8万人注册“低碳冬奥”小程序，为冬奥碳中和贡献自己的力量。

四　政策建议

世界各国已经就碳中和达成共识，中国也正在为实现这一目标作出努力。大型活动碳中和作为应对气候变化的重要创新举措，在实现节能减排的同时也能以大型活动为平台，推动碳中和理念的传播和普及。生态环境部于2019年发布的《指南》填补了国内相关领域标准指南的空白，为国内大型活动碳中和行动提供了指导。在《指南》发布之后，青海省生态环境厅在《指南》核算标准的指导下，选取2000株树龄8年的云杉和油松，种植10亩碳中和林，以抵消2021年6月在青海举办的“六五环境日”国家主场大型活动所产生的65.16吨二氧化碳当量的温室气体①。

尽管《指南》的出台为大型活动碳中和提供了指导，增加了国内大型活动碳中和的可操作性，但是纵观国内大型活动碳中和具体流程，仍存在温室气体核算标准和技术规范不统一、温室气体核算边界难以界定、基础数据收集难度较大以及碳中和理念宣传力度不够、公众缺乏相关认知等问题。据

① 青海省环境厅：《2021年六五环境日国家主场活动碳中和公益行动在青海启动》，http：//sthjt. qinghai. gov. cn/xwzx/tpxw/202105/t20210518_ 114218. html，2021年8月25日。

此，本文提出如下政策建议。

第一，加快地方标准制定，完善大型活动碳中和管理体系。《指南》没有给出符合中国实际的排放因子来源，这可能会对大型活动温室气体排放量核算的准确性产生一定影响。经济水平较高的大型城市通常是大型活动的首选，应当鼓励大型城市优先发布符合实际的地方标准和碳中和指南，对大型活动碳中和实践进行指导，激励和促进大型活动碳中和措施的实施，构建完整的管理体系。北京市生态环境局已经率先于2021年6月制定了北京市《大型活动碳中和实施指南》以及碳中和、碳足迹核算地方标准，以引导相关责任主体实现高效、规范和精细化的碳中和管理，为其他城市和地区提供了良好示范。

第二，建立城市碳中和对口合作，实现双重收益。《指南》鼓励优先考虑购买经济较落后地区的碳配额、碳信用和在经济较落后地区新建林业项目。北京市《大型活动碳中和实施指南》明确提出“应优先选取京津冀地区自愿减排项目所产生的核证自愿减排量”[①]。经济欠发达地区生态森林优势明显，鼓励大型活动主要举办城市政府与周边经济欠发达地区政府形成长期碳汇合作，推动大型城市辐射周边地区，在普及碳中和理念、实现碳中和的同时，推动实现环境保护和乡村振兴双重收益，实现共同富裕。

第三，规范数据收集和测算标准。不同于企业温室气体排放边界及排放量核算，大型活动涉及的地理范围较广，核算边界涉及活动场馆、住宿、交通等多个方面以及活动筹备阶段、举办阶段和善后阶段等多个时间范围，核算边界较广，基础数据收集难度较大。因此，大型活动主办方可在筹备之初就设立专门的数据部门，统一收集处理数据，为大型活动碳中和全流程提供便利和依据。同时制定和规范针对大型活动的数据收集和测算标准，以便于对同一类型活动的碳减排和碳中和效果进行横向和纵向比较。

---

① 《大型活动碳中和实施指南》（DB/11T 1862－2021）。

第四，加大宣传力度，加强公众对碳中和的认识。在中国政府提出2030年前实现碳达峰、2060年前实现碳中和的目标之后，“双碳”目标成为学术讨论和政策制定的热点。单从实际来看，相关碳中和的行动开展仍然集中在政策、产业层面，公众对于碳中和概念的认知相对缺乏。应该借助大型活动影响力大的优势，率先垂范，加大对碳中和理念的普及力度。通过普及碳中和基础知识提升公众对全球气候变化的重视程度，同时鼓励公众多元化参与碳中和行动，共同助力碳中和目标的实现。

碳达峰碳中和目标下的气候变化协同和适应

Synergies and Adaption of Climate Change under Carbon Peaking and Carbon Neutrality Goals

G.21 碳中和目标下的气候变化适应问题*

许红梅　巢清尘　郑秋红**

摘　要：　2030年前实现碳达峰、2060年前力争实现碳中和目标是我国应对气候变化的重要国策。减缓和适应是应对气候变化的互补性策略，在碳中和的大背景下，适应气候变化仍然是重要且不可或缺的，且加强减缓和适应的协同尤为关键。本文总结了1.5℃和2.0℃升温情景下，全球特别是中国面临的气候相关风险，梳理了城市规划、能源、基础设施等领域的减缓和适应协同效应研究与实践。在此基础上提出了碳中和目标下

* 本文得到以下项目资助：国家重点研究计划“气候变化风险的全球治理与国内应对关键问题研究”（批准号：2018YFC1509000）；中英气候变化风险研究。

** 许红梅，国家气候中心正高级工程师，主要研究方向为气候变化影响模拟与评估；巢清尘，国家气候中心主任，研究员，主要研究方向为气候系统分析及相互作用、气候风险评估以及气候变化政策；郑秋红，中国气象局气象干部培训学院正高级工程师，主要研究方向为气候变化信息。

适应气候变化应健全工作机制，加强长远统筹；提升对气候变化风险的认知，采取系统性应对措施；开展多层次技术指导，建立用户友好的气候变化风险评估和适应平台；推进适应和减缓的协同效应的研究和实践。

关键词： 碳中和 适应 减缓 协同 风险

一 引言

自20世纪50年代以来，大量观测事实揭示出温室气体浓度增加导致人为辐射强迫增加，进而引起气候系统变暖是毋庸置疑的。全球变暖已经对自然系统和人类社会产生了广泛影响。1992年，联合国通过了《联合国气候变化框架公约》（UNFCCC）。UNFCCC将稳定大气中温室气体浓度、防止气候系统受到危险的人为干扰、使生态系统能够自然地适应气候变化、确保粮食生产免受威胁、经济发展可持续进行作为最终目标。

2015年通过的《巴黎协定》提出了相对于工业化革命前升温1.5℃和2℃的全球控温目标，并提出了21世纪中叶实现净零排放。全球若想要实现2℃温控目标，需要2050年全球人为温室气体排放量比2010年减少40%～70%，21世纪末温室气体的排放水平要接近或者是低于零①。相比于2℃温控目标，1.5℃温控目标需要2030年全球人为温室气体排放量比2010年减

① IPCC，2021：Summary for Policymakers. In：Climate Change 2021：The Physical Science Basis. Contribution of Working Group I to the Sixth Assessment Report of the Intergovernmental Panel on Climate Change［Masson－Delmotte，V.，P. Zhai，A. Pirani，S. L. Connors，C. Péan，S. Berger，N. Caud，Y. Chen，L. Goldfarb，M. I. Gomis，M. Huang，K. Leitzell，E. Lonnoy，J. B. R. Matthews，T. K. Maycock，T. Waterfield，O. Yelekçi，R. Yu and B. Zhou（eds.）］. Cambridge University Press. In Press.

少40%～60%，在2050年左右温室气体的排放接近于零[①]。

减缓和适应是应对气候变化的互补性策略。减缓是指通过经济、技术、生物等各种政策、措施和手段，控制温室气体排放并增加温室气体汇。适应是指自然或者人类系统对实际或预期的气候变化作出的一种调整响应，旨在减缓气候变化的不利影响。UNFCCC第三条将“缓解气候变化的不利影响”作为其原则之一。《巴黎协定》的三个目标涵盖了适应和减缓两方面：控制全球升温幅度，提高适应气候变化不利影响的能力，以及适应和减缓资金流动路径。《巴黎协定》第四条明确了国家自主减排的方式及长期减排路径；第七条确立了全球适应目标。应对气候变化，我国一直坚持适应与减缓并重的原则。在《巴黎协定》签署5周年之际，我国向世界宣示了2030年和2060年前分别实现碳达峰及碳中和的国家目标。未来在低排放情景下预估到21世纪末全球温升将达1.8℃[②]，目前各国承诺的国家自主贡献目标基本参照中等排放情景，意味着未来全球温升至少到2℃，在此大背景下，适应气候变化尤为重要且不可或缺。

二　碳中和下的气候风险

目前全球地表平均温度较工业化前高出约1℃，未来20年全球温升将达到或超过1.5℃。人为排放导致的全球气候变暖会持续几百年到几千年，

① IPCC: Summary for Policymakers. Global Warming of 1.5°C. An IPCC Special Report on the Impacts of Global Warming of 1.5°C above Pre-industrial Levels and Related Global Greenhouse Gas Emission Pathways, in the Context of Strengthening the Global Response to the Threat of Climate Change, Sustainable Development, and Efforts to Eradicate Poverty, V. Masson－Delmotte, et al., eds., World Meteorological Organization, Geneva, 2018.

② IPCC, 2021: Summary for Policymakers. In: Climate Change 2021: The Physical Science Basis. Contribution of Working Group I to the Sixth Assessment Report of the Intergovernmental Panel on Climate Change [Masson－Delmotte, V., P. Zhai, A. Pirani, S. L. Connors, C. Péan, S. Berger, N. Caud, Y. Chen, L. Goldfarb, M. I. Gomis, M. Huang, K. Leitzell, E. Lonnoy, J. B. R. Matthews, T. K. Maycock, T. Waterfield, O. Yelekçi, R. Yu and B. Zhou (eds.)]. Cambridge University Press. In Press.

并将继续造成气候系统的进一步变化，进而对自然和人类系统产生持续的影响。

（一）升温1.5℃和2.0℃下全球面临的气候风险

表1给出了预估的全球升温1.5℃和2.0℃下的潜在影响及产生的相关风险。到2100年，相对于2℃全球升温，1.5℃升温下预估的全球海平面升幅更小，可以使小岛屿、沿海低洼地区和三角洲有更多的适应机遇。1.5℃升温下预估的气候变化对陆地生物多样性的影响更低，对各生态系统的影响也更低，生态系统的服务功能损失小。全球升温1.5℃可以减缓海洋升温、减缓海洋酸度的上升以及海洋含氧量的下降，可以降低海洋生态系统及其服务等方面面临的风险。全球升温会导致社会经济系统面临的气候相关风险加大，且全球升温2℃的气候相关风险比全球升温1.5℃更大，适应需求也更高。

表1　全球升温1.5℃和2℃下的气候风险

领域	1.5℃升温的风险	2.0℃升温的风险
高温热浪（全球人口中至少5年一遇的比例）	14%	37%
无冰的北极（夏季海上无冰频率）	每百年至少1次	每十年至少1次
海平面上升（2100年上升值）	0.40米	0.46米
脊椎动物消亡（至少失去一半数量物种）	8%	16%
昆虫消亡（至少失去一半数量物种）	6%	18%
生态系统（生物群落类型转变对应的全球陆地面积）	7%	13%
多年冻土（北极多年冻土融化面积）	480万平方公里	660万平方公里
粮食产量（热带地区玉米产量减少）	3%	7%
珊瑚礁（减少比例）	70%~90%	99%
渔业（海洋渔业产量损失）	150万吨	300万吨

资料来源：《IPCC全球1.5℃增暖》报告。

（二）升温1.5℃和2.0℃下我国面临的气候风险

在全球升温1.5℃和2.0℃下，我国地表温度将会与全球地表温度呈现一致性的增加趋势，地表温度的增加往往伴随着极端温度和极端降水的增加[①]；东亚地区在全球升温1.5℃和2℃时将比全球平均增温高约0.2℃，特别是在人口相对较多的地区，比如我国东南部地区，极端高温事件的强度、频率和持续时间都比其他地区增幅更大；在全球1.5℃升温背景下高强度和中等强度极端暖事件发生风险分别为1986～2005年的2.14倍和1.93倍；在全球升温1.5℃和2℃时我国东部、西南部和青藏高原地区将发生更严重的极端降水。

全球平均气温每升高0.5℃，我国洪水影响范围、经济暴露度和直接经济损失将分别增加20万平方公里、2.2万亿美元和670亿美元[②]。全球升温1.5℃，低排放情景下预估的干旱损失相对于1986～2005年增加10倍，相对于2006～2015年增加近3倍。然而，与全球升温2.0℃相比，升温1.5℃可以使我国每年的干旱损失减少数百亿美元[③]。

与全球升温1.5℃相比，升温2.0℃时我国年实际蒸散发约增加3.4%。实际蒸散发在地表水热传输及全球荒漠化进程中扮演着重要角色，可能会促进局部地区极端水文气象事件的发生，导致流域径流量对升温响应的差异；虽然不同升温水平对荒漠化进程的影响尚不清楚，但对比全球升温1.5℃，2.0℃升温下我国北方沙地面积将以每十年27.04平方公里的速度增长，2050年后，我国北方沙地面积将趋于稳定。

如果不考虑CO_2的肥料效应，全球升温1.5℃和2.0℃将导致水稻产量分别增加0.7%和减少2.4%，小麦产量分别将增加1.2%和减少0.9%，玉米产量将分别下降0.1%和2.6%；如果考虑CO_2的肥料效应，全球升温1.5℃和2℃将分别使水稻产量增加4.1%和9.4%，小麦产量增加3.9%和

① 翟盘茂、余荣、周佰铨等：《1.5℃增暖对全球和区域影响的研究进展》，《气候变化研究进展》2017年第5期。

② Jiang T., Su B., Huang J., Zhai J., Xia J., Tao H., Wang Y., Sun H., Luo Y., Zhang L., Wang G., Zhan C., Xiong M., "Each 0.5℃ of Warming Increases Annual Flood Losses in China by More than 60 Billion USD," *Bulletin of the American Meteorological Society*, 2020, doi: 10.1175/BAMS-D-19-0182.1.

③ Su B., Huang J., Fischer T., et al., "Drought Losses in China Might Double between the 1.5℃ and 2.0℃ Warming," *Proceedings of the National Academy of Sciences*, 2018, 115 (42): 10600-10605.

8.6%，玉米产量增加 0.2% 和减少 1.7%[①]。如无应对措施，全球升温 1.5℃和 2.0℃将分别导致我国大豆减产 20% ~30% 和 30% ~50%；在有适应措施条件下，全球升温 1.5℃和 2℃，我国大豆将减产 0 ~5%[②]。

在共享社会经济路径下，全球升温 1.5℃，上海、宁波、深圳、合肥、武汉、南昌和长沙等七个城市的耗电量将比 2010 ~2015 年增加 3.3（1.8 ~4.1）倍，升温 2.0℃增加 8.9（3 ~12.4）倍，升温 4.0℃增加 10.2（2.4 ~18.3）倍。对上海居民用电量的研究表明，全球平均气温升高不但会增加居民用电总量，还会使得峰值耗电总量大幅增加[③]。

在考虑各种经济发展情景及人群适应能力提高的情况下，预计全球升温 1.5℃和 2.0℃时，我国年热相关死亡率分别为每百万 48.8 ~67.1 人和每百万 59.2 ~81.3 人；提高适应能力将导致相应的死亡率分别下降 48.3% ~52.9% 和 52.1% ~56.9%，适应能力的提高及控制气温升高能减小死亡风险[④]。我国减排的健康协同效益可以抵消减排成本。努力达到 1.5℃温控目标，将给我国带来 2700 ~23000 亿美元的净收益[⑤]。

无论是全球还是中国，在温度升高 1.5℃或 2℃时，极端天气事件发生的概率都会增加。升温 1.5℃导致的自然系统和人类系统的气候变化相关风险比当前高，但比升温 2℃低。同时，不同地区对全球增暖的响应也存在很大差异。气候变化相关风险一方面取决于气候系统的变化，另一方面取决于地区地理位置、

① Chen Yi, Zhang Zhao, Tao Fulu, "Impacts of Climate Change and Climate Extremes on Major Crops Productivity in China at a Global Warming of 1.5 and 2.0 °C," *Earth System Dynamic*, 2018, 9: 543 -562.

② Rose G., Osborne T., Greatrex H., "Impact of Progressive Global Warming on the Global-scale Yield of Maize and Soybean," *Climatic Change*, 2016, 134: 417 -428.

③ Li Y. T., William A. P., Wu L. B., "Climate Change and Residential Electricity Consumption in the Yangtze River Delta, China," *Proceedings of the National Academy of Sciences*, 2019, 2 (116): 472 -477.

④ Wang Q., Liang Q., Li C., et al., "Interaction of Air Pollutants and Meteorological Factors on Birth Weight in Shenzhen, China," *Epidemiology*, 2019, 30: S57 - S66.

⑤ Markandya A., Sampedro J., et al, "Health Co-benefits from Air Pollution and Mitigation Costs of the Paris Agreement: A Modelling Study," *The Lancet Planetary Health*, 2018, 2 (3): e126 -e133.

社会经济发展水平和脆弱性；此外，还受地区所采取的适应和减缓措施影响。为了提高对气候变化相关风险的管理能力，需要增加适应性投入，尤其是脆弱性大、暴露度高以及适应能力相对较弱的地区更需要加大投入；碳中和是控制温室气体排放、实现可持续发展和生态文明的手段与阶段性目标，在设定碳中和目标时，需要考虑区域发展的差异以及碳中和可能带来的发展机遇。

三　减缓和适应的协同政策和案例

如前文所述，减缓和适应是应对气候变化的互补性策略。简单地说，减缓的目的是避免不可管理的气候风险，适应的目的是管理不可避免的气候风险。兼顾减缓温室气体排放和适应气候变化，厘清二者之间的关系、挖掘具有“1+1>2”效应的协同行动，对避免“重复建设”或“事倍功半”具有重要的现实意义[①][②]。

（一）减缓和适应协同概念和国际政策的演进

自UNFCCC通过后，减缓策略一直备受重视，一直是各国主要的气候治理手段。而适应的重要性在2001年IPCC第三次评估报告中才被提出并列入政策议程。2007年，IPCC第四次评估报告首次对减缓和适应的协同效应进行了定义，即减缓和适应措施的合力效用大于两种措施单独实施的效用，且在第二工作组报告中专门增加一章，对减缓和适应协同的研究现状进行了梳理和分析。2007年的联合国气候变化大会通过《巴厘行动计划》，将减缓和适应置于同等重要的位置。2014年的IPCC第五次评估报告进一步强调减缓、适应和可持续发展的协同效益，指出要实现可持续发展，需要优先判定和寻找具有气候恢复力的路径；对于主要的减缓和适应选择，需要充分认识二者之间及二者与发展的关系，研究减少损失和损害、支持可持续发展的各

① 傅崇辉、郑艳、王文军：《应对气候变化行动的协同关系及研究视角探析》，《资源科学》2014年第7期。

② 巢清尘：《气候政策核心要素的演化及多目标的协同》，《气候变化研究进展》2009年第5期。

种转型适应方法。2015年达成的具有法律约束力的气候协议《巴黎协定》，更是明确了全球向低碳且具有气候韧性转型的发展路径，并将减缓和适应协同发展确立为重要的行动原则①②。

（二）减缓和适应的相互关系：协同、冲突以及权衡

上述的IPCC报告和UNFCCC政策对于促进该领域的研究和实践具有重要影响，人们越来越认识到减缓和适应能够在社会经济和环境等多方面产生协同效益。Laukkonen等讨论了地方尺度上的减缓和适应，认为减缓和适应的努力需要适当结合起来，并与社区的可持续发展相联系，这样才能产生最可持续的结果③。然而，这两种策略并不总是相辅相成的，如果作为独立的政策目标处理，减缓和适应战略可能会导致发展锁定或意外冲突。有时关于执行的决定要基于艰难的权衡，必须在相互冲突的政策和规划目标之间作出选择。为了避免冲突，需要确定优先事项，优先考虑具有成本效益和能尽量减少负面后果的解决方案，并加强地方政府管理。总之，将气候变化减缓和适应规划与行动结合起来，对于确保这些规划与行动相辅相成、实现协同效益、最大限度地发挥有限资源的作用，并最大限度地减少可能导致适应不良或减缓不当的潜在冲突至关重要。Laukkonen等呼吁开发简化和本地化的工具和方法，以帮助决策者确定最适当的应对措施。

（三）城市规划、能源、基础设施等领域的减缓和适应协同效应研究与实践

在城市规划领域，与紧凑型城市发展有关的措施受到的关注最多④。紧

① 宋蕾：《气候政策创新的演变：气候减缓、适应和可持续发展的包容性发展路径》，《社会科学》2018年第3期。

② 段居琦、徐新武、高清竹：《IPCC第五次评估报告关于适应气候变化与可持续发展的新认知》，《气候变化研究进展》2014年第3期。

③ Laukkonen J., Blanco P. K., Lenhart J., et al., "Combining Climate Change Adaptation and Mitigation Measures at the Local Level," *Habitat International*, 2009, 33 (3): 287-292.

④ Sharifi A., "Co-benefits and Synergies between Urban Climate Change Mitigation and Adaptation Measures: A Literature Review," *Science of the Total Environment*, 2021, 750: 141642.

凑的城市发展具有适当的密度水平，以及良好的土地利用组合和可达性、连通性，有助于减少与交通出行相关的排放。也有证据表明，紧凑型城市的耗水量较低，可以减少与水相关的能源需求。紧凑型城市开发高效大型社区能源系统的可行性更高，能够提供额外的减缓机会。同时，与城市扩张不同，紧凑型城市发展基于土地高效利用和城市精致发展，在提高生活质量和便利性的同时，减少了对土地的需求，从而有利于避开风险易发地区，还有助于保护森林和湿地等宝贵的生态系统，而这些自然资产提供的生态系统服务对于适应洪水风险和高温事件至关重要。有证据表明，与扩张的城市地区相比，紧凑型城市地区的极端高温事件发生的较少。紧凑型城市的水和能源消耗较少，使其能够更好地适应水胁迫和能源冲击。此外，紧凑型城市需要较少的基础设施开发，这使得其基础设施维护成本较低，并能通过减少对资源的需求来提供可持续发展的共同利益。在灾害响应方面，紧凑型城市有利于应急小组更快、更有效地处理突发事件①。关于城市规划的其他措施，如与反照率、遮阳、定向和自然通风有关的策略也都被认为是有效的协同措施。

在能源领域，与能源系统相关的协同效益主要归因于分散和分布式的能源供应系统，这些系统基于各种可再生能源，如风能、太阳能和水力来发电，通过促进更清洁和更有效的能源供应来减少排放。此外，它们还可以解决传统集中发电厂在输电和配电阶段经常发生的效率损失问题。其中最好的例子和实践就是由中国发起的全球能源互联网倡议。倡议由习近平主席在2015年联合国发展峰会上发出，被誉为应对气候变化、落实《巴黎协定》的中国方案。就全球而言，清洁能源富集地区大部分地广人稀，远离负荷中心，通过全球能源互联网，可实现清洁能源在全球范围的开发、配置和利用，从而促进全球能源清洁化，大幅降低传统能源的排放。从适应的角度来说，通过全球能源互联网，将非洲等地的清洁资源优势转化为经济增长优势，可促进缩小地区差异，统筹解决能源安全及清洁发展等问题；通过将资源丰富地区的

① Stokes, E. C., Seto, K. C., "Climate Change and Urban Land Systems: Bridging the Gaps between Urbanism and Land Science," *Journal of Land Use Science*, 2016, 11 (6): 698 - 708.

清洁能源输送到用能地区，可解决能源匮乏地区和能源高负荷地区的发展问题。全球能源互联网发展合作组织主席刘振亚指出，全球能源互联网能从根本上解决能源安全、生态环境和世界和平问题。依托全球能源互联网平台，预计到2050年，清洁能源占一次能源消费比重将达到80%左右①。

关于减缓和适应的协同效益受到关注最多的是绿色基础设施（UGI）领域。虽然该领域主要关注的是适应效益，但也有大量证据表明相关政策协同实现了碳封存和能源消耗减少的效益。绿色屋顶就是这样一个例子。绿色表面通过减少热量储存和增加对太阳辐射的反射来提供冷却效果，为室内建筑提供更凉爽的环境，减少人工冷却，从而有助于减少碳排放。此外，绿色屋顶和外墙作为碳吸收槽，比传统屋顶具有更长的使用寿命，绿色屋顶的保温特性可以减少热量传递，提高建筑能效，从而实现更多的全生命周期减排②。其他绿色基础设施，如城市绿地、湿地和水体等也都能提供减缓和适应的双重效益。

在交通、建筑、农业、水资源、废弃物处理、城市治理等诸多领域都有关于减缓和适应协同的研究案例。一些研究者认为，减缓和适应的分界线正变得越来越模糊，减少城市碳排放和增强气候适应能力正成为确保城市可持续发展的重要目标③。但减缓和适应的协同尚需要更多的研究。当前，即使是在气候政策相对先进的欧洲，也仅有一小部分城市考虑了减缓和适应的共同效益和协同效应，一些地方当局可能还没有意识到某些政策行动会提供减缓和适应协同的机会。Reckien 等审查了欧洲 885 个城市综合评估方案，其中仅有 153 个方案将减缓和适应结合起来，仅占 17%④。

---

① 刘振亚：《能源互联：我为什么提出建设全球能源互联网》，《中国电力企业管理》2015。

② Alves A., Gersonius B., Kapelan Z., et al., "Assessing the Cobenefits of Green-blue-grey Infrastructure for Sustainable Urban Flood Risk Management," *Journal of Environmental Management*, 2019, 239: 244 - 254.

③ Grafakos S., Trigg K., Landauer M., et al., "Analytical Framework to Evaluate the Level of Integration of Climate Adaptation and Mitigation in Cities," *Climatic Change*, 2019, 154: 87 - 106.

④ Reckien D., Salvia M., Heidrich O., et al., "How are Cities Planning to Respond to Climate Change? Assessment of Local Climate Plans from 885 Cities in the EU - 28," *Journal of Cleaner Production*, 2018, 191: 207 - 219.

四　碳中和目标下我国适应气候变化工作展望

减缓和适应是应对气候变化的互补性策略。即使是向实现2℃和力争1.5℃温控目标努力，过去和现在排放的温室气体所带来的气候效应也会持续。因此，适应气候变化的努力仍然必不可少。气候变化影响和风险评估是适应气候变化工作的基础，减缓和适应的协同是实现可持续发展的重要举措。关于碳中和目标下我国适应气候变化工作的建议如下。

健全工作机制，加强长远统筹。统筹规划气候变化适应与减缓工作，明确各部门和机构的职责，建立规范的工作机制和资金保障渠道，推进各级、各部门适应和减缓气候变化工作的有序、协调开展。

提升对气候变化风险的认知，采取系统性应对措施。获取气候、气候相关风险和损失数据，开发地球系统模型和气候变化影响与风险评估工具，构建适用于气候影响和风险评估的指标，加强气候变化对社会经济系统的影响和系统性风险评估。

开展多层次技术指导，建立气候变化风险评估和适应平台。以最新的科学为基础，制定不同部门和各级有效的适应战略；定期监测、报告和评估适应的进展和效果，开发气候变化风险评估和适应平台，支持适应行动决策。

推进适应和减缓的协同效应的研究和实践。碳中和目标的提出，意味着我国的能源转型将迈出更积极的步伐，无论是“提能效、降能耗”，还是“能源替代”以及“碳移除”，都将催生新的产业、新的增长点和新的投资。能源转型过程中需要开展适应和减缓协同研究和实践，从而实现经济、能源、环境、气候的可持续发展。

G.22

气候变化与公共健康

黄存瑞　蔡闻佳　张诗卉　张　弛　王　琼*

摘　要： 全球气候变化及在其影响下频发的极端天气气候事件已经对我国的公众健康产生广泛的影响，如造成人群罹患各种疾病或面临各种健康问题，甚至导致急性伤害或过早死亡。为了应对气候变化健康风险，我国采取了一系列的措施和行动，包括在重点地区和人群中开展脆弱性评估、针对极端天气健康风险进行早期预警等，但仍不足以应对日益严峻的气候变化健康风险。面对“碳达峰、碳中和”的目标，我国将加快调整并优化产业及能源结构，由此会带来不同程度的健康协同效益，进而助力“美丽中国”和“健康中国”目标的实现。

关键词： 气候变化　极端天气　健康风险　协同效益　适应策略

一　引言

全球气候变化及在其影响下频发的极端天气气候事件，会通过直接或间

* 黄存瑞，博士，清华大学万科公共卫生与健康学院教授，主要研究方向为气候变化与健康、卫生政策与管理、环境流行病学；蔡闻佳，博士，清华大学地球系统科学系副教授，主要研究方向为碳减排政策的可持续发展影响评估；张诗卉，博士，清华大学地球系统科学系博士后，主要研究方向为能源环境经济系统模拟与分析；张弛，博士，北京理工大学管理与经济学院教授，主要研究方向为可持续发展与能源环境经济；王琼，博士，中山大学公共卫生学院副教授，主要研究方向为气候变化健康效应评估与风险管理。

接的影响路径对人群健康产生广泛而复杂的影响。中国是全球气候变化的敏感区和影响显著区，如在气温方面，中国 1951 ~2019 年平均气温每 10 年升高约 0.24℃，升温速率高于同期全球平均水平[①]。同时，我国也是世界上人口最多、老龄化进程最快的国家，气候变化对公众健康造成的威胁尤为突出。根据《柳叶刀倒计时气候变化与人群健康年度报告 2020》（以下简称《柳叶刀倒计时报告 2020》）[②]，2019 年中国在热相关死亡人数和高温导致的劳动时间损失方面分别排在全球第一和第二的位置，是 1990 年相应数值的 2.5 倍和 1.24 倍。最新的预估研究显示，若不采取有效的适应措施，中国在气候变化与人口老龄化的双重影响下，21 世纪末热相关死亡人数将增加为 2010 年相应人数的 5 ~9 倍[③]。

世界卫生组织（WHO）早在 21 世纪初就将气候变化视为全球健康所面临的重大挑战[④]，2015 年开始敦促各国的卫生与健康部门制定适应气候变化的规划。目前已有 50 多个国家完成此项工作，包括欧盟国家[⑤]、美国[⑥]、英国[⑦]等。我国自 2007 年发布《中国应对气候变化国家方案》以来，国家和地方有关部门相继出台了一系列的适应政策，但较少涉及人群健康领域。党的十八届五中全会明确提出了推进“健康中国”建设，之后越来越多的决策者认识到制定应对气候变化的政策和行动也是保护人群健康的重要举措。我国在 2020 年提出“碳达峰、碳中和”目标，以“双碳”目标为导向的低

---

① 谢伏瞻、刘雅鸣：《气候变化发展报告（2020）》，社会科学文献出版社，2020。

② Watts N.，Amann M.，Arnell N.，et al.，“The 2020 Report of The Lancet Countdown on Health and Climate Change：Responding to Converging Crises，” *Lancet*（London，England），2021，397（10269）：129 –170.

③ Yang J.，Zhou M.，Ren Z.，et al.，“Projecting Heat-related Excess Mortality under Climate Change Scenarios in China，” *Nature Communications*，2021，12（1），：1039.

④ World Health Organization，“Climate Change and Human Health：Risks and Responses，” 2003.

⑤ Barnett A. G.，Stephen D.，Huang C.，Wolkewitz M.，“Time Series Models of Environmental Exposures：Good Predictions or Good Understanding，” *Environmental Research*，2017，154：222 –225.

⑥ Wang K.，Zhong S.，Wang X.，et al.，“Assessment of the Public Health Risks and Impact of a Tornado in Funing，China，23 June 2016：A Retrospective Analysis，” *Int. J. Environ. Res. Public Health*，2017，14（10）：13.

⑦ Vardoulakis，S.，Heaviside，C.，“Health Effects of Climate Change in the UK 2012（HPA），” 2012.

碳转型将从源头上推动大气污染防治，带来巨大的健康协同效益，进而促进“美丽中国”和“健康中国”目标的实现。

下文将首先概述气候变化对人群健康的影响，然后梳理气候变化健康风险的应对策略和低碳转型的健康协同效益，最后从改善人群健康的角度提出气候变化与健康领域的关键问题，并对未来进行了展望。

二 气候变化对人群健康的广泛影响

气候变化可通过多种复杂的路径直接或间接地影响公众健康，导致人群罹患各种疾病、产生精神心理健康问题和劳动生产率降低，甚至导致急性伤害或过早死亡。

1. 气候变化对人群死亡的影响

气候变化会对人群健康产生诸多不利影响，比如极端气温会导致人群死亡率增加。大量研究表明，气温与死亡率呈“U”形关系，即高温和低温均会增加人群的死亡风险。[①] 针对中国的系统研究显示，相较于最适温度，气温每升高或降低1℃，人群的死亡风险会增加2% ~4%[②]。其中，高温造成的健康效应是相对急性的，而低温效应的持续时间较长，造成的归因死亡人数也更多。[③] 此外，有研究者还发现高温和低温均会导致人群期望寿命的损失。[④]

气候变化背景下，我国发生极端天气事件的频率和强度都在不断增加。

---

① Ma W. , Wang L. , Lin H. , et al. , “The Temperature-mortality Relationship in China: An Analysis from 66 Chinese Communities,” *Environmental Research*, 2015, 137: 72 -77.

② Luo Q. , Li S. , Guo Y. , Han X. , Jouni J. K. Jaakkola, “A Systematic Review and Meta-analysis of the Association between Daily Mean Temperature and Mortality in China,” *Environmental Research*, 2019, 173: 281 -299.

③ Chen R. , Yin P. , Wang L. , et al. , “Association between Ambient Temperature and Mortality Risk and Burden: Time Series Study in 272 Main Chinese Cities,” *BMJ* (*Clinical Research ed*), 2018, 363.

④ Huang C. , Barnett A. G. , Wang X. , Tong S. , “The Impact of Temperature on Years of Life Lost in Brisbane, Australia,” *Nature Climate Change*, 2012, 2 (4): 265 -270.

基于多个城市人群死亡数据的研究显示，热浪和寒潮会分别导致人群死亡率增加 7%①和 27%②，且健康效应存在较大的区域差异，如我国北方因热浪而面临更高的死亡风险，而南方地区则受寒潮的影响更大。③ 老年人、慢性基础疾病患者、户外工作者以及低收入人群等，是健康易受高温影响的脆弱人群。④

《中国版柳叶刀倒计时气候变化与人群健康年度报告 2020》（以下简称《中国版柳叶刀倒计时报告 2020》）计算了近 30 年热浪导致的中国人群死亡负担，发现中国热浪相关死亡人数呈波动上升趋势且增势明显。⑤ 2019 年全国热浪相关死亡人数约有 26800 人（见图 1），全国受热浪影响较大，尤其是华东地区。从 1999 年到 2009 年，全国热浪相关死亡人数每增加 1000 人需 3.8 年，但从 2010 年到 2019 年每增加 1000 人只需 1.2 年。

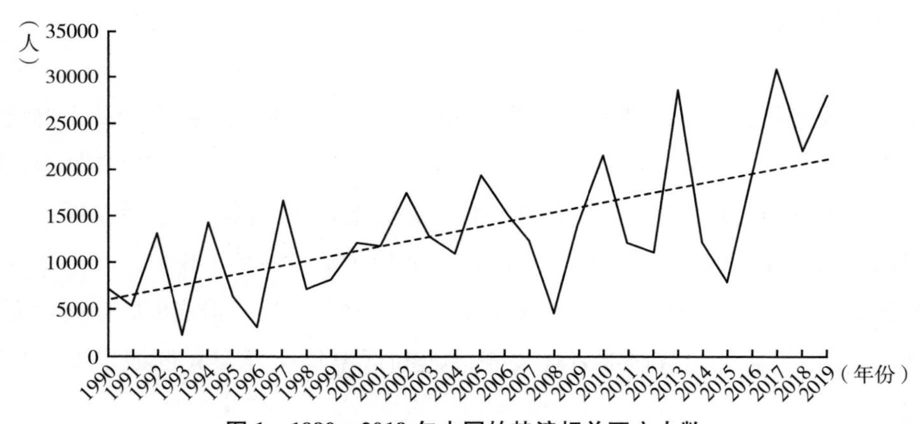

图 1　1990～2019 年中国的热浪相关死亡人数

① Yin P., Chen R., Wang et al., "The Added Effects of Heatwaves on Cause-specific Mortality: A Nationwide Analysis in 272 Chinese Cities," *Environment International*, 2018, 121: 898－905.

② Chen J., Yang J., Zhou M., et al., "Cold Spell and Mortality in 31 Chinese Capital Cities: Definitions, Vulnerability and Implications," *Environment International*, 2019, 128: 271－278.

③ Ma W., Zeng W., Zhou M., et al., "The Short-term Effect of Heat Waves on Mortality and Its Modifiers in China: An Analysis from 66 Communities," *Environment International*, 2015, 75: 103－109.

④ He Y., Cheng L., Bao J., et al., "Geographical Disparities in the Impacts of Heat on Diabetes Mortality and the Protective Role of Greenness in Thailand: A Nationwide Case-crossover Analysis," *The Science of the Total Environment*, 2020, 711.

⑤ Cai W., Zhang C., Suen H. P., et al., "The 2020 China Report of the Lancet Countdown on Health and Climate Change," *The Lancet Public Health*, 2021, 6 (1): e64－e81.

其他的极端天气事件如洪涝、干旱、台风、野火等也会增加人群的死亡风险。我国的防洪抗旱减灾相关研究显示，1950～2018年洪涝所致的年均死亡人数为4098人，干旱导致的年均饮水困难人数为2362万人，2001～2018年台风所致年均死亡人数为185人。[①] 另一项国际研究显示，全球每年野火导致的过早死亡人数约33.9万人，而我国的森林火灾情况也相对较为严重。[②]

未来的气候变化还可能会进一步加剧我国人群的过早死亡负担。有预估研究表明，在RCP8.5高排放情景下，21世纪末我国与气温相关的超额死亡率将比21世纪10年代增加1.50个百分点；而在RCP2.6低排放情景下，超额死亡率则变化不大。[③] 另外，城市化和老龄化问题将在未来加剧热相关死亡风险[④]，但采取强有力的适应措施将可以部分抵消气候变化对人群健康的不利影响[⑤]。

2. 气候变化对传染性疾病的影响

气候变化可通过影响媒介生物的生命活动及其滋生环境，改变传染病的流行模式。媒介生物可携带病原体，实现媒介传染病在人与人之间的传播或从动物到人的传播，而气候变暖可缩短病毒的外潜伏期以及蚊虫的生命周期，增加环境中病媒生物体数量和病毒传播率。针对广州地区的相关研究发现，日最高气温每上升1℃，蚊媒传染病登革热日病例数可增加11.9%。[⑥]

---

① 吕娟、凌永玉、姚力玮、Yongyu L.，Liwei Y.：《新中国成立70年防洪抗旱减灾成效分析》，《中国水利水电科学研究院学报》2019年第4期，第242～251页。

② Johnston F. H.，Henderson S. B.，Chen Y.，et al.，"Estimated Global Mortality Attributable to Smoke from Landscape Fires，" *Environmental Health Perspectives*，2012，120（5），：695－701.

③ Gasparrini A.，Guo Y.，Sera F.，et al.，"Projections of Temperature-related Excess Mortality under Climate Change Scenarios，" *The Lancet Planetary Health*，2017，1（9）：e360－e367.

④ Yang J.，Zhou M.，Ren Z.，et al.，"Projecting Heat-related Excess Mortality under Climate Change Scenarios in China，" *Nature communications*，2021，12（1）：1039－11.

⑤ Liu T.，Ren Z.，Zhang Y.，et al.，"Modification Effects of Population Expansion，Ageing，and Adaptation on Heat-Related Mortality Risks Under Different Climate Change Scenarios in Guangzhou，China，" *International Journal of Environmental Research and Public Health*，2019，16（3）：376.

⑥ Xiang J.，Hansen A.，Liu Q.，et al.，"Association between Dengue Fever Incidence and Meteorological Factors in Guangzhou，China，2005－2014，" *Environmental Research*，2017，153：17－26.

钉螺是血吸虫病的传播媒介，其在 1 月气温低于 0℃ 的地区无法越冬，但随着气温升高，鄱阳湖区钉螺的适宜生境已向北移动，血吸虫病的传播因此也向北有所扩散。[①] 此外，气候变化引起的降水可为蚊虫提供更多的栖息地，强降水则会使寒冷地区的啮齿动物聚集于室内，从而增加其与人的接触概率。基于中国 19 个城市的研究表明，周降水量每上升 1mm，鼠传疾病流行性出血热的发生风险将增加 0. 2% 。[②]

气候变化还会通过影响易感人群的生存环境，增加传染病发生风险。极端降水所致洪涝事件可使感染性腹泻的发病率增加，例如洪涝发生后，安徽省受灾地区的感染性腹泻发病风险较非洪涝地区显著上升（见图 2）。洪涝可能破坏居住环境中的饮用水设施和消毒设施，使水源与食物受到污染，增加人群对腹泻病原体的暴露风险。[③] 而干旱则会限制人们获取清洁的水源，人们使用受污染的水源会增加水源性和食源性传染病的传播风险；同时干旱还可能造成粮食减产，导致受灾人群营养不良，从而增加对传染病的易感性。[④] 另外，台风等极端天气事件可能会损坏公共卫生等方面的基础设施，导致水源污染和居住环境被破坏，进而引起细菌性痢疾和手足口病等的流行。[⑤]

气候变化的影响还可能进一步限制人们改善基础设施和提供公共卫生服务等措施的实施效果。例如，提供 WaSH（水与环境、个人卫生）基础设施将有助于减少传染病的传播，包括减少洪灾后水污染以及降低介水传染病的

---

① Hu F. , Liu Y. M. , Li Z. J. , Yuan M. , "Effect of Environmental Factors on Temporal and Spatial Distribution of Schistosomiasis in Poyang Lake Region," *Zhongguo Xue Xi Chong Bing Fang Zhi Za Zhi*, 2012, 24 (4): 393 - 396, 403.

② Xiang J. , Hansen A. , Liu Q. , et al. , "Impact of Meteorological Factors on Hemorrhagic Fever with Renal Syndrome in 19 Cities in China, 2005 - 2014," *Science of the Total Environment*, 2018, 636: 1249 - 1256.

③ Zhang N. , Song D. , Zhang J. , et al. , "The Impact of the 2016 Flood Event in Anhui Province, China on Infectious Diarrhea Disease: An Interrupted Time-series Study," *Environment International*, 2019, 127: 801 - 809.

④ Liu Q. , Cao L. , Zhu X. Q. , "Major Emerging and Re-emerging Zoonoses in China: A Matter of Global Health and Socioeconomic Development for 1. 3 Billion," *The International Journal of Infectious Diseases*, 2014, 25: 65 - 72.

⑤ Zheng J. , Han W. , Jiang B. , Ma W. , Zhang Y. , "Infectious Diseases and Tropical Cyclones in Southeast China," *International Journal of Environmental Research and Public Health*, 2017, 14 (5) .

风险等。[1] 但 WaSH 措施依赖于当地的水资源管理，而气候变化条件下全球水文循环的改变会导致气候模式和极端天气事件的不确定性增加，给脆弱地区的水资源治理带来巨大的压力，进而使得 WaSH 措施的目标难以实现。[2] 研究表明，到 2030 年，气候变化的影响将使中国的 WaSH 措施在降低传染病负担方面的进展推迟 8～85 个月。[3]

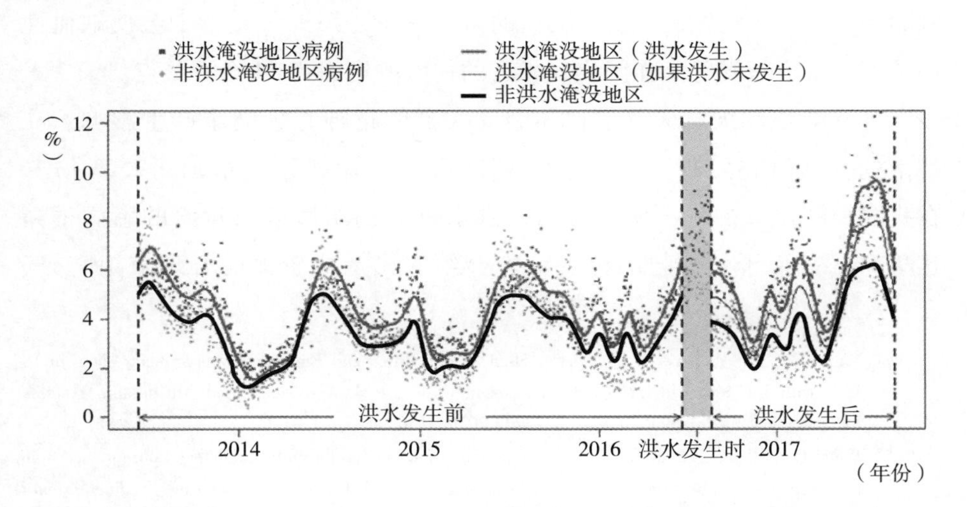

图 2　2014～2016 年安徽省大洪水发生时与发生后感染性腹泻日发病率的变化

资料来源：Liao W.，Wu J.，Yang L.，et al.，"Detecting the Net Effect of Flooding on Infectious Diarrheal Disease in Anhui Province, China: A Quasi-experimental Study," *Environmental Research Letters*, 2020, 15（12）: 125015。

3. 气候变化对非传染性疾病的影响

气候变化和极端天气事件会加重人群的疾病负担。一项基于中国 18 个城

---

① Cissé G.，"Food-borne and Water-borne Diseases under Climate Change in Low- and Middle-Income Countries: Further Efforts Needed for Reducing Environmental Health Exposure Risks," *Acta Tropica*, 2019, 194: 181－188.

② Hadwen W. L.，Powell B.，MacDonald M. C，et al.，"Putting WASH in the Water Cycle: Climate Change, Water Resources and the Future of Water, Sanitation and Hygiene Challenges in Pacific Island Countries," *Journal of Water, Sanitation and Hygiene for Development*, 2015, 5（2）: 183－191.

③ Hodges M.，Belle J. H.，Carlton E. J.，et al.，"Delays in Reducing Waterborne and Water-related Infectious Diseases in China under Climate Change," *Nature Climate Change*, 2014, 4（12）.

市气温与医院急诊的关联研究显示，温度每升高 1°C，呼吸、循环系统等方面的慢性疾病的急诊人数会增加 1.07%。[①] 另一项基于深圳市急救数据的研究表明，极端低温同样会带来健康风险，相比于当地最适气温，低温暴露下的急救人数会增加11%。[②] 持续多日的高温和低温天气更是多种疾病发生的重要诱因，尤其是呼吸系统和循环系统疾病的患者更容易受到热浪和寒潮的影响。[③④⑤] 此外，一项全国性的研究显示，短期气温骤变会使缺血性心脏病、心力衰竭等心血管疾病患者的住院率增加 0.44 个百分点。[⑥]

气候变化和极端天气事件还会对人群的精神心理健康产生影响。在济南的一项研究发现，高温热浪期间心理门诊就诊量增加了2.23 倍。[⑦] 在我国长江流域的一项研究显示，洪水过后创伤后应激障碍的患病率高达9.5%[⑧]，而干旱引起的粮食减产会给农民造成较大的心理负担[⑨]。气

① Wang Y., Liu Y., Ye D., et al., "High Temperatures and Emergency Department Visits in 18 Sites with Different Climatic Characteristics in China: Risk Assessment and Attributable Fraction Identification," *Environment International*, 2020, 136.

② Wang Q., He Y., Hajat S., et al., "Temperature-sensitive Morbidity Indicator: Consequence from the Increased Ambulance Dispatches Associated with Heat and Cold Exposure," *International Journal of Biometeorology*, 2021.

③ Bai L., Ding G., Gu S., et al., "The Effects of Summer Temperature and Heat Waves on Heat-related Illness in A Coastal City of China, 2011 -2013," *Environmental Research*, 2014, 132, : 212 -219.

④ Sun X., Sun Q., Yang M., et al., "Effects of Temperature and Heat Waves on Emergency Department Visits and Emergency Ambulance Dispatches in Pudong New Area, China: A Time Series Analysis," *Environmental Health*, 2014, 13: 76.

⑤ 张云、金银龙、崔国权等：《2009～2011 年哈尔滨市寒潮天气对呼吸系统疾病的影响》，《环境卫生学杂志》2014 年第 2 期，第 125～127 页。

⑥ Tian Y., Liu H., Si Y., et al., "Association between Temperature Variability and Daily Hospital Admissions for Cause-specific Cardiovascular Disease in Urban China: A National Time-series Study," *PLoS Med*, 2019, 16 (1).

⑦ Liu X., Liu H., Fan H., Liu Y., Ding G., "Influence of Heat Waves on Daily Hospital Visits for Mental Illness in Jinan, China – A Case – Crossover Study," *International Journal of Enviromental Researoh and Public Health*, 2018, 16 (1).

⑧ Dai W., Kaminga A. C., Tan H., et al, "Long-term Psychological Outcomes of Flood Survivors of Hard-hit Areas of the 1998 Dongting Lake Flood in China: Prevalence and Risk Factors," *PLoS One*, 2017, 12 (2).

⑨ 李金鑫、蒋尚明、杜云、费振宇：《安徽省旱灾区划与农业经济损益分析》，《上海国土资源》2013 年第 2 期，第 80～83 页。

候变化导致的干旱事件增加会造成受灾人群产生营养不良和营养缺乏等问题。虽然人群营养不良的问题在我国已得到较大改善，但气候变化导致我国主要粮食作物的生产潜力呈下降趋势。研究显示，1982 年至 2012 年，我国干旱造成的玉米和大豆减产幅度在 7.8% ~11.6%。[①] 随着未来全球变暖的加剧，我国粮食产量降低以及由此可能引发的粮食安全及健康问题也需引起高度重视。

气候变化也会影响职业人群的工作环境，从而导致职业健康与安全问题。[②] 劳动者在从事体力活动时机体产热增加，而过高的环境温度会造成人体劳动能力降低或器官功能损伤等，甚至导致急性工伤事故的发生。[③] 在广州的一项研究表明，WBGT（湿球黑球温度）在 30℃时工伤发生风险比 24℃时高出 15%，且男性和文化水平低的工人更为敏感。[④] 此外，高温环境下劳动者为避免自身健康受损会主动降低劳动强度，用人单位也会缩短作业时间，从而影响劳动生产率。[⑤] 在北京和香港两地的调查发现，WBGT 每上升 1℃，建筑业工人的劳动生产率分别降低 0.57% 与 0.33%。[⑥⑦] 2019 年高温在我国造成的劳动时间损失超过了 99 亿小时，其中

① Shi W., Wang M., Liu Y., "Crop Yield and Production Responses to Climate Disasters in China," *Science of the Total Environment*, 2021, 750: 141 -147.

② Flouris A. D., Dinas P. C., Ioannou L. G., et al., "Workers' Health and Productivity under Occupational Heat Strain: A Systematic Review and Meta-analysis," *Lancet Planet Health*, 2018, 2 (12): e521 -e31.

③ 盛戎蓉、高传思、李畅畅、黄存瑞：《全球气候变化对职业人群健康影响》，《中国公共卫生》2017 年第 8 期，第 1259 ~1263 页。

④ Ma R., Zhong S., Morabito M., et al., "Estimation of Work-related Injury and Economic Burden Attributable to Heat Stress in Guangzhou, China," *Science of the Total Environment*, 2019, 666: 147 -154.

⑤ 苏亚男、何依伶、马锐、盛戎蓉、马文军、黄存瑞：《气候变化背景下高温天气对职业人群劳动生产率的影响》，《环境卫生学杂志》2018 年第 5 期，第 399 ~405 页。

⑥ Li X., Chow K. H., Zhu Y., Lin Y., "Evaluating the Impacts of High-temperature Outdoor Working Environments on Construction Labor Productivity in China: A Case Study of Rebar Workers," *Building and Environment*, 2016, 95: 42 -52.

⑦ Yi W., Chan APC, "Effects of Heat Stress on Construction Labor Productivity in Hong Kong: A Case Study of Rebar Workers," *International Journal of Environmental Research and Public Health*, 2017, 14 (9).

第一产业的年人均劳动损失时间高达36小时（见图3），造成的经济损失占到全年GDP的1.14%。①

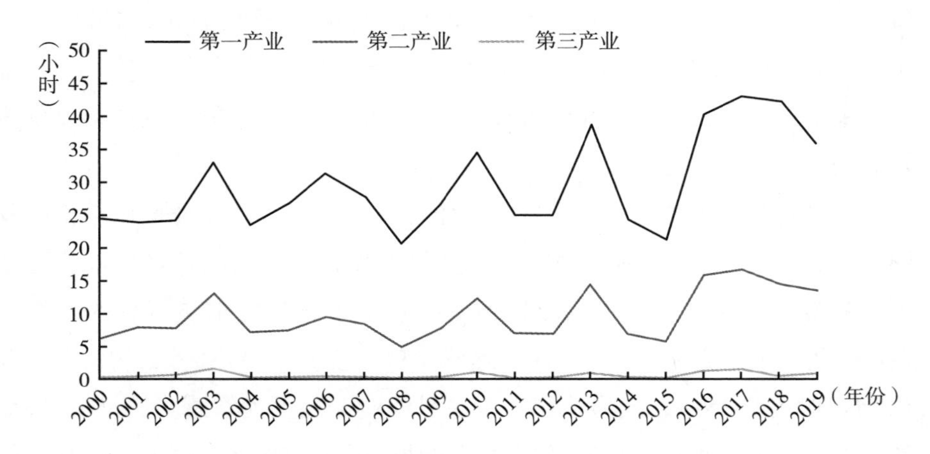

图3　2000～2019年高温导致的中国年人均劳动时间损失

注：第一产业主要指农林牧渔业，第二产业主要指建筑业和制造业，第三产业主要指服务业。

三　应对气候变化健康风险的政策与行动

气候变化适应是为应对实际或预期发生的气候变化及相应的极端天气事件的影响，从制定适应措施和提高适应能力等方面提出的减少人群健康损害或增强气候恢复力的策略。2015年WHO提出“适应气候变化的卫生工作框架”，旨在帮助医疗卫生专业人员以及食品、水、农业、能源等相关领域的工作人员充分了解气候变化所造成的健康风险。该框架还阐述了如何将提升气候恢复力的多个要素整合到现有的卫生系统功能模块中，并在此基础上制定了全面和切实可行的行动计划和干预措施。我国也采取了一系列的措施和行动，包括在领导、人员、数据、技术和服务等方面开展工作，以应对气候变化风险。下文将主要介绍我国在开展脆弱性评估、建立早期预警和制定适应规划方面的进展情况。

① Cai W., Zhang C., Suen H. P., et al., “The 2020 China Report of the Lancet Countdown on Health and Climate Change,” *The Lancet Public Health*, 2021, 6 (1): e64 - e81.

1. 开展气候变化影响健康的脆弱性评估

脆弱性是反映区域人群健康受到气候变化不利影响的倾向性，是反映暴露度、敏感性和适应能力的综合指数。[①] 开展气候变化背景下健康风险的脆弱性评估，发现受气候变化威胁的脆弱区域或人群，揭示影响脆弱性的因子，对公共卫生部门制定应对气候变化的政策和计划，合理分配资源，提出有针对性的政策和措施以保护脆弱人群具有重要的指导意义。近年来我国开展了一些人群健康脆弱性评估方面的理论和实证研究。比如李湉湉等提出了针对高温热浪的人群健康脆弱性评估因子：人口及社会经济学、人口患病水平、土地覆盖以及空调普及使用。[②] 黄晓军等研究发现，我国具有高脆弱性的城市主要集中在华东和华中大部分地区，以及西南和华北少部分地区，具有明显的空间聚集特征。[③] 在识别高温暴露的脆弱人群方面，大量研究发现老年人、儿童、有基础疾病者、社会经济状况较差的人群更易受到影响。

2. 建立气候变化健康风险的早期预警系统

建立气候变化健康风险的早期预警系统，是应对气候变化对人群健康影响的重要措施。早期预警系统应涵盖当地天气预报和极端天气识别、确定具体风险触发阈值、预警信号发布与传播、风险沟通和行动建议等。以高温健康风险早期预警系统为例，该系统一方面基于各地历史气象数据和健康结局数据以及暴露-反应关系，构建风险预警标准和体系；另一方面基于目前天气预报预测超出阈值的温度事件，当预测到可能造成人群健康风险的高温热浪时，提前发布不同等级的预警信号，提醒公众和相关部门，采取相关措施以减轻高温热浪可能对人群健康造成的危害。[④] 上海市在2001年建立了首

---

① Phung D., Chu. C., Rutherford S., et al., "Heavy Rainfall and Risk of Infectious Intestinal Diseases in the Most Populous City in Vietnam," *Science of the Total Environment*, 2017, 580.

② 李湉湉、杜艳君、莫杨、杜宗豪、黄蕾、程艳丽：《基于脆弱性的高温热浪人群健康风险评估研究进展》，《环境卫生学杂志》2014年第6期，第547~550页。

③ 黄晓军、王博、刘萌萌、郭禹慧、李艳雨：《中国城市高温特征及社会脆弱性评价》，《地理研究》2020年第7期，第1534~1547页。

④ 孙庆华、班婕、陈晨、李湉湉：《高温热浪健康风险预警系统研究进展》，《环境卫生学杂志》2015年第11期，第1026~1030页。

个“热浪与健康监测预警系统”，随后国家疾控中心选择在不同纬度地区，如南京、深圳、重庆、哈尔滨等，以社区为基础，建立高温健康风险预警系统。主要预警的健康风险包括老年人呼吸系统和心血管系统疾病、儿童呼吸系统疾病以及中暑等。①②③ 但截至目前，只有部分地区对系统的试运行情况进行过报道，尚未针对预警系统的运行过程和效果进行全面评估。2019 年 11 月我国发布《中国应对气候变化的政策与行动 2019 年度报告》，提出各省（区、市）应建立高温热浪与健康风险早期预警系统，若该行动得以落实，将有助于提高我国人群适应气候变化的能力。

3. 制定应对气候变化健康风险的适应策略和措施

从 2015 年开始 WHO 敦促各国的卫生与健康部门制定适应气候变化的规划，目前已有 50 多个国家完成此项工作，包括欧盟国家④、美国⑤、英国⑥等。自 2007 年发布《中国应对气候变化国家方案》以来，我国有关部门相继制定并出台了一系列的适应政策，但较少涉及人群健康的领域。2021 年《中国版柳叶刀倒计时报告 2021》进一步对省级层面的适应政策和计划进行调查（见图 4），发现 30 个被调查的省（区、市）（除西藏外）中，只有 6 个制定了省级层面的健康和气候变化适应计划。缺乏多部门协作机制、缺乏完善的监测数据和信息系统、缺少政府资金支持是当前阻碍地方层面制定针对健康领域的气候变化适应计划的主要挑战。因此建议中国未来加强气候变化领导力，建立长期的卫生资源投入机制，以制订更加全面的针对健康问题的国

---

① 方道奎、周国宏、冯锦姝、季佳佳、余淑苑：《深圳市高温热浪健康风险指数的建立和应用评估》，《环境卫生学杂志》2019 年第 1 期，第 14 ~ 18 页。

② 兰莉、林琳、杨超、梁巍：《哈尔滨市高温热浪健康风险早期预警系统运行效果评估》，《中国公共卫生管理》2016 年第 4 期，第 441 ~ 443 页。

③ 汪庆庆、李永红、丁震、周连、陈晓东、金银龙：《南京市高温热浪与健康风险早期预警系统试运行效果评估》，《环境与健康杂志》2014 年第 5 期，第 382 ~ 384 页。

④ Barnett A. G., Stephen D., Huang C., Wolkewitz M., "Time Series Models of Environmental Exposures: Good Predictions or Good Understanding," *Environmental Research*, 2017, 154: 222 – 225.

⑤ Wang K., Zhong S., Wang X., et al., "Assessment of the Public Health Risks and Impact of a Tornado in Funing, China, 23 June 2016: Retrospective Analysis," *Int. J. Environ. Res. Public Health*, 2017, 14 (10): 13.

⑥ Vardoulakis, S., Heaviside, C., "Health Effects of Climate Change in the UK 2012 (HPA)," 2012.

家适应计划。伴随“碳达峰、碳中和”目标的提出，电力、能源、交通、通信等部门制定了行动方案，国家科技部也在加快制定科技支撑碳达峰碳中和行动方案。把健康融入所有政策，是推进“健康中国”建设，实现全民健康的重要手段。因此，我国在制定相应的气候行动时，也应该将人群健康作为重点考虑的内容。

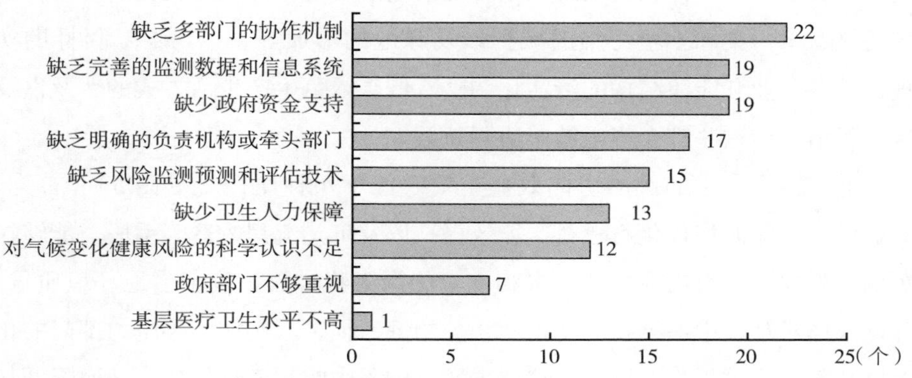

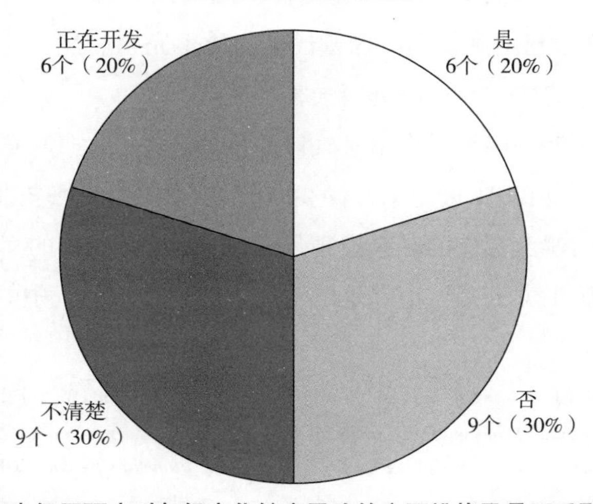

图4　2020年省级层面应对气候变化健康风险的主要挑战及是否采取了政策措施

资料来源：Cai W.，Zhang C.，Zhang S.，et al.，“The 2021 China Report of the Lancet Countdown on Health and Climate Change：Seizing the Window of Opportunity,” *The Lancet Public Health*，2021：S2468－2667（21）：00209－7。

四 实现“双碳”目标的健康协同效益

1. 低碳转型的健康协同效益产生途径

碳减排的健康协同效益是指实施低碳转型措施带来的人群健康的改善，这种改善往往源于低碳转型过程中环境质量的改善，如气候变化的减缓，大气污染、水污染和土壤污染的减少以及绿地的增加等。“双碳”目标的实现，需要产业和能源结构的清洁化调整、低碳绿色生产生活方式的普及以及碳汇的增加，这些都会产生健康协同效益。

低碳转型产生的健康协同效益主要来源于4种途径（见图5）。首先，通过可再生能源替代化石燃料、能效提高以及工艺流程改造等手段，能够在短期内减少人们对当地大气、水和土壤的污染物排放，改善当地环境质量，降低人体对环境中污染物的暴露和相关的健康损害。例如，将电力部门的化石燃料替代为可再生能源，能够减少发电过程中的污染物排放，从而降低与$PM_{2.5}$相关的中风、缺血性心脏病、慢性肺阻塞病和肺癌等疾病相关的过早死亡风险①；在农村地区使用电能替代生物质不完全燃烧，能够有效避免室内空气污染对家庭主妇造成的健康损害。②

其次，低碳转型能够减少温室气体的排放，降低大气中的辐射强迫，会在长期趋势上（如到21世纪末）减少气候变化带来的全球升温和极端天气气候事件，从而避免相应的健康损害。③ 此外，深度减排的实现离不开碳汇的增加，林业碳汇尤其是城市绿地的增加，能够增加空气中的含氧量、降低

① Cai W., Hui J., Wang C., et al., “The Lancet Countdown on $PM_{2.5}$ Pollution-related Health Impacts of China's Projected Carbon Dioxide Mitigation in the Electric Power Generation Sector under the Paris Agreement: A Modelling Study,” *The Lancet Planetary Health*, 2018, 2 (4): e151 – e161.

② Duflo E., Greenstone M., Hanna R., “Indoor Air Pollution, Health and Economic Well-being,” *Sapiens Surveys and Perspectives Integrating Environment and Society*, 2008.

③ Yang J., Zhou M., Ren Z., et al., “Projecting Heat-related Excess Mortality under Climate Change Scenarios in China,” *Nature Communications*, 2021, 12 (1): 1039.

城市热岛效应、隔离噪声，从而改善人们的居住环境，并在一定程度上促进人们的身心健康。[①] 最后，一些低碳友好的行为变化也能够改善居民健康，例如骑行和步行等低碳出行方式能够减少肥胖、糖尿病、冠心病等疾病风险。[②]

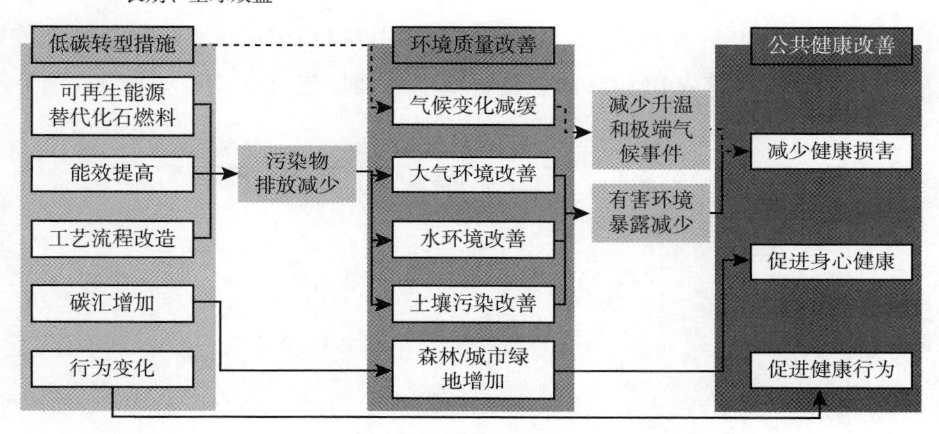

图 5　低碳转型产生健康协同效益的主要途径

2. 我国实现"双碳"目标的健康协同效益

2020 年 9 月 22 日，习近平总书记在联合国大会上发表讲话时宣布，中国将提高国家自主贡献力度，采取更加有力的政策和措施，二氧化碳排放力争于 2030 年前达到峰值，力争于 2060 年前实现碳中和。"双碳"目标的提出，彰显了中国积极参与国际气候行动、寻求高质量可持续发展的雄心。2017 ~ 2019 年我国碳强度较 2005 年分别降低了 46%、45.8% 和 48.1%，提前实现了 2020 年碳排放强度较 2005 年下降 40% ~

① Gunawardena K. R., Wells M. J., Kershaw T., "Utilising Green and Bluespace to Mitigate Urban Heat Island Intensity," *Science of The Total Environment*, 584 - 585, 2017.

② Richardson E. A., Pearce J., Mitchell R., et al., "Role of Physical Activity in the Relationship between Urban Green Space and Health," *Public Health*, 2013, 127 (4): 318 - 324.

45%的哥本哈根承诺目标。[①②③] 接下来还需要推动产业结构和能源系统的深度脱碳，使中国的碳排放在2030年前尽早达峰，经过稳中有降的平台期以后快速下降，在2060年左右实现碳中和(见图6)。[④] 综合相关研究，中国实现碳中和需要：电力部门实现高比例可再生能源的部署，作为全面脱碳的基础；终端用能部门，包括交通、工业、建筑和居民等实现用能清洁化，使电气化比例和能效进一步提升；负碳技术为实现“碳中和”托底，包括农林碳汇，碳捕集、利用与封存应用（CCUS），生物质能碳捕集与封存（BECCS）以及直接空气碳捕集（DAC）等技术。[⑤⑥⑦]

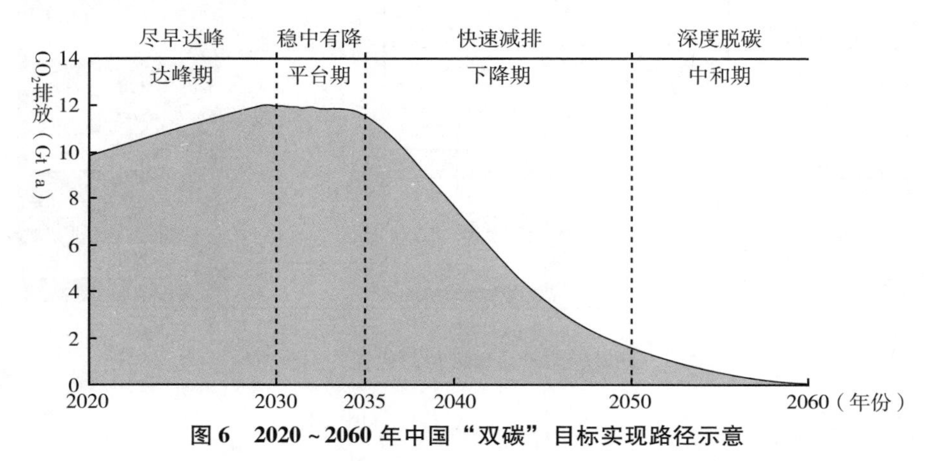

图6　2020～2060年中国“双碳”目标实现路径示意

资料来源：王灿、张雅欣：《碳中和愿景的实现路径与政策体系》，《中国环境管理》，2020年第6期。

① 生态环境部：《中国应对气候变化的政策与行动2018年度报告》，2018。

② 生态环境部：《中国应对气候变化的政策与行动2019年度报告》，2019。

③ 生态环境部：《生态环境部10月例行新闻发布会实录》，2020。

④ 王灿、张雅欣：《碳中和愿景的实现路径与政策体系》，《中国环境管理》2020年第6期，第58～64页。

⑤ Duan H., Zhou S., Jiang K., et al., “Assessing China's Efforts to Pursue the 1.5°C Warming Limit,” *Science*, 2021, 372 (6540): 378－385.

⑥ Xing J., Lu X., Wang S., et al., “The Quest for Improved Air Quality May Push China to Continue Its CO_2 Reduction beyond the Paris Commitment,” *Proceedings of the National Academy of Sciences*, 117 (47), 2020: 29535－29542.

⑦ Cheng J., Tong D., Zhang Q., et al., “Pathways of China's $PM_{2.5}$ Air Quality 2015－2060 in the Context of Carbon Neutrality,” *National Science Review*, 2021.

低碳转型措施将给中国带来一系列健康协同效益。从最直接的气候效应来看，中国碳中和目标贡献的减排有望使全球平均气温上升幅度下降 0.2℃ ~ 0.3℃①，因此能够一定程度上降低温升带来的健康风险，如与高温相关的过早死亡和劳动力生产率损失等。据测算，中国在 RCP4.5 情景（对标碳达峰情景）下相比于 RCP8.5 情景（高排放情景），能够避免的高温相关的过早死亡人数在 2090 年为 10 万人左右。② 碳中和目标作为一个更为严格的减排目标，其产生的与高温相关的健康协同效益应该更大。

碳中和愿景下的深度低碳能源转型措施将会大幅度提升中国的环境质量，从而改善中国居民的健康水平。其中最显著的是空气污染物排放的减少带来的空气质量的提升。据测算，碳达峰情景下 2030 年中国的年平均 $PM_{2.5}$浓度将下降到 24 ~ 35μg/m³，能够避免与空气污染相关的过早死亡人数在 3 万 ~20 万人③④⑤⑥⑦；碳中和愿景下 2060 年全国人群 $PM_{2.5}$ 年均暴露水平将降低到 8μg/m³左右，78% 的人群 $PM_{2.5}$年均暴露水平将低于 WHO 指导值（10μg/m³）⑧。不同部门的低碳转型都会对空气污染相关

① Tracker C. A., "China Going Carbon Neutral before 2060 Would Lower Warming Projections by around 0.2 to 0.3 Degrees Centigrade," 2020.

② Yang J., Zhou M., Ren Z., et al., "Projecting Heat-related Excess Mortality under Climate Change Scenarios in China," *Nature Communications*, 2021, 12 (1): 1039.

③ Li M., Zhang D., Li C. T., et al., "Air Quality Co-benefits of Carbon Pricing in China," *Nature Climate Change*, 2018, 8 (5): 398 –403.

④ Markanya A., Sampedro J., Smith S. J., et al., "Health Co-benefits from Air Pollution and Mitigation Costs of the Paris Agreement: A Modelling Study," *The Lancet Planetary Health*, 2018, 2 (3): e126 –e133.

⑤ Vandyck T., Keramidas K., Kitous A., et al., "Air Quality Co-benefits for Human Health and Agriculture Counterbalance Costs to Meet Paris Agreement Pledges," *Nature Communications*, 2018, 9 (1): 4939.

⑥ Xie Y., Wu Y., Xie M., et al., "Health and Economic Benefit of China's Greenhouse Gas Mitigation by 2050," *Environmental Research Letters*, 2020.

⑦ Li N., Chen W., Rafaj P., et al., "Air Quality Improvement Co-benefits of Low – Carbon Pathways toward Well Below the 2℃ Climate Target in China," *Environmental Science & Technology*, 2019, 53 (10): 5576 –5584.

⑧ Cheng J., Tong D., Zhang Q., et al., "Pathways of China's $PM_{2.5}$ Air Quality 2015 –2060 in the Context of Carbon Neutrality," *National Science Review*, 2021.

的健康协同效益有所贡献：中国退役50%的燃煤电厂能够降低煤炭燃烧产生的空气污染物，能够避免的与$PM_{2.5}$相关的过早死亡人数是2.2万~3.0万人①；中国推广电动汽车的行动能够减少汽车尾气造成的健康损害，在2030年能够避免的与$PM_{2.5}$和O_3相关的过早死亡人数是1.7万人左右②。

与此同时，碳中和目标的实现也会改善土壤和水环境质量，减少有害污染物的环境暴露对人体的损害。例如，农业部门实现深度减排需要大幅度减少来自化肥和农业废弃物的温室气体排放，这些举措对于减少土壤污染，降低人体对来自土壤环境的有害物质暴露有着积极的作用。③ 此外，通过产业结构调整也能够减少来自高耗能高污染行业的水污染排放，改善水环境质量，减少来自水污染的环境健康风险。据测算，深圳市实现2030年碳达峰目标能够使来自纺织和化工等部门的主要水污染物排放降低2.2%。④ 但对除大气以外的与环境介质相关的健康协同效益的量化研究较少，亟待加强。

此外，增加森林碳汇，尤其是增加城市绿化，能够减少高温风险、减轻噪声污染、增加氧气，改善人们的居住环境，还有利于缓解抑郁症、减轻人们的心理压力，进而提升人们的健康水平。多个省份公布的“十四五”规划和碳达峰行动方案提出要增加森林碳汇，加强城市绿地建设，这些举措带来的公众健康潜力还有待进一步研究。

最后，绿色生活方式，如步行和骑行等生活方式的普及，也能提高公

① Li J., Cai W., Li H., et al., “Incorporating Health Cobenefits in Decision - Making for the Decommissioning of Coal - Fired Power Plants in China,” *Environmental Science & Technology*, 2020.

② Lin Q., Lin H., Liu T., et al., “The Effects of Excess Degree-hours on Mortality in Guangzhou, China,” *Environmental Research*, 176, 2019: 108510.

③ Vandyck T., Keramidas K., Kitous A., et al., “Air Quality Co-benefits for Human Health and Agriculture Counterbalance Costs to Meet Paris Agreement Pledges,” *Nature Communications*, 2018, 9 (1): 4939.

④ Su Q., Dai H., Chen H., et al., “General Equilibrium Analysis of the Cobenefits and Trade - offs of Carbon Mitigation on Local Industrial Water Use and Pollutants Discharge in China,” *Environmental Science & Technology*, 2019, 53 (3): 1715 - 1724.

众健康水平。根据测算，在实现《巴黎协定》目标的情景下，中国 2040 年公众骑行出行频率的提升能够避免的过早死亡人数为 81 万人。[①]

我国由于人口密度大，污染物背景浓度偏高，是低碳转型健康协同效益最显著的地区，仅仅是与空气污染相关的健康协同效益便能达到 70～840 美元/吨二氧化碳。[②③④⑤⑥] 已有研究表明，考虑健康协同效益对低碳转型政策的设计进行优化，能够提升政策收益。例如，在对燃煤电厂退役方案的设计进行优化后，退役人口密度较高、单位碳减排健康协同效益更大的燃煤电厂，能够将避免的过早死亡人数提升 30%。[⑦] 尽管如此，健康协同效益仍没有被纳入低碳转型相关的政策考虑中。我国要对未来碳中和路径作出决策，不同路径的健康协同效益有着较大的差异，如何权衡这些差异，实现碳减排与公众健康的双赢，将是我国未来面临的重要挑战。

五 未来展望与建议

目前，在与气候变化健康风险相关的政策制定方面还存在诸多的问题，如

---

① Hamilton I., Kennard H., Mcgushin A., et al., "The Public Health Implications of the Paris Agreement: A Modelling Study," *The Lancet Planetary Health*, 2021, 5 (2): e74 - e83.

② Li M., Zhang D., Li C. T., et al., "Air Quality Co-benefits of Carbon Pricing in China," *Nature Climate Change*, 2018, 8 (5): 398 - 403.

③ Markandya A., Sampedro J., Smith S. J., et al., "Health Co-benefits from Air Pollution and Mitigation Costs of the Paris Agreement: A Modelling study," *The Lancet Planetary Health*, 2018, 2 (3): e126 - e33.

④ Vandyck T., Keramidas K., Kitous A., et al., "Air Quality Co-benefits for Human Health and Agriculture Counterbalance Costs to Meet Paris Agreement Pledges," *Nature Communications*, 2018, 9 (1): 4939.

⑤ Xie Y., Wu Y., Xie M., et al., "Health and Economic Benefit of China's Greenhouse Gas Mitigation by 2050," *Environmental Research Letters*, 2020.

⑥ Li N., Chen W., Rafaj P., et al., "Air Quality Improvement Co-benefits of Low - Carbon Pathways Toward Well Below the 2℃ Climate Target in China," *Environmental Science & Technology*, 2019, 53 (10): 5576 - 5584.

⑦ Sampedro J., Smith S. J., et al., "Health Co-benefits and Mitigation Costs as Per the Paris Agreement under Different Technological Pathways for Energy Supply," *Environment International*, 2020, 136: 105513.

缺乏国家和地方层面评估气候变化健康风险的标准化指南、工具和数据，使得国内的实证研究与发达国家相比仍显不足；缺乏系统性国家层面的适应气候变化健康风险的规划和行动，健康协同效益尚未被纳入低碳转型相关的政策制定中；医疗卫生机构对气候变化健康风险的认识不足、应对能力较弱等。

新冠肺炎疫情对我国医疗卫生系统和经济社会秩序都产生了巨大冲击，而气候变化的健康风险同样具有非线性、极端性的特点。据《中国版柳叶刀倒计时报告2020》，我国部分气候变化健康风险暴露指标的年际变化率高达60%。[①] 气候变化对人群健康有着全方位的广泛影响，而当前我们国家为疫情后经济复苏作出的各项决策，也将决定未来一段时间我国公共卫生领域的整体发展。因此，需要充分考虑相关政策和制度的设计可能会对人群健康带来的潜在影响和协同效应。建议如下。

强化部门间的合作，将健康充分纳入气候变化、低碳转型等重要战略规划的考虑中。未来应将人群健康纳入与中国碳达峰碳中和目标、生态文明建设、健康中国行动等相关的各项政策中，进一步使环境、卫生、能源、经济、金融和教育等各个部门展开实质性合作。

强化科技支撑，提升认知水平。我国需要加强对人群健康及气候变化领域的研究支持，进一步开展关于公共卫生健康的气候变化风险评估，将气候变化问题作为影响人群健康的重要风险进行治理，组织推进相关技术指南的编制和发布，开展气候变化对我国和各地区人群健康影响的系统评估，提升公众认知水平。

增强对突发公共卫生事件的应急准备。新冠肺炎疫情、2021年7月的河南省极端强降水、南方地区极端天气与台风袭击等突发事件，对于公众生命安全和身体健康都产生了极大的威胁，我国政府应将气候变化在卫生健康领域已经造成的或即将造成的威胁纳入应急防范和响应系统，加大针对突发公共卫生事件的防范力度。

---

① Cai W., Zhang C., Suen H. P., et al., "The 2020 China Report of the Lancet Countdown on Health and Climate Change," *The Lancet Public Health*, 2021, 6 (1): e64 - e81.

G.23

中国减污降碳协同增效研究及政策建议

张 立 曹丽斌 雷 宇 蔡博峰 董广霞*

摘 要： 常规大气污染物与二氧化碳排放同根同源同时，对它们进行协同管理具有很好的理论基础。现阶段，我国的生态环境保护工作同时面临着传统污染物减排、环境质量改善和二氧化碳排放达峰等多重严峻挑战。国际上，美国、欧盟等主要发达经济体将温室气体排放控制纳入环境综合管理体系，在温室气体排放监测和统计基础上，以政策评估的形式为国家决策提供支持，形成从国家层面进行统筹协调、统一监管与多部门共同参与的管理模式。常规大气污染物和温室气体协同控制正成为加强环境管理、实现低碳发展的重要举措。本文从协同政策、战略规划、制度体系等方面对减污降碳、协同增效进行了总结，同时结合现有的协同治理实践展开了分析。

关键词： 协同治理 大气污染 碳排放

---

* 张立，生态环境部环境规划院碳达峰碳中和研究中心在读博士研究生，主要研究方向为温室气体达峰和空气质量达标；曹丽斌，生态环境部环境规划院碳达峰碳中和研究中心助理研究员，主要研究方向为城市 CO_2 排放清单和气候变化政策；雷宇，生态环境部环境规划院大气环境规划研究所研究员，主要研究方向为大气环境管理；蔡博峰，生态环境部环境规划院碳达峰碳中和研究中心研究员，主要研究方向为城市 CO_2 排放清单，为本文通讯作者；董广霞，中国环境监测总站，正高级工程师，主要研究方向为污染物和温室气体排放统计技术。

一　协同治理基本内涵

（一）协同概念和国内形势

1. 协同的概念

由于不同气体排放之间具有一定的关系，旨在减少温室气体排放的气候政策与以控制大气污染为目标的大气污染控制政策在某种程度上会互相影响，即在实行其中一类政策时可能对另一类政策目标的实现产生“协同效应”。学界对这种政策协同效应的认知，经历了对一些概念认识上的转变。早在1992年，David Pearce就在其论文中提出“次要收益”（Secondary Benefits）的概念，他认为控制温室气体排放的政策本身不一定对降低成本有效，但是许多减少CO_2排放的政策具有协助SO_2、NO_X等其他污染物减排的次要收益，且这类次要收益可达到温室气体减排主要收益（Primary Benefits）的10～20倍。[①] 随后，政府间气候变化专门委员会（IPCC）在《IPCC第二次评估报告：气候变化1995》（IPCC Second Assessment Report: Climate Change 1995）中引用了次要收益的概念，并在《IPCC第三次评估报告：气候变化2001》（IPCC Third Assessment Report: Climate Change 2001）中首次提出了“协同效益”（Synergistic Effects）的定义，即减缓温室气体排放的政策所产生的、被纳入政策制定考虑之中的非气候效益。[②③] 在《第四次评估报告：气候变化2007》（IPCC Fourth Assessment Report: Climate Change 2007）和《第五次评估报告：气候变化2014》（IPCC Fifth Assessment Report: Climate Change 2014）中IPCC也提到关于减少化石能源

---

① Pearce D. W., “The Secondary Benefits of Greenhouse Gas Control,” Centre for Social and Economic Research on the Global Environment, 1992, 92-12.

② IPCC, “IPCC Second Assessment Report: Climate Change 1995,” 1995, https://www.ipcc.ch/site/assets/uploads/2018/05/2nd-assessment-en-1.pdf.

③ IPCC, “IPCC Third Assessment Report: Climate Change 2001”, 2001, https://www.ipcc.ch/site/assets/uploads/2018/05/SYR_TAR_full_report.pdf.

使用、降低温室气体排放和改善空气质量的协同。[①②]

中国官方定义的协同效益不仅包含在控制温室气体排放过程中其他局域污染物排放的减少，如 SO_2、NO_X、CO、VOC 及 PM 等，还包括在控制局域污染物排放及生态建设过程中同时减少或者吸收 CO_2 及其他温室气体的情形。中国以化石能源为主的能源结构导致 CO_2 排放与主要大气污染物排放具有很强的“同根、同源、同时”特征。以煤为主的能源结构，使得中国 SO_2 排放量的 90%、NO_X 排放量的 67%、烟尘排放量的 70% 及 CO_2 排放量的 70% 来自燃煤。CO_2 排放控制措施和技术（除 CO_2 捕集、利用与封存技术外）也会对伴随 CO_2 产生的大气污染物产生重要影响。

2. 我国面临的大气环境形势依然严峻

2013 年以来，通过实施《打赢蓝天保卫战三年行动计划》和《大气污染防治行动计划》，我国在大气环境管理机制、结构调整、重大减排工程等方面推行了一系列重大举措，大气环境质量明显改善。到 2020 年，全国 337 个地级及以上城市中有 202 个城市环境空气质量达标，占城市总数的 59.9%；全国城市 $PM_{2.5}$ 平均浓度达 33 微克/立方米，较 2015 年下降 34%；全年空气质量优良天数比例为 87.0%。虽然我国大气环境进入快速改善的通道，但是与有效保护人体健康的水平相比仍有很大差距，主要表现在以下三个方面。

一是空气质量总体改善，但部分指标有所反弹或改善幅度不大。与 2015 年相比，2020 年重污染天气大幅减少，污染过程的峰值浓度、持续时间、污染强度和影响范围均明显降低和缩小，但 O_3 浓度略有上升。二是区域性污染问题进一步凸显，重点区域大气污染依然较严重。随着各地在产业发展、交通物流等方面的关联性不断增强，以及受区域气候、气象条件等影

① IPCC, “IPCC Fourth Assessment Report: Climate Change 2007,” 2007, https: //www. ipcc. ch/assessment - report/ar4/.

② IPCC, “IPCC Fifth Assessment Report: Climate Change 2014,” 2014, https: //www. ipcc. ch/assessment - report/ar5/.

响，全国多地呈现显著的区域性大气污染特征，相互传输影响明显，需要进一步加大联防联控范围和力度。2020 年，京津冀及周边地区、汾渭平原 $PM_{2.5}$浓度分别超标 45.7%、37.1%。三是大气污染特征有所变化，大气氧化性呈增强趋势。2020 年，全国 337 个地级及以上城市 SO_2浓度全部达标，标志着煤烟型污染问题得到有效控制。但全国 O_3浓度持续上升，京津冀及周边地区上升 11%左右，显示大气氧化性持续增强。

3. CO_2排放“达峰”面临挑战

随着经济的不断发展，我国 CO_2排放水平仍呈逐年递增的趋势，全国的 CO_2排放量从 2005 年的 57 亿吨增长到 2018 年的 106 亿吨。进入“十二五”时期以来，CO_2排放量增速逐年下降，“十二五”时期 CO_2排放量年均增速达到 2.53%；从“十二五”末期到“十三五”中期，CO_2排放量增速虽有放缓，但排放量仍在持续增长，“十三五”时期 CO_2排放量年均增速为 2.49%。到 2018 年，全国 CO_2排放量已经占全世界排放量的 30%左右，仍然没有出现“达峰”的趋势。从重点区域来看，京津冀地区从 2011 年开始排放量一直保持在 10 亿吨左右，“十三五”时期，京津冀地区 CO_2排放量年均增速为 0.29%，长三角地区年均增速为 2.4%。

二　协同治理进展

（一）国际协同治理经验

从国际实践经验来看，主要发达国家以应对气候变化与防范环境健康风险为核心，将环境质量目标与减缓、适应气候变化相结合，积极推进气候-环境-健康协同控制，实施统一的环境监管。欧美等主要经济体都将温室气体排放控制纳入环境综合管理体系，形成从国家层面进行统筹协调、统一监管与多部门共同参与的管理模式。

欧洲委员会负责制定温室气体与空气污染控制目标，并将控制要求分解到各欧盟成员国，欧盟环境总司下的气候变化与空气司是政策的主要执行

者，主要承担气候战略、谈判、清洁空气与交通、工业排放与臭氧层保护等方面的具体管理职能。

美国环保局（EPA）空气和辐射管理部门中大气项目管理办公室依据《空气清洁法案》，负责清洁空气市场和气候变化领域的工作，包括温室气体的监测和温室气体排放清单的编制和发布等，2007 年 12 月其开始推行国家强制性温室气体报告登记制度；各州根据 EPA 制定的空气质量标准，制定并实施州计划（SIP）以落实标准要求。此外，美国采取“一证双管”式排污许可证（Prevention of Significant Deterioration Permitting）环境管理制度来有效防治空气污染和控制温室气体排放。

在温室气体监测方面，美国、欧盟等均以全球通行的“核算为主、监测为辅”的原则构建了较为完善的温室气体排放监测体系。美国环保局于 2009 年发布了对境内大排放源进行温室气体强制性报告的方案。欧盟于 2004 年制定了《温室气体排放监测和报告指南》（2004/156/EC），详细列举了 23 类行业企业的温室气体监测和报告方法。该指南历经多次修订，最新版本为 2018 年 12 月 19 日颁发的《温室气体排放监测和报告条例》（EU 2018/2066）。此外，在温室气体监管方面，欧盟根据不同的温室气体排放源采取“市场导向”与“命令 - 控制”相结合的协同监管手段。一是对较大的固定排放源，运用碳排放权交易制度以控制总量的市场手段加以管制；二是对于其他排放源，使用与大气污染防治相同的“命令 - 控制”手段加以管控。

（二）国内外学术研究进展

协同效益研究主要以科学与工程方法和经济学模型为主，其基本步骤包括：计算基准情景和不同政策情景下的温室气体排放量、污染物排放量或浓度，估算和比较温室气体或污染物排放所造成的影响，对影响进行量化或货币化。其关键在于通过耦合能源/温室气体 - 污染物排放 - 影响评价模型对温室气体和污染物减排量或浓度进行定量估算。

目前对于温室气体与大气污染物之间的协同减排而言，主要有两个研究

方向：一是温室气体减排导致大气污染物减排或增加；二是区域大气污染物减排导致温室气体减排或增加。目前的研究在全球、国家或者区域、城市各种不同尺度上都有开展。梳理国内外的学术研究，主要有以下发现：（1）温室气体和大气污染物的协同效应评估通常借助能源系统模型、空气质量模型、健康影响评价模型相集成的综合模型，围绕碳交易政策、INDC 目标、电气化、能效提高、行业减缓措施等对低碳政策或气候政策的协同效益展开讨论。少部分文献关注了碳排放达峰的协同效益，大部分文献主要聚焦全球或者国家层面，城市层面研究较少。大多数研究并未将各类协同效益和减排成本综合纳入评估模型中。①②③④（2）多数文献指出，温室气体或污染物的减排政策和措施可带来正向的协同效益，这种效益表现为协同的减排量、协同的健康效益、协同的经济效益等。⑤⑥⑦ 但也应警惕，温室气体减排有可能加剧污染物排放；反之，污染物减排措施也有可能增加温室气体排放。⑧（3）尽管学者普遍认为污染物减排或温室气体减排可带来正向协同效益，

① Radu O.，Van M.，Klimont Z.，et al.，“Exploring Synergies between Climate and Air Quality Policies Using Long-term Global and Regional Emission Scenarios，” *Atmospheric Environment*，2016，140（C）：577－591.

② Rafaj P.，Rao S.，Klimont Z.，Kolp P.，Schoöpp，W.，“Emissions of Air Pollutants Implied by Global Long-term Energy Scenarios，” IIASA Interim Report，IIASA：Laxenburg，Austria，2010.

③ He K.，Lei Y.，Pan X.，et al.，“Co-benefits from Energy Policies in China，” *Energy*，2010，35（11）：4265－4272.

④ Chae Y.，“Co-benefit Analysis of an Air Quality Management Plan and Greenhouse Gas Reduction Strategies in the Seoul Metropolitan Area，” *Environmental Science and Policy*，2010，13（3）：205－216.

⑤ Peng W.，Yang J.，et al.，“Substantial Air Quality and Climate Co-benefits Achievable Now with Sectoral Mitigation Strategies in China，” *Science of the Total Environment*，2017，598：1076－1084.

⑥ Liu F.，Klimont Z.，Zhang Q.，et al，“Integrating Mitigation of Air Pollutants and Greenhouse Gases in Chinese Cities：Development of GAINS－City Model for Beijing，” *Journal of Cleaner Production*，2013，58（C）：25－33.

⑦ Ou Y.，Shi W.，et al.，“Estimating Environmental Co-benefits of U. S. Low-carbon Pathways Using an Integrated Assessment Model with State-level Resolution，” *Applied Energy*，2018，216：482－493.

⑧ Qin Q.，et al.，“Air Quality，Human Health and Climate Implications of China’s Synthetic Natural Gas Development，” *Proc. Natl. Acad. Sci.*，2017，114（19）：4887－4892.

但不同区域的协同效益不尽相同。协同效益评估和协同管理应综合多种情形进行全面考虑，因地制宜制定管理措施。

三　减碳治污协同治理措施

（一）协同政策文件

目前我国涉及污染物和温室气体协同治理的政策和文件如表1所示，包括部委发布的指导意见、技术指南、控制标准以及法律法规。这些政策文件重点关注的内容包括：协同增效和协同控制温室气体与污染物排放、协同控制核算方法、CO_2捕集利用与封存技术、污染物与温室气体排放控制及检测、优化产业布局与调整能源结构、推广清洁能源的生产和使用等。

表1　涉及协同治理的相关政策文件和法律法规

政策文件/法律法规名称	发布机关及年份	相关内容
《中华人民共和国大气污染防治法》	全国人民代表大会常务委员会 2018年修订	应推行区域大气污染联合防治，对颗粒物、二氧化硫、氮氧化物、挥发性有机物、氨等大气污染物和温室气体实施协同控制。 应当采取措施，调整能源结构，推广清洁能源的生产和使用；优化煤炭使用方式，推广煤炭清洁高效利用，逐步降低煤炭在一次能源消费中的比重，减少煤炭生产、使用、转化过程中的大气污染物排放。 公民应当增强大气环境保护意识，采取低碳、节俭的生活方式，自觉履行大气环境保护义务。 国家倡导低碳、环保出行，根据城市规划合理控制燃油机动车保有量，大力发展城市公共交通，提高公共交通出行比例。
《中华人民共和国环境保护法》	全国人民代表大会常务委员会 2014年修订	促进清洁生产和资源循环利用。 企业应当优先使用清洁能源，采用资源利用率高、污染物排放量少的工艺、设备以及废弃物综合利用技术和污染物无害化处理技术，减少污染物的产生。

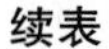

续表

政策文件/ 法律法规名称	发布机关及年份	相关内容
《中华人民共和国清洁生产促进法》	全国人民代表大会常务委员会 2012 年修订	不断采取改进设计、使用清洁的能源和原料、采用先进的工艺技术与设备、改善管理、综合利用等措施，从源头削减污染，提高资源利用效率，减少或者避免生产、服务和产品使用过程中污染物的产生和排放，以减轻或者消除污染物对人类健康和环境的危害。
《关于统筹和加强应对气候变化与生态环境保护相关工作的指导意见》	生态环境部 2021 年制定	突出协同增效。把降碳作为源头治理的"牛鼻子"，协同控制温室气体与污染物排放，协同推进适应气候变化与生态保护修复等工作，支撑深入打好污染防治攻坚战和 CO_2 排放达峰行动。
《工业企业污染治理设施污染物去除协同控制温室气体核算技术指南（试行）》	环境保护部 2017 年制定	规定了工业企业污染治理设施污染物去除协同控制温室气体核算的主要内容、程序、方法及要求。适用于工业企业采取脱硫、脱硝、挥发性有机物处理设施治理废气所产生的污染物去除量及温室气体减排量核算。
《二氧化碳捕集、利用与封存环境风险评估技术指南（试行）》	环境保护部 2016 年制定	以当前技术发展和应用状况为依据，规定了一般性的原则、内容以及框架性程序、方法和要求，可作为 CO_2 捕集、利用和封存环境风险评估工作的参考技术资料。
《生活垃圾填埋场污染控制标准》	环境保护部 2008 年制定	规定了生活垃圾填埋场污染物排放限值及环境监测要求，包括甲烷和空气质量。

（二）战略规划统筹融合

从宏观层面加强战略统筹，不仅要把应对气候变化作为建设美丽中国的重要组成部分及环保参与宏观经济治理的重要抓手，还需充分考虑应对气候变化与能源生产、消费革命等部门和地方重大战略与规划衔接的问题，统筹编制"十四五"及更长时期的相关规划。在"十四五"相关规划中，实施温室气体和污染物协同控制。推动温室气体和污染物协同减排，在工业、农业等领域制定协同控制方案，加强污水、垃圾等集中处置设施的协同减排。同时，积极探索温室气体与大气污染物协同控制相关标准的制定，推动城市 CO_2 达峰和空气质量达标试点示范工作。

此外，还需加强不同领域和部门规划之间的有机衔接。科学编制规划，将应对气候变化全面纳入生态环境保护规划，为推动经济、能源、产业等绿色低碳转型发展统筹规划相关政策举措和重大工程，并且考虑实施二氧化碳排放强度和总量“双控”。此外，要将绿色发展和气候友好理念融入污染防治、生态保护、核安全等专项规划，将应对气候变化要求融入国民经济和社会发展规划，以及能源、产业等重点领域规划，协同推进结构调整和布局优化、温室气体排放控制以及适应气候变化能力提升等目标和任务。

（三）政策法规统筹融合

在考虑法律法规及政策的统筹融合时，不仅需要推进有关法律法规的制定与修改，还要推动有关标准体系的统筹与融合及环境经济政策的统筹与融合。在协调推进有关法律法规的制定与修改方面，应着力于应对气候变化专门法律的制定，推动相关领域立法和地方性法规的制定与修改，尤其是生态环境保护、资源能源利用、国土空间开发、城乡规划建设等与减缓和适应气候变化密切相关和协同的领域。同时，碳排放权交易管理条例的出台与实施需要进一步推进。

在推动应对气候变化管理和技术标准体系的统筹与融合方面，需加强应对气候变化相关标准的制定与修订，建立涵盖碳减排评估与绩效评价标准、碳排放核算报告与核查、低碳评价标准等管理技术规范，以及相关生态环境基础标准的标准体系框架，使生态环境标准体系得到进一步的完善和拓展。此外，还需开展关于移动源大气污染物和温室气体排放协同控制的标准研究，进一步挖掘协同减排的潜力。

在推动环境经济政策的统筹与融合方面，要加快形成积极应对气候变化的环境经济政策框架体系。在推动气候投资融资与绿色金融政策的协调与配合时，应开展推进投资融资地方试点工作与实践。此外，在信息披露方面，需推动将全国碳排放权交易市场相关企业环境信息依法披露，将企业违法违规信息记入企业环保信用信息。

（四）制度体系统筹融合

制度体系统筹包括三个方面：统计与调查、评价与管理以及监测体系。

在统计与调查方面，应大力开展温室气体排放的相关调查及统计工作，逐步完善相关统计报表制度和专项统计调查，将应对气候变化有关管理指标纳入管理统计的调查内容。同时，温室气体清单编制的工作机制及碳排放核算与核查体系需要进一步完善和健全。此外，还要提高数据的时效性及加强信息共享，扩展生态环境状况公报中应对气候变化的相关内容。

在评价与管理方面，应将应对气候变化的要求纳入“三线一单”（生态保护红线、环境质量底线、资源利用上线和生态环境准入清单）生态环境分区管控体系。并且，推动将气候变化影响纳入环境影响评价。此外，还需开展与重点行业的温室气体排放和排污许可管理相关的试点研究，升级改造全国排污许可证管理信息平台功能，实现温室气体和污染物排放相关数据的统一采集、相互补充与交叉校核。

在监测体系方面，应将温室气体相关监测纳入生态环境监测体系。针对重点排放点源，开展甲烷排放监测试点工作。此外，还要探索大尺度区域非CO_2温室气体的排放监测。同时，在全国层面，要合理利用卫星遥感等手段监测土地利用类型、分布与变化情况以及土地覆盖类型与分布情况，从而为国家温室气体清单的编制工作提供充分支撑。

四　协同治理实践与未来展望

（一）协同治理实践

1. 中国城市 CO_2 排放和大气污染协同管理评估[①]

大气污染物和温室气体协同管理具有很好的理论基础和实践经验。在城市层面，开展 CO_2 排放和大气污染协同管理评估，不仅可行，而且是实现城市碳排放控制和空气质量改善管控的关键途径，是中国城市环境可持续发展

---

① 生态环境部环境规划院气候变化与环境政策研究中心:《中国城市二氧化碳和大气污染协同管理评估报告（2020）》, http://www.caep.org.cn/sy/dqhj/zxtw_24134/202011/t20201106_806672.shtml。

的必然需要。评估中国城市 CO_2 排放与大气污染协同管理现状，有利于在城市层面优化环境管理制度，减少政府管理成本和企业负担，以最低成本实现 CO_2 减排和空气质量改善。

《中国城市二氧化碳和大气污染协同管理评估报告（2020）》中的城市评估范围包括直辖市、所有地级城市和地级行政单位（除河南直辖县、湖北直辖县、海南直辖县、儋州、三沙和港澳台城市），共335个城市。评估对象为城市在2015年和2019年的 CO_2 排放量、大气污染物（SO_2、NOx、颗粒物）排放量和空气质量（NO_2 浓度、$PM_{2.5}$ 浓度、O_3 浓度）的动态变化。评估指标包括2015～2019年的 CO_2 和大气污染物的减排量和减排率、空气质量浓度的下降量和下降率、大气污染物当量（LAPeq）以及空气质量指数（AQI）。其中，中国城市2015年和2019年 CO_2 排放数据来自《中国城市温室气体排放数据集（2015）》和《中国城市二氧化碳排放数据集（2019）》。该评估仅考虑能源活动 CO_2 排放，不考虑工业过程排放和间接排放。中国城市2015年和2019年大气污染物排放数据和中国城市空气质量数据来自中国环境监测总站。

结果表明，2015～2019年，约有1/3的城市实现了 CO_2 与主要大气污染物（SO_2、氮氧化物和颗粒物）的协同减排。但城市大气污染物的减排幅度及减排城市占比，明显高于 CO_2 的减排幅度及减排城市占比。白山、盘锦、鹤壁、克拉玛依、临汾、洛阳、平顶山、开封、新余、抚顺的 CO_2 和大气污染物协同减排综合绩效排名前十。2015～2019年，23.88%的城市（80个）同时实现 CO_2 减排和AQI降低（空气质量提升）。白山、盘锦、内江、七台河、石嘴山、商丘、海北、延安、平顶山、抚顺的 CO_2 减排和空气质量改善综合绩效排名前十。在 CO_2 和大气污染物排放协同管理综合排名和 CO_2 与空气质量协同管理综合排名中，白山、盘锦、平顶山、抚顺等城市表现优异。评估城市 CO_2 排放与大气污染协同管理现状，总结经验、发现问题，有利于优化城市层面温室气体和大气污染物的协同管理，为研究者、规划者和决策者统筹温室气体和空气质量目标与规划路径提供科学建议。

2. 二氧化碳和大气污染物排放核算方法的统一化

在清单层面上，从数据源、清单结构、清单核算方法和过程等角度，研

究 CO_2 排放和大气污染物排放核算统一化方法，可以为城市 CO_2 排放达峰和空气质量达标奠定科学基础。

从 CO_2 排放清单来看，排放源具体包括：工业能源、工业过程、服务业、农业、交通、城镇生活、农村生活。从大气污染物排放清单来看，排放源包括：交通、工业能源、工艺过程、农业、民用、废弃物处理、生物质燃烧、扬尘、溶剂使用、储存运输、其他排放和土地利用。由此可以看出，CO_2 排放清单和大气污染物排放清单的部门划分存在差异。以污染物排放情景为基准，将 CO_2 排放清单与之对应，最终 CO_2 和大气污染物排放清单的统一化结果如图 1 所示。清单统一有助于将 CO_2 和大气污染物排放清单中的部门分类相对应，建立统一化核算方法，并服务于综合性清单的编制。

（二）协同治理未来展望

“十四五”时期是我国推进环境空气质量达标和二氧化碳达峰“双达”的关键阶段，虽然控制温室气体和大气污染物排放具有很大的协同性，但城市在对大气污染物和 CO_2 的精细化协同管控手段方面仍存在不足。目前针对城市碳达峰和空气质量协同关系的研究仍较少。对大气污染物排放、空气质量和碳排放实施精细化协同管理，推进实现城市空气质量达标和碳排放达峰“双达”目标，需进一步加强对城市空气质量达标和碳排放达峰综合评估体系的研究和应用，强化环境和气候协同治理。国家层面应制定减污减碳协同增效指导意见，突出以环境质量改善为约束的减碳空间管控，提出京津冀、长三角地区的降碳比例、煤炭控制目标等。城市层面应选择一批空气质量未达标、碳排放具备达峰潜力、在产业布局和能源构成等方面特征突出的典型城市，开展城市空气质量达标和碳达峰“双达”试点，探索不同类型城市实现“双达”的关键政策、主要措施、核心机制，总结一套涵盖战略、规划、政策和监管制度的管理体系，实现大气污染物与温室气体管控统一谋划、统一布置、统一实施、统一检查。

排放类别	部门	温室气体			大气污染物					统一后	空间分配权重因子
		CO_2	CH_4	N_2O	$PM_{2.5}/PM_{10}$	NO_x	SO_2	CO	VOCs		
移动源	1 交通源										
	1.1 道路机动车	√	√	√	√	√	√	√	√	1 交通源	1.1 道路密度/等级/类型/长度 1.2 机场经纬度定位 1.3 铁路密度/人口 1.4 河流、领海面积/人口 1.5 人口栅格
	1.2 航空	√	√	√	√	√	√	√	√		
	1.3 铁路	√	√	√	√	√	√	√	√		
	1.4 水运	√	√	√	√	√	√	√	√		
	1.5 非道路机械	√	√	√	√	√	√	√	√		
点源	2 工业能源										
	2.1 电力生产	√	√	√	√	√	√	√	√	2 工业能源	经纬度定位/人口栅格
	2.2 热力供应	√	√	√	√	√	√	√	√		
	2.3 黑色金属冶炼	√	√	√	√	√	√	√	√		
	2.4 有色金属冶炼	√	√	√	√	√	√	√	√		
	2.5 石油开采	√	√	√	√	√	√	√	√		
	2.6 石油化工	√	√	√	√	√	√	√	√		
	2.7 采矿业	√	√	√	√	√	√	√	√		
	2.8 其他含生物质锅炉	√	√	√	√	√	√	√	√		
	3 工艺过程										
	3.1 黑色金属冶炼	√	×	×	√	√	√	√	√	3 工艺流程	经纬度定位
	3.2 有色金属冶炼	×	×	×	√	×	×	×	×		
	3.3 水泥生产	√	×	×	√	√	√	√	√		
	3.4 石灰生产	√	×	×	√	×	×	×	√		
	3.5 平板玻璃生产	×	×	×	√	√	√	×	√		
	3.6 陶瓷生产	×	×	×	√	√	√	√	√		
	3.7 焦炭生产	×	×	×	√	√	√	√	√		
	3.8 天然气生产	×	√	×	×	×	×	×	√		
	3.9 乙烯、苯、甲苯等生产	×	×	×	×	×	×	×	√		
	3.10 硫酸生产	×	×	×	×	×	√	×	×		
	3.11 硝酸生产	×	×	√	×	×	×	×	×		
	3.12 己二酸生产	×	×	√	×	×	×	×	×		
	3.12 电石生产	√	×	×	×	×	×	×	×		
	3.13 油墨、燃料生产	×	×	×	×	×	×	×	√		
	3.14 合成氨	×	×	×	×	×	×	√	√		
	3.15 乙烯、聚乙烯、聚氯乙烯	×	×	×	×	×	×	×	√		
	3.16 化学纤维制造	×	×	×	×	×	×	×	√		
	3.17 造纸	×	×	×	×	×	√	×	√		
	3.18 食品制造	×	×	×	×	×	×	×	√		
	3.19 纺织	×	×	×	×	×	×	×	√		

排放类别	部门	温室气体			大气污染物					统一后	空间分配权重因子
面源	**4 农业源**										
	4.1 氮肥施用	×	×	√	×	√	×	√	×	4 农业源	农田面积 养殖场经纬度定位
	4.2 畜禽养殖	×	√	√	×	√	×	×	×		
	4.3 稻田	×	√	×	×	×	×	×	×		
	5 民用源										
	4.1 户用供暖锅炉、炉灶	√	√	√	√	√	√	√	√	5 民用源	人口栅格
	4.2 户用生物质炉具	√	√	√	√	√	√	√	√		
	4.3 民用锅炉	√	√	√	√	√	√	√	√		
	6 废弃物处理										
	6.1 污水处理	×	√	√	×	×	×	×	×	6 废弃物	经纬度定位
	6.2 固体废弃物填埋、堆肥、焚烧	√	√	√	×	×	×	×	√		
	6.3 烟气脱硝	×	×	×	×	×	×	×	×		
	7 生物质燃烧源										
	7.1 生物质开放燃烧	√	√	√	√	√	√	√	√	7 生物质燃烧	卫星观测火点数据
	8 扬尘源										
	8.1 土壤扬尘	×			√	×	×	×	×	8 扬尘源	8.1 不同用地类型对应面积 8.2 道路密度/等级/类型/长度
	8.2 道路扬尘	×			√	×	×	×	×		
	8.3 施工扬尘	×			√	×	×	×	×		
	8.4 堆场扬尘	×			√	×	×	×	×		
	9 溶剂使用										
	9.1 印刷印染	×			√	×	×	×	√	9 溶剂使用源	9.1 经纬度定位 9.2 经纬度定位 9.3 农田面积 9.4 铺设道路长度 9.5 经纬度定位 9.6 经纬度定位 9.7 经纬度定位
	9.2 表面涂层	×			√	×	×	×	√		
	9.3 农药使用	×			√	×	×	×	√		
	9.4 沥青铺路	×			√	×	×	×	√		
	9.5 木材生产	×			√	×	×	×	√		
	9.6 药品生产	×			√	×	×	×	√		
	9.7 其他溶剂使用	×			√	×	×	×	√		
	10 储存运输										
	10.1 油气储运	×			×	×	×	×	√	10 储存运输源	经纬度定位/路网
	11 其他排放源										
	11.1 餐饮油烟	×			√	×	×	×	√	11 其他排放源	人口栅格
	12 土地利用										
	12.1 土地利用变化	√	√	√	×	×	×	×	√	12 土地利用变化源	用地类型

图1 CO_2和大气污染物排放清单统一划分

G.24

生物多样性与气候变化的协同效应

刘雪华　程浩生　赵艺隆　李家琪　刘申仪*

摘　要： 生物多样性对减缓和适应气候变化有重要作用，也有利于保护生态系统。生态系统是生物多样性组成很重要的一个层级，包含了所有物种和自然基因。通过发挥生态系统的碳减排和碳汇功能，可减缓气候变化，如生物质能源具有替代能源的碳减排性质，森林和草原生态系统具有吸收二氧化碳的碳汇性质，湿地和海洋蓝碳生态系统均具有较强的固碳功能；同时，通过保护生态系统和修复退化生态系统，注重城市森林建设和农业耕作模式改良，可增强生态系统的健康性和适应性。在应对气候变化以及部署我国碳达峰、碳中和的相关工作时，应科学评估和充分考虑生物多样性在其中的作用及受到的影响，充分利用生物多样性与气候变化的协同效应。

关键词： 生物多样性　气候变化　碳减排　碳汇

一　前言

（一）生物多样性与气候变化的协同效应

生物多样性是人类可持续生存发展的一个重要基础，主要包括生态系统

* 刘雪华，博士，清华大学环境学院副教授，清华大学国家公园研究院副院长，国家林草局大熊猫保护研究专家组成员，清华大学生态文明研究中心成员，主要研究方向为生物多样性保护、区域生态评估和生态管理；程浩生、赵艺隆、李家琪，清华大学环境学院全球环境国际班学生；刘申仪，清华大学环境学院在读硕士研究生。

多样性、物种多样性、基因多样性三个层级，其功能包括为人类提供丰富的生物质资源（含生物质能源）、清洁的水、食物以及药物，调节氧气和二氧化碳。但物种灭绝、气候变化和新冠肺炎疫情的暴发等表明人与自然的关系越来越紧张，生物多样性正面临着严峻挑战。

科学证据显示，人类活动引起的气候变化是威胁生物多样性以及阻碍生态系统服务源源不断提供的一个重要因素，其影响了动植物物候、栖息范围和丰富度。气候变化导致的极端自然灾害事件造成了生态环境恶化，使得生物的生存条件愈加恶劣。忽视气候变化对生物和生态系统带来的威胁将导致生物多样性锐减，并增加物种减少甚至灭绝的风险。

因此，减缓和适应气候变化对于保护生物多样性至关重要。与此同时，应加强保护生物多样性与应对气候变化的协同增效作用，合理利用生物质能源以减少化石能源的消耗；发挥森林、草地、湿地、海洋等生态系统的巨大生物碳汇功能，以吸纳和储存大量二氧化碳；建立健康的自然生态系统以增强其应对极端自然灾害的能力，减少极端自然灾害给人类和生物多样性造成的损害，发挥生物多样性的生态协调功能和生态服务功能，为人类及地球可持续发展奠定基础。

目前，《联合国气候变化框架公约》和《生物多样性公约》以及其他国际论坛都已指出了生物多样性和气候变化之间的重要联系。我国也表示要采取基于自然的解决方法（NbS）等国际共识性方案，以促进加强减缓和适应气候变化与生物多样性保护间的协同增效作用。

（二）国际重大环境会议对生物多样性与气候变化问题的重视

意识到生物多样性对人类生存发展的重要作用之后，国际社会于 1992 年在地球峰会上通过了《生物多样性公约》，1994 年在巴哈马召开了《生物多样性公约》第一次缔约方大会（COP1），缔约方大会作为公约的最高决策机构，积极推动实现公约的三大目标，即保护生物多样性、可持续利用生物多样性以及公平公正分享遗传资源利用带来的惠益，制定有关战略和政策。

2010 年，来自 193 个国家和地区的代表参加了在日本名古屋召开的《生

物多样性公约》第十次缔约方大会（COP10），制订了未来十年保护生物多样性的战略计划，通过了生物多样性“名古屋议定书”并确定了20个“爱知目标”，但《生物多样性公约》第十四次缔约方大会（COP14）对爱知目标进展的最新评估表明，大多数爱知目标的进展有限，总体上未取得进展。

《生物多样性公约》第十五次缔约方大会（COP15）分两个阶段在我国昆明召开，第一阶段为2021年10月11～15日，第二阶段为2022年4月25日至5月8日。大会的主题为“生态文明：共建地球生命共同体”，会议将评估2011～2020年生物多样性战略计划和爱知目标实施进展情况，也将审议通过“2020后全球生物多样性框架”，并将其作为未来10年指导全球生物多样性保护的纲领性文件。此次会议将充分体现我国对生态文明建设的重视程度，同时强调各缔约方和世界人民追求良好生态环境、构建生命共同体的共同心声。

二　发挥生物多样性碳功能与气候变化的协同作用

生物多样性既受气候变化的负面影响，也是人类应对气候变化的一个重要途径，在减缓气候变化方面，生物多样性的重要组成即生态系统的作用主要体现在生物质能源的碳减排功能和生物多样性的碳汇功能上。

（一）生物质能源的减碳功能

生物质能源是植物通过光合作用储存在生物质内的能量。生物多样性有助于健康的生态系统的形成，是生物质能源持续产生的先决条件，丰富的生物量保证了充足的生物质原料供应，降低了生物质能源原料的成本。因此，保护生物多样性有助于生物质能源的发展。

相比传统煤炭发电项目，生物质发电不仅不会向大气排放二氧化碳，而且生产过程中还有固碳作用，加上生物质中硫含量低于煤炭，燃烧产生的二氧化硫等大气污染物较少，因此生物质发电项目除了减少温室气体的排放，还会带来大气污染物减排的附加效益。

我国生物质能源资源丰富且来源广泛，以农林剩余物和废弃物为主。全国每年农业剩余物和林业剩余物产量分别为9.9亿t和3.1亿t，但目前被利用的生物质能源资源不足生物质资源总量的8%，能源化利用率较低。因此，对生物质能源的合理开发、利用将对促进能源改革发挥重要作用①。

生物质能源相关的发电技术主要包括生物质直燃/气化发电技术、燃煤生物质耦合发电技术以及生物质能源碳捕获与储存（BECCS）技术。目前我国能源结构中生物质能源发电技术占比较低。截至2018年，发电装机容量为1954万kW，占比1.03%，发电量占比1.34%②，发电量中农林生物质占比50%、垃圾焚烧占比47%、沼气占比3%，以生物质直燃项目为主，耦合发电尚未普及，仅有个别示范机组③。对BECCS技术而言，由于碳捕获与储存各环节技术和产业化尚未成熟，BECCS技术也仍处于研发示范阶段。截至2019年，全球一共有8个BECCS项目，其中5个项目处于运营阶段，CO_2年捕集量约1500万t。我国亦有少量BECCS项目示范与应用，2019年前累计开展了9个捕集示范项目、12个地质利用与封存项目，累计封存了约200万$tCO_2$④。

在能源系统低碳转型路径中，新建电厂可增大生物质直燃/气化发电技术及BECCS技术的比例，亦可将现有的煤电机组逐步进行生物质混燃改造，以提高可再生能源占比，为现役煤电机组深度脱碳和保障电力部门实现净零排放甚至负排放，实现碳中和愿景发挥重要作用。

虽然我国生物质能源资源丰富，但也应优先考虑种植能源作物以满足未来的生物质能源发电及能源需求，避免能源结构转型过快可能导致的生物质

---

① Nie Y. Y., Chang S. Y., Cai W. J., et al., "Spatial Distribution of Usable Biomass Feedstock and Technical Bioenergy Potential in China," *GCB-bioenergy*, 2020, 12 (1): 54 - 70, doi: 10.1111/gcbb.12651.

② 曾多、包勇、包英捷等：《燃煤耦合生物质发电技术探讨》，《中国电力企业管理创新实践》，2020。

③ 蒋大华、孙康泰、亓伟等：《我国生物质发电产业现状及建议》，《可再生能源》2014年第4期。

④ 樊静丽、李佳、晏水平等：《我国生物质能－碳捕集与封存技术应用潜力分析》，《热力发电》2021年第1期。

能源短缺问题。另外，应从全生命周期分析的视角评估生物质能源发电的环境效益，例如生物质生长、处理和运输阶段也会产生碳排放，碳排放量又受技术水平、距离等因素影响，不能贸然夸大生物质能源的碳减排潜力。然而，相信随着生物质能源相关技术的进一步研究和开发，生物多样性的碳减排功能可以更充分地得以发挥。

（二）生物多样性的碳汇功能

碳汇功能是指二氧化碳的吸收和储存，生物碳汇则仅指由生命成分固定和吸收的二氧化碳，生命成分是各类生命个体和群体，包括植物、动物和微生物等不同个体和群体，存在于不同的生态系统中。生物多样性有助于生态系统健康、持续地发挥其碳汇功能，碳汇功能的发挥也对保护生物多样性有正反馈作用。

生物碳汇在减缓全球气候变化上具有十分重要的独特作用。一方面，能源结构调整困难较大，短期内能源替代技术对能源结构调整作用有限；另一方面，碳捕集和相关的人工碳汇技术因成本等问题难以推广。因此，合理扩大生物碳汇规模是未来 30 ~ 50 年经济可行、成本较低的重要减排措施。

1. 森林的碳汇功能

森林生态系统是应对气候变化中“增汇”的重要一环。森林是陆地生态系统中最大的碳库，许多国家和国际组织也在倡导和实践利用碳汇来减缓气候变化。《联合国气候变化框架公约》和《京都议定书》均提及应借助科学化的绿化造林和森林管理等手段来应对气候变化。在《中国应对气候变化的政策与行动（2011）》白皮书中，林业也被我国政府划为减缓和适应气候变化的重点行业。全球第一个 CDM 森林碳汇项目“广西综合林业发展和保护”项目、我国第二个 CDM 森林碳汇项目“四川西北部退化土地的造林再造林项目”等，都是我国科学利用森林碳汇的成功案例。

我国森林资源总体上呈现数量持续增加、质量稳步提升、生态功能不断增强的良好发展态势。中国林区主要有东北林区、内蒙古林区、西南高山林区、东南低山丘陵林区、西北高山林区、热带雨林。第九次全国森林资源清查（2014～2018年）① 调查固定样地41.5万个，清查面积957.67万km^2。结果显示，我国初步形成了国有林以公益林为主、集体林以商品林为主、木材供给以人工林为主的合理格局。全国森林覆盖率22.96%，森林面积2.2亿hm^2，其中人工林面积7954万hm^2，继续保持世界首位。结果还显示，截至2018年，全国森林蓄积量175.6亿m^3，森林植被总生物量188.02亿t，总碳储量91.86亿t，年固碳量4.34亿t，年释氧量10.29亿t。从历史统计来看，我国森林资源总量呈增长趋势，如表1、图1所示。可以预见森林在中国碳达峰、碳中和之路上将会发挥越来越大的作用。

表1　1999～2018年中国森林资源总量变化

类别＼年份	1999	2003	2008	2013	2018
森林面积（万hm^2）	15894	17490.9	19545	20769	22044.62
森林覆盖率（%）	16.55	18.21	20.4	21.6	22.96
活立木蓄积量（亿m^3）	124.9	136.2	136.18	164.33	190.0713
森林蓄积量（亿m^3）	112.7	124.6	124.56	151.37	175.6023
造林面积（万hm^2）	490.071	560	535.4	610	729.9473

注：除1999年为第六次森林资源清查开始年之外，其余年份均为清查工作结束年份。

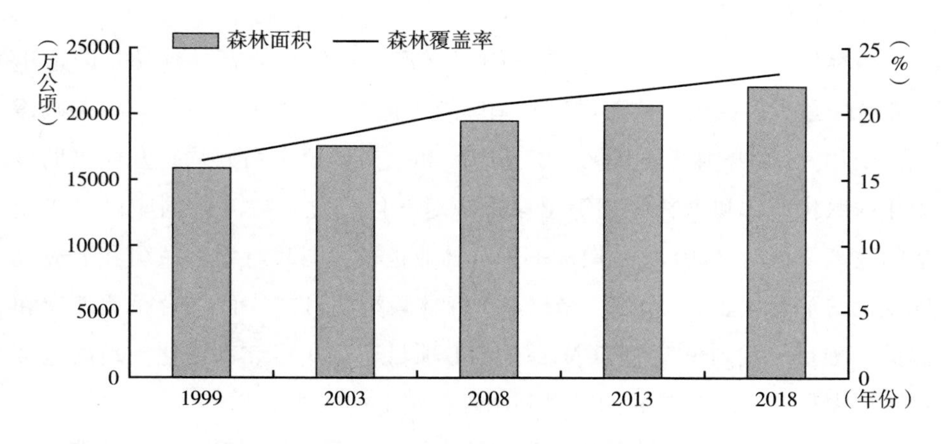

图1　1999～2018年中国森林面积与森林覆盖率变化

① 国家林业和草原局：《中国森林资源报告（2014—2018）》，中国林业出版社，2019。

2. 草原的碳汇功能

草原是我国面积最大的陆地生态系统，其生物多样性完整且丰富、生态环境良好以及生产力水平高且持续稳定，具有丰富的碳储量和强大的碳汇功能。①

我国草原生态系统占全球草原面积的7.0%～11.3%，其植被碳储量占全球植被碳储量的1.3%～11.3%②。我国草地生物量中的总碳储量为3.32PgC（1 PgC为十亿吨碳），其中青藏高原草原和北方温带草原分别约占56.4%和17.9%③。青藏高原高寒草地土壤有机碳密度具有随土壤含水量、黏粒含量以及含泥量的增加而显著上升的特征，这使其有机碳密度由东南向西北逐渐降低④。而北方温带草原近年来基本处于碳中和状态，其土壤有机碳储量从20世纪80年代到21世纪初的20年间变化不明显。⑤

修复退化草地除了可以恢复草原生态系统，也可带来巨大的碳汇价值。典型退化草地在修复时的固碳潜力平均每公顷为30t，如果用约30年使退化草地得到恢复，则每年可以固碳120亿t⑥。在农牧交错地区和中低产农区，可实施退耕还草、粮改饲、草田轮作等制度；在草原牧区，可实施草原保护制度，如休牧、禁牧、划区轮牧等，务求达到草畜平衡，遏制草原退化⑦。

因此，应以增加地上生产力和降低碳排放为前提，不断通过适当措施提高草地生态系统的管理水平，从而更有效地发挥草原的碳汇功能。

---

① 侯向阳：《新形势下新业态草业展望》，《草学》2021年第1期。

② 张利、周广胜、白永飞等：《中国草地碳储量时空动态模拟研究》，《中国科学：地球科学》2016年第10期。

③ Fan J. W., Zhong H. P., Harris W., et al., "Carbon Storage in the Grasslands of China Based on Field Measurements of Above- and Below-ground Biomass", *Climate Change*, 2008 (86): 375-396.

④ Yang Y. H., Fang J. Y., Tang Y. H., et al., "Storage, Patterns and Controls of Soil Organic Carbon in the Tibetan Grasslands", *Global Change Biology*, 2008 (14): 1592-1599.

⑤ Yang Y. H., Fang J. Y., Ma W. H., et al., "Soil Carbon Stock and Its Changes in Northern China's Grasslands from 1980s to 2000s", *Global Change Biology*, 2010 (16): 3036-3047.

⑥ 韩国栋：《发展碳汇草业－保护人类家园》，《群言》2010年第2期。

⑦ 云锦凤：《碳汇草业的本土化发展与低碳经济》，《群言》2010年第2期。

3. 湿地的碳汇功能

湿地生态系统作为水陆相互作用而形成的生态系统，生长或栖息着喜湿的多种动植物，通过土壤固碳是湿地发挥其碳汇功能的重要方式。湿地生态系统分为自然和城市两类湿地生态系统。

自然湿地生态系统有泥炭地、沿海湿地和湖泊湿地等，其对于减缓大气温室气体浓度上升具有重要作用。尽管自然湿地面积仅占全球陆地面积的5%～8%，但碳储量有约525 PgC，约占全球陆地碳库的35%①。依照生物气候条件，自然湿地土壤可发育成为泥炭土、沼泽土或草甸土，这不但使表层有机碳含量高，而且因土层深厚，还表现为深层储碳。国内外研究表明，自然湿地土壤有机碳密度可高达相应气候地带农业土壤的3倍，一般在150t/hm^2以上，很多沼泽和泥炭湿地的碳密度高达300t/hm^2以上②。

城市湿地是指城市区域之内的海岸与河口、河岸、浅水湖沼、水源保护区、自然和人工池塘以及污水处理厂等具有水陆过渡性质的生态系统。至2017年，我国已有898处湿地试点公园③，目前很多城市都已经把建设城市湿地公园作为保护城市湿地的重要手段；城市湿地公园的营造，可以有效缓解热岛效应、吸收二氧化碳，使城市环境更加生态宜居，比传统绿化具有更大的优势。

1971年2月2日，18个国家的代表在伊朗签订了第一份针对保护湿地的公约《湿地公约》。我国政府十分重视对湿地资源的保护，于1992年7月正式加入该公约，自1996年以来实行的退耕还湖还湿（地）成效显著，至2008年，我国已经建立湿地保护区553处，包括国际重要湿地36处④。

---

① 《湿地保护：应对全球气候变化的自然解决方案》，《农村科学实验》2019年第4期。

② 张旭辉、李典友、潘根兴等：《中国湿地土壤碳库保护与气候变化问题》，《气候变化研究进展》20089年第4期。

③ 生态环境部：《2017中国生态环境状况公报》，http：//www.mee.gov.cn/hjzl/sthjzk/zghjzkgb/201805/P020180531534645032372.pdf。

④ 张旭辉、李典友、潘根兴等：《中国湿地土壤碳库保护与气候变化问题》，《气候变化研究进展》2008年第4期。

保护湿地生态，有助于发挥其在支持气候适应、减少灾害风险、增强恢复能力方面的作用。在当前全球森林资源总量不断减少、工业减排仍持续面临巨大压力的情况下，发挥湿地调节气候功能显得尤为重要。

4. 海洋的碳汇功能

除陆地生态系统外，海洋蓝碳生态系统的突出固碳功能，对促进碳中和也具有重要意义。其中海草床、红树林以及盐沼等海岸带植被生态系统在全球碳循环过程中具有重要作用，总碳库储量可达 250 亿 t，占海洋沉积物储碳总量的 50% 左右。[①]

同时，蓝碳生态系统还有单位面积固碳能力强、稳定性高等优势。以海草床为例，1 公顷海草每年吸收的 CO_2 量约为雨林的年吸收量的 15 倍，这得益于其植物自身固碳效果来自海草植物及其附生藻类的生产力、系统强大的悬浮物捕捉能力和海草床中沉积物中有机碳的低分解率。研究估计海草床仅占海底面积 0.1% 左右，但其固碳量可达陆地年固碳量的 10%[②]。蓝碳生态系统具有更高的稳定性，是因为其受火灾、病虫害等的干扰程度远低于陆地森林生态系统，其固定的碳也能得到更长时间的封存[③]。

影响蓝碳生态系统固碳能力的因素主要包括环境扰动和海洋自身结构等。海平面上升短期内可造成海岸带面积扩大，有利于碳储存；水温上升则会加快碳的流失；海岸带富营养化能够增加植物生产力；而土地利用的改变可能导致土壤稳定性变差影响矿化过程。而高营养级的捕食者对海岸带植被生态系统的碳功能也具有重要影响，若缺少相关角色也可能使其对植食动物和其他扰动的控制能力减弱，进而使生态系统退化影响固碳功能[④]。

---

① Atwood T. B., Connolly R. M., Ritchie, E. G., et al., "Predators Help Protect Carbon Stocks in Blue Carbon Ecosystems," *Nature Climate Change*, 2015, 5 (12): 1038 - 1045.

② 朱永杰：《蓝碳生态系统》，中国绿色时报电子报，http://www.greentimes.com/greentimepaper/html/2019-03/04/content_3331012.htm，最后访问日期：2021 年 7 月 2 日。

③ "Blue Carbon and UNESCO Marine World Heritage," https://whc.unesco.org/en/blue-carbon-report/.

④ Spivak A. C., Sanderman J., Bowen J. L., et al., "Global-change Controls on Soil-carbon Accumulation and Loss in Coastal Vegetated Ecosystems," *Nature Geoscience*, 2019, 12 (9): 685 - 692.

我国拥有跨度较长的海岸带，海岸带生态系统分布范围广，生境总面积为1738～3965km^2。其中，红树林主要分布在广东、广西、海南和福建等区域，总面积约300km^2；海草床主要分布在黄渤海区和南海区，总面积231km^2；滨海盐沼主要分布在辽河口、黄河口、长江口、闽江口等河口区域，总面积为1207～3434km^2。以全球平均值进行估算，我国主要三种类型滨海蓝碳生态系统具有巨大的固碳储碳潜能，年碳汇量为126.88万～307.74万tCO_2，是实现碳中和目标的重要潜在手段①②。但海洋碳功能具体研究起步较晚，其实际碳汇潜力有待进一步研究和开发。

三　增强生态系统的健康性和适应性，提升生态系统碳功能的主要途径

生态系统的健康性和适应性由生态系统多种具体属性共同构成，是生态系统活力、稳定性、抵抗力的整体表现。具有更强活力和更高稳定性及抵抗力的生态系统的碳功能也更强，因此保护并增强生态系统的健康性，对于其在气候变化背景下出色发挥碳功能有重要意义。

生物多样性适应气候变化的目的是减少环境变化带来的危害，自然适应过程包括通过改变基因结构进行的进化性适应、物种改变其物候和行为及迁徙适应、生态系统保持稳定性或改变分布来适应等；而为了进一步减少危害，增强生物多样性的碳功能，需对生态系统进行人为的可持续管理，包括对现存生态系统的保护管理和对退化生态系统的修复以及城市森林建设、农业模式改良等，提高生态系统的健康性，使生态系统保持结构及功能的稳定。

---

① 周晨昊、毛覃愉、徐晓等：《中国海岸带蓝碳生态系统碳汇潜力的初步分析》，《中国科学：生命科学》2016年第4期。

② 李捷、刘译蔓、孙辉等：《中国海岸带蓝碳现状分析》，《环境科学与技术》2019年第10期。

（一）生态系统保护

土地利用和覆盖的变化是当前影响陆地生态系统碳循环变化的主要因素之一，保护自然生态系统的健康性，包括保持其活力、稳定性、抵抗力，对于其发挥碳功能有重要意义。

对于森林生态系统而言，保护高生物量森林的系统完整性，防止其转化为低生物量的草地、农田或城市用地，可以避免其在转变过程中释放大量的二氧化碳，并使其维持原先较高的固碳能力。此外，保护森林免受火灾等极端灾害，也能够防止短时间内以树木为燃料直接释放大量二氧化碳，或长期出现土壤理化性质的改变。同时，在现有森林中，结构复杂、生物多样性高的老林，其对自然灾害的抵抗力相较次生林、退化林以及人工林更强。截至2019年，天然林占我国森林面积的64%、森林蓄积量的83%，是我国森林资源固碳的主力[①]。因此，有效保护其健康性将是维持其固碳功能的重要手段。

同理，湿地生态系统如果遭到破坏或转化为其他土地利用类型，也会在旱化过程中释放大量的碳。虽然部分植被生物量可能增加，但除一些沙质和裸露湿地外，大多数情况下表层土壤中的大量有机物分解会加速，从而导致大量土壤有机碳释放到大气中。而若其转化成为人工用地，也将减弱或丧失部分碳汇功能[②]。因而对原湿地生态系统的保护同样值得引起重视。

此外，其他人工生态系统的维持和保护也对其各自的固碳功能有效发挥至关重要。对于农田生态系统而言，不恰当的种植和灌溉模式将影响其土地

---

① 林旭霞：《用最严密的法治保护修复天然林》，《光明日报》，https：//epaper. gmw. cn/gmrb/html/2020 - 01/20/nw. D110000gmrb_ 20200120_ 2 - 06. htm，最后访问日期：2021 年 6 月 10 日。

② 王效科：《土地利用/覆盖变化对陆地生态系统碳循环有什么影响？陆地生态系统固碳问与答之二十三》，中国科学院生态环境研究中心。

的碳输入和输出情况①。气温和降水通过影响土壤微生物的活性，影响有机碳的分解和释放；种植活动主要影响作物残体对土壤有机碳的输入和土壤受扰动程度；而灌溉为作物保障水分输入，提高农田生态系统生产力，增加土壤有机质输入。不当的管理可能造成沙漠化，使得作物盖度、生物量、生产力以及土壤的团聚作用降低，直接减弱其固碳能力。

（二）退化生态系统修复

我国数十年来对个别海陆生态系统的恢复和改造已取得突出成果并得到研究证据支持。

退耕还林、退耕还草、退耕还湿、逆转荒漠化等人工修复行动，不仅可以帮助增加区域的植被生物量，同时也将增加土壤有机碳。相关研究表明，农田转变为次生林后，0～100 cm 土壤碳储量可以增加约 50%，变为草地后只能够增加约 20%。

我国重大生态工程（如天然林保护工程、退耕还林还草工程等）和农田管理措施（秸秆还田等）的实施，分别贡献了中国陆地生态系统固碳总量的 36.8%（7400 万 t）和 9.9%（2000 万 t）。我国仅退耕还林每年即可固碳 0.49 亿 t，农田防护林有效改善了农业生产环境，使低产区粮食产量提高约 10%。森林生态系统服务功能大幅提升，工程区森林生态系统固碳累计达 23.1 亿 t，相当于 1980～2015 年全国工业二氧化碳排放总量的 5.23%。在逆荒漠化工程中，库布齐沙漠的绿化面积达到 6000 多 km^2，植被覆盖率由 30 年前的 3% 提高到了 53%，据联合国环境署的科学评估，中国库布齐治沙 30 年固碳总量达到 1540 万 t。

对于海岸带修复，根据国家林业和草原局的最新数据，2020 年我国红树林总面积已经有 289km^2，其中超过 70km^2 为近年新造和恢复的红树林。不过，我国当前红树林面积仅为历史上最高值（约为 2500km^2）的 1/10 左

① 王效科：《沙漠化对农田生态系统固碳有什么影响？陆地生态系统固碳问与答之八十》，中国科学院生态环境研究中心。

右，显然仍有巨大的恢复空间。

2016年10月28日，财政部、国土资源部、环境保护部三部委印发《关于推进山水林田湖生态保护修复工作的通知》，宣布中央财政将对符合标准的山水林田湖生态保护修复工程给予奖励或补贴等资金支持。该通知要求以“山水林田湖是一个生命共同体”作为指导性观点开展修复工作，这推动了过去“治山、治水、护田”各自为政格局的改变[①]。“十三五”时期，自然资源部及国家林业和草原局会同相关部门积极推进山水林田湖草一体化保护修复，在全国开展了25个山水林田湖草生态保护修复工程试点，涉及全国24个省份，惠及65个国家级贫困县[②]。

（三）城市森林建设

随着科学发展、可持续发展观念日益深入人心，体现人与自然和谐相处的新型城市建设模式——“森林城市”被越来越多的民众关注和认同。在钢筋水泥城镇化模式能耗巨大、人口拥挤、缺乏绿化等弊端逐渐凸显，中国加快推进实现“碳达峰碳中和”目标的当下，不断做好森林城市建设具有特殊意义。

城市森林建设具有生态、社会、经济等多重效益。城市森林建设将优化地区森林生态系统，增强城市生态系统稳定性和可持续性。大范围的植绿增绿可增加对大气中二氧化碳的吸收量，降温增湿，减弱噪声，遏制土地沙化，减少浮尘天气，改善空气质量。据此，城市森林可优化市容市貌，调节区域气候，使城市居民的生活、工作和休闲环境更加舒适宜人，同时也为其他生物提供了在城市里生存的空间，增加城市的生物多样性。

自2004年起，我国开始启动“国家森林城市评估程序”，持续推进森

① 柴新：《山水林田湖生态保护修复将不再各自为战》，《中国财经报》，https：//huanbao.bjx.com.cn/news/20161011/779373.shtml，最后访问日期：2021年6月3日。

② 马雨晶：《25个山水林田湖草生态保护修复试点工程惠及65个国贫县（回眸林草“十三五”）》，《中国绿色时报》，http：//www.greentimes.com/greentimepaper/html/2020－12/18/content_ 3347005.htm，最后访问日期：2021年7月2日.

林城市建设。“十三五”期间，17个省份开展了森林城市群建设，新增国家森林城市98个，共建成国家森林城市194个，人均公园绿地面积达14.11$m^2$①。

以北京为例，从1980年到2020年底的几十年中，北京市森林覆盖率由12.83%提高到44.4%，森林蓄积量达到2520万m^3；城市绿化覆盖率由20.08%提高到48.5%，人均公共绿地面积达到16.5$m^2$②。截至2021年春，北京市已经建成大小公园上千个，为市民提供了数量可观的休闲锻炼、娱乐游玩的场所。继平谷、延庆成功创建“国家森林城市”之后，北京市计划在2023年完成除东城、西城以外14个区的创森工作，从而实现“全域国家森林城市”的建设目标③。

（四）农业耕作模式改良

传统农耕占用大量森林或草场，不仅减少了植被碳储量，同时也减少了土壤碳储量。研究表明，森林向耕地的转变导致土壤有机碳含量下降30%，土壤有机碳密度下降22%④。同时，耕地破坏了原有生态，单一的农业种植不利于保护当地生物多样性。

相较于传统农业，循环农业是针对人口、资源和环境协调发展的农业生产模式，能够通过构建与自然生态系统融合发展的农田生态系统，利用多样的生物和复杂的食物网优势，提高农业系统物质能量的多级循环利用，减少能源消耗和碳排放。我国的桑基鱼塘和哈尼梯田生态系统是典型的循环农业系统实例。

---

① 《“十三五”期间我国累计造林5.29亿亩》，中国科普网，http://www.kepu.gov.cn/www/article/dtxw/da76285a324641eaa9e7ad2971897e13，最后访问日期：2021年5月25日.

② 《全民义务植树开展40年 北京市森林覆盖率已达44.4%》，中国金融情报局，http://www.jnbw.org.cn/news/shehui/2021/0312/32043.html，最后访问日期：2021年6月10日。

③ 《北京市三年内全域建成“国家森林城市”》，央广网，https://baijiahao.baidu.com/s?id=1675612638823806837&wfr=spider&for=pc，最后访问日期：2021年6月10日。

④ 马晓哲、王铮：《土地利用变化对区域碳源汇的影响研究进展》，《生态学报》2015年第17期。

桑基鱼塘由水、陆两个生态系统构成。在陆生系统中，桑树吸收太阳能经过光合作用得以生长发育，其桑叶是养蚕所需饲料。陆生系统中的蚕沙在水生系统中直接为鱼提供饲料，蚕沙经水中生物分解产生的营养物质还可促进浮游植物生长并产生氧气，由此促进浮游生物繁殖以满足各种食性鱼类的饲料需要。蚕沙和塘泥联结起水、陆两个生态系统，形成了栽桑、养蚕、养鱼互相依存、循环发展的农业养殖模式。目前，联合国粮农组织将我国浙江省湖州市菱湖镇和广东省佛山市的桑基鱼塘列为保护单位，并建议在发展中国家应用推广。针对当地的自然生态条件，桑基鱼塘生产模式因时、因物、因地制宜，实现了对生态资源的充分合理利用。

云南红河哈尼梯田是哈尼族先民通过一千多年的努力在哀牢山区创造出的一片梯田湿地，是人类生产生活与自然环境相融相谐的优秀典范。稻、禽、鱼共生生态系统是哈尼梯田的主要特点。梯田在海拔 300 ~ 2500m 的地带种植有 100 多个稻谷品种①，鱼和鸭在梯田中以害虫为食，其捕食的过程又能提高田间通风透光能力，刺激稻田生长。多样性的稻谷品种的套种和梯田的生物多样性有效地抑制了水稻病虫害。据统计，哈尼梯田系统及附近区域共有 5600 多种各类植物，近 700 种动物，丰富的生物多样性对生态系统的健康稳定起到了十分积极的作用。另外，梯田顶部的森林是“天然水库”，大量降水经森林土壤涵养，流入村寨中被用作生活和农业灌溉用水，流出后形成河流，大量蒸发并再次降于森林中，形成水循环和净化。因此，梯田保持稳定高产，该区生态系统的稳定性和持续性也得以增强。

四　结论与建议

气候变化对生物和生态系统造成的威胁导致生物多样性锐减的风险提高，然而保护生物多样性也造就了许多机遇。一方面，合理利用生物质能源

① 闵庆文、曹智、袁正：《哈尼稻作梯田系统——一种典型的农业生态文明模式》，《中国乡镇企业》2013 年第 9 期。

以减少化石能源的消耗，发挥森林、草地、湿地及海洋等自然生态系统的巨大生物碳汇功能，可以实现保护生物多样性和减缓气候变化协同增效；另一方面，保护生物多样性有利于生态系统更好地适应气候变化，增强包含人类和其他生物在内的整体系统对于极端自然灾害的抵抗力。

无论是生态系统的保护、修复，或是人工生态系统的科学建设和优化，都应把握二者在应对气候变化协同作用中的基本属性，对其因势利导，以达到事半功倍的效果。另外，只有对不同类型的生态系统进行系统性的思考和规划，采用有针对性的措施，才能有效统筹生态系统内各部分的碳功能和其他生态作用。

生物多样性对减缓和适应气候变化有重要作用，同时通过生态系统碳减排及碳固定功能控制温室气体排放及地球温度，也有利于保护生物多样性。保护并利用好自然资源，可为措施制定提供新的视角和可能性，同时也有助于降低实施成本和减少补救或返工的额外消耗，应成为实现我国碳达峰、碳中和目标的一个重要考量方向。

G.25
大规模风光开发的气候生态影响研究及启示*

常蕊　朱蓉**

摘　要： 大规模发展以风能太阳能为代表的清洁能源，促进我国能源体系快速低碳化转型，是积极应对气候变化、实现“双碳”目标的重要举措。如何在保障气候生态环境可持续发展的同时，科学合理地开发风能太阳能资源是我国当前面临的新挑战。本文综述了全球及国内大规模风电场及光伏电站气候生态影响评估的研究现状、存在的问题及面临的挑战，结合我国未来大规模风能太阳能资源开发利用的现实需求，提出发展风电场及光伏电站气候生态影响评估技术的建议，以提升清洁能源气候服务水平，助力碳达峰目标和碳中和愿景实现。

关键词： 风能太阳能　气候生态　影响评估

一　引言

大力发展以风能太阳能为代表的清洁能源是实现“双碳”目标和积极

* 本文是国家重点研发计划课题“大规模风能太阳能资源开发的气候情景预估及不确定性研究”(2018YFB1502803)成果。

** 常蕊，国家气候中心高级工程师，主要研究方向为风能太阳能资源评估及气候变化；朱蓉，国家气候中心二级研究员，主要研究方向为风能资源评估和大气边界层湍流。

应对气候变化的重要举措。我国将提高国家自主贡献力度，承诺到2030年实现风光发电装机容量12亿千瓦以上。如何在保障区域生态和气候环境可持续发展的同时，科学合理地大规模开发风能太阳能资源，已成为国内外学者和政策制定者越来越关注的问题，也是我国未来清洁能源长效开发和应对气候变化面临的新挑战。

本文从理论分析、观测对比和数值模拟的角度综述了国内外大规模风电场和光伏电站的气候生态影响研究现状及存在的问题，并结合我国多能互补的能源技术发展趋势，提出气候生态友好型清洁能源规模化发展面临的挑战。最后，从服务于我国实现“碳达峰目标和碳中和愿景”的风能太阳能开发战略规划的角度，提出推动我国风光资源规模化开发的气候生态影响评估技术发展的建议。

二　风光开发对气候生态的影响

（一）风光发电的气候影响

理论上讲，风电机组和光电转换装置在将大气中的风能和到达地表的太阳短波辐射转化为电能的过程中，会影响陆面与大气之间的动量和热量输送，进而对局地甚至区域的气候产生影响。国际上有关风能和太阳能资源开发利用对区域气候环境影响的研究已有十多年的历史，我国也在“十三五”国家重点研发计划中设立了相关气候变化影响的基础研究项目，取得了一些研究成果。

1. 风电场的气候影响

已有研究普遍指出，风电能量转化及风机叶轮旋转造成的气流垂直混合加强会导致风电场内近地层大气白天降温、夜间升温①，风电场内及其下游

① Rajewski, D. A., Eugene, S. T., Julie, K. L., et al., “Crop Wind Energy Experiment (CWEX): Observations of Surface-layer, Boundary Layer, and Mesoscale Interactions with a Wind Farm,” *Bull. Amer. Meteor. Soc.*, 2013, 94: 655-672.

平均风速降低，湍流强度增大[①]，降水增多[②]。全球大规模发展风电的时间不长，器测观测有限，且仅代表观测点局地的小气候特征，而数值模型大多通过增加地表动力学粗糙度的隐式描述或经验性抬升拖曳及湍流作用的显式描述对风电场的气候影响进行数值参数化[③]，导致不同研究之间评估的风电场近地层气象变量的变化幅度及水平范围差异较大。

国内该领域的研究相对滞后，基本处于跟跑阶段。2011 年，清华大学、兰州大学、气象部门等开始出现少量的探索性研究，其中卫星探测的地表温度显示，我国瓜州地区大型风电场引起的夜间增温幅度小于城市热岛[④]；尽管风力发电会导致局地大气动量的损耗，但地面气象站常规观测资料显示，冀北地区风电开发对京津冀大气污染扩散条件没有明显影响[⑤]；以上述经验性的风电场参数化模型为基础的数值实验表明，我国大规模风电场运行引起的气候影响远小于气候自然变率[⑥]。综上可见，国内外已有的研究均缺乏从实地对比观测到影响机理分析，再到参数化建模的系统性研究，其中风电场内外的实地对比观测是解决上述问题的关键。如何有效利用我国已在甘肃酒泉、新疆哈密、蒙东、蒙西等地建成的多个千万千瓦级大型风电基地，开展相关的气候影响对比观测实验及机理研究，并在此基础上构建适用于我国复杂多样的气候背景、地表覆盖及地形地貌特征的本地化风电场气候效应数值参数化模型，进而构建系统性的评估方法和指标体系，是提升我国风电发展规划气候服务水平的重要途径之一。

---

① Smith, C. M., Barthelmie, R. J., and Pryor, S. C., "In Situ Observations of the Influence of a Large Onshore Wind Farm on Near-surface Temperature, Turbulence Intensity and Wind Speed Profiles," *Environ. Res. Lett.*, 2013, 8.

② Li, Y., Kalnay, E., Motesharrei, S., et al., "Climate Model Shows Large-scale Wind and Solar Farms in the Sahara Increase Rain and Vegetation," *Science*, 2018, 361: 1019 - 1022.

③ Fitch, A. C., "Climate Impacts of Large-scale Wind Farms as Parameterized in a Global Climate Model," *Journal of Climate*, 2015, 28: 6160 - 6180.

④ Chang, R., Zhu, R., Guo, P., "A Case Study of Land-surface-temperature Impact from Large-scale Deployment of Wind Farms in China from Guazhou," *Remote Sensing*, 2016, 8 (10): 790.

⑤ 朱蓉：《大规模风电开发对城市大气环境污染影响的初步研究》，《风能》2014 年第 5 期。.

⑥ Sun, H. W., Luo, Y., Zhao, Z. C., et al., "The Impacts of Chinese Wind Farms on Climate," *JGR: Atmospheres*, 2018, 123, DOI: 10.1029/2017JD028028.

2. 光伏电站的气候影响

关于光伏电站气候影响的研究主要集中在近10年，这些研究基于理论推算和粗放数值模拟，取得了一些成果。这些研究大多假设用于光伏发电的短波辐射被反射回大气中，并利用光电转化效率叠加光伏面板物理反照率的方式来刻画光伏铺设区域的地表辐射平衡，且研究中的光电转化效率和光伏面板物理反照率的取值较分散，导致与光伏发电相联系的物理量变化幅度和方向存在较大的不确定性（见表1）。

表1　国内外光伏电站气候影响方面的代表性研究成果

作者	时间	工具	光伏假设	铺设区域	主要结论
Nemet	2009年	理论分析	$\alpha_{pv}+\varepsilon$	沙漠	因替代化石燃料燃烧而减少的辐射强迫值是大范围光伏板安装引起的反照率变化带来的辐射强迫增加值的30倍
Millstein	2011年	WRF	$\alpha_{pv}+\varepsilon$	加州沙漠	在光伏能量转化率为11%和1太瓦能量需求的前提下，铺设区域温度升高0.4℃
Taha	2013年	MM5	$\alpha_{pv}+\varepsilon$	洛杉矶屋顶	不同的光电转化效率导致不同的“制暖”和“制冷”效果；洛杉矶个例模拟表明，屋顶铺设光伏板可造成气温降低0.2℃
Fthenakis	2013年	CFD	光伏支架模型	北美1兆瓦光伏电站	光伏电站内，离地2.5米的气温比周围环境气温高1.9℃
卢霞	2013年	理论推算	光电转换	甘肃荒漠	地表接收的短波辐射降低，日平均地表温度降低0.049℃
汪付星	2014年	WRF	$\alpha_{pv}+\varepsilon$	中国北方	夏季地表向上短波增加，地表向上长波减少，光伏铺设区域中部和西部地表温度降低，东部温度升高

造成上述研究结论差异较大的主要原因是，缺少对光伏电站建设前后的观测对比，影响了对光伏电站物理机制的认识。截至目前，全球范围内的光伏电站气候环境观测平台仍非常稀少，主要位于美国亚利桑那州及我国青海格尔木、共和及新疆五家渠等地。对比观测表明：光伏面板通过改变地表反照率和光电能量转化等方式使得电站内向上短波辐射减少；光伏面板的物理遮挡作用降低了地表向上的长波辐射和土壤热通量；白天光伏面板加热其周

围大气的同时增加了地表动力学粗糙长度等。上述观测特征为数值模型参数化奠定了基础。

国际上针对光伏电站气候效应数值参数化的研发工作起步较晚。美国亚利桑那团队从光伏面板的微尺度能量平衡角度出发，建立了一个针对不同光伏跟踪支架类型的能量平衡数值模型，该模型是一个需要外部气象变量驱动并单独运行的微尺度能量模型①，未实现与中尺度气象数值模式的耦合，在规模化光伏电站气候效应模拟研究方面的应用有限。

国内的研发团队则借助青海格尔木及共和的观测成果，在中尺度气象数值模式 WRF 的陆面方案中对集中式光伏电站区域的地表辐射平衡、热量平衡和地表粗糙度等进行显式的参数化，自主研制了适宜在荒漠下垫面条件下开展大规模铺设光伏组件气候效应研究的数值模型工具②，为光伏电站气候影响评估奠定了基础。

需要特别指出的是，从高效服务于气候友好型清洁能源电站的规划设计角度出发，科学评估大规模风光开发的气候影响势在必行，但并不意味着风电场光伏电站的运行会给气候带来“较大”影响。事实上，大规模风电场/光伏电站运行的直接气候影响远小于气候的自然变率，且仅体现在局地或区域尺度上，全球平均基本可以忽略；同时，大规模风力/光伏发电的温室气体减排效应远超过上述的直接气候影响。

（二）风光开发的生态影响

目前，风电场光伏电站运行的生态效应研究仍处于定性评价阶段，缺乏深入可靠的影响机理研究。理论上讲，光伏电站运行导致的气候条件变化及光伏阵列的阻风固沙和物理遮挡作用，可改变局地的土壤和植被状态。研究指出，光伏电站开发对地表植被的影响效果与下垫面类型有关，

---

① Heusinger J., Broadbent Ashley M., et al., “Introduction, Evaluation and Application of an Energy Balance Model for Photovoltaic Modules,” *Solar Energy*, 2020, 195: 382 - 395.

② Chang R., Luo Y., Zhu R. “Simulated Local Climatic Impacts of Large-scale Photovoltaics over the Barren Area of Qinghai, China,” *Renewable Energy*, 2020, 145: 478 - 489.

如在内蒙古草地区和陕北沙生植被区光伏板下生物量显著高于光伏板外，在库布齐沙漠和乌兰布和沙漠光伏产生了治沙和植被修复作用，而在英国草地区及我国山西荒漠区光伏电站内的生物量则呈现减少特征。风电场运行对地表植被影响的少量研究也主要采用生态学调研或卫星遥感方法，前者可分析风电场建设前后小尺度范围内的植被变化；而后者则借助 MODIS 卫星遥感数据分析风电场及其周边更大范围内的植被变化①，结果表明风电场对不同区域植被的影响机制是不同的，虽然风电场区域内不利于植被生长，但其上、下游区域却有利于植被生长。

由于植被对气候和土地利用变化的响应具有滞后性，且空间上不限于风电场光伏电站范围内，仅通过野外定点调查、建站前后的植被采样或遥感反演数据对比，不能准确揭示风电场光伏电站对地表植被的影响机理。数值模拟技术因其广泛均匀的时空覆盖优势成为克服上述观测资料时空局限性的有效手段。但截至目前，数值模拟研究工作大多集中在陆地生态系统本身对常规气候和土地利用变化的反馈方面，未见在风光电站生态影响评估方面的研究应用。以气候变量驱动的过程机理生态数值模型 CEVSA2 在模拟陆地生态系统，尤其是地表植被状态方面的技术优势②，使得在对风光电站气候影响进行评价的基础上，进一步深入开展风光电站生态效应的数值模拟及影响机理研究成为可能。

综上可见，不仅大规模风光电站的气候效应评估技术本身有待优化，而且与气候效应相联系的生态响应规律研究尚未取得实质性进展，难以满足“双碳”目标下，气候生态友好型清洁能源电站布局规划的决策服务需求。同时，现有研究多将风光电站割裂开来，开展单一能源发展情景的气候生态影响评估，更不能满足多能互补利用所带来的新需求。

---

① Xia G. , and Zhou L. “Detecting Wind Farm Impacts on Local Vegetation Growth in Texas and Illinois Using MODIS Vegetation Greenness Measurements,” *Remote Sensing*, 2017, 9, 698.

② Yu L. , Gu F. , Huang M. , et al. , “Impacts of 1. 5 °C and 2 °C Global Warming on Net Primary Productivity and Carbon Balance in China's Terrestrial Ecosystems,” *Sustainability*, 2020, 12 (7), https://doi. org/10. 3390/su12072849.

三　碳中和愿景下推进清洁能源发电气候生态影响研究的启示

当前，对大规模风能太阳能开发的气候影响的科学认识仍然处于起步阶段，尚没有形成风电场和太阳能电站建设与运行对气候环境影响的评价技术体系。由于规模化风光电站运行对气候的影响是多因素耦合作用的结果，国内外目前的研究尚未形成统一且系统的结论，基于实测的部分研究实验数据过少，加之风光电站在白天和夜间造成的气候影响亦不尽相同，且风光电站的运行对气候环境造成的影响是一个缓慢变化的过程，并不能仅根据某时段的实验结果而得出总体结论，同时数学建模的不确定性导致部分数值模拟研究得出的结论差别较大。要想更准确地评价风光电站运行对气候生态的影响程度和范围，需做到以下几方面。

（1）设立风光能源开发与气候生态保护国家发展战略研究计划，依托我国大型清洁能源基地，开展风电场光伏电站的气候生态环境监测。

（2）揭示风电场光伏电站内的“动量－热量－水分”平衡规律，并加强能源、气候与生态领域的多学科交叉融合，从而认清风电场和太阳能电站运行对气候生态的影响机理。

（3）建立适用于我国风电场光伏电站的气候生态影响评估数值模式系统，构建基于敏感性数值模拟技术的气候生态环境效应评价方法指标体系，并形成行业标准，规范清洁能源发电工程气候环境效应评价工作。

（4）瞄准我国的能源低碳转型规划，提前开展大规模风光一体化运行的气候生态效应评估的前瞻性研究。“十四五”期间，我国将在河西走廊、黄河上游、黄河“几”字弯、冀北、松辽等地建立9个以风光水、风光火等一体化项目为主的大型清洁能源基地，其中风电光伏将成为多能互补的标配。亟须在以往单一能源发展情景研究的基础上，科学认识大规模风光互补电站耦合运行带来的气候生态影响，并提出适应和减缓措施。最终在保障气候生态环境可持续发展的前提下，提前做好实现“碳达峰目标和碳中和愿景”各个阶段的风能和太阳能开发规划布局。

四 小结

积极应对气候变化，实现“碳达峰目标和碳中和愿景”，要求我国能源系统加快低碳化转型，这将大幅提升风能太阳能在未来能源结构中的比重。大规模风能太阳能资源开发带来的大气“动量-能量”再分配，会对我国的气候生态产生怎样的影响？本文在回顾国内外大规模风电场及光伏电站气候生态影响评估技术发展现状及存在问题的基础上，结合我国清洁能源发展特点及未来规划，从清洁能源电站的气候生态环境监测、电站运行对生态的影响机理研究、搭建评估方法体系及适应风光一体化运行方式的前瞻性研究等方面，提出发展风电场及光伏电站气候生态影响评估技术的建议，为提升能源气候服务能力奠定基础。

G.26

极端天气气候事件对能源系统安全的影响*

肖潺　许红梅　艾婉秀　王秋玲**

摘　要：能源系统对于人类社会的重要性不言而喻。在全球变暖背景下，能源系统面临多重挑战，一方面，气候变化导致极端天气气候事件愈发频繁、影响加大，对现有能源系统构成威胁；另一方面，为了应对气候变化，人类社会需要加速能源系统的转型，实现能源系统的低碳化，建立以清洁能源为主的能源系统，而风光水等清洁能源的开发利用直接受到气候条件的影响，转型的能源系统同样也面临在极端天气气候事件增多情景下提高安全保障能力的问题。本文针对上述相关问题，分析了极端天气气候事件对能源系统的影响和能源系统转型中的气候服务，提出要提高气象灾害防御能力，降低气象灾害风险，建立形成适应气候变化的能源系统；要强化对风能太阳能等清洁能源的监测、预报、风险评估和管理能力建设，优化风能太阳能开发布局，建立形成清洁低碳生态的能源系统。

关键词：气候变化　能源系统　极端事件　清洁能源

---

* 本研究得到了国家重点研发计划项目“能源与水纽带关系及高效绿色利用关键技术（2018YFE0196000）”的资助。

** 肖潺，国家气候中心正高级工程师，主要研究方向为气候与气候变化影响评估、气象灾害风险管理；许红梅，国家气候中心正高级工程师，主要研究方向为气候变化影响模拟与评估；艾婉秀，国家气候中心正高级工程师，主要研究方向为气候与气候变化服务；王秋玲，国家气候中心高级工程师，主要研究方向为气象灾害风险评估。

一 引言

能源是人类社会赖以生存和发展的物质基础，化石能源的发现和利用，极大地提高了劳动生产力，使人类从农耕文明进入工业文明，加快了人类文明进程。在当今社会，能源在国民经济中具有特别重要的战略地位，没有能源的支撑，就无法实现快速高质量的发展。

但自工业革命以来的200年间，化石能源的大量使用，也带来了一系列的气候、环境、生态问题，对全球可持续发展带来挑战。从1979年第一次世界气候大会开始，国际社会尝试通过努力开展气候治理，并不断取得进展，于2015年达成《巴黎协定》，明确了2020年后，《联合国气候变化公约》所有缔约方将以“自主贡献”的方式参与全球应对气候变化行动。

在《巴黎协定》签署五周年之际，习近平主席向世界宣布了我国将在2030年前实现碳达峰，努力争取2060年前实现碳中和。实现碳达峰、碳中和是一场广泛而深刻的经济社会系统性变革。在这场巨大的变革中，能源系统是最为核心的，要切实推进能源转型。能源转型是人类文明形态进步的必然。与国际上能源结构第一阶段以煤炭为主，第二阶段以油气为主，第三阶段以非化石能源为主不同，我国第二阶段的能源结构是多元架构，即化石能源和非化石能源多元发展，目前我们也将转入第三阶段，即以非化石能源为主。根据相关专家的测算①，未来我国能源消费总量仍将会保持一定程度的持续增长，到2050年会达到65亿吨标准煤左右。从能源结构来看，要大幅度提高非化石能源占比。相关研究预计，要实现2060年碳中和目标，到2050年我国非化石能源在一次能源消费总量中占比将接近80%，煤炭、石油、天然气占比将分别下降到约9%、2%和9%，毫无疑问，实现能源转型需要大力推进可再生能源、核电等非化石能源的发展。在可再生能源中，水

① 陈迎、巢清尘：《碳达峰、碳中和100问》，人民日报出版社，2021。

能、风能、太阳能等广义上属于气候资源，其分布、储量和开发受到天气气候及其变化的影响。

随着全球气候变暖，极端天气气候事件多发。在全球气候变化背景下，我国气候变暖特征明显。1951～2020 年，我国地表年平均气温呈上升趋势，升高速率达到 0.26℃/10 年。近 20 年是 20 世纪初以来的最暖时期；2020 年，中国地表平均气温较常年偏高 0.79℃，为 1901 年以来第六暖年份。在此背景下，我国气候总体上呈现极端天气气候事件增加的趋势。以 2020 年为例，5 月上旬，我国中东部出现 1961 年以来最早的高温天气过程；夏季，全国共有 75.9% 的县市出现暴雨天气，累计出现 5267 个暴雨站日，为 1961 年以来最多；12 月，两次寒潮过程致全国平均气温偏低。

极端天气气候事件对能源的生产、需求和配置等环节产生了重要影响。未来，气候变化及其导致的极端天气气候事件还将持续增多，并通过气温和水温的升高，区域和季节性可用水量减少，以及风暴事件、洪水和海平面上升的强度和频率不断增加等影响能源系统；同时，气候变化和极端天气气候事件也将对新能源的开发和利用产生直接影响。

二　气候变化和极端天气气候事件对能源系统的影响

（一）对化石能源的影响

1. 对化石能源生产的影响

由于化石能源行业从前期勘探到开发、从日常生产到运输，几乎全过程都是野外场外作业，对自然环境条件的变化敏感，受气象灾害影响大。

在钻井勘探过程中，影响较大的常见气象灾害有暴雨、大风、沙尘暴等，气象灾害会导致露天作业困难、风险大，甚至直接造成钻井现场生产停工；在页岩油气田的压裂过程中，低温（冰冻）天气会导致压裂液的配液撬、蓄水池结冰，进而影响压裂；根据调查，超过 5 级的大风天气，会对吊装、高处作业和压裂配液、工况形成威胁。

在油气田日常运行中，灾害性天气过程对安全稳定连续生产的影响极大。暴雨天气因瞬时降雨量较大，会影响现场基础工作开展，而暴雨天气伴随的雷击会造成现场电气设备损坏，局部电网电压波动，用电设备短路故障；此外，暴雨还会造成部分储罐沉降池超警戒液位运行，产生环境污染风险。暴雪天气会阻断交通，导致日常常规工作无法开展，而储罐罐顶积雪，会导致储罐局部受力较大，发生坍塌事故；此外，积雪压垮电力线，还会导致大面积停电。低温天气过程中，低温环境易造成管线堵塞，管压升高，管线破漏，严重情况下会造成设备管线冻裂，同时，低温环境也会使得远传设备运行不稳定，数据传输失真，造成假液位、误报警等事故。大风天气容易使储罐保温层、房屋屋顶撕裂破损，失去保温防护功能，如有砂砾进入配电系统或精密仪表，会造成配电系统失灵，仪表报废；大风天气还可能造成供电线路电杆倾斜或断裂，电力设施发生故障，大面积停电，进而影响油区生产。高温天气易造成运转设备散热效果变差，如果温度持续升高会造成运转设备烧毁。

对于煤炭开采而言，深井煤矿受天气气候条件的直接影响相对较小，但露天煤矿的开采受天气气候的影响很大，下雨天矿区道路泥泞湿滑，多数情况下要停工，一般情况下每年累计停工约 3 个月，若煤矿处在地势低洼地区或者沿河地区，受影响更大，每年因降水及洪涝影响停工时间更长。

2. 对化石能源运输的影响

在能源系统中，配置环节是沟通生产和消费的重要环节，化石能源的流动高度依赖基础设施。化石能源的配置，主要依靠公路、铁路交通运输和石油天然气管道、电网网线运输。

对于交通运输而言，在煤炭、油气能源运输过程中，高温、低温、雾、雨、雪、冰冻、大风、沙尘暴、夜间恶劣天气等气象条件对交通运输安全有着重要的影响，在雾、雨、雪等恶劣条件下能见度降低，从而易引发交通事故，影响能源运输。

对于管网运输而言，气候变化会导致管线内介质黏性发生变化，影响运输效率，进而影响能源供应。2021 年 2 月中旬，美国南部遭遇强寒潮天气过程，得克萨斯州天然气需求快速上升，然而由于天然气管道冰堵管网瘫

痪，天然气电厂无法发电，造成大面积停电，电网瘫痪，进而引发停水、物资短缺等一系列连锁反应。此外，极端事件导致的天然气需求量在短期内大幅增长，也会影响管网安全运行。例如，2020 年 12 月，我国冷空气活动频繁，持续的低气温叠加工业复产、煤改气等多重因素，推升全国天然气需求增长超过预期，导致供需一度较为紧张。目前，我国天然气干线管道一次输气能力为3500 亿立方米/年，按照管网高日输气能力（约为全年平均输气能力的1.04 倍）测算，干线管道高日峰值的输气能力在10 亿立方米左右。据国产气、进口气和储气库日供应量测算，全国天然气日供应极限能力可达11.62 亿立方米。在2020 年 12 月低温导致的需求猛增的影响下，干线管网日输气量达到极限，管网在短时间内可以承受，若超过一周，管网系统的平稳性和安全性便会受到冲击，进而使得能源运输配置受到影响。

3. 对化石能源需求的影响

作为化石燃料，天然气污染物排放少、二氧化碳排放少，在一次能源消费中占比增长迅速。2019 年，我国天然气产量（含非常规气）为 1773 亿立方米、进口天然气折合 1352 亿立方米，在一次能源消费中占比为 8.1%；然而，天然气消费受环境温度影响很大，冬季需求量大。此外，天然气的储存没有煤炭石油便利，在极端天气特别是大范围寒潮天气影响下，天然气需求会呈爆发式增长，而上游供气不足、调峰储气设施与能力有限，导致供需矛盾特别突出。

以 2020 ~ 2021 年冬季为例，2020 年冬季受拉尼娜影响，我国冷空气活动频繁，气温持续偏低。几次强冷空气过程（2020 年 12 月 13 ~ 15 日、2020 年 12 月 29 日至 2021 年 1 月 1 日、2021 年 1 月 6 ~ 8 日），由于间隔时间短，气温回暖慢，低温持续时间长，影响范围广，极端性强，风寒效应明显。此外，低气温叠加工业复产、煤改气等多重因素，推升全国天然气需求增长超预期，而新模式叠加燃气企业预估不足、偶发事件等多重因素造成供应增加不及时，国产天然气与干线管网输气能力达到极限、储气库最大日采气量下降，国内出现区域性、阶段性天然气供应吃紧，多地出现一“气”难求，天然气保供压力巨大。

2008 年 1 月 10 日至 2 月 2 日，我国南方地区连续遭受四次低温雨雪冰冻天气过程，影响范围之广、强度之大、持续时间之长，总体上达百年一遇。这次灾害性天气过程主要发生地域又是我国交通、电力、煤炭和其他物资运送的重要通道，交通、电力的中断等造成的影响几乎涉及各行业及人民生产生活的各个方面。受灾人口达 1 亿多人，直接经济损失 1500 多亿元。经济损失之大、受灾人口之多，为历史罕见。

（二）对新能源的影响

在全球气候变化的大背景下，推进绿色低碳技术创新、发展以清洁能源为主的现代能源体系已经成为国际社会的共识，能源清洁低碳转型加速已经成为全球发展趋势。实现碳达峰、碳中和目标意味着在今后较长时间内，我国将提速电力清洁化，以风能太阳能为主的新能源将加速发展。“十三五”期间，我国新能源装机容量增长迅速，截至 2020 年底，全国全口径非化石能源发电装机容量合计 9.8 亿千瓦，占总发电装机容量的比重为 44.8%，比上年提高 2.8 个百分点。其中，水电装机容量 3.7 亿千瓦、核电 4989 万千瓦、并网风电 2.8 亿千瓦、并网太阳能发电装机 2.5 亿千瓦、生物质发电 2952 万千瓦。[①]

能源结构的调整转型使得全球清洁能源生产、传输和调度对天气气候条件的依赖度越来越高，能源开发利用中的气候服务，包括气候监测评估、预测预警及气候变暖背景下未来清洁能源开发潜力等，就显得至关重要。在气候变化过程中，大气层以下的各种因素对到达地球表面的太阳辐射起着重要的作用，如云的反射和散射、气溶胶的散射和吸收、水汽的吸收、大气分子的散射和气体吸收等均会使太阳辐射被削弱，同时这些因子的时空变化也会在不同程度上引起地面太阳辐射的变化。风能作为重要的清洁能源之一，可将大气流动产生的动能转化为电能，但其开发利用受天气气候状况的直接影响。历史的、预测预估的气候服务信息已渗透风能资源宏观与微观评估、风电场气候风险预警、风电开发潜力预估、风能利用与气候环境和谐发展等方方面面。

1. 对风能、太阳能利用的影响

在全球范围内，太阳辐射经历了从 20 世纪 50 年代到 20 世纪 80 年代广

---

① 资料来源：《中国能源大数据报告 2021》。

泛减少以及此后的部分恢复[①②]。中国太阳辐射的变化趋势基本与全球“同步”，从1961年到1990年地面太阳辐射明显减少，随后开始微弱增加或者稳定少变。影响地面辐射变化的气候因素很复杂。总云量的变化不能完全解释全球大部分地区50年来地面太阳辐射所发生的从减少到增加的变化；就中国大陆地区而言，云量的长期减少趋势，有利于1990年之后地面太阳辐射的增加，但无法解释1990年之前地面太阳辐射的减少。气溶胶的增加（减少）会使到达地面的太阳辐射减少（增加），但其不确定性在某种程度上可能比云量更大。此外，大气中水汽含量的增加、臭氧对太阳辐射的吸收、城市化等都可能对地面太阳辐射的变化有一定的贡献，但总体影响量级较小。关于中国太阳能资源预估方面的研究较少，近年来，基于CMIP5计划的预估结果表明[③]，全球陆地未来10~20年内太阳能资源在不同排放情景下均呈增加趋势。

在全球气候变暖背景下，作为地面风主要驱动力的对流层低层气压梯度力整体呈减小趋势。同时，东亚冬夏季风年代际和年际尺度变化，也对地面风速有着重要影响，人类活动导致的下垫面变化及温室气体增加也是地面风速变化的重要原因。大量基于气象台站观测资料的研究结果表明，1960~2000年，中国年平均风速呈现逐年减小的变化趋势。尽管早期研究报告称，地表风速下降是全球趋势，但一些科学家指出，这一趋势似乎已经有所改变，风速近年来有所增加，通过对我国地面风速数据进行研究发现，近期我国风速似乎也有所增加。但未来随着温室气体排放量增加，全球地面风速减弱趋势将更明显。当然，其中也存在明显的空间和季节差异。

2. 对新能源生产的影响

极端天气气候事件（暴雨洪涝、台风、雷电、高温干旱、低温冰冻等）

---

① Ohmura A., “Observed Decadal Variations in Surface Solar Radiation and Their Causes,” *Journal of Geophysical Research: Atmospheres*, 2019, https://doi.org/10.1029/2008JD011290.

② Gilgen H., Roesch A., Wild M., et al., “Decadal Changes in Shortwave Irradiance at the Surface in the Period from 1960 to 2000 Estimated from Global Energy Balance Archive Data,” *Journal of Geophysical Research: Atmospheres*, 2009, https://doi.org/10.1029/2008JD011383.

③ 张飞民、王澄海、谢国辉等：《气候变化背景下未来全球陆地风、光资源的预估》，《干旱气象》2018年第5期。

具有明显的季节性和区域性特征，它们的发生会直接影响风电场及太阳能电气部件、机械装置等抗气象灾害风险的能力。雪灾、冰冻灾害可能产生电线积冰，压断电线；持续高温、低温天气会导致电力超负荷、光伏组件发电效率下降、太阳能电池寿命缩短；大风、冰雹、雷击等气象灾害会造成电力设施损害，露天聚光部件、光伏组件损坏等。极端低温、积冰、雷暴等对风电场的运行也有重要影响，如 2021 年 2 月美国得克萨斯州遭遇的强寒潮天气，便造成部分风力机组冻结无法工作。对我国东部沿海风电场而言，威胁最大的则是台风①。此外，雷暴对风电机组也会产生影响，尤其对南方山区雷暴多发地区影响最大。

极端天气等对太阳能发电收益和成本的影响也不容忽视。沙尘天气是自然环境中的主要风险因素之一，不仅会严重削弱组件接收到的辐照，也会增加运维成本。强沙尘暴天气中，累计辐照值显著下降幅度可达到 80%，浮尘天气对发电收益的影响可达到 20%，部分地区浮尘天气高达每年 160 天，这对发电收益会产生严重影响。因此沙尘影响在初设阶段应被充分考量，以提升发电量模拟与后续财务模型的准确性。光伏电池板上出现灰尘或污渍，会减弱光辐照强度，降低组件的发电量，同时局部灰尘遮蔽可能会导致热斑效应，在损失发电量的同时也会造成安全隐患。另外，台风、盐雾、雾霾、灰尘也会严重影响光伏组件的安全特性和发电效率。2015 年 10 月 4 日台风“彩虹”在湛江登陆，台风过后，光伏组件被掀翻很多，因为罕见的极限台风使光伏板承受的风荷载大大超过了设计标准值。

三　能源系统转型的气候保障

（一）加强传统能源的气候保障

重视气象灾害影响，把气象灾害风险作为安全风险嵌入化石能源勘探

---

① 郑有飞、林子涵、吴荣军等：《江苏省风电场的气象灾害风险评估》，《自然灾害学报》2012 年第 4 期。

开发生产运输等全过程工业流程设计中。在当前化石能源行业工业流程设计中，虽然对气象灾害风险有所考虑，但以开工作业前咨询天气预报信息为主，基本停留在定性和主观判断层面，对气象灾害影响的定量化考虑不够。不同灾害种类对不同的作业环境影响不一样，致灾致损的阈值有差异；不同的作业方式，作业时间长度不一，如果对其间突发的天气气候状况考虑不足，就会产生风险漏洞。建议把气象信息，特别是灾害性天气预警信息融入安全生产中，把气象灾害风险作为安全风险嵌入化石能源勘探开发生产运输等全过程工业流程设计中，实现对气象灾害对化石能源产业影响的实时监测、滚动预测、跟踪评估，保障安全生产，将气象灾害影响和损失降到最低。

发展能源气象服务，把降低化石能源行业气象风险纳入提升气象服务能力和气象灾害风险防范能力的主攻范围。对于化石能源生产区，大量无人区还存在气象观测空白区、复杂地形区还存在气象探测盲区，常规气象服务主要覆盖人口聚集区，对于化石能源行业野外作业区覆盖不够，特别是对机动的作业站点信息掌握不及时，防灾减灾存在盲区，针对化石能源行业的专业化定制类的气象服务和预警能力不足。建议针对气象对能源行业的影响开展专门研究，建立能源行业气象风险防范管理体系，提升针对能源行业的气象服务和保障能力。

提高适应气候变化能力，对能源行业重大工程、基础设施建设开展气候可行性论证、定期风险评估。能源行业重大工程、基础设施多，资金投入大，在国民经济和社会发展日常保障中作用大。气候变化带来的西部地区水资源变化、冰川融雪径流增大，会导致融雪性洪水等极端事件增加，对西气东输、输油管线重大工程和基础设施的安全运行带来风险。建议在对化石能源重大工程和基础设施立项前，依据项目的设计年限开展不同时间尺度的气候可行性论证，充分考虑气候变化风险，定期评估，提高适应和应对气候变化的能力。同时，化石能源行业要立足长远，在水资源减量利用、提高水资源使用效率和减少二氧化碳排放、增加二氧化碳封存上，实现技术进步和产业转型，为保护水资源、保护气候环境作出更大贡献。

（二）面向新能源开发利用的气候保障

以风能、太阳能、水能为代表的可再生能源，都是直接或间接的气候资源，气候资源开发利用目前具有不确定性，这使得气候资源发展与能源系统要求的稳定性可靠性还有差距。气候资源的高质量发展不是简单通过增加基础设施建设投入即可完成，而是需要在规划、开发、运行各环节融入气候科技，提高投入的质量和效益。面向新的国家自主贡献目标，要加快建设我国能源气候服务体系，实现能源与气候的深度融合，最大限度地提高可再生能源投入的质量和效益，为实现能源转型和能源安全发挥更大的作用。

1. 提高新能源的并网效率

当前，风光资源的并网效率偏低，要科学认识我国风能太阳能资源的时空变化特征，通过提高不同时效预报能力，充分利用风能太阳能资源的时空互补性，减小风电、光伏发电的间歇性和波动性，进而提高风电和光伏发电的电网友好性，提升并网调峰调度水平，提高现有装机规模的利用时数和运行时数，并进一步提高可再生能源的利用效率；加强气候服务水电能力建设，延长预见期，在水电站防洪和发电之间实现最佳平衡，提高水电站的经济效益和社会效益。

2. 增强新能源的科学开发

风光资源的禀赋，决定了其开发的经济效益。要尽快摸清我国风能太阳能水电能源的详细家底，开展滚动的资源评估，为优化能源系统规划，形成风能太阳能水电能源与常规能源协同发展的空间布局，提供科技支撑。加强资源监测精度和密度，提高资源预报准确度，建立国家级精细化风能太阳能水电资源数据库，为国家重大能源战略决策和“十四五”能源规划提供精细服务。

3. 促进新能源的绿色开发

我国的地理特征和气候特征决定了我国西部和北部是风能、太阳能开发建设的主战场，西南地区是我国最主要的水电开发基地，而西北地区是我国的气候生态敏感区和脆弱区。要加强大规模风能太阳能水电能源资源开发对我国气候、生态和环境的影响研究，特别是在气候生态敏感区和脆弱区，减少大规模资源开发利用的气候影响。高比例可再生能源的开发意味着我国风电、光伏装机量将呈现数倍乃至数十倍的增长，如此大规模的开发利用对我国气候、生态和环境的影响尚未明晰。需提前开展前瞻性研究，在我国西部地区尤其是风能、太阳能、水电能源重点开发区完善气候、生态和环境监测网，部署资源开发前后对比监测，评估大规模风能、太阳能、水电开发利用带来的长期气候、生态和环境效应。

（三）提升能源供需的气候保障能力

要高度重视极端天气气候事件对天然气、电力等供需的影响，保障能源安全。在天然气和电力生产、运输、供应、消费等全过程中，充分考虑冬季极寒天气、冬季大范围低温雨雪天气等极端天气气候事件可能带来的影响，完善流程预案，加强调配和应急管理体系与能力建设，做好气象灾害对天然气生产、运输、供应和消费影响的实时监测、滚动预测、跟踪评估，增强保障能力。

要加强气候预测信息应用，延长预见期。天然气和电力的产供储销体系涉及的生产企业、管网公司、工业和民用等消费端要与气象部门开展联合研究，研究能源消费与极端天气的关系，建立预测模型，提高极端天气下对天然气和电力的保障预测预警能力，为建立保供联动机制延长预见期。在关注天气变化的基础上，更要关注月尺度以上的过程预报，特别是冬季，关注影响我国的冷空气活动的时段和强度，建立联动机制，共同研判未来形势，延长预见期，提早调度，确保用气高峰安全供应。

四　小结

气候变化对能源的影响有些具有普遍性，有些存在时间和空间的差异，且随着能源系统之间的联系越来越紧密，一些复合因素会对能源生产、供需等带来更大的挑战，面对短期的需求高峰，如何提高能源系统的灵活性和供

需调度能力，提升反应能力，需要多部门参与协作。

在全球变暖背景下，随着极端天气气候事件增加，要提高能源行业安全生产、稳定运行、增产高产、维护能源安全的能力，就需要重视气象灾害和气候变化影响，加强对恢复力措施和应对战略的社会和经济成本与效益的了解，开展基于风险的评估，提高气象灾害防御能力，降低气象灾害损失，增强适应气候变化的灵活性，同时允许对长期路线进行调整。建立有效的适应战略，开发和部署研究适应气候变化的能源技术将有助于形成适应气候变化的能源系统。

未来，需要建立碳中和愿景下的风能太阳能监测、预报、风险评估和管理体系，建立针对大规模风能太阳能开发的生态气候环境效应评估系统。开展对 2030 年风能太阳能 12 亿千瓦装机容量的气候变化情景预估，研究减缓和适应气候变化的风能太阳能开发优化布局，提出针对实现“碳达峰”和“碳中和”目标的风能太阳能开发的相关建议。

国际碳中和政策

International Carbon Neutrality Policies

G.27

欧洲碳中和愿景实施举措及对我国的启示

张剑智　陈　明　孙丹妮　张泽怡　柴伊琳*

摘　要：为降低新冠肺炎疫情带来的不利影响，实现绿色复苏及《巴黎协定》的目标，欧盟通过《欧洲气候法》明确碳中和的法律地位，要求成员国采取相关措施实现碳中和目标。欧洲一些主要国家通过国内相关立法强化碳中和目标，完善绿色低碳转型政策，推动能源结构调整及可再生能源发展，提高国家自主贡献力度。《联合国气候变化框架公约》第26次缔约方大会（COP26）将于2021年11月在英国格拉斯哥召开，英国作为主席国希望借此大会推进全球碳中和进程，扩大其国际

* 张剑智，生态环境部对外合作与交流中心政策研究部主任专家，研究员，主要研究方向为国际环境治理、国际环境公约履约及环境经济；陈明，生态环境部对外合作与交流中心副总经济师、正高级工程师，主要研究方向为国际环境治理及国际环境公约履约；孙丹妮，生态环境部对外合作与交流中心政策研究部工程师，主要研究方向为国际环境治理；张泽怡，生态环境部对外合作与交流中心政策研究部工程师，主要研究方向为国际环境治理；柴伊琳，生态环境部对外合作与交流中心政策研究部工程师，主要研究方向为国际环境治理。

影响力。展望未来，借鉴欧盟及欧洲主要国家碳中和相关立法经验，加强中欧气候变化领域的国际交流与合作，将有助于我国碳达峰及碳中和目标的实现。

关键词： 欧洲绿色复苏 碳中和 气候立法

一 欧盟碳中和愿景及实施举措

为实现绿色复苏和《巴黎协定》的目标，欧盟[①]率先将碳中和这一政治承诺付诸立法，通过制定《欧洲气候法》（European Climate Law），明确了碳中和的法律地位。

（一）欧盟颁布《欧洲气候法》明确碳中和目标

近年来，欧洲议会、欧盟委员会和欧盟理事会积极沟通，将通过制定《欧洲气候法》明确2050年碳中和目标，作为落实《巴黎协定》相关规定、继续带头实现所有经济领域的绝对减排目标的重要举措。2019年12月，欧盟委员会发布的《欧洲绿色新政》提出，欧盟将在应对气候危机中继续发挥全球领导者的作用，欧洲将成为第一个“碳中和”大洲。2020年3月4日，欧洲委员会通过了向欧洲议会和欧洲理事会提交的《欧洲气候法》提案建议稿（简称草案）[②]，拟将2050年碳中和目标纳入欧盟的法律体系。

2020年9月，欧盟委员会通过了向欧洲议会和欧洲理事会提交的《欧

① 2020年1月31日起，英国正式脱欧，结束了其欧盟成员国身份。目前，欧盟有27个国家。

② European Commission, “Proposal for a Regulation of the European Parliament and of the Council Establishing the Framework for Achieving Climate Neutrality and Amending Regulation (EU) 2018/1999 (European Climate Law),” https://eur-lex.europa.eu/legal-content/EN/TXT/?uri=CELEX:52020PC0080.

洲气候法》（修改稿）提案①，提出到2030年将温室气体排放量比1990年水平减少至少55%是切实可行的。2021年4月21日，欧洲议会与欧盟成员国就《欧洲气候法》修改稿初步达成一致意见，将“2030年减排55%以上、2050年实现碳中和”气候目标纳入欧盟法律体系②，并提出对欧洲排放交易体系（EU－ETS），土地利用、土地利用变化及林业条例（REDII），欧盟可再生能源指令（REDII）进行进一步修订，提高生物燃料及林业生物质等可再生能源标准。

2021年6月30日，欧盟理事会和欧洲议会正式批准通过《欧洲气候法》③，将《欧洲绿色新政》关于碳中和的承诺转变为具有法律约束力的条文，要求成员国采取必要措施将“2030年减排55%以上、2050年实现碳中和”的气候目标纳入各国气候变化法律体系之中。《欧洲气候法》还要求欧洲气候变化科学咨询委员会针对欧盟措施、气候目标、碳预算等提交报告，评估欧盟气候政策是否有助于实现碳中和目标。

（二）欧盟修订《欧洲适应气候变化战略》，努力提升适应气候变化不利影响的能力

提升适应气候变化不利影响的能力、减少脆弱性至关重要。2013年，欧洲委员会通过了《欧洲适应气候变化战略》。随后，欧盟所有成员国都颁布了国家适应战略或计划，适应政策已成为欧盟政策和长期预算的主要内容。2018年欧盟委员会对该战略进行了评估，2021年2月24日，通过

---

① European Commission,“Amended Proposal for a Regulation the European Parliament and Council on Establishing the Framework for Achieving Climate Neutrality and Amending Regulation (EU) 2018/1999 (European Climate Law),” https://eur-lex.europa.eu/legal-content/EN/TXT/? uri = CELEX%3A52020PC0563.

② 李丽旻：《气候立法艰难达成初步协议，东欧多国无力摆脱“煤炭依赖”——欧盟绿色转型分歧“一箩筐”》，《中国能源报》2021年4月26日。

③ European Union,“Regulation (EU) 2021/1119 of the European Parliament and Council of 30 June 2021, establishing the framework for achieving climate neutrality and amending regulations (EC) No 401/2009 and (EU) 2018/1999 (European Climate Law),” https://eur－lex.europa.eu/legal－content/EN/TXT/? uri = CELEX%3A32021R1119&qid = 1628858931140.

了修订的新战略（EU Strategy for Adaptation to Climate Change）。新战略旨在通过更智能、更系统、更迅速的国际行动，实现欧盟的2050年碳中和愿景。该战略提出将在适应、成本、收益及分配影响等方面开展研究，采用科学方法提高对气候灾难与社会经济脆弱性及不平等之间关系的认识，深入了解气候变化、生态系统及其服务之间的关系，重点为应对气候灾难制定解决方案，加强与标准化组织的合作，确保现有标准能够应对气候变化，并开发新的标准作为气候适应解决方案。欧洲还将对基于自然的解决方案进行融资，推动在适应、减缓、降低灾害风险、生物多样性和健康等领域产生收益。

二　欧洲主要国家碳中和愿景及实施举措

德国、法国、英国、瑞士、瑞典、丹麦、挪威和西班牙等欧洲主要国家通过国内相关立法及能源结构转型率先实现“碳达峰”。近年来，这些国家积极通过推进碳中和目标相关立法、绿色低碳发展战略制定、能源体系转型等扩大国际影响力。从碳中和愿景来看，德国、法国、英国、瑞典、丹麦及西班牙通过立法或修订法律的形式明确实现碳中和政治目标，并提出了实现碳中和的可行路径。瑞士通过公布《长期气候战略》，明确实现2050年碳中和目标的10条主要战略原则，提出了建筑、工业、交通、粮食和农业、金融市场、废弃物管理及国际航空等行业的温室气体减排目标。

（一）德国多次修订《可再生能源法》，颁布《联邦气候变化法》，明确2045年碳中和目标，推进经济绿色复苏计划，推动“弃核退煤增氢”，加快能源转型

近年来，德国作为欧盟最大的经济体和工业化国家，通过不断完善政策法规、加大技术创新力度、调整能源结构，推动可再生能源发展，发布了经济绿色复苏计划，加速了“弃核退煤增氢”进程，在全球推动“碳中和”

过程中发挥了引领作用。

1. 多次修订《可再生能源法》，推动可再生能源发展

从1991年1月到2020年9月，德国多次修订《可再生能源法》，推动可再生能源的发展。1991年，德国颁布《可再生能源发电向电网供电法》，明确提出通过贷款、补贴等优惠政策，支持对太阳能及风能的利用和发展。2000年3月，德国进一步颁布了《可再生能源优先法》（又名《可再生能源法》，EEG－2000），明确了以固定上网电价为主的激励政策，促进了水能、风能、太阳能、地热能及生物质能等可再生能源技术的研发和发展。2004年、2008年、2011年、2014年德国对《可再生能源法》进行了多次修订，促进了可再生能源的发展，但是高额补贴给政府带来了很大的经济压力。随着世界上光伏发电和风电技术的创新，特别是中国可再生能源的迅速发展，光伏发电和风电的成本逐渐降低。2017年，德国发布修订后的《可再生能源法》（EEG－2017），通过市场手段，推进可再生能源发电招投标，从而结束了固定上网电价定价机制。2020年9月，德国再次发布修订后的《可再生能源法》（EEG－2021），明确2030年的目标，即可再生能源电力消费量将占电力总消费量的65%，2050年前实现电力生产和消费的气候中和①。针对德国能源短缺的问题，为保证可再生能源的顺利转型，德国政府还积极与俄罗斯、乌克兰加强沟通，积极推进“北溪二号”项目，并将进一步从俄罗斯购买天然气。

2. 颁布《联邦气候变化法》，明确2045年碳中和目标

根据《欧洲治理条例》《欧洲气候保护条例》《欧洲气候报告条例》的有关要求，2019年，德国正式颁布《联邦气候保护法》，明确到2050年努力实现温室气体净零排放。2021年5月，德国联邦内阁又通过了《联邦气候变化法》修订案，将德国碳中和时间提前到2045年，并明确提出，到2030年温室气体排放量比1990年的水平减少65%；到2040年温室气体排

① 张剑智、张泽怡、温源远：《德国推进气候治理的战略、目标及影响》，《环境保护》2021年第10期，第67～70页。

放量比1990年的水平减少88%。《联邦气候变化法》修订案提出，到2030年，能源与工业部门要承担更多的减排量，同时修订案进一步提高了2021～2030年能源、工业、建筑、交通运输、农业及废弃物等领域的年度减排量，这将会推动这些行业的能源转型和技术创新。

3. 颁布经济绿色复苏计划，推动“弃核退煤增氢”，加快能源转型

日本福岛核电站事故后，德国正式宣布全面退出核能，明确2022年底前分阶段关闭正在运行的17座核电站。2020年7月，德国议会通过《煤炭退出法案》（The Coal Exit Law），明确将从2038年起不再使用燃煤发电，并就煤电退出时间表给出了详细规划，2032年将对“退煤”进展进行评估，以此确认“退煤”截止日期是否能提前到2035年。2020年6月，德国通过了1300亿欧元的经济复苏刺激计划。该计划主要包括“推动绿色电力发展、实施国家氢能战略、促进汽车行业绿色转型”等。德国将氢能视为实现能源转型的关键替代能源，努力通过技术进步及规模效应，降低氢能生产成本，扩大国际市场，使氢能应用更具有竞争力。2021年8月，德国发布了《德国氢行动计划2021～2025》，努力推动德国在整个价值链上实现氢市场的增长。德国是欧洲的电力生产及消费大国，德国积极“弃核退煤增氢”对欧洲其他国家起到了很好的示范作用。

（二）法国颁布《能源与气候法案》，明确2050年碳中和目标，努力“控核弃煤”，履行《巴黎协定》规定的义务

法国是全球气候治理的主要推动者之一。在法国政府的大力推动下，2015年11月30日至12月11日，《联合国气候变化框架公约》第21次缔约方大会（COP21）在法国巴黎召开，达成了具有里程碑意义的《巴黎协定》。近年来，法国通过实施《绿色增长与能源转型法》、不断完善《国家低碳战略》、颁布《能源与气候法案》、明确2050年碳中和目标，推动“控核弃煤”，努力履行《巴黎协定》规定的义务，展示了法国在应对气候变化问题上的积极态度和坚定决心。

1. 法国颁布《绿色增长与能源转型法案》，不断完善《国家低碳战略》，努力“控核弃煤”，推动可再生能源发展

法国高度重视能源转型及可再生能源发展，将推动可再生能源发展作为实现“碳中和”目标的重要途径。2015 年 8 月，法国颁布了《绿色增长与能源转型法案》。该法案主要针对温室气体排放、能源消费总量、化石能源占比，发展可再生能源、垃圾循环利用和控制核能等提出了能源转型的时间表。该法案明确提出“到 2030 年将温室气体排放量降低到 1990 年水平的 40%，到 2030 年将可再生能源占一次能源的消费比重增长到 32%”。该法案还简化了可再生能源审批手续，降低了可再生能源开发门槛，实施激励政策，推动可再生能源基础设施建设及项目实施①。

2015 年 11 月，法国政府发布《国家低碳战略》（SNBC），建立了“碳预算制度”，对全国温室气体排放量设置了阶段排放上限，每五年为一个修订周期。2018 年 11 月，法国总统马克龙发布一系列政策，推动“控核弃煤”，如 2025～2030 年将关停 4～6 个核反应堆，2022 年前关停 4 座火电站。2020 年 3 月，法国通过了最新《国家低碳战略》，明确两个目标：（1）2050 年实现碳中和；（2）降低法国人的碳足迹。该战略对建筑、交通、工业、能源生产、农业及废弃物处理等行业提出了 2030 年及 2050 年量化减排的明确要求②。2050 年要成功实现碳中和，法国需要采取更加低碳、循环的生活方式，降低能耗，增加和稳定碳汇等。

2. 法国通过《能源与气候法案》，明确2050年碳中和目标，积极落实《巴黎协定》成果

2019 年 11 月，法国正式颁布《能源与气候法案》。该法案确定了法国

① 田丹宇、徐华清：《法国绿色增长与能源转型的法治保障》，《中国能源》2018 年第 1 期，第 32～35 页。

② 龙云：《法国低碳能源转型战略研究》，《海峡科技与产业》2020 年第 10 期，第 10～13 页。

国家气候政策的目标、框架和举措，明确到2050年实现“碳中和”目标[①]。该法案主要包括下列内容：（1）逐步淘汰化石燃料，支持可再生能源发展；（2）通过引导对高耗能住房建筑进行改造，减少温室气体排放；（3）完善《国家低碳战略》和“绿色预算”制度，监督和评估气候政策的落实；（4）降低天然气关税，减少对核电的依赖，实现电力行业的多元化发展。

2021年5月4日，法国国民议会（议会下院）通过了政府提交的《应对气候变化及增强应对气候变化后果能力法案》[②]，该法案拟定了149项应对气候变化的环保措施。

（三）英国修订《气候变化法案》，明确2050年实现碳中和目标，积极筹备COP26，努力推进全球碳中和愿景

1. 英国修订《气候变化法案》，明确碳中和目标及碳预算要求

2020年1月31日，英国正式脱欧，结束了其欧盟成员国身份。多年来，英国在推进温室气体减排和促进经济增长方面，积累了丰富的经验，值得借鉴。2008年11月，英国通过世界上首部《气候变化法案》（UK Climate Change Act），以法律形式明确中长期减排目标（2030年降低34%，2050年降低80%），要求政府制定具有法律约束力的“碳预算”。“碳预算”是指英国每五年的温室气体排放上限。“碳预算”需要至少提前12年制订，从而为决策者、企业和个人预留足够的时间做准备。该法案要求每五年开展气候变化风险评估。2012年、2017年英国分别完成了两次气候变化风险评估（Climate Change Risk Assessment，CCRA）报告。在此基础上，英国2013年发布了《国家适应规划》（National Adaptation Programme），2018年对《国家适应规划》做了进一步更新。英国商业、能源和工业战略部（BEIS）牵头负责减缓温室气体排放的政策制定和实施，确保国家能源安全，推动英国参与国际上气候变化的行动。英国环境与农村事务部（Defra）牵头制订

---

① 郝志鹏：《法国〈能源与气候法〉的颁布、实施与挑战》，《人民法院报》2021年4月30日，第8版。

② 贾延宁：《法国国民议会通过应对气候变化法案》，《易碳家》2021年5月7日。

国家适应计划。

2019年6月27日英国通过了修订的《气候变化法案》，正式确立到2050年实现碳中和目标。2020年12月，英国公布“绿色工业革命十点计划”，重点推进海上风能、氢能、核能以及汽车、住宅和公共建筑节能等领域的发展，争取在2030年使温室气体的排放水平比1990年减少68%。根据英国最新发布的《能源趋势》报告，2020年，英国可再生能源发电量为134.3TWh，占总发电量的42.9%，首次超过了化石燃料的发电量占比（38.5%）。2020年，英国煤炭消费量为710万t，目前仅剩4座煤电厂，而且这4座煤电厂也将于2025年全部关闭。

2. 英国积极筹备COP26，积极推进碳中和进程

英国将于2021年11月举办《联合国气候变化框架公约》第26次缔约方大会（COP26），英国议会网站上已公布“净零排放与联合国气候峰会”的一些议题，这是英国“脱欧”后举办的重要国际会议，英国希望借助此次大会推进全球碳中和进程。在2021年4月22日的“领导人气候峰会”上，英国首相鲍里斯宣布进一步减排的目标，即到2035年减排目标由原定的1990年水平的68%提高到78%。5月14日，COP26会议主席Alok Sharma议员公开发言提出，COP26要达到四个目标①：（1）世界将步入减排之路，21世纪中叶将实现二氧化碳净零排放。发达国家有责任领导气候行动，其他主要经济体，也要发挥减排作用。将会督促世界各国放弃煤电，停止对煤炭的国际融资。（2）保护人类与自然。英国发起了“适应行动联盟”，希望每一个国家在参加COP26会议前都能确定适应行动的重点措施，以加速实现全球适应目标。（3）推进国际气候融资。英国呼吁所有发达国家每年筹集1000亿美元应对气候危机，同时呼吁国际货币基金组织和主要经济体共同应对债务危机。（4）共同努力。鼓励跨界和多方合作，在温室气体减排、适应和支持方面采取行动。

---

① Cabinet Office and the Rt Hon Alok Sharma MP, Pick the Plane, https://www.gov.uk/government/speeches/pick-the-planet.

三　欧洲碳中和相关立法及举措的影响分析

（一）将会推动各国完善履行《巴黎协定》的政策法规，提高国家自主贡献力度

德国、法国、英国、瑞士、瑞典、丹麦、挪威及西班牙等欧洲主要国家都已实现碳达峰，这主要归功于这些国家执行了严格的气候政策，积极推动产业结构调整、能源转型及可再生能源发展。为实现《巴黎协定》的目标，欧洲主要国家率先将碳中和目标通过相关立法形式固定下来，提高了国家自主贡献力度，表明自身应对气候变化的坚定决心。欧盟及其主要成员国、英国等制定了相对完善的低碳发展政策法规体系，在能源、工业、建筑、交通等关键领域都设计了减排路线图，明确了短期、中期、长期减排目标，对减排效果开展定期评估，这为其他缔约方履行《巴黎协定》起到了很好的示范作用。欧洲主要国家也将会在COP26及其他国际会议上，分享其温室气体减排政策法规及经验，这将可能推动各国提升国家自主贡献力度、确定碳中和时间表和路线图，进而推进其他缔约方在应对气候变化工作方面的法治化、制度化、国际化进程。

（二）将会推动全球能源结构加快转型，进一步推进可再生能源产业发展

从传统化石能源向可再生能源转型是实现“碳中和”的关键。随着世界上很多国家逐步加大对清洁低碳能源的研究开发和使用，可再生能源成本不断下降。欧洲主要国家采取多种举措降低化石能源消费占比，逐步提高可再生能源的装机容量，扩大可再生能源发电规模，加大了对节能、储能、新能源和碳移除等技术的投资，鼓励碳中和关键技术的研发和创新，这将会推动全球能源结构转型，降低煤炭的生产和消费量，推进可再生能源产业快速发展。

（三）将会通过“碳边境调节机制”产生新的绿色壁垒

碳税可简单理解为对二氧化碳所征收的税。如果某一国生产的产品不能达到进口国在节能和减排方面设定的标准，就将被征收特别关税。2019 年 12 月，欧盟委员会发布《欧洲绿色新政》，提出了要设立“碳边境调整机制”，加快能源税改革，取消空运、海运部门税收豁免，取消化石燃料补贴[①]。2021 年 3 月，欧洲议会正式通过了“碳边境调节机制”（Carbon Border Adjustment Mechanism）原则性框架议案，拟从 2023 年起对欧盟进口的部分商品征收碳关税，7 月 14 日，欧盟委员会正式提交该议案，进入实施准备阶段。“碳边境调节机制”对中欧贸易以及中国对外贸易的冲击不容忽视，欧盟可能还会推动 WTO 规则的进一步调整，从而形成绿色贸易壁垒，这值得我们持续关注和深入研究，做好应对准备。

四　中国积极应对欧洲碳中和相关立法影响的对策建议

2020 年 9 月 22 日，习近平主席在第七十五届联合国大会上郑重承诺，我国二氧化碳排放力争于 2030 年前达到峰值，努力争取 2060 年前实现碳中和。2021 年 4 月 22 日，习近平主席在“领导人气候峰会”上进一步宣布，中国将严控煤电项目，“十四五”时期严控煤炭消费增长，“十五五”时期使煤炭消费逐步减少。2020 年 6 月，《BP 世界能源统计年鉴 2020》数据显示，2019 年全球煤炭产量 81.29 亿吨，中国煤炭产量 38.46 亿吨（位列全球第一），占全球煤炭产量的 47.31%。根据《2021 年全球电力评论》报告，2020 年中国煤炭发电量占全国电力的 61%，是 G20 国家中唯一一个煤炭发电量仍在增长的国家。中国承诺严控煤电项目及煤炭消费增长，得到了

① 俞敏、李佐军、高世辑：《欧盟实施〈欧洲绿色新政〉对中国的影响与应对》，《中国经济报告》2020 年第 3 期，第 132 ~ 137 页。

联合国和多个国家的高度肯定。同时，这也给中国煤电行业的发展与转型、可再生能源发展、绿色技术创新及成果转化带来了压力和推动力。

（一）借鉴欧洲碳中和相关立法经验，推进我国应对气候变化立法工作，加强顶层设计

一个国家要实现碳达峰和碳中和目标必然要经历复杂的立法、制度、技术、市场和社会变迁过程。欧盟及德国、法国、英国等欧洲主要国家在气候治理方面的政策法规体系建设上始终走在世界前列，并努力推进全球低碳转型。中国在积极推进中欧气候变化领域合作的同时，也要高度重视欧盟及欧洲主要国家碳中和立法对全球气候治理体系的影响。目前，中国尚未正式出台应对气候变化的专门法律或国务院条例，这使得中国应对气候变化的管理需求无法得到满足。借鉴学习欧洲主要国家已颁布的有关碳中和法规政策、战略及计划，对于推动中国应对气候变化的立法工作极为重要。在国家层面应尽快修订《可再生能源法》及制定《气候变化法》，起草气候变化法律时，应将中国作为《巴黎协定》缔约方所应承担的国际履约义务、2030 年碳达峰和 2060 年碳中和目标纳入立法程序，通过法律的强制力保障目标的落实；并明确相关部门及地方各级政府部门职责，完善相关制度，为统筹减污降碳协同增效提供法律和制度的保障。

（二）中欧气候变化领域合作将是推动全球气候治理的重要力量

全球气候问题日益突出，应对气候危机已成为全球环境治理与国际合作最重要的领域与方向。近年来，欧盟致力于与中国等新兴经济体在全球气候治理方面加强合作，希望借此巩固自身在全球气候治理中的领导地位，强化自身作为国际政治规范性力量的角色作用。随着中国经济快速发展和综合国力的提升，中欧领域的合作既有机遇也有挑战。在气候变化领域，中国既要积极推进中欧在气候变化领域的合作，共同推进全球气候治理，也要正视欧盟及欧洲主要国家碳中和愿景下提出的减排目标、国际碳排放交易及碳税、气候变化标准体系等对气候谈判的影响，采取前瞻性及务实的气候谈判策

略，积极控制煤电项目及煤炭消费增长，推进可再生能源领域发展，提升中国的国际形象和影响力。

（三）加强中欧清洁低碳关键技术交流与合作

随着欧洲各国对清洁低碳能源的重视程度不断提高，欧洲主要国家加大了对可再生能源的科技投入，拥有了可再生能源发电和应用的关键技术，光伏发电、风电成本不断下降。2019 年 1 月发布的《全球能源转型：2050 路线图》报告提出，能源转型将会催生新的能源领导者，一些对可再生能源技术进行大量投资并有突破性进展的国家影响力将会大大增强，而化石燃料出口国的全球影响力可能会进一步下降。截至 2020 年底，全球可再生能源发电容量为 2799GW。2020 年可再生能源发电容量增加了 260GW（+10.3%）。

近年来，中国不断推进电力市场化改革，完善风电、光伏发电等新能源上网电价政策，可再生能源发电容量不断扩大，2020 年可再生能源新装机容量达到了 136GW①。"十四五"期间，中国应按照碳达峰和碳中和目标要求，加强与欧盟、欧洲主要国家及与国际可再生能源署等国际组织的合作，推进清洁低碳关键技术的交流与合作，加大科技创新和环保投入，推动新能源及相关储能产业可持续发展，继续深化水电、核电、风电、天然气发电等上网电价市场化改革，完善风电、光伏发电价格形成机制及激励机制，形成安全、高效的新能源供应系统，减少相关行业对化石能源的使用和浪费。另外，在交通、工业、建筑等能源消费领域，实现太阳能、地热、氢能等清洁能源对化石能源的替代。

---

① IRENA, China and IRENA Boost Ties as Leading Renewables Market Eyes Carbon Neutrality Goals, https://www.irena.org/newsroom/pressreleases/2021/Jun/China-and-IRENA-Boost-Ties-as-Leading-Renewables-Market-Eyes-Net-Zero-Goals.

G.28

美国从特朗普政府到拜登政府的气候政策演变带来的影响*

于宏源　邱　越　王小悦**

摘　要：　从奥巴马时期到特朗普时期，以及从特朗普时期到拜登时期，美国气候政策都发生了转变。特朗普政府扭转了奥巴马政府积极的气候变化政策，拜登政府则展现出与特朗普政府完全不同的气候外交政策偏好。美国气候政策的变化对美国的政局、中美关系和全球治理格局具有重要影响。长期来看，美国气候政策呈现周期性变化。面对拜登上台后的新局面，中国应当充分认识到气候议题在恢复中美战略互信中的基础性作用，妥善应对美国气候政策的“周期性”与“易变性”，与美国共同建设绿色经济伙伴关系，以我国为主提出新的绿色经济、科技的合作标准和重点领域，重视在适应能力、低碳技术、碳中和等新领域与美国的具体合作，发挥元首外交、峰会外交对中美气候合作的战略导向作用。

关键词：　气候治理　气候政策　中美关系

---

* 本文系国家社会科学基金项目“拜登上任以来中美碳外交关系的非线性变化和应对研究”（21BGJ054）的阶段性研究成果。

** 于宏源，上海国际问题研究院比较政治和公共政策研究所所长、研究员，主要从事国际问题研究；邱越，上海国际问题研究院在读硕士研究生，主要从事国际问题研究；王小悦，上海国际问题研究院在读硕士研究生，主要从事国际问题研究。

美国气候政策长期呈现周期性变化[①]。从奥巴马时期到特朗普时期，以及从特朗普时期到拜登时期，美国气候政策都发生了转变。特朗普政府扭转了奥巴马政府积极的气候变化政策，体现“美国优先”理念和单边主义、强权政治以及反全球化倾向，影响了全球气候治理进程和中美关系。拜登上台后，其气候变化政策与特朗普时期相比呈现了完全不同的偏好。拜登政府对内推动清洁能源融入美国经济发展的整体进程[②]，对外在气候外交上重塑美国的领导力[③]，对中国采取限制性气候合作策略。拜登时期中美两国关系尽管在整体上不会完全拨云见日，但相比于特朗普时期会有较大缓和。中美在全球政治经济上的竞合关系将长期存在，由于中国和美国分别是世界上最大的经济体、能源消费国和碳排放国，中美合作竞争关乎全球治理走向、关乎 1992 年《联合国气候变化框架公约》签署以来的气候谈判。

联合国环境规划署《排放差距报告》指出，要在 2030 年前实现《巴黎协定》提出的长期温度目标方面取得重大进展，迫切需要更多国家制定符合《巴黎协定》的长期战略；迫切需要各国国家自主贡献与净零排放目标相一致。共同应对气候变化为中美双方提供了合作动力，中美两国作为全球最大的能源消费国，在气候变化领域所产生的影响不言而喻，既面临着共同的危机，也存在着共同利益。拜登政府执政后，中美在《巴黎协定》、气候危机、非二氧化碳气体减排、清洁能源合作等方面的共识增加，2021 年 4 月，《中美应对气候危机联合声明》[④] 发表，不仅为人类解决气候危机释放了积极信号，而且表达了双方合作推动全球气候治理的意愿，并为全球气候行动加速注入大国动力，为构建新型国际关系奠定了基础。

---

① 于宏源：《特朗普政府气候政策的调整及影响》，《太平洋学报》2018 年第 1 期，第 25 ~ 30 页。

② 李昕蕾：《清洁能源外交：全球态势与中国路径》，中国社会科学出版社，2019。

③ 于宏源、张潇然、汪万发：《拜登政府的全球气候变化领导政策与中国应对》，《国际展望》2021 年第 2 期。

④ 2021 年 4 月 15 ~ 16 日中美两国气候特使在上海举行会谈并发表《中美应对气候危机联合声明》，提出中美两国坚持携手并与其他各方一道加强《巴黎协定》的实施。

一　特朗普政府气候政策的演变

2017 年以来特朗普政府实施的一系列“逆全球化”和“反气候”的行动引起了国际社会的广泛关注，其中包括宣布退出《巴黎协定》、取消奥巴马时期的清洁电力和煤炭生产相关环保标准等。《巴黎协定》是当前最重要的全球性气候多边公约之一，作为重要发达国家，美国的缺席使得公约落实遭受重重阻碍。特朗普政府的气候政策与奥巴马政府的绿色型气候政策不同，特朗普政府在美国经济利益优先战略推动下，以灰色型气候立法取代绿色型气候立法。

（一）特朗普的对外战略

特朗普于 2017 年初就任美国总统之后，逐一兑现其竞选承诺，全面调整了奥巴马时期的政策，出台并实施了一系列重大举措与政策行动。特朗普的对外战略以“美国优先”为理念，急剧改变了美国的对外贸易、能源与气候政策。

特朗普政府的内政外交决策均体现出了民粹主义倾向，以“美国优先”为由在其任内进行一系列“退群”行为。贸易上，特朗普推行贸易保护主义政策。特朗普的贸易保护主义政策与美国国内的逆全球化思潮相呼应。能源方面，特朗普政府积极推进全球实施“美国能源主导权”战略。特朗普的能源政策旨在加速美国实现“能源独立”，加强美国对全球能源市场的控制。气候方面，特朗普对气候变化持消极态度。特朗普全面否定和扭转了奥巴马时期的气候能源政策，重新扶持传统能源，削减针对新能源技术和产业的投入，并且退出了《巴黎协定》，增加了全球气候治理未来发展的不确定性。

（二）特朗普政府具体气候政策

由于其“美国优先”理念以及“逢奥（巴马）必反”的执政风格，特

朗普扭转了奥巴马政府对于气候变化问题的积极态度，体现出鲜明的单边主义、强权政治以及反全球化倾向。与全球转变能源结构、致力于支持开发可再生能源的趋势相反，特朗普选择了重振传统能源，复兴煤炭行业和传统油气产业，减少对以清洁能源为主的新能源投入。

第一，美国联邦政府内部对部门协调机制架构进行调整。特朗普政府政策网的中心为《美国第一能源计划》，基于此发布相关总统行政令与备忘录，包括能源部、环境保护署和内政部等部门的法规、政策与指导①。

第二，特朗普的国内能源产业政策以复兴化石能源与核能为核心。首先，特朗普政府大幅削减能源与气候相关机构的研究经费，发布的2018年度财政预算②减少了在能源技术研究方面的预算；其次，特朗普政府加强传统能源基础设施建设，签署相关行政命令，重启建设Keystone XL输油管道等③；此外，特朗普政府还增加了在核能产业上的投资，保证核能在美国电力生产中的占比④。

第三，特朗普的国际能源政策以加强能源独立、鼓励能源出口为核心。特朗普上台后推行“美国优先”能源计划，大力促进能源出口，减少参与全球气候行动，削减气候融资。特朗普减少能源出口限制，推进美国天然气产品进入国外市场，并以建设海外煤炭厂的方式增加美国的煤炭出口。

---

① 李巍、宋亦明：《特朗普政府的能源与气候政策及其影响》，《现代国际关系》2017年第11期。

② Brad Plumer, Coral Davenport, "Trump Budget Proposes Deep Cuts in Energy Innovation Programs," The New York Times, May 23, 2017, https: //www. nytimes. com/2017/05/23/climate/trump - budget - energy. html.

③ Keystone XL（以下称作KXL）输油管道是由加拿大公司（Trans Canada）设计并全权负责的全长约2700公里、投资额为70亿美元的跨国输油管道建设项目。Keystone管道项目可连接加拿大阿尔伯塔省和美国墨西哥湾，通过该管道，加拿大生产的原油可直接输送至墨西哥湾。而KXL输油管道为Keystone整体管道项目的第四期，可看作对项目第一期的管道起始点的复制，但距离更短且管道流量更大。

④ Larry Light, "After Trump's Paris Exit, What about Nuclear? " CBS News, June 5, 2017, http: //www. cbsnews. com/news/trump - paris - exit - nuclear - power/.

第四，特朗普的新能源开发政策以削减既往支持力度为核心。特朗普的能源计划旨在增强美国能源安全，实现美国能源独立。虽然特朗普政府仍坚持推动能源多元化发展，但是美国不断减少对新能源的投资，改变了以清洁能源为主的新能源投资与对外投资结构。

第五，特朗普的气候政策以革除减排约束为核心。首先，特朗普通过废止清洁电力计划①来变更美国国内气候政策进程。特朗普签署能源独立行政令②，命令美国环保署和内政部对奥巴马政府的清洁电力计划进行审查，并可在必要时撤销该计划。特朗普对清洁电力计划进行了削弱，放松了各州和各企业减排标准，使减排监管变得更具容错性。其次，在国际气候合作上，美国在特朗普的主导下宣布退出《巴黎协定》。

（三）特朗普政府具体气候政策变化的影响

美国的气候外交政策一直以来都具有两面性：一方面为保护地球的生态环境，促进可持续发展作出努力，以防人类生存环境进一步恶化；另一方面以维护本国利益为基础，巩固美国在全球事务中的主导地位，扩大国际影响力。虽然特朗普政府的气候政策以“美国优先”为理念，短时间内能够给美国带来一定的经济收益，但从长期来看难以持续。美国始终不会放弃争夺在全球气候治理领域中的主导权。

美国容易对全球气候治理进程产生重大的影响。美国的低碳发展影响着每一个国际气候协定的进展，与全球绿色低碳转型息息相关。并且，一旦美

---

① 2015 年 8 月，奥巴马宣布实施清洁电力计划（Clean Power Plan），该计划的执行单位为美国环境保护署，旨在设定减排目标、减少发电厂的温室气体排放，为全球气候行动作出贡献。奥巴马清洁电力计划自出台以来在国内一直饱受争议，受到超过 20 个能源依赖度较高的州的反对，这些州联合相关企业代表将美国环境保护署告上法庭，要求法院对该计划的减排要求是否超出宪法权力范围进行裁决。其中，特朗普所任命的美国环境保护署署长、俄克拉荷马州前任总检察长斯考特·普鲁伊特（Scott Pruitt）更是曾 14 次将奥巴马治下的美国环境保护署告上法院，诉讼内容就包括清洁电力计划的合法性。

② U. S. Environmental Protection Agency, “EPA to Review the Clean Power Plan Under President Trump's Executive Order,” https://www. epa. gov/newsreleases/epa - review - clean - power - plan - under - president - trumps - executive - order, 2017 - 03 - 28.

国对气候变化治理持消极态度，其他国家的减排决心便会发生动摇，影响全球气候治理进程。特朗普政府更多地投资煤炭与油气等传统能源行业，大量削减对可再生能源的投入，损害了全球气候治理进程。

特朗普退出《巴黎协定》，进一步打破了传统的以欧盟、“伞形国家”和发展中国家为基础的气候治理格局。第一，虽然美国退出了《巴黎协定》，但是绝大多数发达国家选择留下支持《巴黎协定》，继续推进经济发展的低碳化，进一步凝聚了国际社会关于保护环境的共识。第二，发展中国家在全球治理体系中的地位不断提升。欧盟对以中国为首的新兴发展中国家的引领作用寄予厚望。在“一带一路”倡议等合作框架下，以中国为代表的发展中国家逐渐从“跟随”发达国家转变为“主导”全球治理①。第三，美国退出《巴黎协定》在带来重要挑战的同时，也使全球治理迎来新机遇，非国家行为体发挥的作用得到前所未有的增强。由于美国在国家层面的规范退化行为，各类非国家行为体包括企业、公民和社会组织等作为“非缔约利害关系方”，“自下而上”地在全球气候治理中发挥着影响力。

特朗普的能源气候政策给中国造成了一定影响。第一，在投资美国的天然气管道建设与生产时，中国的国有企业可能面临政治风险与较高的法律成本。第二，中美贸易摩擦增加了中美能源油气合作的困难与障碍。第三，以政治与国家安全的考量为由，美国禁止中国进行技术转移，中美能源合作的正常展开受到阻碍。第四，美国退出《巴黎协定》以后，中国在全球气候治理中的作用提升。

二　拜登政府气候政策新动向

气候政策是拜登政府的重要议题，拜登重新加入《巴黎协定》，并签署了一系列与气候相关的行政命令和政策声明。美国举行地球领导人气候

① Schreurs, Miranda A., “The Paris Climate Agreement and the Three Largest Emitters: China, the United States, and the European Union,” *Politics and Governance* 2016, 4 (3): 219 - 223.

峰会，提出了新的气候目标。中美还签署了《中美应对气候危机联合声明》。与特朗普政府试图重振化石能源经济不同，拜登气候新政把碳中和和绿色复苏作为施政重点，将应对气候变化贯穿于基础设施建设、国际贸易、外交等诸多领域政策的制定和实施，并全面提升美国全球气候治理的领导地位①。

（一）拜登政府气候政策的转型

拜登政府的气候政策与特朗普政府时期相比呈现完全不同的偏好②。拜登政府采取了积极的行动应对国内外的气候危机，并且推进清洁能源与环境正义计划③，率先发挥榜样力量引领世界应对气候紧急情况④。拜登政府的气候政策主要包括国内气候政策、气候外交政策与对华气候政策三个方面。

在国内方面，拜登推动清洁能源融入美国经济发展的整体进程，将应对气候变化与振兴美国经济、创造就业紧密相连。第一，拜登推动立法，力争在2025年之前建立应对气候变化问题的执行机制，确保美国在2050年实现净零排放。第二，拜登政府利用需求侧手段，对清洁能源产业实施大规模全方位国家刺激。拜登政府以行政命令的方式提高绿色经济标准，通过行政手段鼓励在整个经济体系中应用清洁技术，包括政府采购领域、建筑领域、交

---

① 于宏源：《特朗普政府气候政策的调整及影响》，《太平洋学报》2018年第1期，第25～30页。

② Presidential Actions, "Executive Order on Tackling the Climate Crisis at Home and Abroad," The White House, January 27, 2021, https://www.whitehouse.gov/briefing-room/presidential-actions/2021/01/27/executive-order-on-tackling-the-climate-crisis-at-home-and-abroad/.

③ Statement and Releases, "Fact Sheet: President Biden Takes Executive Actions to Tackle the Climate Crisis at Home and Abroad, Create Jobs, and Restore Scientific Integrity Across Federal Government," The White House, January 27, 2021, https://www.whitehouse.gov/briefing-room/statements-releases/2021/01/27/fact-sheet-president-biden-takes-executive-actions-to-tackle-the-climate-crisis-at-home-and-abroad-create-jobs-and-restore-scientific-integrity-across-federal-government/.

④ Joseph R. Biden Jr., "The Biden Plan for a Clean Energy Revolution and Environmental Justice," Biden Harris, August 6, 2020, https://joebiden.com/climate-plan/#.

通领域、工业领域、农业领域以及能源电力领域[①]。第三，拜登政府以先进技术与强大资本优势为依托，加大对清洁创新领域的资金投入。《美国就业计划》中关于新能源的直接投资约有 3270 亿美元。[②] 第四，拜登政府限制高碳排放产业发展。具体举措包括终止对化石燃料的补贴；设定油气公司甲烷排放上限；制定更加严厉的税收政策；禁止在公共土地和水域获得新的石油和天然气许可以及对油气开采征收特许权使用费。第五，拜登政府重视气候适应性与环境正义。拜登竞选时的核心文件包括《清洁能源革命与环境正义计划》《确保环境正义和公平经济机会计划》等。[③] 拜登政府开创性地提出投资清洁社区、建筑节能以及韧性基础设施建设，为应对环境适应性问题制定气候适应议程。此外，拜登政府还特别关注美国少数族裔、工人群体和低收入群体在环境气候方面的权益，注重环境正义。

在气候外交方面，拜登着力通过国际合作共同应对气候变化。第一，重返《巴黎协定》。拜登利用气候盟友和议题引导力的作用重返《巴黎协定》，旨在重塑美国气候外交，建立美国在全球气候治理中的领导权。第二，召开美国牵头的领导人气候峰会。2021 年 4 月 22 日和 23 日，领导人气候峰会召开。首先，美国宣布了温室气体排放到 2030 年比 2005 年减少 50% ~52% 水平的新目标[④]。其次，美国决定团结所有国家并开展密切合作，提高第 26

① The White House, "Remarks by President Biden before Signing Executive Actions on Tackling Climate Change, Creating Jobs, and Restoring Scientific Integrity," January 27, 2021, https: //www. whitehouse. gov/briefing – room/speeches – remarks/2021/01/27/remarks – by – president – biden – before – signing – executive – actions – on – tackling – climate – change – creating – jobs – and – restoring – scientific – integrity/.

② The White House, "Fact Sheet: The American Jobs Plan," March 31, 2021, https: //www. whitehouse. gov/briefing – room/statements – releases/2021/03/31/fact – sheet – the – american – jobs – plan/.

③ Joe Biden, "Explore All of Joe Biden's Plans," https: //joebiden. com/joes – vision/.

④ The White House, "Fact Sheet: President Biden Sets 2030 Greenhouse Gas Pollution Reduction Target Aimed at Creating Good – Paying Union Jobs and Securing U. S. Leadership on Clean Energy Technologies," April 22, 2021, https: //www. whitehouse. gov/briefing – room/statements – releases/2021/04/22/fact – sheet – president – biden – sets – 2030 – greenhouse – gas – pollution – reduction – target – aimed – at – creating – good – paying – union – jobs – and – securing – u – s – leadership – on – clean – energy – technologies/.

届联合国气候变化大会的雄心和动能。领导人气候峰会重新举办了能源与气候主要经济体论坛，为实现《巴黎协定》发挥重要的作用。[①] 此外，美国决定增加用于缓解和适应气候变化的公共财政资金和私人投资，帮助世界上最脆弱的国家适应和应对气候变化影响。最后，拜登政府谋求建立美国主导的高标准气候俱乐部[②]。第三，将外交政策、对外贸易政策与应对气候变化行动目标挂钩。具体举措包括：以合作伙伴气候目标的承诺调整和实施情况为根据对双边贸易协定进行修改，对未能履行气候与环境义务的国家额外征收碳排放量高的产品的碳税，根据合作伙伴提高应对气候目标的承诺和执行情况重新制定双边贸易协议，资助全球清洁能源领域的技术创新等。第四，把应对气候变化纳入美国国家安全战略框架之中。拜登将气候变化作为国家安全的核心优先事项，要求国防部部长和参谋长联席会议主席每年作相关报告；要求国家安全顾问与国防部部长、国土安全部等部门共同制定一项解决气候变化对国家安全所带来的威胁的全面战略；将北极地区的气候变化问题上升至关系美国国家安全问题的高度；在美洲地区加强应对气候变化合作以及提升美国全球军事基地和关键安全基础设施的气候弹性。第五，拜登设置了关于气候变化的新机构。拜登政府通过设置外交机构确保气候问题纳入所有外交政策和国家安全政策的讨论中。拜登成立了白宫内部气候政策办公室，首次设置了正副国家气候顾问，对总统的国内气候议程进行协调与执行。[③]

在对华气候政策方面，拜登政府对中国实施限制性气候合作策略。中美两国在气候问题上存在竞争，在气候减排目标上具有巨大分歧。拜登的气候特使约翰·克里（John Kerry）认为，中国气候减排目标仍不够好。[④]《美国

① 《美国总统气候变化事务特使克里谈即将举行的领导人气候峰会》，美国驻华大使馆，https：//mp. weixin. qq. com/s/4cWLSfw2bKlIAetetDeaNQ，2021 年 4 月 9 日。

② 《成立气候俱乐部：美国、欧盟和中国》，https：//www. nature. com/articles/d41586 – 021 – 00736 – 2。

③ Statement and Releases，“Fact Sheet：President Biden Takes Executive Actions to Tackle the Climate Crisis at Home and Abroad，Create Jobs，and Restore Scientific Integrity Across Federal Government，” The White House，January 27，2021.

④ Kerry Takes to the World Stage Before Blinken，https：//edition. cnn. com/2021/03/10/politics/kerry – blinken – travel/index. html.

就业计划》明确提出，这一计划的核心目的是团结与动员整个美国应对这个时代的两大威胁，即气候危机和“中国崛起”。第一，中美两国在“一带一路”沿线的国家投融资上存在竞争。拜登政府认为中国正在通过“一带一路”倡议向整个亚洲及其他地区转移化石能源项目，进行“污染外包”。因此拜登将同参与“一带一路”建设的国家组建一个国际联盟，就承担有关高碳排项目环境责任向中国施压。G7 峰会上，美国与盟友共同推出 B3W（Build Back Better World）计划①，依托资金优势对相关项目运行进行介入，旨在与中国“一带一路”倡议进行竞争。第二，中美两国在清洁能源技术方面存在竞争。美国在清洁能源生产上落后于中国，若美国不能实现赶超将会失去在清洁能源技术上的领导力。首先，拜登政府致力于推动的“多元化产业链”实则为实现“去中国化”。其次，中国是全球太阳能关键组件多晶硅的主要生产国。2021 年 6 月 23 日美国商务部工业和安全局（BIS）以“涉及强迫劳动”的名义将 5 家在新疆从事太阳能产业制造的中国企业列入出口管制“实体清单”②，此举真正的目的是借炒作“强迫劳动”，将人权议题与气候问题相捆绑，对华实施气候干涉，实现全球供应链重组与全球价值链“去中国化”。此外，拜登政府还多次强调要在联合国发起的“零碳竞赛”（Race To Zero）运动以及清洁能源、清洁交通、清洁工业流程和清洁材料等领域巩固美国相对中国领先的地位。但中美在气候问题上也存在合作的领域，如中美共同倡导建立“净零排放联盟”（Net－zero Coalition），在推动《巴黎协定》实施细则落地上存在共识。中美在清洁技术和产业升级上也有合作的可能。

---

① The White House，“Fact Sheet：President Biden and G7 Leaders Launch Build Back Better World（B3W）Partnership，” https：//www. whitehouse. gov/briefing－room/statements－releases/2021/06/12/fact－sheet－president－biden－and－g7－leaders－launch－build－back－better－world－b3w－partnership/.

② “Commerce Department Adds Five Chinese Entities to the Entity List for Participating in China’s Campaign of Forced Labor Against Muslims in Xinjiang，” https：//www. commerce. gov/news/press－releases/2021/06/commerce－department－adds－five－chinese－entities－entity－list.

（二）拜登政府气候政策的影响因素

对拜登政府气候政策造成影响的因素主要可从国际、国内与决策者三个维度进行考虑。

国际维度上，美国作为唯一的超级大国，其所处的历史地位和国家实力决定了它要在全球环境气候政治领域成为领导者。但是特朗普消极的外交政策削弱了美国在全球气候治理体系中的领导力。而拜登的对外政策以恢复被特朗普严重损坏的世界领导力为重要目标。从战略上讲，拜登应对气候变化政策在外交领域的投射，服从和服务于其重塑美国的世界领导力目标。

国内维度上，美国当前面临国内经济持续低迷、社会问题不断涌现以及两党立场持续极化的挑战。为了应对这些挑战，美国总统拜登执政的精神内核是带领所有美国人“重拾美国的灵魂”，重建美国世界灯塔的地位，恢复与巩固“二战”以后以美国为主导的“自由主义秩序”。因此拜登应对气候变化的国内举措，是与其意欲重振美国制造业、创造更多就业岗位紧密相关的。此外，政党政治与政治观念对拜登政府气候政策也造成了影响。拜登是民主党人，民主党代表新兴产业集团利益，对气候变化的担忧远远大于共和党，民主党所控制的社会主流媒体通过一系列宣传使得气候危机观念深入人心，事实上已经占据了在环保问题上的道德高地。

决策者维度上，拜登长期关注“绿色新政”理念。美国政府多年来始终高度关注气候变化，早在 1986 年就提出了美国第一个涉及气候变化的国会法案，被称作“气候变化先驱”。拜登在担任参议员与美国副总统期间，曾推进《奥巴马－拜登新能源计划》《生物经济蓝图》等文件。但拜登作为一个政治人物，这些看似充满理想主义的口号并不能确保他在复杂多变的政局中赢得真诚拥护。因此拜登政府在战略与战术上进行统一，将应对气候变化、重振美国实体经济以及重塑美国国际领导力结合起来。此外，美国气候外交团队也发生了变化，总统决策团队直接影响着气候决策走向。拜登的团队中，美国气候特使约翰·克里（John Kerry）、白宫气候特使吉娜·麦卡锡（Gina McCarthy）、副国家安全气候顾问乔纳森·菲纳（Jonathan Finer）、能源

部部长詹妮弗·格兰霍尔姆（Jenifer Granholm）、环境保护署署长迈克尔·里根（Michael Regan）、内政部部长德布-哈兰德（Deb Haaland）、交通部部长皮特·布蒂吉格（Pete Buttigieg）均有气候环境或是清洁能源相关背景。

（三）拜登政府气候政策的影响

拜登政府实施积极的气候政策，旨在在全球气候治理中重建美国因特朗普的气候政策而遭到破坏的领导力。美国自身的气候治理领导力的提高，不仅影响现有的中、美、欧之间的关系，还会塑造全球气候治理新格局。

第一，重塑美国气候领导力。詹姆斯·伯恩斯（James Burns）认为美国在国际体系中的领导力体现为“领导者-追随者”的结构，当领导者充分动员制度、政治、心理等资源，满足了追随者的诉求时，就产生了领导力。[①] 特朗普采取消极的气候政策，严重影响了美国国内气候治理进程，并且降低了国际上对美国气候治理领导力的信任。拜登实施更为积极的气候政策，通过“榜样力量”而不是“权力榜样”，重塑美国气候领导力。[②] 拜登从国际与国内两个层面重新构建美国在气候领域的全球领导力。拜登以气候变化为国家安全和外交政策的重心，通过基础设施和就业计划等重振美国的低碳经济领导力，重视净零碳技术提高美国在关键脱碳技术上的方向型与理念型领导力，以及扩大国际气候融资提高方向型与工具型领导力。拜登政府重新加入《巴黎协定》，召开领导人气候峰会，重建美国气候领导力的可信性。

第二，中、美、欧关系发生了调整。首先，拜登政府重回《巴黎协定》进一步促使美欧关系回暖，美欧双方在提高巴黎气候承诺方面达成高度共识。在G7峰会上发达国家就《巴黎协定》目标协调一致，宣布在国

---

① James MacGregor Burns, *Leadership*, New York: Harper and Row, 1979.

② Joseph R. Biden Jr., “Joe Biden’s President - Elect Acceptance Speech,” Aljazeera, November 8, 2020, https://www.aljazeera.com/news/2020/11/8/joe-biden-acceptance-speech-full-transcript.

内逐步淘汰煤炭，于2021年底停止对海外煤炭项目融资①，给发展中国家带来巨大压力。同时，七国联合发起“工业脱碳议程”（IDA），在气候关键领域形成压制发展中国家的标准。美欧也将利用《巴黎协定》一道向其他国家，尤其是向被认为是最大碳排放国的中国施加压力，要求中国作出更大的承诺，并与中欧自贸协定和中美贸易谈判议题挂钩。其次，美欧共同推进使用清洁能源。美国与欧洲主要国家（以G7成员国为主）约定削减或取消对化石能源领域的出口补贴，美国也将恢复与欧洲在应对气候变化问题上的前沿技术创新领域的合作。此外，美国还要求欧洲主要国家与其在气候变化问题上保持一致立场。拜登政府致力于联结盟友力量展开多边气候干涉行动。征收“碳关税”是美国两党在气候变化政策上达成的一个共识，《欧洲绿色协议》和《应对全球变化的欧美新议程》也强调了碳边界调整机制（CBAM）。目前，美欧已对碳边界调整和碳定价问题进行了多轮沟通。拜登政府推动国会加速审议“碳关税”相应议题，并与盟友合作推进讨论WTO框架下的“碳关税”。最后，拜登政府与中国竞争全球“零碳竞赛”的领跑者地位，并与欧洲合作共同向中国等新兴国家施压。美欧双方将对中国、印度等其他新兴国家完善和落实更加严格的知识产权保护制度，也将联合对所谓的中国通过“一带一路”倡议向外“转移高碳排放项目”的行为施压。

第三，拜登政府的气候政策将给全球治理带来新局面，使全球气候治理面临新的机遇与挑战。机遇上，拜登政府将气候变化问题置于国家安全整体战略中，展示出其对气候安全问题的重视程度。拜登政府重回《巴黎协定》意味着全球多边治理机制和参与主体的恢复。拜登政府投资清洁能源以及促进环保科技发展，为全球气候治理提供了资金、技术、智力资源的支持。挑战上，拜登政府的气候外交政策展现出以美国为核心的气候安全导向，试图

① The White House, “Fact Sheet: G7 to Announce Joint Actions to End Public Support for Overseas Unabated Coal Generation by End of 2021,” https://www.whitehouse.gov/briefing-room/statements-releases/2021/06/12/fact-sheet-g7-to-announce-joint-actions-to-end-public-support-for-overseas-unabated-coal-generation-by-end-of-2021/.

主导气候治理进程，与《巴黎协定》下的“国家自主贡献”机制相对立，可能激化美国与新兴发展中国家的矛盾。

三　展望和中国应对

美国的气候政策呈现周期性变化，深刻影响中美之间的关系。拜登上台以后，中国应当构建多层次气候治理与危机管控体系。

（一）美国气候政策周期性变化

纵观历史经验，美国气候环境决策的制度基础与结构基本没有发生变化，但是随着决策者和利益相关者的力量对比发生改变，在不同时期国内外环境因素的影响下，美国政府的气候变化相关政策体现出“周期性”与“易变性”特征，特别是美国气候政策周期与选举周期呈现高度一致性。

第一，美国政府的气候相关政策常常发生反复，体现出了很强的“周期性”与“易变性”。从奥巴马到特朗普，再到拜登，由于他们的气候政策偏好不同，美国气候政策呈现明显的周期性变化。与小布什政府时期相比，奥巴马政府采取了更加积极的气候变化政策。奥巴马政府将气候变化议题与美国能源独立相联系，发展新能源与低碳经济，落实国家减排承诺以及重视多边主义。在特朗普执政时期，特朗普退出《巴黎协定》削弱了美国的气候领导力，影响全球气候治理进程。国内方面复兴化石能源，国际方面体现出鲜明的单边主义和反全球化倾向。到了拜登政府执政时期，拜登个人及其团队的气候外交政策偏好与特朗普政府基本相反。在国内方面，拜登政府推动清洁能源融入美国经济发展的整体进程；而在气候外交方面，拜登重返《巴黎协定》，着力通过国际合作共同应对气候变化。

第二，气候政策周期与选举周期一致。在美国，民主党与共和党历来在气候政策上缺乏共识，在全球气候治理的参与意愿上存在差异。当共和党控制行政与国会时，美国参与全球气候治理的意愿在低位徘徊。反之，当民主党控制行政与国会时，美国往往会采取积极有为的气候政策。

（二）中国的应对措施

中国已将碳达峰、碳中和纳入国家发展整体布局并在全球治理领域发挥了重要的绿色引领作用。习近平主席指出，“可持续发展是解决当前全球性问题的金钥匙，同构建人类命运共同体目标相近、理念相通”①，因此应对气候变化问题也有助于中美新型国际关系建设。拜登上台以后，中美两国关系整体上尽管不会完全向好，但至少会比特朗普时期有较大的缓解，中美两国之间的合作空间加大。拜登政府对中国采取限制性的气候外交政策，因此中国应当构建多层次、系统性的气候治理与危机管理体系。

第一，发挥气候外交在重塑中美战略互信中的基础作用。合作型领导是指通过说服、号召和强制的外交手段实现特定的气候治理目标并推动气候合作。② 拜登政府对中国实施限制性气候合作策略，虽然与中国存在竞争，但一直都强调需要中国参与气候变化领域的合作，在气候议题上强调中美合作型领导。通过多边合作，中美可以在全球进行号召，推动《巴黎协定》履约制度取得进展，形成全球气候治理机制“硬约束”。中国应推进实现中美气候合作的制度化，共同建设气候人权与救灾机制，与美国在气候安全领域开展合作，增进中美战略互信，推动提升中美在气候变化领域的合作水平，为后《巴黎协定》时代的中美合作领导做好充分准备。

第二，应对美国气候政策的“周期性”与“易变性”。中国应当重视低碳转型，推动实施相关政策与具体项目，在参与全球气候治理中发挥更大的影响力；“拉欧促美”，寻求新的国际气候治理的合作伙伴；关注美国政党

---

① 《习近平在第二十三届圣彼得堡国际经济论坛全会上的致辞》，http：//www. xinhuanet. com/politics/leaders/2019 - 06/08/c_ 1124596100. htm，新华网，2019 年 6 月 7 日。

② 于宏源、张潇然、汪万发：《拜登政府的全球气候变化领导政策与中国应对》，《国际展望》2021 年第 2 期。

政治发展趋势与民意变化，保持与民主党主要利益集团的合作，建立与共和党的气候能源交流机制；扩大与企业、公民、社会组织和与气候变化相关的其他行为体等非国家行为体的合作，积极加入全球气候行动，推动中国参与全球气候治理的进程。

第三，与美国建设绿色经济伙伴关系。新冠肺炎疫情暴发后全球经济恢复成为重要议题。中美在新能源领域具有很大的合作空间，中美可以合作创新若干非顶尖技术以及进行相关的投资合作。中美之间有着规模巨大的绿色经济市场，为了实现《巴黎协定》和全球碳中和的共同目标，应当发挥生产能力、技术资源优势，创新经济发展模式。

第四，在绿色经济与科技等合作领域形成以我为主的新标准与新重点。中国应当把握拜登政府执政的时机和全球低碳能源转型的机遇，进一步推进中美清洁能源伙伴关系的建构，吸纳更多智库、企业、行业协会、金融投资机构、能源生产与消费主体以及次国家行为体如州（省）、城市、城市联盟等多元行为体参与到弹性包容的中美清洁能源合作中，推进双边气候能源民间外交的良性互动。中国需警惕西方国家联手实施“碳关税”。中国应成立“碳中和”研究组，加强绿色数字技术研发与普及以及绿色技术通兑能力建设，推动建立符合中国企业共同诉求的减排标准。中国应推动国内清洁能源的发展，深化新能源方面的供给侧结构性改革，完善技术创新等相关政策。

第五，重视在适应能力、低碳技术、碳中和等新领域的具体合作。推动中美合作开展全球气候变化风险评估、制定发展中国家气候灾害预警方案、支持全球应对气候风向响应能力建设等，合作建设中美气候变化早期预警合作平台。加强中美在低碳技术领域的合作，重视知识产权保护，形成竞争性合作伙伴关系。

第六，发挥元首外交、峰会外交的战略导向作用。中美在气候变化上具有广泛的共同利益，两国领袖都为气候变化合作发挥了建设性作用，例如推动《巴黎协定》的达成等。中美通过气候合作，能够有效应对气候领导力“赤字”带来的挑战、有利于降低治理成本，从宏观上助力中美双边关系的

发展。在此背景下，加强中美元首外交，有助于推动后《巴黎协定》时代的气候治理，通过国际多边会议，例如二十国集团峰会、在中国昆明召开的联合国第15次《生物多样性公约》缔约方大会、《联合国气候变化框架公约》第26次缔约方大会等进行协调，争取在2060年前实现碳中和。

附　　录

Appendices

G.29
气候灾害历史统计

翟建青　赵庆庆*

本附录分别给出全球、“一带一路”区域和中国三个空间尺度的气候灾害历史统计数据，相关数据主要来源于紧急灾难数据库（Emergency Events Database，EM – DAT）、中国气象局国家气候中心和中华人民共和国应急管理部，其中全球和“一带一路”区域气候灾害统计数据始于1980年，中国气候灾害统计数据为自1984年以来，相关数据可为气候变化适应和减缓研究提供支持。

* 翟建青，国家气候中心副研究员，南京信息工程大学气象灾害预报预警与评估协同创新中心骨干专家，主要研究方向为气候变化影响评估与气象灾害风险管理；赵庆庆，南京信息工程大学在读硕士研究生，主要研究方向为灾害风险管理。

全球气候灾害历史统计

■天气灾害（台风、风暴、强对流、龙卷风）
■水文灾害（洪涝、泥石流、滑坡）
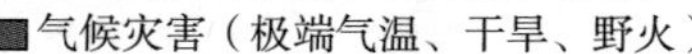

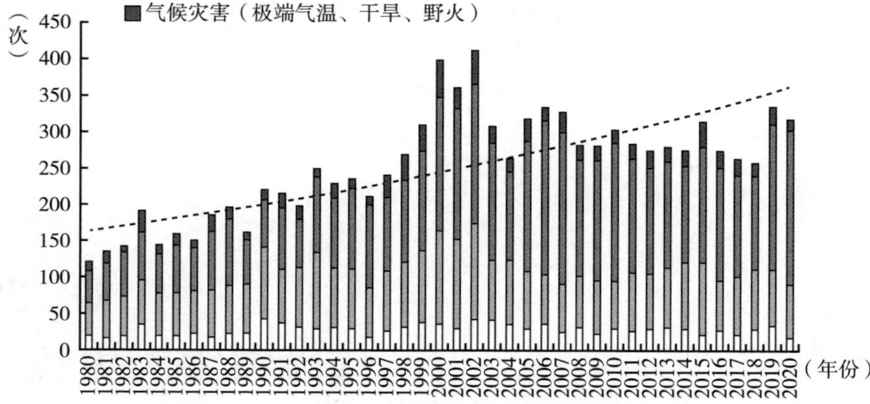

图1　1980 ~ 2020 年全球重大自然灾害事件发生次数

注：收录该数据库的灾害事件至少满足以下 4 个条件之一：有 10 人及 10 人以上死亡；100 人或 100 人以上受到影响；政府宣布进入紧急状态；政府申请国际救援。当数据缺失时，也会考虑一些次要标准，例如“重大灾难/重大损失（“十年来最严重的灾难”和/或“这是该国损失最严重的灾难”）。图 2 至图 4 同。

资料来源：EM - DAT。

■天气灾害（台风、风暴、强对流、龙卷风）
■水文灾害（洪涝、泥石流、滑坡）
■气候灾害（极端气温、干旱、野火）

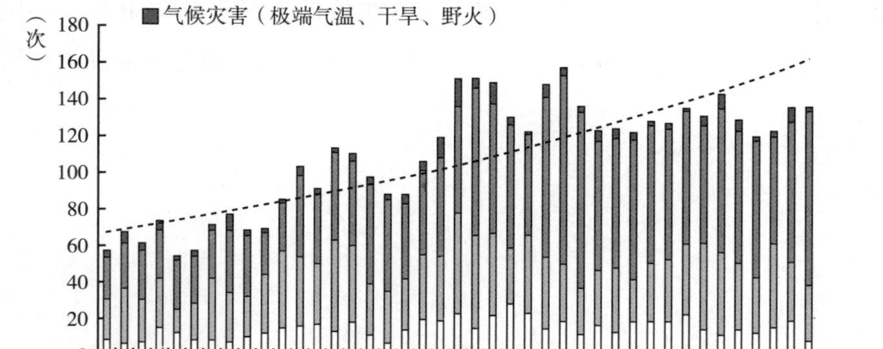

图2　1980 ~ 2020 年亚洲重大自然灾害事件发生次数

资料来源：EM - DAT。

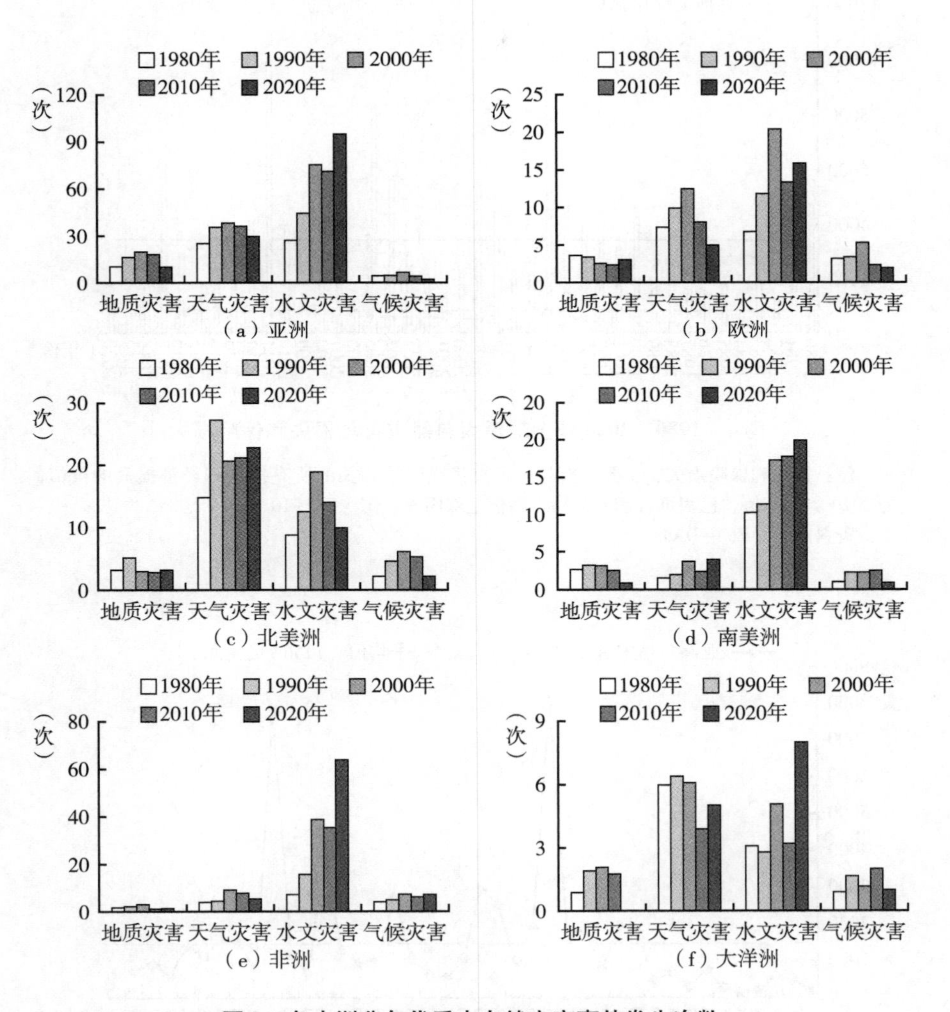

图3　各大洲分年代重大自然灾害事件发生次数

资料来源：EM - DAT。

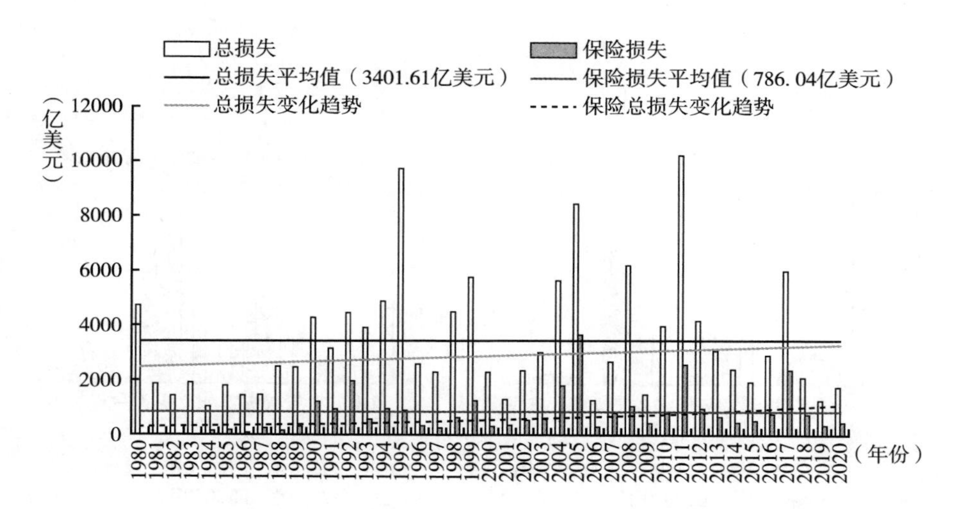

图 4　1980～2020 年全球重大自然灾害总损失和保险损失

注：损失和保险损失，主要是指与灾害直接或间接相关的所有损失和经济损失的价值，为2020 年计算值，已根据各国 CPI 扣除物价上涨因素。图 5 至图 10 同。

资料来源：EM－DAT。

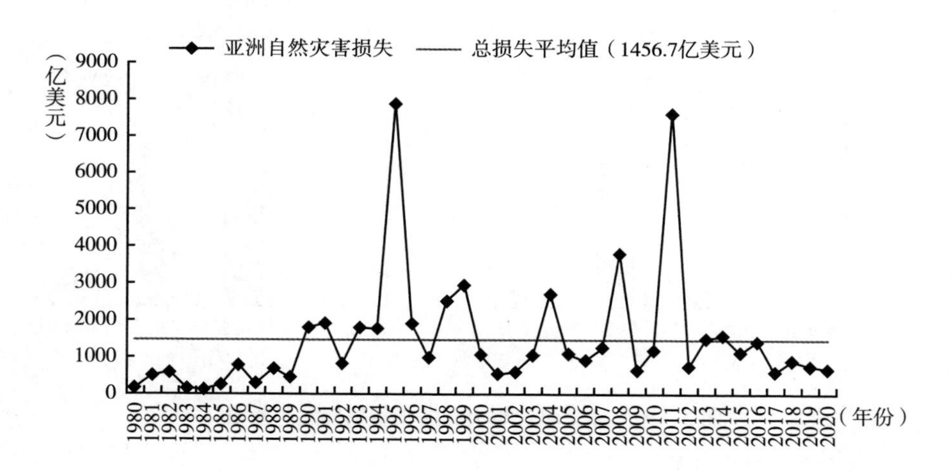

图 5　1980 ～ 2020 年亚洲重大自然灾害总损失

资料来源：EM－DAT。

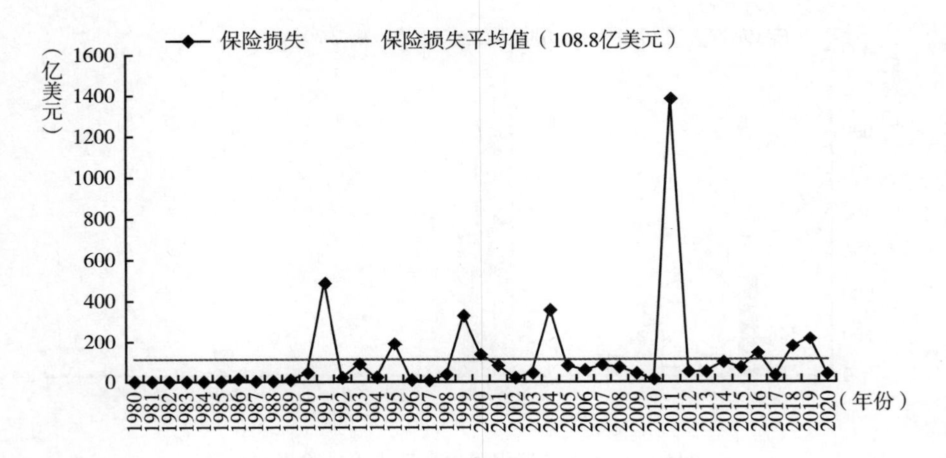

图6　1980 ~ 2020 年亚洲重大自然灾害保险损失

资料来源：EM - DAT。

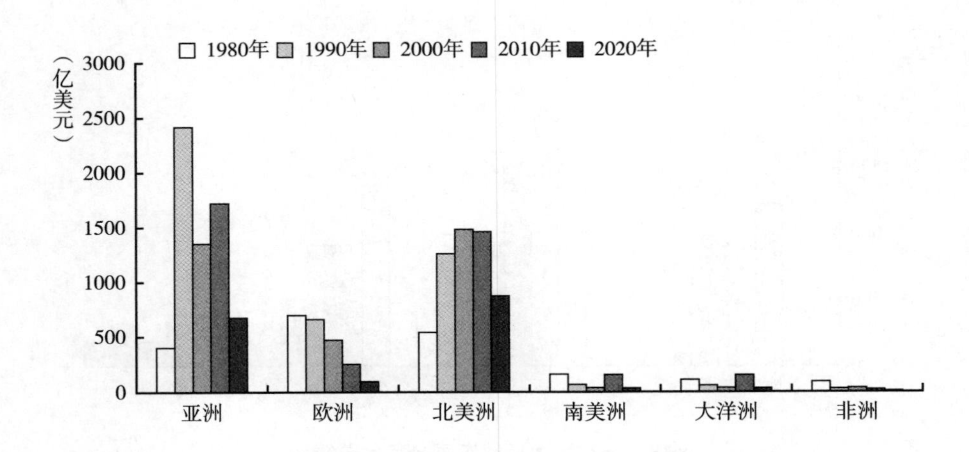

图7　各大洲分年代重大自然灾害总损失

资料来源：EM - DAT。

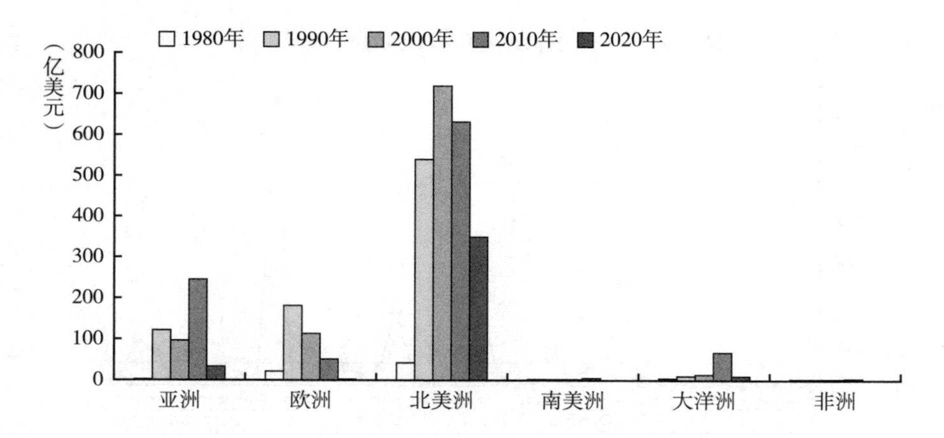

图8　各大洲分年代重大自然灾害保险损失

资料来源：EM - DAT。

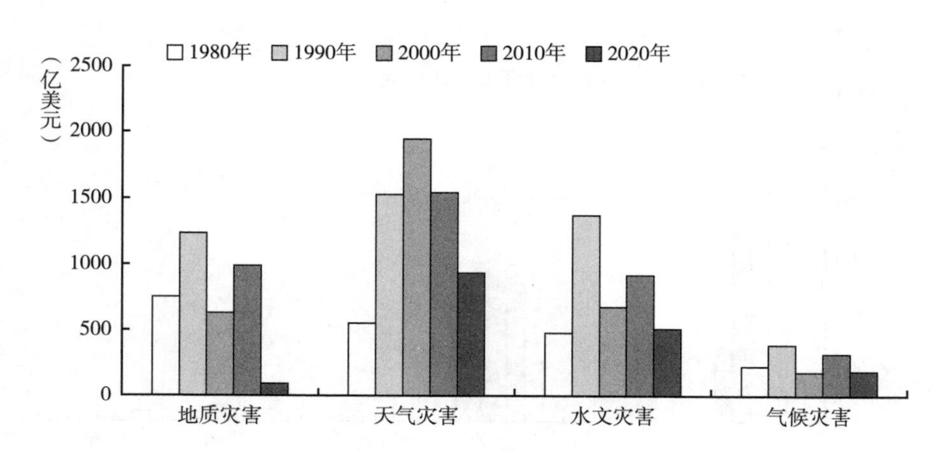

图9　各类重大自然灾害分年代总损失

资料来源：EM - DAT。

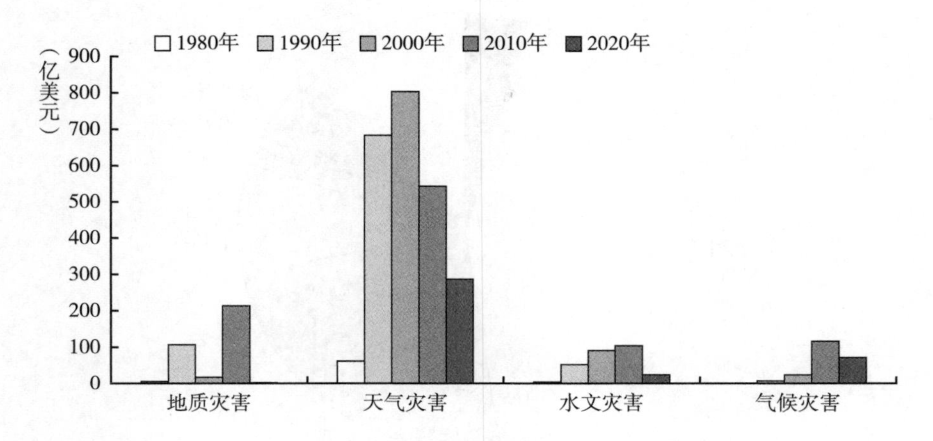

图 10　各类重大自然灾害分年代保险损失

资料来源：EM - DAT。

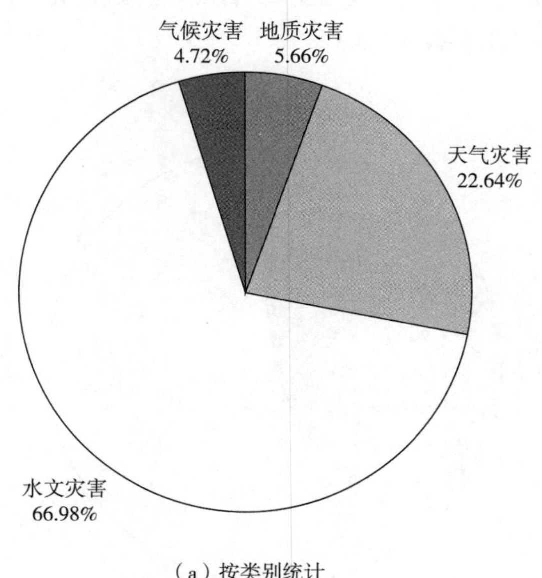

（a）按类别统计
总次数318次

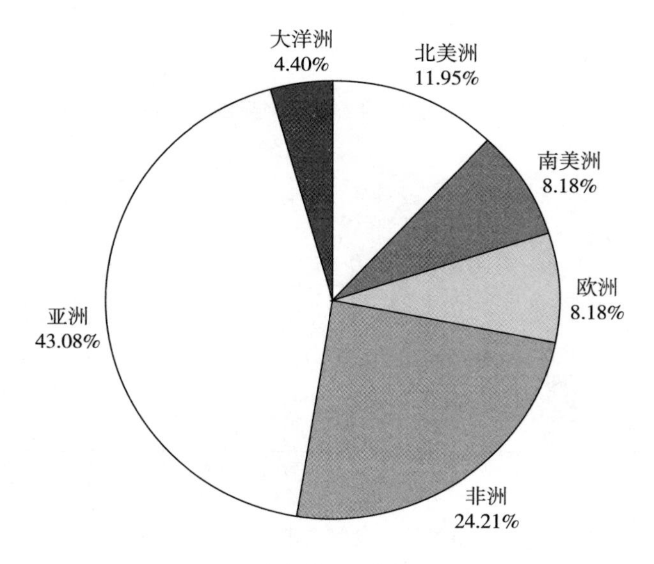

（b）按地区统计
总次数318次

图11　2020年全球各类重大自然灾害发生次数分布

资料来源：EM－DAT。

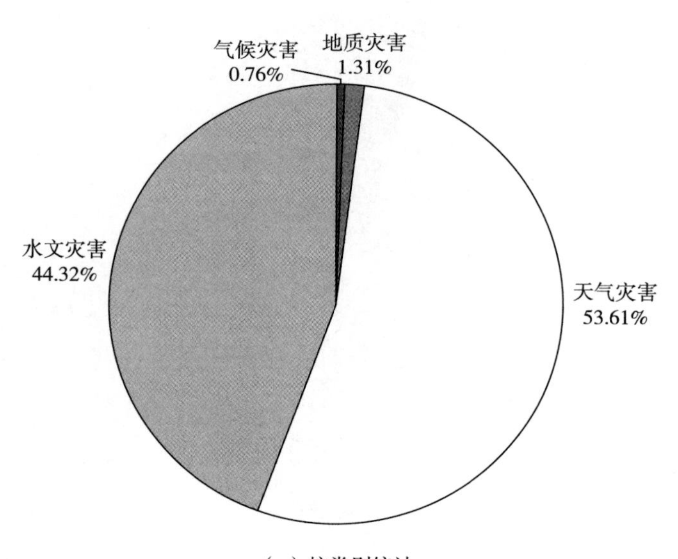

（a）按类别统计
总死亡人数15082人

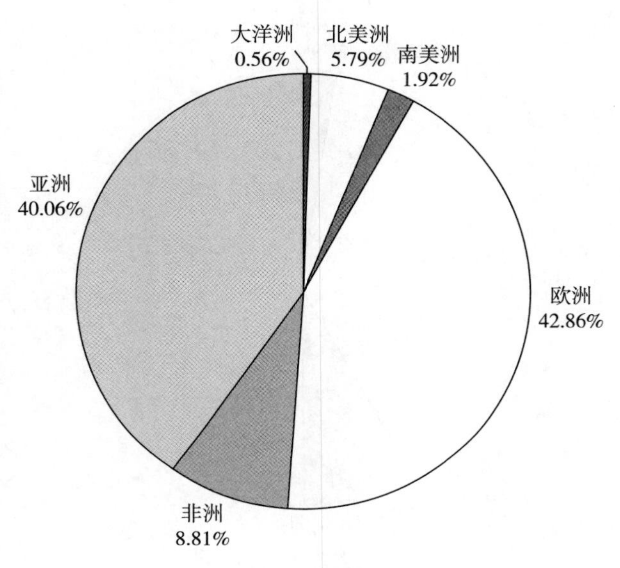

（b）按地区统计
总死亡人数15082人

图 12　2020 年全球各类重大自然灾害死亡人数分布

注：这里统计的是总死亡人数（Total deaths）：包括因事件发生而丧生的人，以及灾难发生后下落不明的人数，根据官方数据推定死亡人数。

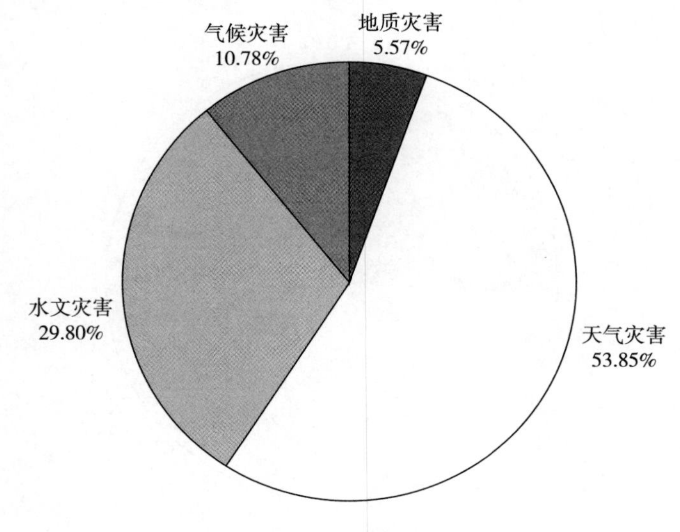

（a）按类别统计
总损失1731.3亿美元

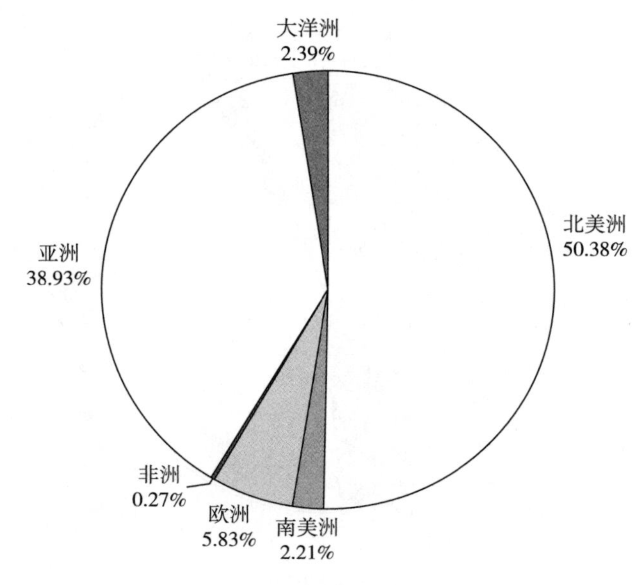

（b）按地区统计
总损失1731.3亿美元

图13　2020年全球各类重大自然灾害总损失分布

资料来源：EM－DAT。

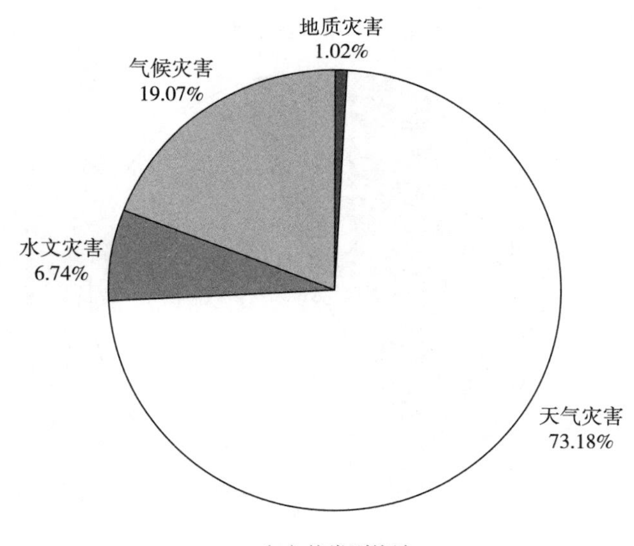

（a）按类别统计
保险损失393.3亿美元

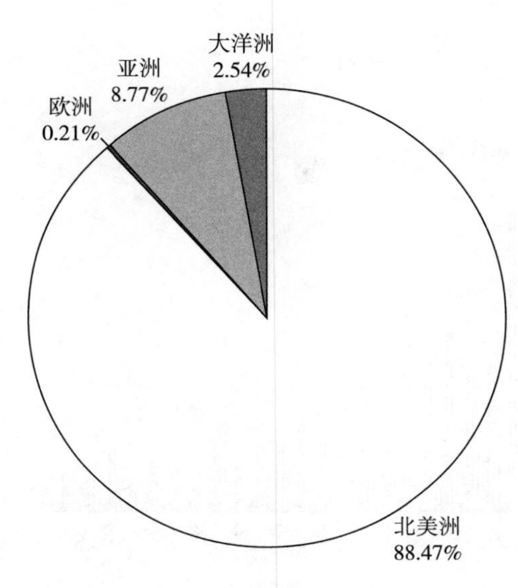

（b）按地区统计
保险损失393.3亿美元

图 14　2020 年全球各类重大自然灾害保险损失分布

资料来源：EM－DAT。

表 1　1980 年以来美国重大气象灾害（直接经济损失≥10 亿美元）损失统计

灾害类型	次数	次数比例（%）	损失（10 亿美元）	损失比例（%）	每次平均损失（10 亿美元）	死亡人数（人）
干旱	28	9.7	261.5	13.7	9.3	3910
洪水	33	11.4	153.0	8.0	4.6	617
低温冰冻	9	3.1	31.1	1.6	3.5	162
强风暴	132	45.5	293.9	15.4	2.2	1766
台风/飓风	52	17.9	1011.3	53.1	19.4	6593
火灾	18	6.2	103.7	5.4	5.8	393
暴风雪	18	6.5	51.4	2.7	2.9	1051
总计	290	100.0	1905.9	100.0	6.6	14492

资料来源：https：//www. ncdc. noaa. gov/billions/summary－stats；灾害损失值已采用 CPI 进行调整。

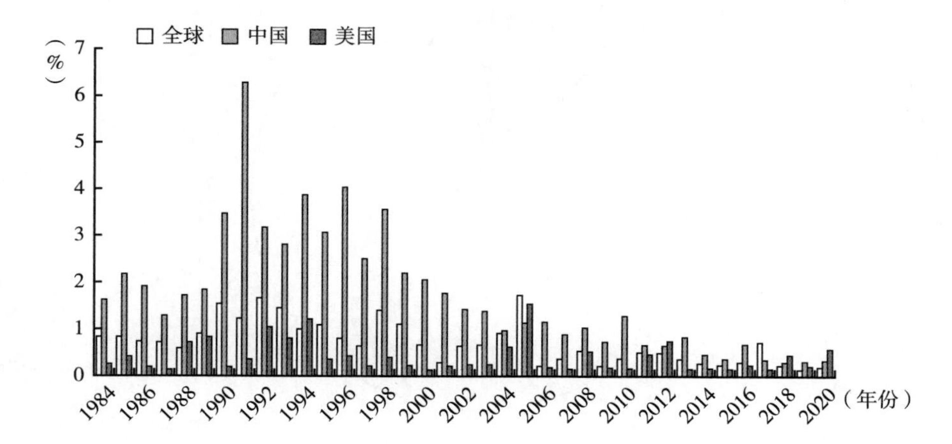

图 15　1984～2020 年全球、美国及中国气象灾害直接经济损失占 GDP 比例

资料来源：EM－DAT、世界银行和国家气候中心。

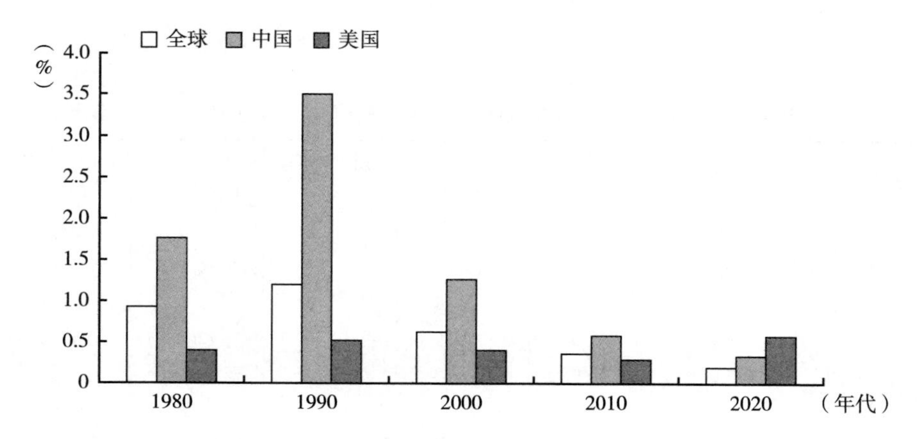

图 16　全球、美国及中国气象灾害直接经济损失占 GDP 比重的年代际变化

资料来源：EM－DAT、世界银行和国家气候中心。

“一带一路”区域气候灾害历史统计

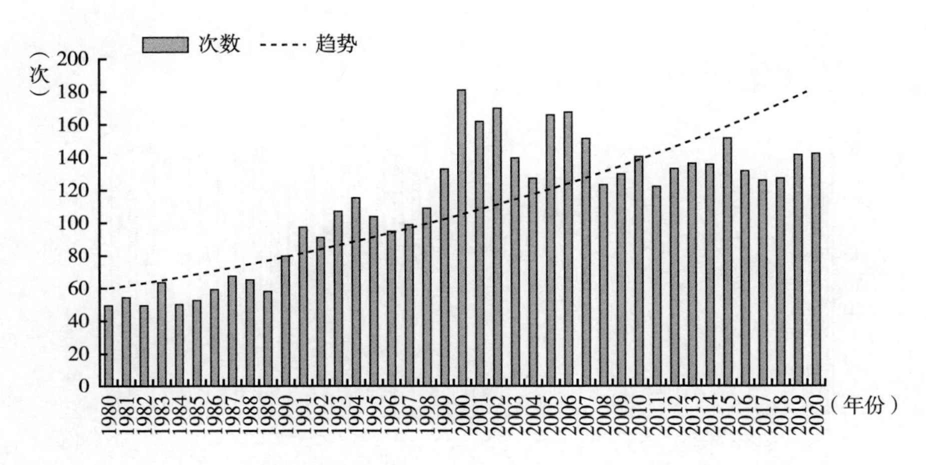

图1　1980～2020年“一带一路”区域气象发生次数

资料来源：EM－DAT。

“一带一路”区域指“六廊六路多国多港”合作框架覆盖含中国在内的65个国家，其中东北亚2国（蒙古和俄罗斯），东南亚11国（新加坡、印度尼西亚、马来西亚、泰国、越南、菲律宾、柬埔寨、缅甸、老挝、文莱和东帝汶），南亚7国（印度、巴基斯坦、斯里兰卡、孟加拉国、尼泊尔、马尔代夫和不丹），西亚北非20国（阿联酋、科威特、土耳其、卡塔尔、阿曼、黎巴嫩、沙特阿拉伯、巴林、以色列、也门、埃及、伊朗、约旦、伊拉克、叙利亚、阿富汗、巴勒斯坦、阿塞拜疆、格鲁吉亚和亚美尼亚），中东欧19国（波兰、阿尔巴尼亚、爱沙尼亚、立陶宛、斯洛文尼亚、保加利亚、捷克、匈牙利、马其顿、塞尔维亚、罗马尼亚、斯洛伐克、克罗地亚、拉脱维亚、波黑、黑山、乌克兰、白俄罗斯和摩尔多瓦），中亚5国（哈萨克斯坦、吉尔吉斯斯坦、土库曼斯坦、塔吉克斯坦和乌兹别克斯坦）。

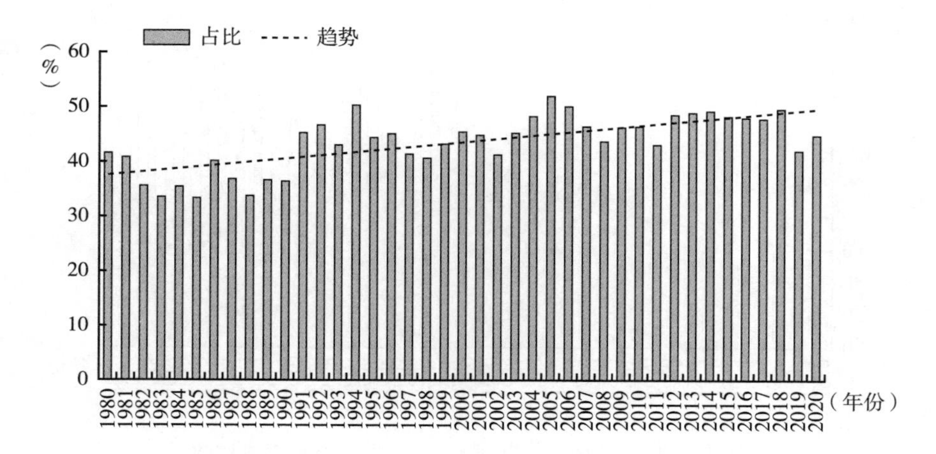

图2　1980～2020年“一带一路”区域气象灾害发生次数占全球比重及其趋势

资料来源：EM－DAT。

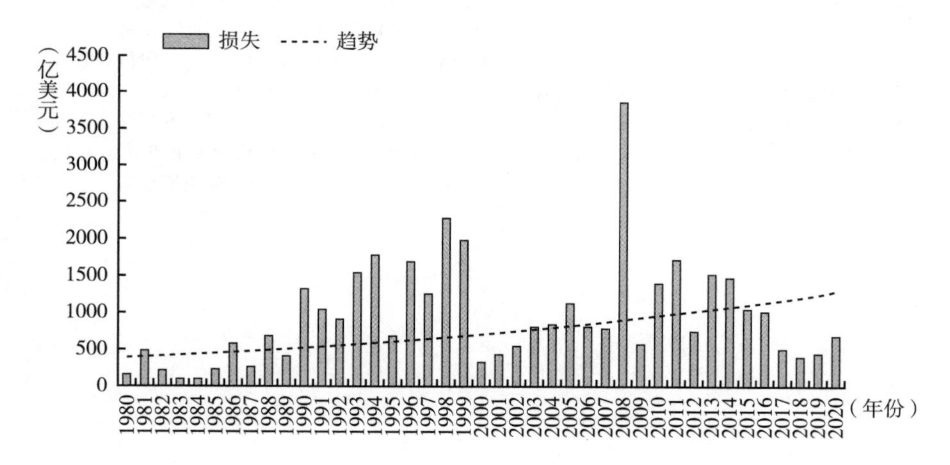

图3　1980～2020年“一带一路”区域气象灾害直接经济损失

资料来源：EM－DAT。

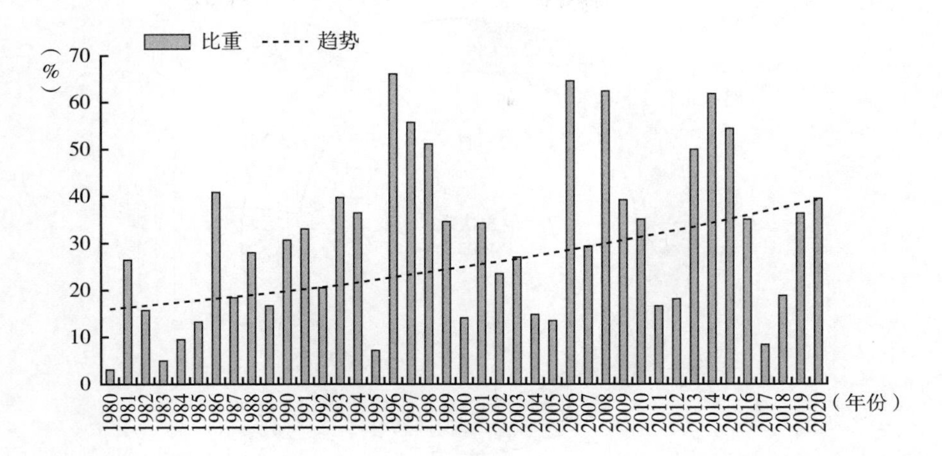

图4　1980～2020年“一带一路”区域气象灾害直接经济损失占全球比重

资料来源：EM－DAT。

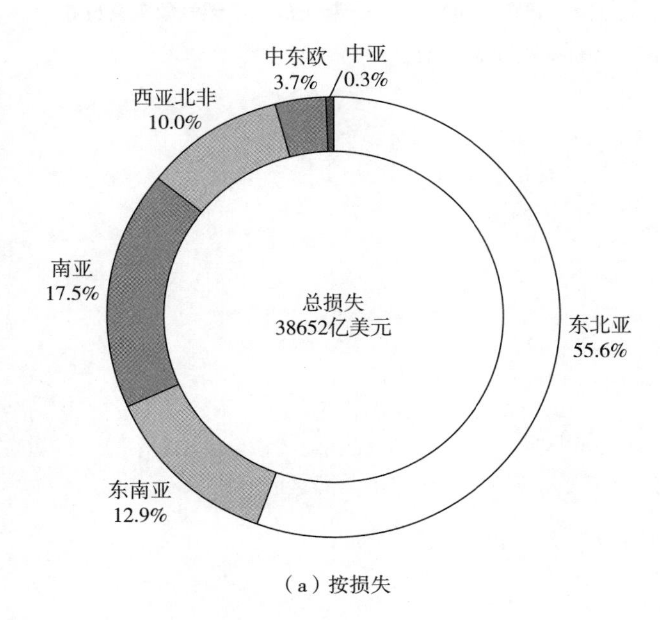

（a）按损失

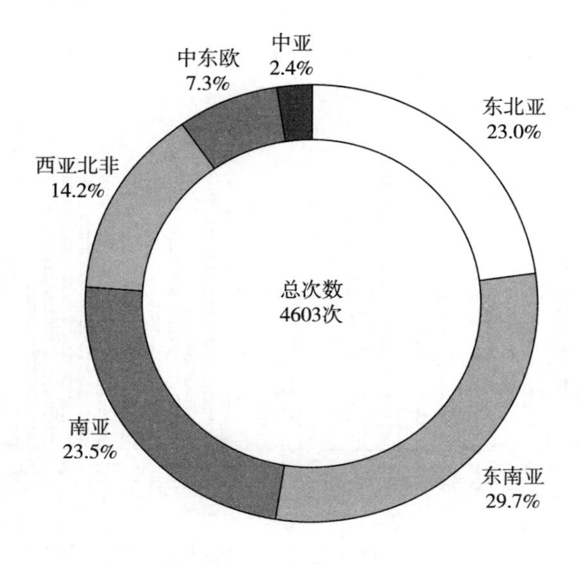

（b）按次数

图5　1980～2020年“一带一路”区域气象灾害分布

资料来源：EM－DAT。

中国气候灾害历史统计

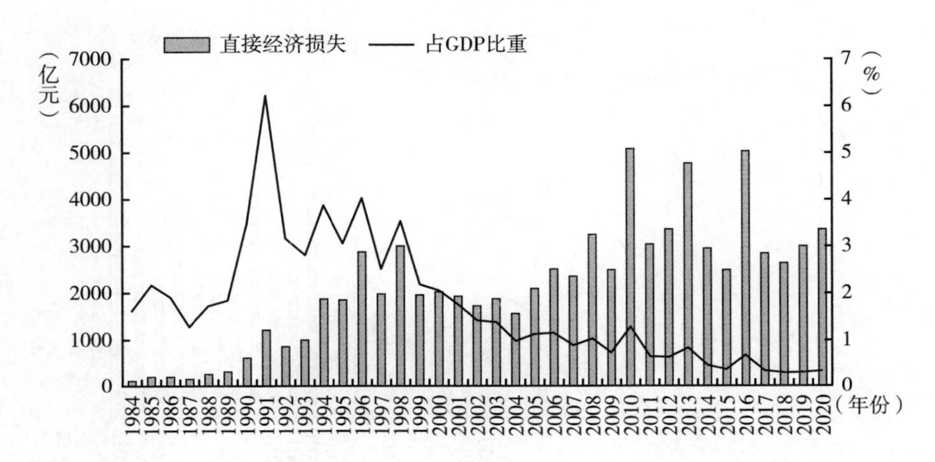

图1　1984~2020年中国气象灾害直接经济损失及其占GDP比重

资料来源：《中国气象灾害年鉴》和《中国气候公报》。

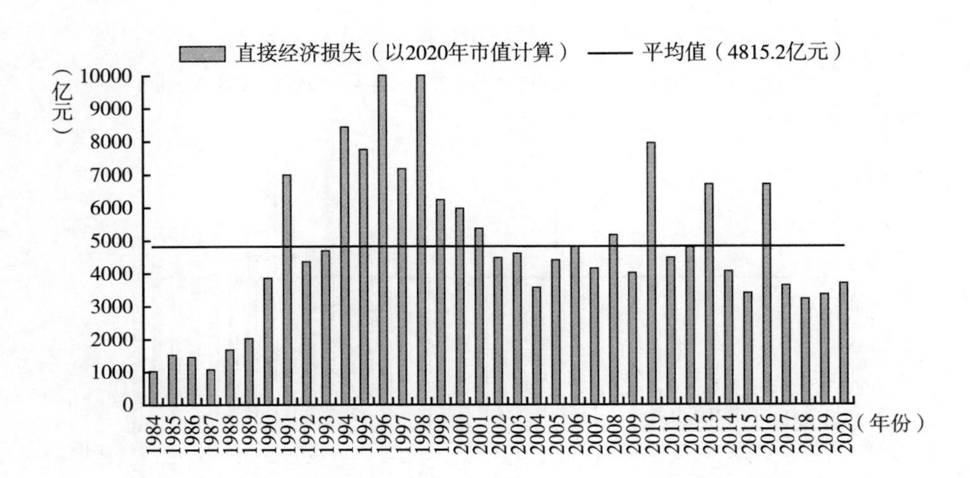

图2　1984~2020年中国气象灾害直接经济损失

资料来源：《中国气象灾害年鉴》和《中国气候公报》。

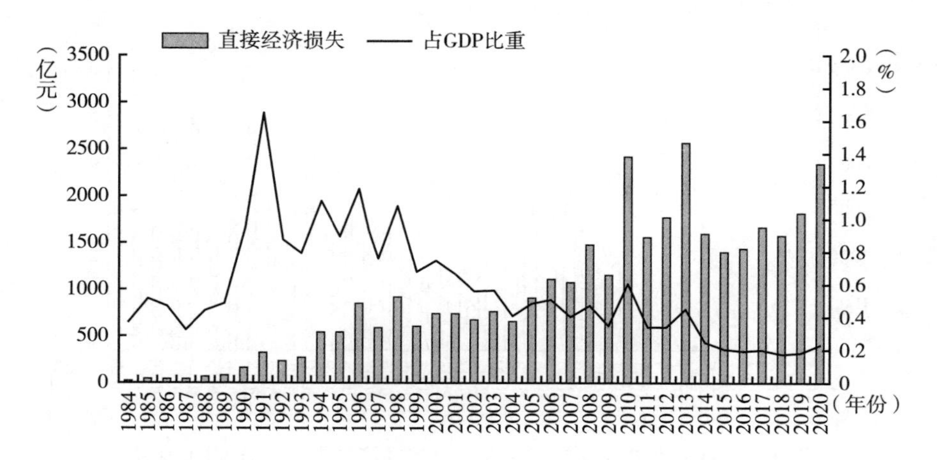

图3　1984~2020年中国城市气象灾害直接经济损失及其占GDP比重

资料来源：《中国气象灾害年鉴》、《中国气候公报》和国家统计局。

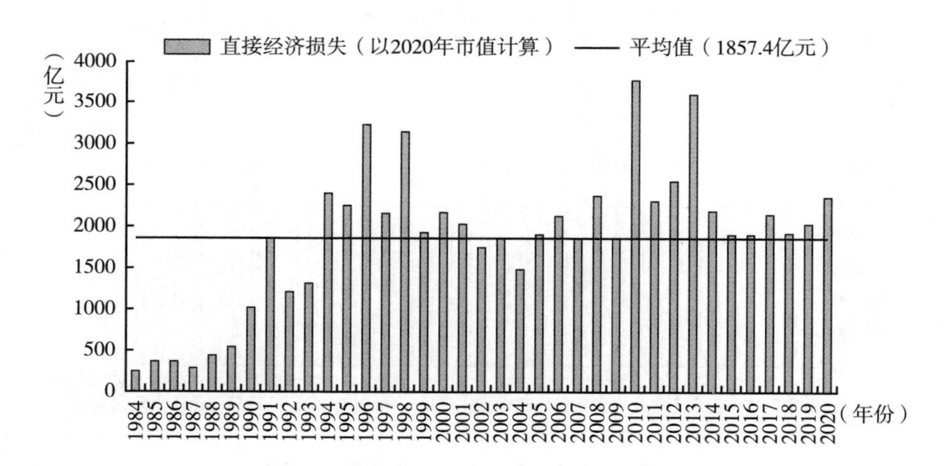

图4　1984~2020年中国城市气象灾害直接经济损失

资料来源：《中国气象灾害年鉴》、《中国气候公报》和国家统计局。

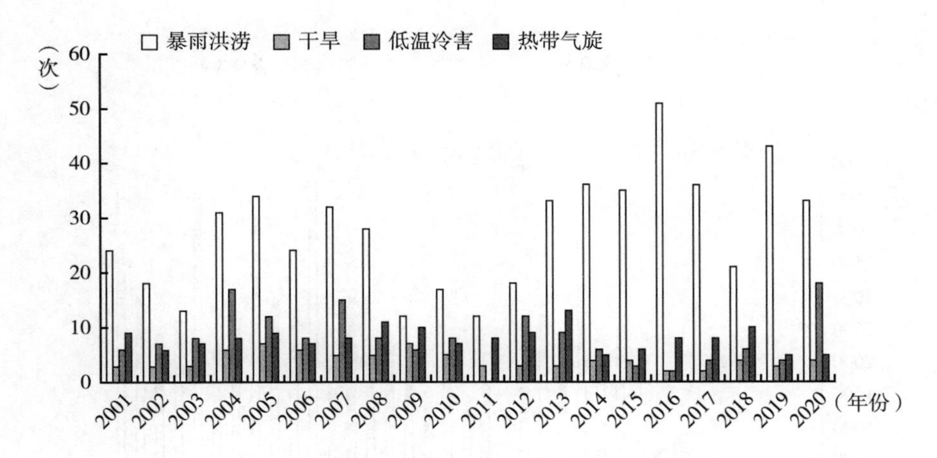

图5　2001～2020年中国气象灾害发生次数

资料来源：《中国气象灾害年鉴》和《中国气候公报》。

表1　2004～2020年中国气象灾害灾情统计

年份	农作物灾情		人口灾情		气象灾害直接经济损失（亿元）	城市气象灾害直接经济损失（亿元）
	受灾面积（万公顷）	绝收面积（万公顷）	受灾人口（万人）	死亡人口（人）		
2004	3765	433.3	34049.2	2457	1565.9	653.9
2005	3875.5	418.8	39503.2	2710	2101.3	903.4
2006	4111	494.2	43332.3	3485	2516.9	1104.9
2007	4961.4	579.8	39656.3	2713	2378.5	1068.9
2008	4000.4	403.3	43189.0	2018	3244.5	1482.1
2009	4721.4	491.8	47760.8	1367	2490.5	1160.4
2010	3743.0	487.0	42494.2	4005	5097.5	2421.3
2011	3252.5	290.7	43150.9	1087	3034.6	1555.8
2012	2496.3	182.6	27428.3	1390	3358.9	1766.8
2013	3123.4	383.8	38288	1925	4766.0	2560.8
2014	1980.5	292.6	23983	936	2964.7	1592.9
2015	2176.9	223.3	18521.5	1217	2502.9	1404.2
2016	2622.1	290.2	18860.8	1396	4961.4	2845.4
2017	1847.81	182.67	14448	833	2850.4	1668.1
2018	2081.43	258.5	13517.8	568	2615.6	1558.4
2019	1925.69	280.2	13759.0	816	3270.9	1982.2
2020	1995.8	270.6	13814.2	483	3680.9	2351.7

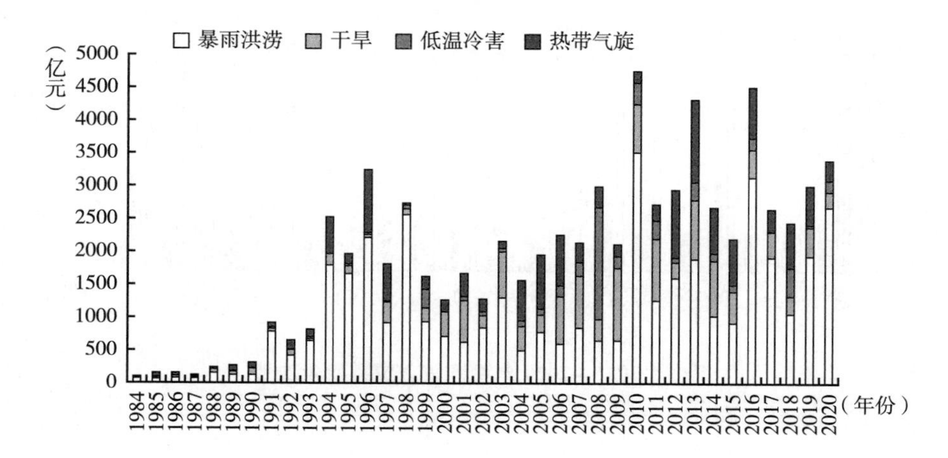

图6　1984～2020年中国各类气象灾害直接经济损失

资料来源：《中国气象灾害年鉴》、《中国气候公报》和应急管理部。

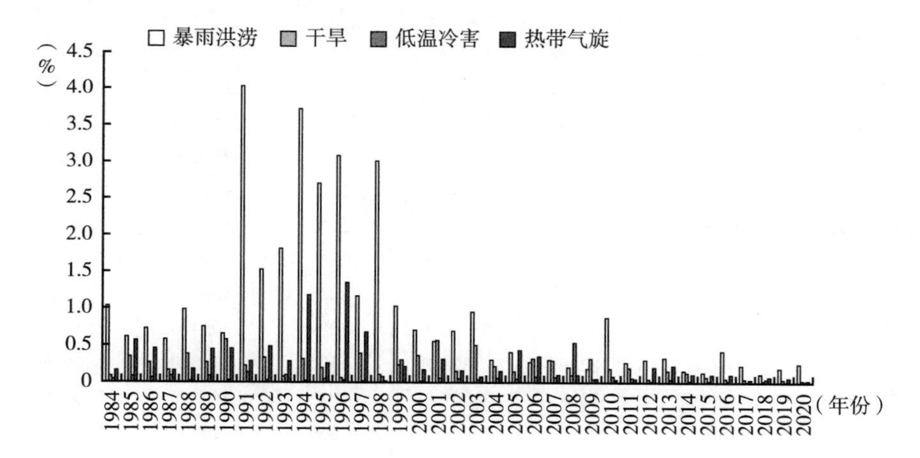

图7　1984～2020年中国各类气象灾害直接经济损失占GDP比重

资料来源：《中国气象灾害年鉴》、《中国气候公报》和应急管理部。

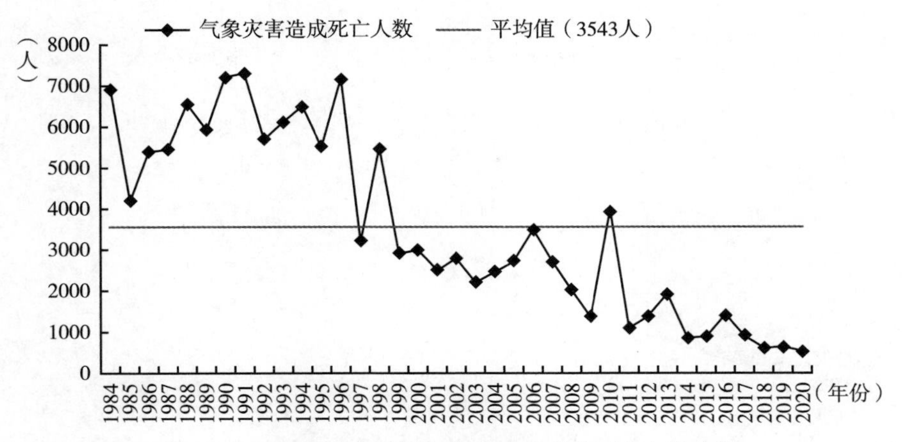

图 8　1984～2020 年中国气象灾害造成的死亡人数变化

资料来源：《中国气象灾害年鉴》、《中国气候公报》和应急管理部。

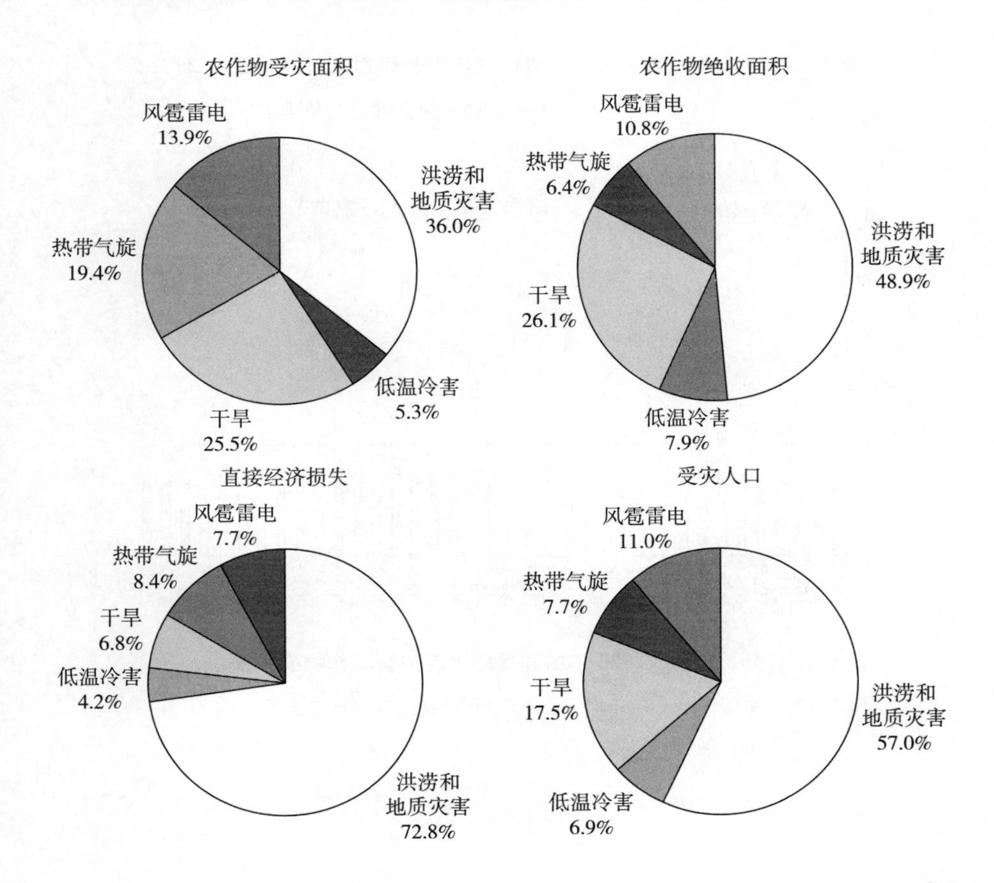

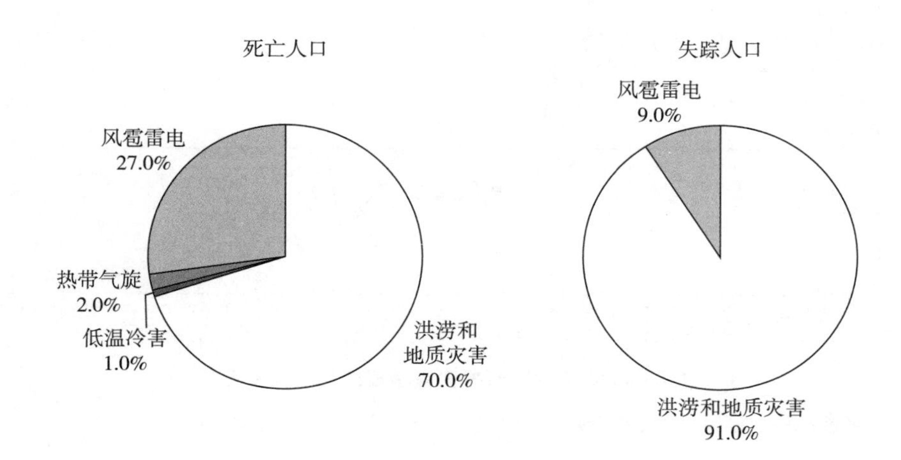

图 9　2020 年中国各类气象灾害因灾损失及死亡人口、失踪人口占比

资料来源：《中国气象灾害年鉴》、《中国气候公报》和应急管理部。

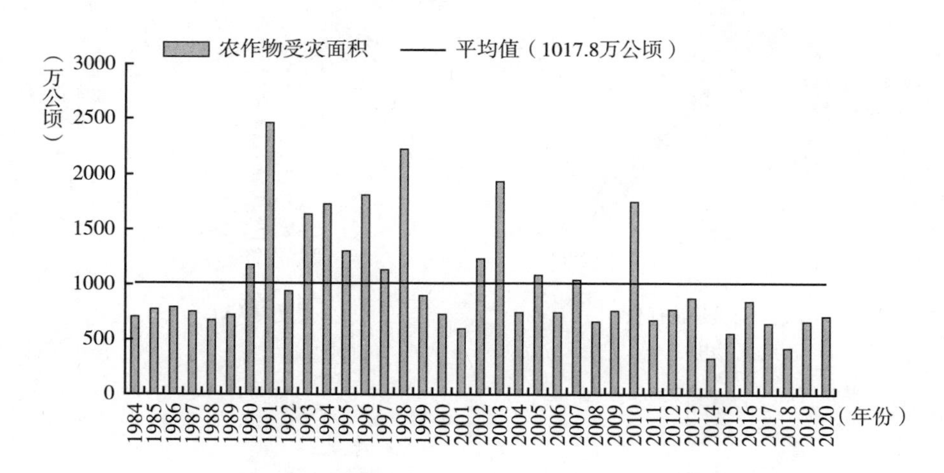

图 10　1984 ~ 2020 年中国暴雨洪涝灾害农作物受灾面积

资料来源：《中国气象灾害年鉴》、《中国气候公报》和应急管理部。

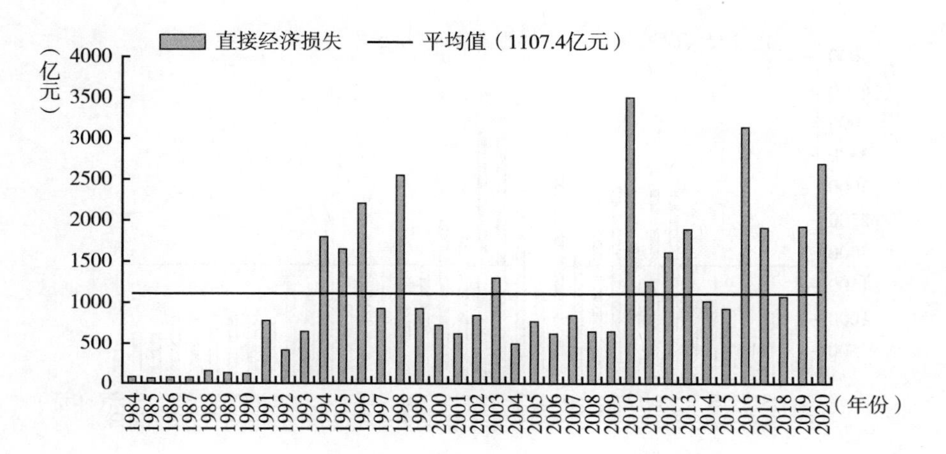

图 11　1984～2020 年中国暴雨洪涝灾害直接经济损失

资料来源：《中国气象灾害年鉴》、《中国气候公报》和应急管理部。

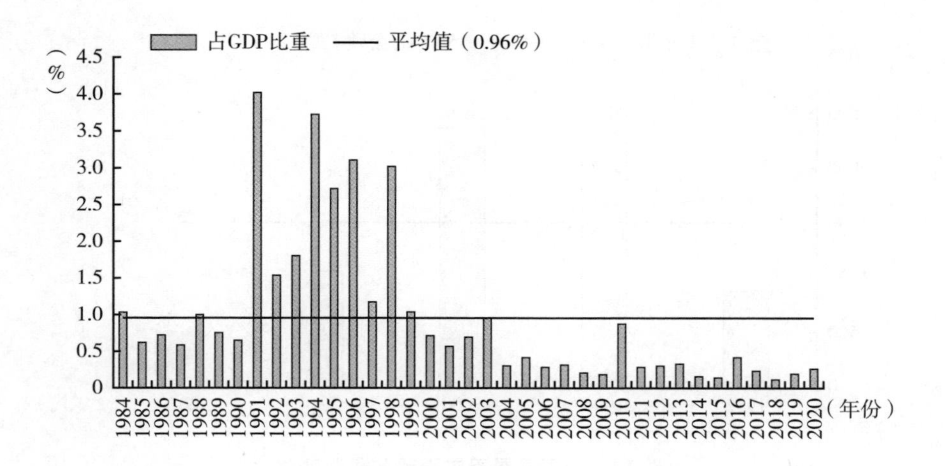

图 12　1984～2020 年中国暴雨洪涝灾害直接经济损失占 GDP 比重

资料来源：《中国气象灾害年鉴》、《中国气候公报》和应急管理部。

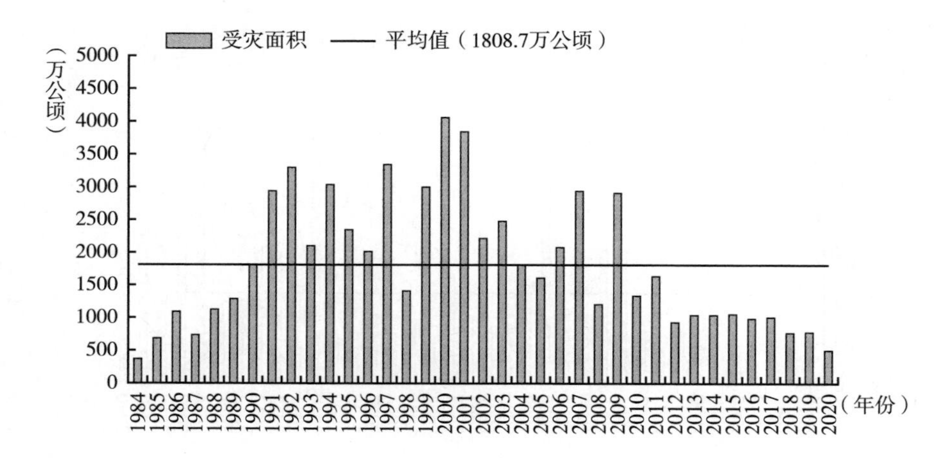

图 13　1984～2020 年中国干旱受灾面积变化

资料来源：《中国气象灾害年鉴》、《中国气候公报》和应急管理部。

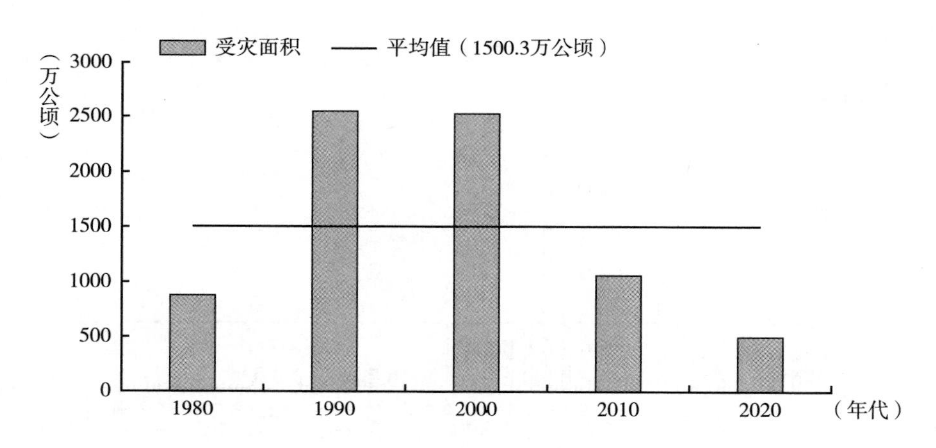

图 14　中国干旱受灾面积年代际变化

资料来源：《中国气象灾害年鉴》、《中国气候公报》和应急管理部。

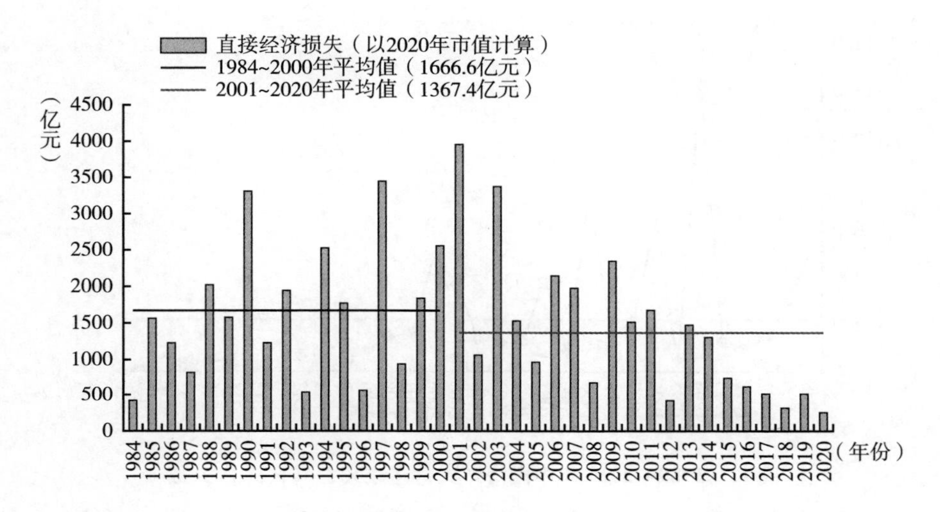

图 15　1984～2020 年中国干旱灾害直接经济损失变化

资料来源：《中国气象灾害年鉴》、《中国气候公报》和应急管理部。

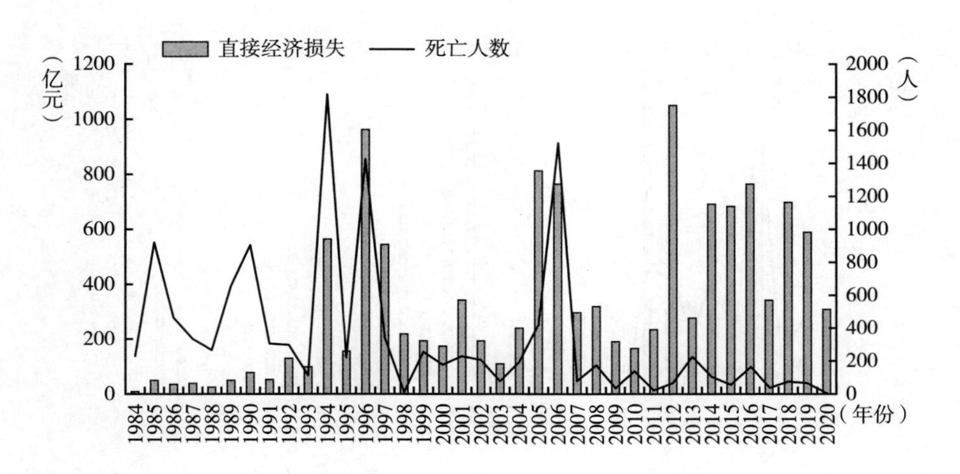

图 16　1984～2020 年中国台风灾害直接经济损失和死亡人数变化

资料来源：《中国气象灾害年鉴》、《中国气候公报》和应急管理部。

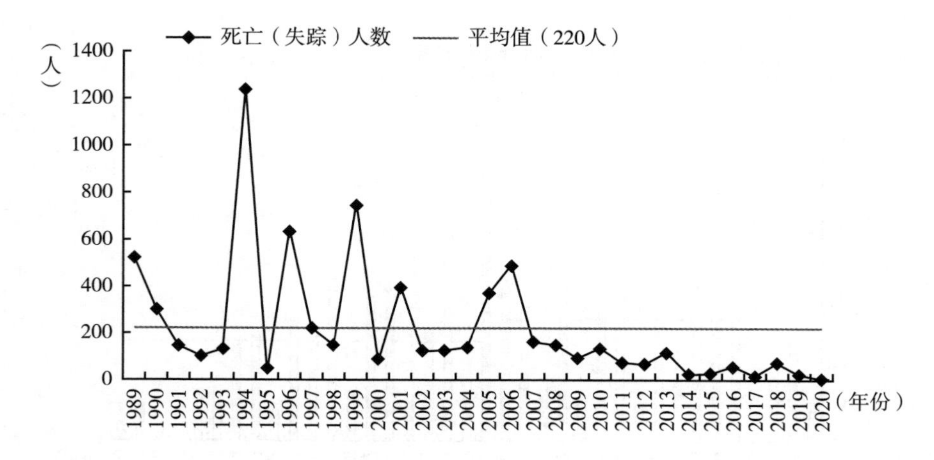

图 17　1989～2020 年中国海洋灾害造成死亡（失踪）人数

注：海洋灾害包括风暴潮、海浪、海冰、海啸、赤潮、绿潮、海平面变化、海岸侵蚀、海水入侵与土壤盐渍化以及咸潮入侵灾害。

资料来源：《中国海洋灾害公报》和中华人民共和国自然资源部。

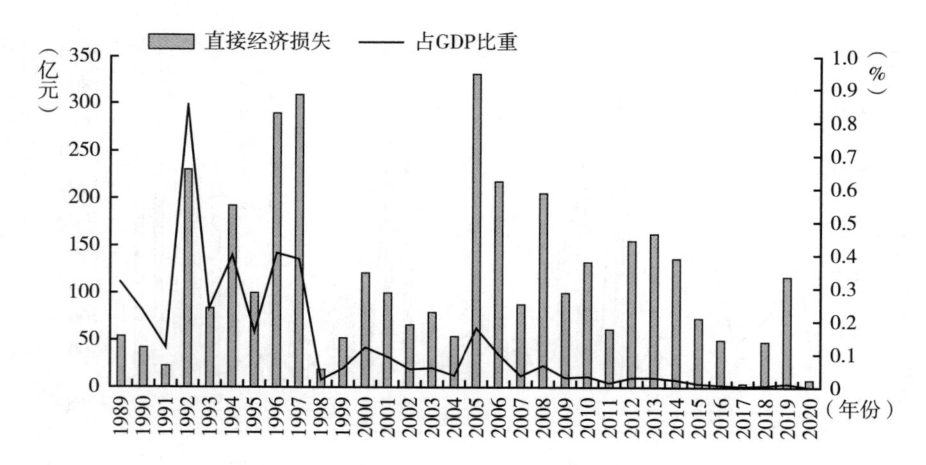

图 18　1989～2020 年中国海洋灾害造成的直接经济损失及占 GDP 比重

资料来源：《中国海洋灾害公报》和中华人民共和国自然资源部。

G.30
缩略词

胡国权*

AFOLU——Agriculture, Forestry and Other Land Use，农业、林业和其他土地利用

BECCS——Bio - Energy with Carbon Capture and Storage，生物质能耦合碳捕获与封存

CCER——China Certified Emission Reduction，中国自愿核证减排

CCS——Carbon Capture and Storage，碳捕获与封存

CCUS——Carbon Capture, Utilize and Storage，碳捕获、利用与封存

CDIAC——Carbon Dioxide Information Analysis Centre，二氧化碳信息分析中心

CDM——Clean Development Mechanism，清洁发展机制

CDR——Carbon Dioxide Removal，碳移除技术

CEMS——Continuous Emission Monitoring System，连续排放监测系统

CFO——China Future Ocean Aliance，中国未来海洋联合会

CGCF——China Green Carbon Foundation，中国绿色碳汇基金会

CO_2——Carbon Dioxide，二氧化碳

COCA——China Ocean Carbon Alliance，全国海洋碳汇联盟

COP26——The 26th session of the Conference of the Parties，联合国气候变化框架公约第二十六次缔约方大会

* 胡国权，国家气候中心副研究员，主要研究方向为气候变化数值模拟、气候变化应对战略。

CT——Carbon Tracker，碳追踪器

DAC——Direct Air Capture，空气直接捕获

DOC——Dissolved Organic Carbon，溶解有机碳

EFs——the Emission Factors，排放因子

EM - DAT——Emergency Events Database，紧急灾难数据库

ETS——Emissions Trading System，排放交易系统

EU - ETS——European Union Emissions Trading System，欧盟排放交易体系

FAO——Food and Agriculture Organization of the United Nations，联合国粮农组织

GDP——Gross Domestic Product，国内生产总值

GEF——Global Environmental Facility，全球环境基金

GPP——Gross Primary Productivity，总初级生产力

GWP——Global Warming Potential，全球变暖潜势

HFCs——Hydrofluorocarbons，氢氟烃

IAM——Integrated Assessment Model for Climate Change，气候变化综合评估模型

ICES——International Council for the Exploration of the Sea，国际海洋考察理事会

ICSU——International Council for Science，国际科学理事会

IEA——International Energy Agency，国际能源署

IET——International Emissions Trading，国际排放交易机制

IGBP——International Geosphere - Biosphere Program，国际地圈生物圈计划

IOC——Intergovernmental Oceanographic Commission of UNESCO，联合国教科文组织政府间海洋学委员会

IPCC——Intergovernmental Panel on Climate Change，联合国政府间气候变化专门委员会

IPPU——Industrial Processes and Product Use，工业过程和产品使用

JGOFS——Joint Global Ocean Flux Study，国际海洋通量研究计划

JI——Joint Implementation，联合履约机制

LNG——Liquefied Natural Gas，液化天然气

LULUCF——Land Use，Land Use Change and Forestry，土地利用，土地利用变化和林业

MCP——Microbial Carbon Pump，微型生物碳泵

MECS——Marine Ecosystem/environment Experimental Chamber System，海洋环境模拟实验体系

NAMAs——Nationally Appropriate Mitigation Actions，国家适当减缓行动

NBS——Nature - Based Solution，基于自然的解决方案

NDC/NDCs——Nationally Determined Contribution/ Contributions，国家自主贡献

NASA——National Aeronautics and Space Administration （United States），美国国家航空航天局

NOAA——National Oceanic and Atmospheric Administration （United States），美国国家海洋和大气管理局

ONCE——Ocean Carbon Negative Emission，海洋负排放国际大科学计划

PICES——North Pacific Marine Science Organization，北太平洋海洋科学组织

ppm——Parts Per Million，百万分率或百万分之几

REDII——EU Renewable Energy Directive II，欧盟可再生能源指令修订版

SLB——Sustainability - Linked Bond，可持续发展挂钩债券

SROCC——Special Report on the Ocean and Cryosphere in a Changing Climate，《气候变化中的海洋和冰冻圈特别报告》

TACCC——Transparency，Accuracy，Consistency，Completeness and Comparability，透明度，准确性，一致性，完整性和可比性

UNEP——United Nations Environment Programme，联合国环境规划署

VCS——Verified Carbon Standard，国际核证碳减排标准

VER——Voluntary Emission Reduction 自愿减排机制

WaSH——Water，Sanitation，Hygiene，水与环境、个人卫生

WHO——World Health Organization，世界卫生组织

Abstract

Since 22nd September 2020, President Xi Jinping brought out the goal of carbon peaking and carbon neutrality in the UN General Assembly, the process of tackling climate change which is aiming at carbon neutrality has been pushed forward continually. Chinese carbon neutrality target released the positive signal to the world that China would stick to the green and low carbon development pathway, leading the construction of global ecological civilization and the beauty world. It greatly accelerates the implementation process of "achieving the balance between anthropogenic emissions by sources and removals by sinks of greenhouse gases in the second half of this century", eliminating the global emission gap, injecting the big power to international society for full and effective implementation of Paris Agreement. And it also shows China's determination and confidence in leading the global cooperation in tackling climate change, becoming the crucial participator, contributor and leader in building global eco-civilization. Transition action towards carbon neutrality has become a systematic revolution concerning about the high-quality and continuous prosperity of economic and social development. It is the current focus of attention for all Parties how to involve the carbon peaking and carbon neutrality in the overall layout of economic and social development, ecological civilization construction and making explicit timetable, roadmap and working plan. Annual Report on Actions to Address Climate Change (2021): Special Issue on Carbon Peaking and Carbon neutrality is a collection of our research work on the status quo, challenges, development paths, key technologies, policies and actions in all sectors, all fields, under the China's Carbon Peaking and Carbon neutrality.

Part I gives an overview, reviewing the basic facts of global climate change and main extreme climate events during the last year and summarizing the key scientific conclusions in the Sixth Assessment Report recently released by the Intergovernmental Panel on Climate Change (IPCC). It also, from different perspectives of global and China, analyze the transition requirement and changes of related policies development on carbon neutrality, proposing some suggestions on reinforcing the global climate governance and promoting the international cooperation.

Part II provides a updated quantitative analysis of urban green and low-carbon development indicators created by Research institute for eco-civilization, assessing 182 cities in China in 2020 and compared with the urban green and low-carbon dynamic evolution data since 2010. It aims to impel the implementation of Nationally Determined Contribution (NDC) under Paris Agreement in cities and promote the urban low-carbon and high-quality development. Suggestions are given on seizing the opportunity of "dual carbon", differentiating related industrial layout, consolidating the construction of zero carbon demonstration cities and engineering, deepening synergies between reduction of pollution and carbon emissions etc.

Part III focuses on the implementation pathway of China's carbon peaking and carbon neutrality. 17 articles are selected. One introduces the current situation of carbon balance from scientific point, the uncertainty source of estimation and challenges on how to improve the estimation method. It emphasizes that anthropogenic carbon emission must be neutralized by anthropogenic carbon sink. Exaggerating the size and the number of carbon sink will cause that long-term assets hold risk for on-going high-carbon projects, bringing huge economic and social losses. Then, another paper, from international situation, national strategy and scenario models aspects, discusses the implementation pathway of carbon peaking and carbon neutrality, offering thinking and advice on accelerating high-quality and low-emission development in our country, deeply illustrating the evolution and impact of global climate governance from different sides. Afterwards, more papers analyze carbon peaking and carbon neutrality pathways from sectoral perspectives, for example, coal-based energy transition development, electricity system, transportation sector, buildings sector and key industrial sectors. There are also important information on increasing carbon sink and negative emission technologies including CCUS, forest carbon sink, ocean carbon sink etc. The nationwide carbon-market and green finance are investigated since market-based mechanisms take an important role in achieving carbon peaking and carbon neutrality. Finally, it explains the low-carbon consumption policies and measures for citizens, pathway towards carbon peaking in cities, carbon neutrality strategy in enterprises and carbon neutrality actions for big events like Beijing Winter Olympics.

Part IV including 6 papers concerns about the climate change adaptation and synergies under the goal of carbon peaking and neutrality. Analysis focus on synergistic interaction between pollution abatement and carbon emission reduction, synergistic effect between biodiversity and climate change, climate and ecological impacts of large-scale development of wind and solar power as well as the influence of extreme climate events on security of energy system etc.

Part V focuses on international carbon neutrality policies, one presenting the European carbon neutrality vision and ppolicies and measures, and another discussing the effect of climate policy change due to shift from The Trump Administration to The Biden Administration.

The Appendix of the book includes the related statistical data of climate disaster for global, the Belt and Road Initiatives regions and China, for reference.

Keywords: Carbon Peaking and Carbon Neutrality; Global Climate Governance; Green and Low-carbon; Sustainable Development

Contents

I General Report

Abstract: Since President Xi Jinping announced carbon peaking and carbon neutrality goals at United Nations General Assembly (UNGA) in Sept. 22, 2020, global process to address climate change aiming at carbon neutrality has made new progress. In this report, latest climate change facts and extreme weather and climate events are reviewed. Key messages are drew from Inter-governmental Panel on Climate Change (IPCC) The Sixth Assessment Report (AR6). Based on a comprehensive analysis on economy transition pathways and policies development under carbon neutrality goal from global and national perspectives, some suggestions are raised to enhance global climate governance and promote international cooperation on carbon neutrality.

Keywords: Carbon Peaking; Carbon Neutrality; Global Climate Governance

Ⅱ Evaluation with Quantitative Indices

Abstract: This paper evaluates 182 cities in 2020, and comparatively analyzes the dynamic evolution level of urban green and low-carbon since 2010 by using the green and low-carbon evaluation index developed by the Institute for Ecological Civilization Studies Chinese Academy of Social Sciences. The study shows that the overall level of green and low-carbon development of cities has improved. There were no cities with a score of 90 or higher in 2010, and 18 cities with a score of 90 or high which were close to 10% of the evaluated cities in 2020. The number of cities with a score of 80－89 has increased from 12 to 115, accounting for 63.19% of the evaluated cities. The green and low-carbon effect of low-carbon pilot cities is significantly better than those of non-pilot cities, and the internal convergence of pilot cities is better. According to the evaluation of three batches of pilot cities, the scores from high to low are represented as the first batch, the second batch and the third batch. Through cluster analysis of scores over the years, it gets five batches of provinces and cities with peaking carbon dioxide emissions. Finally, it proposes to seize the opportunity of "carbon emission peak and carbon neutrality" to optimize industrial distribution; strengthen the construction of zero-carbon pilot cities and projects; deepen the collaborative work of reducing pollutants and reducing carbon emissions.

Keywords: Green and Low-carbon Development; Multi-dimensional Evaluation; City

Ⅲ Implementation Pathways towards China's Carbon Peaking and Carbon Neutrality Goals

· Accounting, Estimation and Assessment

G.3 Progress in Carbon Cycle and Carbon Neutrality Assessment

Chen Baozhang, Piao Shilong, Zhang Xiaoye and Liu Zhu / 040

Abstract: China's implementation of carbon neutrality commitments will lead to significant changes in carbon dioxide (CO_2) emissions, terrestrial ecosystems carbon sinks, which can indicate the effectiveness of the implementation of carbon neutrality policies and plans. In order to develop a feasible road map for carbon neutrality by 2060, it is necessary to clearly understand the current status and uncertainty of the current carbon balance estimation and the challenges for improving the carbon balance estimation methods. China's CO_2 emissions increased from 3.29 ± 0.31 in 2000 to 7.62 ± 1.31 in 2009 and 10.11 ± 0.91 Gt CO_2 in 2019, respectively. The average annual total emissions in the first and second decades of this century were 5.2. ± 0.34 and 9.34 ± 0.63 Gt CO_2, respectively, and the average annual growth rate decreased from 9.0% to 2.3%. The carbon sequestration of China's terrestrial ecosystems varies between 0.77 ± 0.73 and 1.87 ± 0.66 Gt CO_2/ year from 2000 to 2019, with a 20-year average of 1.32 Gt CO_2, accounting for 10.6% of the average annual total carbon sequestration of 1.25 Gt CO_2 in the global terrestrial ecosystem from 2010 to 2019. Compared with the carbon neutrality target, the average net carbon revenue and expenditure between 2000 and 2019 is 6.22 and 8.91 Gt CO_2 in 2019. There are huge differences in CO_2 emissions, ecosystems sequestration and gaps to carbon neutrality among provinces. Only Tibet and Qinghai Provinces have achieved carbon neutrality, and the net carbon sink (contribution to national carbon neutrality) is 47 million tons and 30 million tons of CO_2 per year; The top five provinces with the largest carbon neutrality deficit have a deficit of more than 500 million tons of CO_2 per year. Finally, the problems and sources of uncertainties faced by China's carbon neutrality assessment are analyzed, and the directions of urgent improvement and development in estimation of China's carbon neutrality and carbon sinks is prospected.

Keywords: Carbon Cycle; Carbon Neutrality; Assessment of Carbon Neutrality Actions Effectiveness

Abstract: The covering of greenhouse gas of China's 2020 ad 2030 international pledges to mitigate climate change is Carbon Dioxide (CO_2). New arguments relevant to CO_2 emission estimation are rising. This paper analyzed three selected issues, namely, the scope of CO_2 estimation, the relationship between CO_2 calculation and atmospheric measurements, and the removal of CO_2 emissions. Regarding to the scope of CO_2 estimation, from the perspectives of meeting the IPCC inventory compiling criteria, the methodology should be updated to distinguish the CO_2 emission from fuel combustion and non-energy use; from the perspectives of domestic target assessment and international compliance, equal focus should be given to fuel combustion and non-energy use, i. e. the CO_2 emission from non-energy use should not be excluded from the scope, otherwise negative impacts could occur, in particular to the carbon neutral process. CO_2 estimation approaches based on atmospheric measurements are useful complementary and verification tool, however, it should not be regarded as the alternative to the calculation approach. In order to balance the carbon emissions, the most important criteria is that anthropogenic emissions must be removed by anthropogenic sink. The tendency that overestimating carbon sink scope and quantity would increase the long-run risk of stranded assets relevant to the dash of carbon-intensive infrastructure, shocking significantly the running of social-economy.

Keywords: Carbon Peaking; Carbon Neutrality; Carbon Dioxide Estimation

· **Key Sectors**

Abstract: Since September 22, 2020, General Secretary Xi Jinping has announced the deployment of carbon Peaking and carbon neutrality target at several major international occasions and important central meetings. Achieving carbon Peaking and carbon neutrality has become an extensive and profound social-economic systematic change. How to better integrate carbon Peaking and carbon neutrality visions into the overall layout of social-economic development and ecological civilization construction and clarify the timetable, road map and construction drawing is the focus of attention of all stakeholders. Based on the study ofinternational situation, national strategy and IAMC model scenario analysis, this paper summarizes and discusses the transition pathways towards carbon neutrality before 2060 in China, and puts forward the policy recommendations of orderly promoting high quality and low emission development in China.

Keywords: Carbon Peaking; Carbon Neutrality; Discharge Pathways

Abstract: The coal-based energy industry plays a huge role in supporting the

carbon emission control and energy development security, short-term peaking and long-term neutralization, coordination between the power industry and other industries, technical feasibility and economic efficiency. The GEIDCO systematically researched and put forward a series of research reports and action plans for China Energy Interconnection to promote the achievement of carbon peak and carbon neutrality, and put forward the overall idea and emission reduction path of the whole society to achieve the dual carbon goal. With the China energy interconnection as the fundamental platform, promote the two replacements (clean replacement in energy development, electricity replacement in energy utilization). China's overall social carbon neutrality should be deployed and implemented according to the three stages of reaching the peak as soon as possible (before 2030), rapidly mitigation (2030 –3050), and comprehensively neutralizing (2050 –2060). The construction of China Energy Interconnection will play a key role as well as champion role in the new power system, the power sector will achieve near zero emissions by 2050, and then providing negative emissions for the other sectors and total emissions to achieve carbon neutrality. In the future, China's electricity demand will continue to grow. Clean energy will become the dominant power source, while the coal-fired power will gradually be phrased-out, and gas-fired power will be responsible for peak regulation. Accelerate the construction of the UHV grid as the backbone network framework, and form an overall grid pattern of "West – to – East power transmission, North – to – South power supply, multi-energy complementarity, and cross-border interconnection". In the end, this paper discusses the characteristics of "three highs and double peaks" for the new power system, points out that the high-proportion clean energy power systems will face unprecedented challenges in terms of flexibility, safety, and economy, and provides policy suggestions.

Keywords: New Power System; Carbon Peaking; Carbon Neutrality; China Energy Interconnection; UHV Grid

G.8 Pathway for Chinese Transport Sector under Carbon Neutrality Target

Ou Xunmin, Yuan Zhiyi / 115

Abstract: The transport sector accounted for a large proportion of greenhouse gas emissions in China, and keeps increasing rapidly. Therefore, transport sector needs urgent low-carbon transformation. This section analyzed the current situation and main characteristics of greenhouse gas emissions in China's transport sector, and gave a feasible development pathway for the transport sector based on the existing national policies, released objectives and previous studies. China should exert joint efforts into transport demand structure transformation, alternative fuel technology and energy efficiency improvement to achieve near zero emission in 2060. Emission from transport sector should strive to peak before 2030 and be controlled below 100 million tons in 2060.

Keywords: Transport Sector; Carbon Neutral; Near-zero Emissions

G.9 The Approach to Achieve Carbon Peaking and Carbon Neutrality Goals in Buildings Sector

Guo Siyue, Jiang Yi and Hu Shan / 132

Abstract: To achieve a peaking in CO_2 emissions and carbon neutrality in buildings sector is quite important to the carbon targets in China. In recent years, the direct emissions of buildings sector have been in a plateau while the total emissions still grow fast. Besides, the construction and HFCs during cooling also result in greenhouse gas emissions. To achieve the low-carbon transition targets, the building energy consumption should be suitable, while the energy structure be low-carbon and the loads flexible. Through the analyze of the approaches, it has been found that to improve energy sufficiency, to promote electrification and load flexibility, to optimize energy system in rural sector, to decarbonize the heat source in northern urban area, as well as to put more focus on construction and non-CO_2 emissions are all of great importance. In the 14th five-year period, it is needed to clarify the energy consumption and carbon emissions targets, to promote the change of energy structure and to put up related strategies on construction and non-CO_2 emissions.

Keywords: Carbon peaking; Carbon Neutrality; Buildings Sector

G.10 Analysis on Carbon Peaking of Key Industries in China: A Case Study of Iron and Steel Industry

Yu Xiang, Tan Chang / 145

Abstract: Industry is one of the most significant areas of energy consumption and CO2 emissions in China, also one of the most important areas for China to address climate change. In 2020, China's industrial energy consumption accounts for about more than 60% of the total energy consumption and 70% of total carbon emissions, making it important for China to achieve its peaking and carbon neutrality target. Among them, high-energy-consuming industries are the key areas of industrial energy consumption and emissions. Iron and steel, non-ferrous metals, building materials, petrochemicals, chemicals and electricity industries account for about 75% of industrial carbon emissions. The iron and steel industry is the sector with the largest share of carbon emissions among China's industrial sectors. Based on the analysis of the current situation of carbon emissions in the iron and steel industry, this report examines the deployment of key technologies and emission reduction pathways for China's iron and steel industry. In the future, China's industrial sector needs to build a new model of low-carbon synergistic development among various sectors and give full play to green financing mechanisms to promote the R&D of low-carbon technologies, so as to form a low-carbon industrial system with emission peaking and carbon neutrality goal as the strategic orientation.

Keywords: Industry; Emission Peaking; Carbon Neutrality; Green Development

· **Upgrading the Capacities of Carbon Sinks**

Abstract: The realization of carbon neutrality needs to rely on advanced emission reduction technology combination. Negative emission technology is an indispensable technology to realize the vision of carbon neutrality in China. Among many negative emission technology options, compared with other negative emission technologies, negative emission technology with Carbon Capture, Utilize and Storage (CCUS) as the core has great potential. At the same time, CCUS is not only the important option for large-scale decarbonization of steel, cement, chemical and other industrial sectors, but also dispensable for the decarbonization of fossil energy retained in the power system. In this paper, the negative emission technology system is introduced, and the negative emission technology with CCUS as the core has great potential in the future. In the future, the strategic position of negative emission technologies with CCUS as the core should be clarified, and efforts should be intensified to develop carbon capture, utilization and storage to ensure the realization of the vision of carbon neutrality.

Keywords: Carbon Neutrality; Negative Emission Technology; Carbon Capture, Use and Storage

Abstract: Afforestation, reforestation or forest management and protection measures can increase the capacity of forests to absorb carbon dioxide to offset carbon emissions in industry. Forest carbon sequestration has obvious cost advantages over industrial emission reduction and is favored by various countries. This paper holds that when the goal of "carbon emission reduction and carbon neutralization" is achieved, not only afforestation can increase foreign exchange, but also forest natural increase of foreign exchange can promote the "net zero" process that carbon emission is equal to carbon absorption, that is, natural increase of foreign exchange and artificial increase of foreign exchange play the same role and contribute to carbon emission reduction and carbon neutralization. However, in reality, there is only artificial carbon sequestration, which is approved by forestry carbon sequestration methodology. Artificial carbon sequestration can enter the market and realize value, which can not effectively stimulate forest operators and artificial foresters to participate in carbon reduction and sequestration increase, so as to better serve carbon emission reduction and carbon neutralization. In view of this, this paper combs the basis of previous studies, combined with international green governance and China's strategic deployment of carbon emission reduction and carbon neutralization, takes Yunnan, an important forest region in Southwest China, as the research object, uses the forest stock expansion method to measure forest carbon sequestration and carbon sequestration potential, and follows the basic methods of IPCC national greenhouse gas inventory guidelines, Referring tothe guidelines for the preparation of provincial greenhouse gas inventories and based on the official data published in China energy statistical yearbook 2020, the carbon dioxide emission measurement method of energy activities is used to calculate the carbon dioxide emission of Yunnan Province, deeply analyze the gap between forest carbon sequestration and carbon dioxide emission in Yunnan, and clarify the current situation of carbon neutralization in Yunnan. Finally, it is pointed out that based on the existing forest carbon sequestration potential in Yunnan, under the conditions of limited land and limited afforestation and foreign exchange increase, in order to stimulate more social subjects to rely on Forest Service carbon emission reduction and carbon neutralization, it is necessary to clarify the quantitative distribution of carbon sources and carbon sequestrations in Yunnan Province, take forest carbon sequestrations as a channel for ecological compensation and the realization of forest ecological function value, and innovate forest carbon sequestration financial products, Build Yunnan forestry carbon sequestration futures trading market, carry out forestry carbon sequestration futures trading with differentiation strategy, organically integrate the rearrangement enterprises with forestry carbon sequestration based on the CCER offset system of local rearrangement enterprises, and innovate the local carbon emission reduction path, so as to accelerate the pace of carbon emission reduction and carbon neutralization in Yunnan and better serve the national carbon emission reduction and carbon neutralization strategic deployment.

Keywords: Forest Carbon Sequestration Measurement; Carbon Dioxide Emission Measurement; Carbon Neutrality; Yunnan

Abstract: Carbon neutrality is a global banner for tackling climate change. China, as the largest developing country with huge CO_2 emissions, faces huge challenges in achieving the goal. Currently, there are two pathways proposed. One is to reduce anthropogenic emissions of CO_2 to the atmosphere, and the other is to increase negative emissions of CO_2 from the atmosphere. The ocean is the largest active carbon reservoir on the Earth, with carbon storage capacity of ten times that of the land and fifty times that of the atmosphere, and thus has a great potential for negative emission. China has vast coastal areas with diverse environmental conditions for various negative emission approaches. Current progresses in the studies of marine carbon sequestration theories have laid a solid base for ocean-based negative emission engineering. Through the combination of experimental simulations and field practices, a variety of feasible negative emission approaches will be developed, and a series of quantifiable, repeatable and verifiable protocols will be established, which can not only provide scientific and technological supports for China to achieve the strategic goal of carbon neutrality, but also contribute "China solutions" to cope with global climate changes.

Keywords: Marine Carbon Sequestration; Marine Negative Emission; Carbon Neutrality

· **Support and Guidance**

Abstract: The process of achieving carbon peaking peak and carbon neutrality is essentially a process of decoupling economic and social development and fossil energy/resource consumption from beginning to complete independence. Both China's total carbon emissions and intensity will remain high over a period of time, while remaining time period for achieving the carbon neutrality goal is short, and the existing technology reserve is insufficient. More efforts must be done, particularly to advance the deployment of R&D and demonstration of low-carbon, zero-carbon, and carbon-negative technologies, which can provide strong scientific and technological support to realize China's "dual-carbon" goal. China's "14th Five – Year Plan" is a critical period for the deployment and development of technologies to achieve carbon peaking and carbon neutrality goal. Considering the scientific and technological demands of power, industry, buildings, transportation sectors, in terms of source substitution, process reduction, and end capture, the application of traditional low-carbon technologies, advanced zero-carbon technologies, and frontier carbon-negative technologies should be vigorously developed and promoted. At the same time, multiple measures should be taken to improve top-level design of policies and planning, develop regulations and standards, build carbon emission trading systems and markets, etc.

Keywords: Carbon Neutral; Scientific and Technological Innovation; Technology Research and Development

G. 15 Construction of National Carbon Market for achieving Carbon Peaking and Carbon Neutralization in China

Zhang Xin / 210

Abstract: The new progress in the construction of the national carbon market in China since 2020 is summarized, the connotation of carbon peaking and carbon neutralization goal and their significance to our social and economic development are analyzed, and the role of carbon market on the transformation of green low-carbon development of social economy in recent years is expounded by the analysis of the cases of carbon trading activities. On the above basis, the top-level design and the construction concept of the national carbon market for achieving the carbon peaking and carbon neutralization goal are put forward, namely, the basic positioning of national carbon market as emission reduction tools should be adhered, the construction of regulations system of national carbon market should be strengthened by the emission cap control target, the multi-level carbon trading market system centered on the national carbon market should be built, the synergic system of national carbon market with different environment trading mechanism should be built by the core of emission reduction and pollution reduction, and carbon finance is developed healthy and orderly for emission reduction with the national carbon market.

Keywords: National Carbon Market; Carbon Trade; Carbon Peaking; Carbon Naturalization

G. 16 Green Finance Accelerates China's Ambition to Achieve Carbon Neutrality

Wang Yao, *Li Zheng* / 224

Abstract: Chinese President Xi Jinping announced an ambitious climate target of peaking carbon emission before 2030 and achieving carbon neutrality before 2060at the General Debate at the 75th Session of the United Nations General

Assembly. Increasing green investment and accelerating economic and energy structure transformation are crucial challenges for China to achieve the carbon peaking and neutrality goals. Developing green finance and utilizing the roles of finance in supporting green and low-carbon development through resource allocation, risk management, and market pricing are vital to close the existing financial gaps. This article explains the importance of developing green finance in achieving the carbon peaking and neutrality goals. based on a systematic review of China's green finance practice, in terms of policy system, market development, international cooperation, this article analyzes the opportunities and challenges brought by the carbon peaking and neutrality goals to green finance development. This article also provides policy recommendations on how green finance can further support the real economy and achieve carbon neutrality.

Keywords: Green Finance; Carbon Neutrality; Green Investment and Financing; Green Transformation

· Multi-actor Paticipation

Abstract: Household consumption is a major source of greenhouse gas emissions and plays a key role in achieving the dual carbon goal. This chapter discusses the characteristics of household consumption in the world, the policy measures of household low-carbon consumption, and the proposals in China towards the double carbon goal. The study finds that: (1) the total household consumption in global, high-income and middle-income countries shows a gradual increase; (2) there are significant differences in the level and structure of household consumption in the world; (3) the growth rate of household consumption in China is relatively fast; (4) the analysis of household low-carbon consumption policy measures is important for decision making to achieve the "double carbon" target; (5) the policy measures for household low-carbon consumption mainly involve energy, construction, technology, transportation, industry, food, agriculture and other fields; (6) China face enormous pressure to reduce CO_2 emissions from households, and it is challenging to achieve low-carbon consumption for all people in one step; (7) several suggestions for household low-carbon consumption from the aspects of differentiated emission reduction, carbon market mechanism, change in consumption behavior, and scientific and technological innovation.

Keywords: Household Consumption; Double Carbon Targets; CO_2 Emissions Reduction

G.18 Analysis of Urban Carbon Peaking Pathways under the CarbonNeutrality Target

Abstract: At present, China aims to have carbon peaking before 2030 and achieves carbon neutrality before 2060. Carbon peaking is a prerequisite for achieving the goal of carbon neutrality. 2021 is the first year of the 14th Five-Year Plan. As the main battlefield to achieve the carbon peaking and carbon neutrality goals, the new situation will also put forward new requirements on the path of carbon peaking and carbon neutrality in cities. Based on the results of China's low-carbon city pilot work and the classified discussion of the situation of 60 cities, this paper identified the common and different characteristics of the path of carbon peaking in China's cities and made it clear that according to their development and emission characteristics, different cities need to reach the carbon peaking at different stages. And this paper also offers suggestions for the work of carbon peaking.

Keywords: Carbon Peaking; Carbon Neutrality; Low-carbon Cities

G.19 Carbon Neutral Strategies for Enterprises

Li Peng, Hu Xiaoyan, Zheng Xipeng, Wang Le and Jin Yaning / 267

Abstract: After the Paris agreement proposed temperature control target, carbon neutrality becomes global consensus. More than 130 countries have presented carbon neutral targets through legislation, public announcements, etc.. China will bring its carbon emissions to a peak before 2030, and achieve carbon neutrality before 2060. Companies are the main source of greenhouse gas emissions and the innovators and implementers making great contribution to carbon neutrality. Facing the external policy pressure, the carbon pricing mechanism and the change of investment and financing environment, carbon neutrality becomes the inevitable choice for enterprises to build long-term competitive advantage. This paper summarizes the typical carbon neutrality coping strategies from domestic and foreign enterprises, which serves as good example for domestic enterprises to deal with carbon peaking and carbon neutrality target.

Keywords: Foreign Enterprises; Domestic Enterprises; Mitigation Pathways

G.20 The Action Plan of Mega Event Carbon Neutrality: The Case of the 2022 Beijing Winter Olympics Games

Li Yushan, Zhang Ying / 282

Abstract: Global warming is having a huge and profound impact on mankind while addressing climate change has already become a global consensus. With the announcement of peaking emissions before 2030 and achieving carbon neutrality before 2060, the concept of carbon neutrality has led the trend of domestic development in China. As an innovative measure to combat climate change, carbon neutrality of mega events has been adopted and promoted with the ideology of low-carbon management and environmental protection. As a landmark activity at this historical node, the promise of carbon neutrality of the 2022 Beijing Winter Olympic Games has showed China's determination to deal with climate change. This paper studies the connotation, requirements, implementation process and path of carbon neutrality of mega events, and analyzes the carbon neutrality measures taken by the 2022 Beijing Winter Olympic Games, so as to provide policy recommendation for carbon neutrality of other domestic mega events and help to fulfill the commitment of peaking emissions before 2030 and achieving carbon neutrality before 2060.

Keywords: Mega Events; Carbon Neutrality; The 2022 Beijing Winter Olympic Games

Ⅳ Synergies and Adaption of Climate Change under Carbon Peaking and Carbon Neutrality Goals

Abstract: To achieve carbon peaking by 2030 and carbon neutrality by 2060 is key national policy for China to deal with climate change. Mitigation and adaptation are complementary strategies to address climate change. In the context of carbon neutrality, climate change adaptation remains important and indispensable, especially critical when link with synergies between mitigation and adaptation. This paper identified the climate-related risks at globally and in China under 1.5℃ and 2.0℃ warming; summarized the concept, evolution and relationship of mitigation and adaptation synergies; listed research and practice of mitigation and adaptation synergy in urban planning, energy, infrastructure sectors. On this basis, the proposed suggestion for climate change adaptation included: (1) Improving working mechanism and strengthen long-term coordination; (2) Pushing frontiers of knowledge of climate change risks and adopting a systematic response; (3) Developing sector-based multi-level technical guidance and establish a user-friendly platform for climate change risk assessment and adaptation; (4) promoting research and practice on synergies between adaptation and mitigation.

Keywords: Carbon Neutrality; Adaptation; Mitigation; Synergies; Risk

G.22 Climate Change and Human Health

Huang Cunrui, Cai Wenjia, Zhang Shihui, Zhang Chi and Wang Qiong / 305

Abstract: Global climate change and extreme weather events have a wide impact on public health in China, causing various health problems including diseases, injuries, or even premature deaths, which could in turn reduce labor capacity and lead to considerable socioeconomic losses. In order to address the health risks of climate change, China has taken a series of strategies and actions, including the assessment of health risk vulnerability, development and implementation of early warning systems, etc. However, the current measures cannot fully address the increasing health risks in the context of climate change. China has now announced the timelines for CO_2 emission peaking and carbon neutrality. To achieve this goal, China should accelerate the adjustment and optimization of industrial and energy structure, which is expected to bring external health co-benefits, and further contribute to the realization of "Beautiful China" and "Healthy China".

Keywords: Climate Change; Extreme Weather; Health Risk; Co-benefits; Adaptation Strategy

G.23 The Research on the Synergy Effects of Air Pollution Control and CO_2 Emission Reduction and Its Policy Implication

Zhang Li, Cao Libin, Lei Yu, Cai Bofeng and Dong Guangxia / 325

Abstract: traditional air pollutants and CO_2 emissions are from the same sources, same equipment, and emit simultaneously, which provides a good theoretical basis for the coordinated management. China faces multiple challenges, such as the emission reduction of traditional pollutants, the air quality improvement, and the CO_2 emission Peaking. Internationally, the United States and the European Union have incorporated greenhouse gas (GHG) emission control into the integrated environmental management system. Based on GHG emission monitoring and statistics, the management system provides support for national decision-making in the form of policy evaluation and helps to realize the management of coordination, unified supervision, and multi-department participation at the national level. The above experience shows that the coordinated control of air pollutants and GHG is becoming an important measure to strengthen environmental management and achieve low-carbon development. In this study, we summarize the coordinated management in terms of policy, strategic planning, and institutional system and analyze the existing coordinated practices.

Keywords: Coordinated Mangement; Air Pollution; CO_2 Emission

Abstract: Biodiversity plays an important role in mitigating and adapting to climate change, and addressing climate change is also beneficial to biodiversity conservation. Ecosystems are a very important component of biodiversity, containing all species and natural genes. Climate change can be mitigated through the carbon emission reduction and carbon sink functions of ecosystems. For instance, biomass energy being as alternative energy has the property of the carbon emission reduction, forest and grassland ecosystems have the property of the carbon sink through absorbing CO_2, and wetland and marine ecosystems termed as blue carbon have strong carbon sequestration functions. At the same time, the health and adaptability of ecosystems can be enhanced by protecting ecosystems, restoring degraded ecosystems, constructing urban forests and improving agricultural farming patterns. In the response to climate change and the deployment of carbon peaking and carbon neutral work in China, the roles of biodiversity and the obtained impacts on it should be scientifically assessed and fully considered, and so forth the synergistic effect of biodiversity and climate change could be reasonably utilized.

Keywords: Biodiversity; Climate Change; Carbon Emission Reduction; Carbon Sink

G.25 Evaluating Climatic-ecological Impacts from the Development of Large-scale Wind-solar Farms and Its Implications

Chang Rui, *Zhu Rong* / 355

Abstract: Large-scale development of clean energy such as wind and solar power, and the rapid transformation of low-carbon energy system in China are important to actively respond to climate change and achieve the goal of "Double Carbon". How to exploit wind and solar energy in a scientific and efficient way while ensuring the sustainable development of climate ecological environment is a new challenge facing China. This paper firstly summarizes the research status, existing problems and challenges of climatic-ecological impact assessment of large-scale wind-solar farms in China and the world. Then based on the realistic demand of large-scale wind-solar energy utilization in China in the future, some suggestions are put forward for the development of climatic-ecological impact assessment technology for wind-solar farms, which is supposed to improve the climate service level for clean energy, and to help achieve "carbon peaking and carbon neutralization".

Keywords: Wind-solar Farms; Climatic and Ecological; Impact Assessment

Abstract: Energy is essential to human society. In the context of global warming, the energy system is facing multiple challenges. On the one hand, climate change leads to more frequent extreme weather and climate events and increased impact, which poses a threat to the existing energy system. On the other hand, in order to mitigate climate change, human society needs to accelerate the transformation the low-carbon of the energy system in which it was dominated by clean energy. The development and utilization of clean energy such as wind energy, solar energy and hydropower are directly affected by climate conditions. The transformed energy system is also faced with the problem of improving its adaptation capability under the scenario of increasing extreme events. In view of the above related issues, this paper analyzed the impact of extreme weather and climate events on the energy system and discussed the future climate service for energy system transformation. It suggested that the energy system should pay attention to the impact of meteorological disasters and climate change, improve the defense ability of meteorological disasters, reduce the risk of meteorological disasters, and establish an energy system to adapt to climate change. It also suggested that we should strengthen the monitoring, forecasting, risk assessment and management capability of clean energy such as wind and solar energy, optimize the distribution of wind and solar energy exploration, and build a clean, low-carbon and ecological energy system.

Keywords: Climate Change; Energy System; Extreme Events; Clean Energy

V International Carbon Neutrality Policies

G.27 European Carbon Neutrality Vision, Implementation Measures and Inspirations to China

Zhang Jianzhi, Chen Ming, Sun Danni, Zhang Zeyi and Chai Yilin / 375

Abstract: In order to reverse the adverse effects of Covid-19 pandemic and achieve the goals of green recovery and the Paris Agreement, the EU has set out a binding objective of carbon neutrality in the Union by 2050 through European Climate Law, requiring all Member States to take relevant measures to achieve carbon neutrality. Some major European countries have also adopted legislative methods to strengthen carbon neutrality goals, improve green and low-carbon transition policies, promote energy structure adjustment and renewable energy development, and increase Nationally Determined Contributions (NDC). The 26th Conference of the Parties of the United Nations Framework Convention on Climate Change (COP26) will be held in Glasgow, UK in November 2021. The UK, as the chair country, hopes to take this conference to expand its international influence by advancing the process of global carbon neutrality. Looking forward to the future, learning from the EU and major European countries' carbon neutral legislation experience, and strengthening China - EU international exchanges and cooperation in the field of climate change will help my country achieve carbon peaking and carbon neutralitygoals.

Keywords: European Green Recovery; Climate Neutrality; Climate Legislation

Abstract: From the Obama administration to the Trump administration, and from the Trump administration to the Biden administration, American climate policy has transformed. Trump reversed Obama's active climate policy, and Biden's climate change policy show a completely different foreign policy preference from Trump's. The changes in the American climate policy have had an important impact on the development of the U. S. political situation, Sino - U. S. relations and global governance. In the long run, the American climate policy changes cyclically. Facing the new situation after Biden came to power, China should fully understand the fundamental role of climate issues in restoring strategic mutual trust between China and the U. S. , and properly respond to the "cyclicality" and "variability" of the U. S. climate policy. China ought to jointly build a green economy partnership with the U. S. , propose new cooperation standards and key areas for green economy and technology, and attach importance to specific cooperation in new areas such as adaptability, low-carbon technology, and carbon neutrality. China should also give play to the strategic guiding role of head-of-state diplomacy and summit diplomacy in Sino - U. S. climate cooperation.

Keywords: Climate Governance; Climate Policies; Sino - US Relations

Ⅵ Appendices

皮书

智库报告的主要形式
同一主题智库报告的聚合

皮书定义

皮书是对中国与世界发展状况和热点问题进行年度监测，以专业的角度、专家的视野和实证研究方法，针对某一领域或区域现状与发展态势展开分析和预测，具备前沿性、原创性、实证性、连续性、时效性等特点的公开出版物，由一系列权威研究报告组成。

皮书作者

皮书系列报告作者以国内外一流研究机构、知名高校等重点智库的研究人员为主，多为相关领域一流专家学者，他们的观点代表了当下学界对中国与世界的现实和未来最高水平的解读与分析。截至 2021 年，皮书研创机构有近千家，报告作者累计超过 7 万人。

皮书荣誉

皮书系列已成为社会科学文献出版社的著名图书品牌和中国社会科学院的知名学术品牌。2016 年皮书系列正式列入“十三五”国家重点出版规划项目；2013~2021 年，重点皮书列入中国社会科学院承担的国家哲学社会科学创新工程项目。

S 基本子库
UB DATABASE

中国社会发展数据库（下设 12 个子库）

整合国内外中国社会发展研究成果，汇聚独家统计数据、深度分析报告，涉及社会、人口、政治、教育、法律等 12 个领域，为了解中国社会发展动态、跟踪社会核心热点、分析社会发展趋势提供一站式资源搜索和数据服务。

中国经济发展数据库（下设 12 个子库）

围绕国内外中国经济发展主题研究报告、学术资讯、基础数据等资料构建，内容涵盖宏观经济、农业经济、工业经济、产业经济等 12 个重点经济领域，为实时掌控经济运行态势、把握经济发展规律、洞察经济形势、进行经济决策提供参考和依据。

中国行业发展数据库（下设 17 个子库）

以中国国民经济行业分类为依据，覆盖金融业、旅游、医疗卫生、交通运输、能源矿产等 100 多个行业，跟踪分析国民经济相关行业市场运行状况和政策导向，汇集行业发展前沿资讯，为投资、从业及各种经济决策提供理论基础和实践指导。

中国区域发展数据库（下设 6 个子库）

对中国特定区域内的经济、社会、文化等领域现状与发展情况进行深度分析和预测，研究层级至县及县以下行政区，涉及省份、区域经济体、城市、农村等不同维度，为地方经济社会宏观态势研究、发展经验研究、案例分析提供数据服务。

中国文化传媒数据库（下设 18 个子库）

汇聚文化传媒领域专家观点、热点资讯，梳理国内外中国文化发展相关学术研究成果、一手统计数据，涵盖文化产业、新闻传播、电影娱乐、文学艺术、群众文化等 18 个重点研究领域。为文化传媒研究提供相关数据、研究报告和综合分析服务。

世界经济与国际关系数据库（下设 6 个子库）

立足“皮书系列”世界经济、国际关系相关学术资源，整合世界经济、国际政治、世界文化与科技、全球性问题、国际组织与国际法、区域研究 6 大领域研究成果，为世界经济与国际关系研究提供全方位数据分析，为决策和形势研判提供参考。